“十三五”国家重点图书出版规划项目

中国水稻品种志

万建民　总主编

广西卷

邓国富　主　编

中国农业出版社
北　京

内容简介

广西水稻育种历史悠久，成就显著。自20世纪30年代广西农事试验场开展水稻良种培育以来，至今育成水稻品种650余个，其中，1983—2013年通过广西壮族自治区农作物品种审定委员会审定（认定）品种623个，为广西及华南稻区水稻生产做出了重要贡献。本书概述了广西稻作区划、品种改良历程及稻种资源状况，选录了1983年以前在广西水稻生产中发挥重要作用的水稻品种以及1983年以后审定的水稻品种共484个，其中具有植株、稻穗、谷粒、米粒照片和特征特性描述的品种379个，仅有文字而缺照片的品种105个。书中还介绍了10位广西壮族治自区著名水稻育种专家。

为便于读者查阅，各类品种均按汉语拼音顺序排列。同时为便于读者了解品种选育年代，书后还附有品种检索表，包括类型、审定编号和品种权号。

Abstract

Rice breeding in Guangxi Zhuang Autonomous Region has a long history and achieved remarkable success. Since 1930' s when the Guangxi Agricultural Experiment Station was established, more than 650 elite rice varieties have improved and played significant roles in rice production not only in Guangxi Zhuang Autonomous Region but also in southern China. This book summarized the rice cultivation regionalization, variety improvement processes and germplasm resources in Guangxi Zhuang Autonomous Region. Total 484 varieties widely planted before 1983 or those approved by the Crop Variety Approval Committee of Guangxi Zhuang Autonomous Region or the National Crop Variety Approval Committee after 1983 were selected and described. Among of them, 379 varieties were described in detail and with photos of plants, spikes and grains individually, but the other 105 varieties only had brief introductions because of no seeds or lack of information. Moreover, this book also introduced 10 famous rice breeders who made outstanding contributions to rice breeding in Guangxi Zhuang Autonomous Region and even in the whole country.

For the convenience of readers' reference, all varieties were arranged according to the order of Chinese phonetic alphabet. At the same time, in order to facilitate readers to access simplified variety information, a variety index was attached at the end of the book, including category, approval number and variety right number etc.

《中国水稻品种志》
编辑委员会

广西卷编委会

前 言

水稻是中国和世界大部分地区栽培的最主要粮食作物，水稻的产量增加、品质改良和抗性提高对解决全球粮食问题、提高人们生活质量、减轻环境污染具有举足轻重的作用。历史证明，中国水稻生产的两次大突破均是品种选育的功劳，第一次是20世纪50年代末至60年代初开始的矮化育种，第二次是70年代中期开始的杂交稻育种。90年代中期，先后育成了超级稻两优培九、沈农265等一批超高产新品种，单产达到11 ~ 12t/hm^2。单产潜力超过16t/hm^{2}的超级稻品种目前正在选育过程中。水稻育种虽然取得了很大成绩，但面临的任务也越来越艰巨，对骨干亲本及其育种技术的要求也越来越高，因此，有必要编撰《中国水稻品种志》，以系统地总结65年来我国水稻育种的成绩和育种经验，提高我国新形势下的水稻育种水平，向第三次新的突破前进，进而为促进我国民族种业发展、保障我国和世界粮食安全做出新贡献。

《中国水稻品种志》主要内容分三部分：第一部分阐述了1949—2014年中国水稻品种的遗传改良成就，包括全国水稻生产情况、品种改良历程、育种技术和方法、新品种推广成就和效益分析，以及水稻育种的未来发展方向。第二部分展示中国不同时期育成的新品种（新组合）及其骨干亲本，包括常规籼稻、常规粳稻、杂交籼稻、杂交粳稻和陆稻的品种，并附有品种检索表，供进一步参考。第三部分介绍中国不同时期著名水稻育种专家的成就。全书分十八卷，分别为广东海南卷、广西卷、福建台湾卷、江西卷、安徽卷、湖北卷、四川重庆卷、云南卷、贵州卷、黑龙江卷、辽宁卷、吉林卷、浙江上海卷、江苏卷，以及湖南常规稻卷、湖南杂交稻卷、华北西北卷和旱稻卷。

《中国水稻品种志》根据行政区划和实际生产情况，把中国水稻生产区域分为华南、华中华东、西南、华北、东北及西北六大稻区，统计并重点介绍了自1978年以来我国育成年种植面积大于40万hm^{2}的常规水稻品种如湘矮早9号、原丰早、浙辐802、桂朝2号、珍珠矮11等共23个，杂交稻品种如D优63、冈优22、南优2号、汕优2号、汕优6号等32个，以及2005—2014年育成的超级稻品种如龙粳31、武运粳27、松粳15、中早39、合美占、中嘉早17、两优培九、准两优527、辽优1052和甬优12、徽两优6号等111个。

《中国水稻品种志》追溯了65年来中国育成的8 500余份水稻、陆稻和杂交水稻现代品种的亲源，发现一批极其重要的育种骨干亲本，它们对水稻品种的遗传改良贡献巨大。据不完全统计，常规籼稻最重要的核心育种骨干亲本有矮仔占、南特号、珍汕97、矮脚南特、珍珠矮、低脚乌尖等22个，它们衍生的品种数超过2 700个；常规粳稻最重要的核心育种骨干亲本有旭、笹锦、坊主、爱国、农垦57、农垦58、农虎6号、测21等20个，衍生的品种数超过2 400个。尤其是携带*sd1*矮秆基因的矮仔占质源自早期从南洋引进后就成为广西容县一带优良农家地方品种，利用该骨干亲本先后育成了11代超过405个品种，其中种植面积较大的育成品种有广场矮、珍珠矮、广陆矮4号、二九青、先锋1号、特青、桂朝2号、双桂1号、湘早籼7号、嘉育948等。

《中国水稻品种志》还总结了我国培育杂交稻的历程，至今最重要的杂交稻核心不育系有珍汕97A、Ⅱ-32A、V20A、协青早A、金23A、冈46A、谷丰A、农垦58S、安农S-1、培矮64S、Y58S、株1S等21个，衍生的不育系超过160个，配组的大面积种植品种数超过1 300个；已广泛应用的核心恢复系有17个，它们衍生的恢复系超过510个，配组的杂交品种数超过1 200个。20世纪70～90年代大部分强恢复系引自国外，包括IR24、IR26、IR30、密阳46等，它们均含有我国台湾地方品种低脚乌尖的血缘（*sd1*矮秆基因）。随着明恢63（IR30/圭630）的育成，我国杂交稻恢复系选育走上了自主创新的道路，育成的恢复系其遗传背景呈现多元化。

《中国水稻品种志》由中国农业科学院作物科学研究所主持编著，邀请国内著名水稻专家和育种家分卷主撰，凝聚了全国水稻育种者的心血和汗水。同时，在本志编著过程中，得到全国各水稻研究教学单位领导和相关专家的大力支持和帮助，在此一并表示诚挚的谢意。

《中国水稻品种志》集科学性、系统性、实用性、资料性于一体，是作物品种志方面的专著，内容丰富，图文并茂，可供从事作物育种和遗传资源研究者、高等院校师生参考。由于我国水稻品种的多样性和复杂性，育种者众多，资料难以收全，尽管在编著和统稿过程中注意了数据的补充、核实和编撰体例的一致性，但限于编著者水平，书中疏漏之处难免，敬请广大读者不吝指正。

编 者

2018年4月

目 录

第一章

中国稻作区划与水稻品种遗传改良概述

水稻是中国最主要的粮食作物之一，稻米是中国一半以上人口的主粮。2014年，中国水稻种植面积3 031万hm^2，总产20 651万t，分别占中国粮食作物种植面积和总产量的26.89%和34.02%。毫无疑问，水稻在保障国家粮食安全、振兴乡村经济、提高人民生活质量方面，具有举足轻重的地位。

中国栽培稻属于亚洲栽培稻种（*Oryza sativa* L.），有两个亚种，即籼亚种（*O. sativa* L. subsp. *indica*）和粳亚种（*O. sativa* L. subsp. *japonica*）。中国不仅稻作栽培历史悠久，稻作环境多样，稻种资源丰富，而且育种技术先进，为高产、多抗、优质、广适、高效水稻新品种的选育和推广提供了丰富的物质基础和强大的技术支撑。

中华人民共和国成立以来，通过育种技术的不断改进，从常规育种（系统选择、杂交育种、诱变育种、航天育种）到杂种优势利用，再到生物技术育种（细胞工程育种、分子标记辅助选择育种、遗传转化育种等），至2014年先后育成8 500余份常规水稻、陆稻和杂交水稻现代品种，其中通过各级农作物品种审定委员会审（认）定的水稻品种有8 117份，包括常规水稻品种3 392份，三系杂交稻品种3 675份，两系杂交稻品种794份，不育系256份。在此基础上，实现了水稻优良品种的多次更新换代。水稻品种的遗传改良和优良新品种的推广，栽培技术的优化和病虫害的综合防治等一系列技术革新，使我国的水稻单产从1949年的1 892kg/hm^2提高到2014年的6 813.2kg/hm^2，增长了260.1%；总产从4 865万t提高到20 651万t，增长了324.5%；稻作面积从2 571万hm^2增加到3 031万hm^2，仅增加了17.9%。研究表明，新品种的不断育成和推广是水稻单产和总产不断提高的最重要贡献因子。

第一节　中国栽培稻区的划分

水稻是喜温喜水、适应性强、生育期较短的谷类作物，凡温度适宜、有水源的地方，均可种植水稻。中国稻作分布广泛，最北的稻作区位于黑龙江省的漠河（北纬53° 27′），为世界稻作区的北限；最高海拔的稻作区在云南省宁蒗县山区，海拔高度2 965m。在南方的山区、坡地以及北方缺水少雨的旱地，种植有较耐干旱的陆稻。从总体看，由于纬度、温度、季风、降水量、海拔高度、地形等的影响，中国水稻种植面积存在南方多北方少，东南集中西北分散的状况。

本书以我国行政区划（省、自治区、直辖市）为基础，结合全国水稻生产的光温生态、季节变化、耕作制度、品种演变等，参考《中国水稻种植区划》（1988）和《中国水稻生产发展问题研究》（2010），将全国分为华南、华中华东、西南、华北、东北和西北六大稻区。

一、华南稻区

本区位于中国南部，包括广东、广西、福建、海南等大陆4省（自治区）和台湾省。本区水热资源丰富，稻作生长季260 ～ 365d，≥ 10℃的积温5 800 ～ 9 300℃；稻作生长季日照时数1 000 ～ 1 800h，降水量700 ～ 2 000mm。稻作土壤多为红壤和黄壤。本区的籼稻面积占95%以上，其中杂交籼稻占65%左右，耕作制度以双季稻和中稻为主，也有部分单季晚稻，部分地区实行与甘蔗、花生、薯类、豆类等作物当年或隔年水旱轮作。

2014年本区稻作面积503.6万hm^2（不包括台湾），占全国稻作总面积的16.61%。稻谷单产5 778.7kg/hm^2，低于全国平均产量（6 813.2kg/hm^2）。

二、华中华东稻区

本区为中国水稻的主产区，包括江苏、上海、浙江、安徽、江西、湖南、湖北7省（直辖市），也称长江中下游稻作区。本区属亚热带温暖湿润季风气候，稻作生长季210～260d，≥10℃的积温4 500～6 500℃；稻作生长季日照时数700～1 500h，降水量700～1 600mm。本区平原地区稻作土壤多为冲积土、沉积土和鳝血土，丘陵山地多为红壤、黄壤和棕壤。本区双、单季稻并存，籼稻、粳稻均有。20世纪60～80年代，本区双季稻面积占全国双季稻面积的50%以上，其中，浙江、江西、湖南的双季稻面积占该三省稻作面积的80%～90%。20世纪80年代中期以来，由于种植结构和耕作制度的变革，杂交稻的兴起，以及双季早稻米质不佳等原因，双季早稻面积锐减，使本区的稻作面积从80年代初占全国稻作面积的54%下降到目前的49%左右。尽管如此，本区稻米生产的丰歉，对全国粮食形势仍然具有重要影响。太湖平原、里下河平原、皖中平原、鄱阳湖平原、洞庭湖平原、江汉平原历来都是中国著名的稻米产区。

2014年本区稻作面积1 501.6万hm^2，占全国稻作总面积的49.54%。稻谷单产6 905.6kg/hm^2，高于全国平均产量。

三、西南稻区

本区位于云贵高原和青藏高原，属亚热带高原型湿热季风气候，包括云南、贵州、四川、重庆、青海、西藏6省（自治区、直辖市）。本区具有地势高低悬殊、温度垂直差异明显、昼夜温差大的高原特点，稻作生长季180～260d，≥10℃的积温2 900～8 000℃；稻作生长季日照时数800～1 500h，降水量500～1 400mm。稻作土壤多为红壤、红棕壤、黄壤和黄棕壤等。本区籼稻、粳稻并存，以单季中稻为主，成都平原是我国著名的单季中稻区。云贵高原稻作垂直分布明显，低海拔（<1 400m）稻区多为籼稻，湿热坝区可种植双季籼稻，高海拔（>1 800m）稻区多为粳稻，中海拔（1 400～1 800m）稻区籼稻、粳稻并存。部分山区种植陆稻，部分低海拔又无灌溉水源的坡地筑有田埂，种植雨水稻。

2014年本区稻作面积450.9万hm^2，占全国稻作总面积的14.88%。稻谷单产6 873.4kg/hm^2，高于全国平均产量。

四、华北稻区

本区位于秦岭—淮河以北，长城以南，关中平原以东地区，包括北京、天津、山东、河北、河南、山西、内蒙古7省（自治区、直辖市）。本区属暖温带半湿润季风气候，夏季温度较高，但春、秋季温度较低，稻作生长季较短，无霜期170～200d，年≥10℃的积温4 000～5 000℃；年日照时数2 000～3 000h，年降水量580～1 000mm，但季节间分布不均。稻作土壤多为黄潮土、盐碱土、棕壤和黑黏土。本区以单季早、中粳稻为主，水源主要来自渠井和地下水。

2014年本区稻作面积95.3万hm^2，占全国稻作总面积的3.14%。稻谷单产7 863.9kg/hm^2，高于全国平均产量。

五、东北稻区

本区是我国纬度最高的稻作区，包括黑龙江、吉林和辽宁3省，属中温带—寒温带，年平均气温2～10℃，无霜期90～200d，年≥10℃的积温2 000～3 700℃；年日照时数2 200～3 100h，年降水量350～1 100mm。本区光照充足，但昼夜温差大，稻作生长期短，土壤多为肥沃、深厚的黑泥土、草甸土、棕壤以及盐碱土。稻作以早熟的单季粳稻为主，冷害和稻瘟病是本区稻作的主要问题。最北部的黑龙江省稻区，粳稻品质十分优良，近35年来由于大力发展灌溉设施，稻作面积不断扩大，从1979年的84.2万hm^2发展到2014年的320.5万hm^2，成为中国粳稻的主产省之一。

2014年本区稻作面积451.5万hm^2，占全国稻作总面积的14.90%。稻谷单产7 863.9kg/hm^2，高于全国平均产量。

六、西北稻区

本区包括陕西、甘肃、宁夏和新疆4省（自治区），幅员广阔，光热资源丰富，但干燥少雨，季节和昼夜气温变化大，无霜期150～200d，年≥10℃的积温3 450～3 700℃；年日照时数2 600～3 300h，年降水量150～200mm。稻田土壤较瘠薄，多为灰漠土、草甸土、粉沙土、灌淤土及盐碱土。稻作以单季粳稻为主，分布于河流两岸及有灌溉水源的地区。干燥少雨是本区发展水稻的制约因素。

2014年本区稻作面积28.2万hm^2，占全国稻作总面积的0.93%。稻谷单产8 251.4kg/hm^2，高于全国平均产量。

中华人民共和国成立65年来，六大稻区的水稻种植面积及占全国稻作面积的比例发生了一定变化。华南稻区的稻作面积波动较大，从1949年的811.7万hm^2，增加到1979年的875.3万hm^2，但2014年下降到503.6万hm^2。华中华东稻区是我国的主产稻区，基本维持在全国稻区面积的50%左右，其种植面积的高峰在20世纪的70～80年代，达到全国稻区面积的53%～54%。西南和西北稻区稻作面积基本保持稳定，近35年来分别占全国稻区面积的14.9%和0.9%左右。华北和东北稻区种植面积和占比均有提高，特别是东北稻区，其稻作面积和占比近35年来提高较快，2014年达到了451.5万hm^2，全国占比达到14.9%，与1979年的84.2万hm^2相比，种植面积增加了367.3万hm^2。我国六大稻区2014年的稻作面积和占比见图1-1。

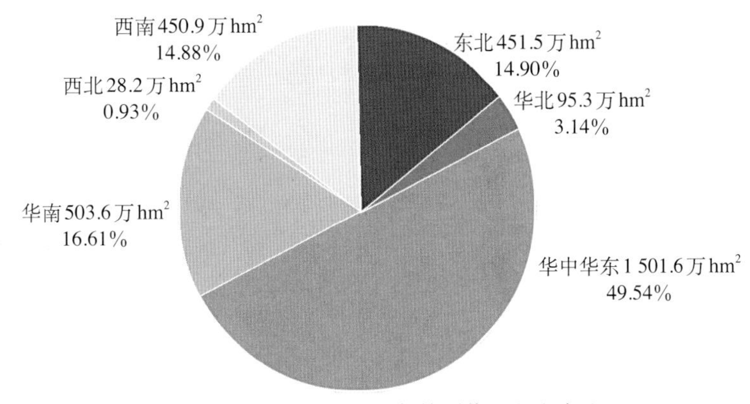

图1-1　中国六大稻区2014年的稻作面积和占比

第二节　中国栽培稻的分类

中国栽培稻的分类比较复杂，丁颖教授将其系统分为四大类：籼亚种和粳亚种，早稻、中稻和晚稻，水稻和陆稻，粘稻和糯稻。随着杂种优势的利用，又增加了一类，为常规稻和杂交稻。本节将根据这五大类分别进行介绍。

一、籼稻和粳稻

中国栽培稻籼亚种（*O. sativa* L. subsp. *indica*）和粳亚种（*O. sativa* L. subsp. *japonica*）的染色体数同为24（$2n$=24），但由于起源演化的差异和人为选择的结果，这两个亚种存在一定的形态和生理特性差异，并有一定程度的生殖隔离。据《辞海》（1989年版）记载，籼稻与粳稻比较：籼稻分蘖力较强；叶幅宽，叶色淡绿，叶面多毛；小穗多数短芒或无芒，易脱粒，颖果狭长扁圆；米质黏性较弱，膨性大；比较耐热和耐强光，主要分布于华南热带和淮河以南亚热带的低地。

按照现代分类学的观点，粳稻又可分为温带粳稻和热带粳稻（爪哇稻）。中国传统（农家/地方）粳稻品种均属温带粳稻类型。近年有的育种家为扩大遗传背景，在育种亲本中加入了热带粳稻材料，因而育成的水稻品种含有部分热带粳稻（爪哇稻）的血缘。

籼稻、粳稻的分布，主要受温度的制约，还受到种植季节、日照条件和病虫害的影响。目前，中国的籼稻品种主要分布在华南和长江流域各省份，以及西南的低海拔地区和北方的河南、陕西南部。湖南、贵州、广东、广西、海南、福建、江西、四川、重庆的籼稻面积占各省稻作面积的90%以上，湖北、安徽占80%～90%，浙江、云南在50%左右，江苏在25%左右。粳稻主要分布在东北、华北、长江下游太湖地区和西北，以及华南、西南的高海拔山区。东北的黑龙江、吉林、辽宁三省是全国著名的北方粳稻产区，江苏、浙江、安徽、湖北是南方粳稻主产区，云南的高海拔地区则以粳稻为主。

2014年，中国籼稻种植面积2 130.8万hm^2，约占稻作面积的70.3%；粳稻面积900.2万hm^2，占稻作面积的29.7%。据统计，2014年中国种植面积大于6 667hm^2的常规水稻品种有298个，其中籼稻品种104个，占34.9%；粳稻品种194个，占65.1%；2014年种植面积最大的前5位常规粳稻品种是：龙粳31（92.2万hm^2）、宁粳4号（35.8万hm^2）、绥粳14（29.1万hm^2）、龙粳26（28.1万hm^2）和连粳7号（22.0万hm^2）；种植面积最大的前5位常规籼稻品种是：中嘉早17（61.1万hm^2）、黄华占（30.6万hm^2）、湘早籼45（17.8万hm^2）、中早39（16.3万hm^2）和玉针香（11.2万hm^2）。

二、常规稻和杂交稻

常规稻是遗传纯合、可自交结实、性状稳定的水稻品种类型，杂交稻是利用杂种一代优势、目前必须年年制种的杂交水稻类型。中国是世界上第一个大面积、商品化应用杂交稻的国家，20世纪70年代后期开始大规模推广三系杂交稻，90年代初成功选育出两系杂交稻并应用于生产。目前，常规稻种植面积占全国稻作面积的46%左右，杂交稻占54%左右。

1991年我国年种植面积大于6 667hm^{2}的常规稻品种有193个，2014年增加到298个（图1-2）；杂交稻品种数从1991年的62个增加到2014年的571个。1991年以来，年种植面积大于6 667hm^{2}的常规稻品种数每年较为稳定，基本为200 ～ 300个品种，但杂交稻品种数增加较快，增加了8倍多。

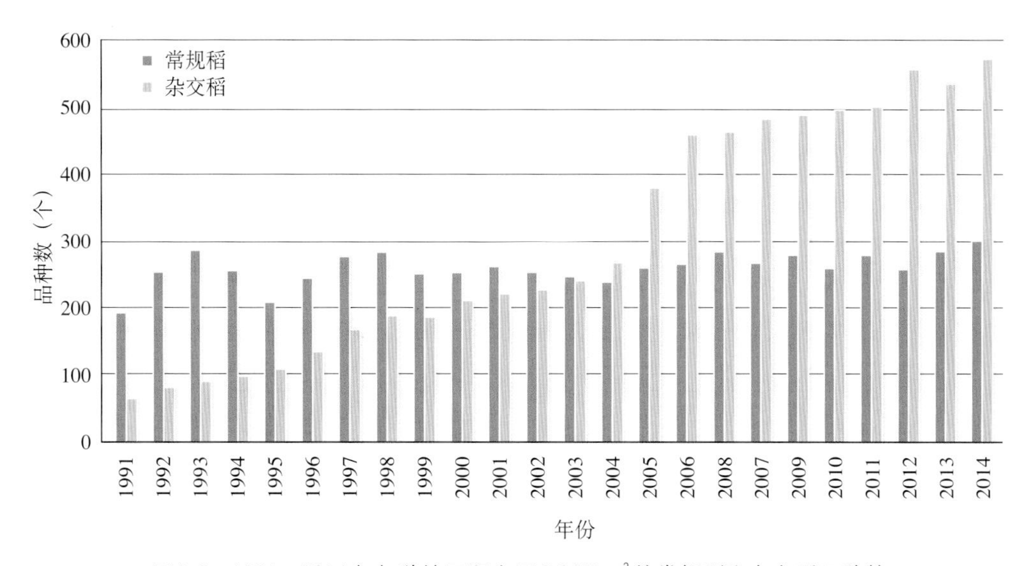

图1-2 1991—2014年年种植面积大于6 667hm^{2}的常规稻和杂交稻品种数

三、早稻、中稻和晚稻

在稻种向不同纬度、不同海拔高度传播的过程中，在日照和温度的强烈影响下，在自然选择和人为选择的综合作用下，栽培稻发生了一系列感光性和感温性的变异，出现了早稻、中稻和晚稻栽培类型。一般而言，早稻基本营养生长期短，感温性强，不感光或感光性极弱；中稻基本营养生长期较长，感温性中等，感光性弱；晚稻基本营养生长期短，感光性强，感温性中等或较强，但通常晚籼稻的感光性强于晚粳稻。

籼稻和粳稻、杂交稻和常规稻都有早、中、晚类型，每一类型根据生育期的长短有早熟、中熟和迟熟之分，从而形成了大量适应不同栽培季节、耕作制度和生育期要求的品种。在华南、华中的双季稻区，早籼和早粳品种对日长反应不敏感，生育期较短，一般3 ～ 4月播种，7 ～ 8月收获。在海南和广东南部，由于温度较高，早籼稻通常2月中、下旬播种，6月下旬收获。中稻一般作单季稻种植，生育期稳定，产量较高，华南稻区部分迟熟早籼稻品种在华中和华东地区可作中稻种植。晚籼稻和晚粳稻均可作双季晚稻和单季晚稻种植，以保证在秋季气温下降前抽穗授粉。

20世纪70年代后期以来，由于杂交水稻的兴起，种植结构的变化，中国早稻和晚稻的种植面积逐年减少，单季中稻的种植面积大幅增加。早、中、晚稻种植面积占全国稻作面积的比重，分别从1979年的33.7%、32.0%和34.3%，转变为1999年的24.2%、48.9%和26.9%，2014年进一步变化为19.1%、59.9%和21.0%（图1-3）。

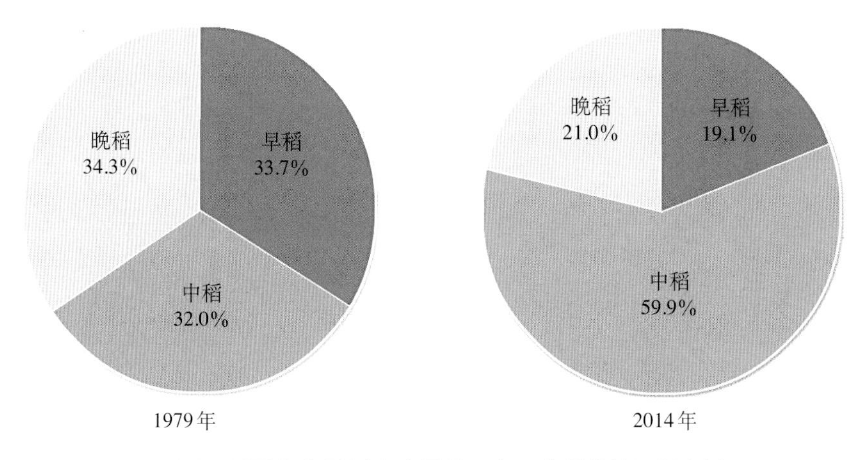

图1-3　1979年和2014年全国早、中、晚稻种植面积比例

四、水稻和陆稻

中国的栽培稻极大部分是水稻，占中国稻作面积的98%。陆稻（Upland rice）亦称旱稻，古代称棱稻，是适应较少水分环境（坡地、旱地）的一类稻作生态品种。陆稻的显著特点是耐干旱，表现为种子吸水力强，发芽快，幼苗对土壤中氯酸钾的耐毒力较强；根系发达，根粗而长；维管束和导管较粗，叶表皮较厚，气孔少，叶较光滑有蜡质；根细胞的渗透压和茎叶组织的汁液浓度也较高。与水稻比较，陆稻吸水力较强而蒸腾量较小，故有较强的耐旱能力。通常陆稻依靠雨水或地下水获得水分，稻田无田埂。虽然陆稻的生长发育对光、温要求与水稻相似，但一生需水量约是水稻的2/3或1/2。因而，陆稻适于水源不足或水源不均衡的稻区、多雨的山区和丘陵区的坡地或台田种植，还可与多种旱作物间作或套种。从目前的地理环境和种植水平看，陆稻的单产低于水稻。

陆稻也有籼稻、粳稻之别和生育期长短之分。全国陆稻面积约57万hm^2，仅占全国稻作总面积的2%左右，主要分布于云贵高原的西南山区、长江中游丘陵地区和华北平原区。云南西双版纳和思茅等地每年陆稻种植面积稳定在10万hm^2左右。近年，华北地区正在发展一种旱作稻（Aerobic rice），耐旱性较强，在整个生育期灌溉几次即可，产量较高。此外，广东、广西、海南等地的低洼地区，在20世纪50年代前曾有少量深水稻品种，中华人民共和国成立后，随着水利排灌设施的完善，现已绝迹。目前，种植面积较大的陆稻品种有中旱209、旱稻277、巴西陆稻、中旱3号、陆引46、丹旱稻1号、冀粳12、IRAT104等。

五、粘稻和糯稻

稻谷胚乳均有糯性与非糯性之分。糯稻和非糯稻的主要区别在于饭粒黏性的强弱，相对而言，粘稻（非糯稻）黏性弱，糯稻黏性强，其中粳糯稻的黏性大于籼糯稻。化学成分的分析指出，胚乳直链淀粉含量的多少是区别粘稻和糯稻的化学基础。通常，粳粘稻的直链淀粉含量占淀粉总量的8%～20%，籼粘稻为10%～30%，而糯稻胚乳基本为支链淀粉，不含或仅含极少量直链淀粉（≤2%）。从化学反应看，由于糯稻胚乳和花粉中的淀粉基本或完全为支链淀粉，因此吸碘量少，遇1%的碘-碘化钾溶液呈红褐色反应，而粘稻直链淀粉含量高，吸碘量大，呈蓝紫色反应，这是区分糯稻与非糯稻品种的主要方法之一。从外观看，糯稻胚乳在刚收获时因含水量较高而呈半透明，经充分干燥后呈乳白色，这是因为胚乳细胞快速失水，产生许多大小不一的空隙，导致光散射而引起的乳白色视觉。

云南、贵州、广西等省（自治区）的高海拔地区，人们喜食糯米，籼型糯稻品种丰富，而长江中下游地区以粳型糯稻品种居多，东北和华北地区则全部是粳型糯稻。从用途看，糯米通常用于酿制米酒，制作糕点。在云南的低海拔稻区，有一种低直链淀粉含量的籼粘稻，称为软米，其黏性介于籼粘稻和糯稻之间，适于制作饵块、米线。

第三节　水稻遗传资源

水稻育种的发展历程证明，品种改良每一阶段的重大突破均与水稻优异种质的发现和利用相关。20世纪50年代末，矮仔占、矮脚南特、台中本地1号（TN1，亦称台中在来1号）和广场矮等矮秆种质的发掘与利用，实现了60年代我国水稻品种的矮秆化；70 ～ 80年代野败型、矮败型、冈型、印水型、红莲型等不育资源的发现及二九南1号A、珍汕97A等水稻野败型不育系育成，实现了籼型杂交稻的“三系”配套和大面积推广利用；80年代农垦58S、安农S-1等光温敏核不育材料的发掘与利用，实现了“两系”杂交水稻的突破；90年代02428、培矮64、轮回422等广亲和种质的发掘与利用，基本克服了籼粳稻杂交的瓶颈；80 ～ 90年代沈农89366、沈农159、辽粳5号等新株型优异种质的创新与利用，实现了北方粳稻直立穗型与高产的结合，使北方粳稻产量有了较大的提高；90年代以来光温敏不育系培矮64S、Y58S、株1S以及中9A、甬粳2号A和恢复系9311、蜀恢527等的创新与利用，选育出一系列高产、优质的超级杂交稻品种。可见，水稻优异种质资源的收集、评价、创新和利用是水稻品种遗传改良的重要环节和基础。

一、栽培稻种质资源

中国具有丰富的多样化的水稻遗传资源。清代的《授时通考》(1742）记载了全国16省的3 429个水稻品种，它们是长期自然突变、人工选择和留种栽培的结果。中华人民共和国成立以来，全国进行了4次大规模的稻种资源考察和收集。20世纪50年代后期到60年代在广东、湖南、湖北、江苏、浙江、四川等14省（自治区、直辖市）进行了第一次全国性的水稻种质资源的考察，征集到各类水稻种质5.7万余份。70年代末至80年代初，进行了全国水稻种质资源的补充考察和征集，获得各类水稻种质万余份。国家“七五”(1986—1990)、“八五”(1991—1995）和“九五”(1996—2000）科技攻关期间，分别对神农架和三峡地区以及海南、湖北、四川、陕西、贵州、广西、云南、江西和广东等省（自治区）的部分地区再度进行了补充考察和收集，获得稻种3 500余份。“十五”(2001—2005）和“十一五”(2006—2010）期间，又收集到水稻种质6 996份。

通过对收集到的水稻种质进行整理、核对与编目，截至2010年，中国共编目水稻种质82 386份，其中70 669份是从中国国内收集的种质，占编目总数的85.8%（表1-1)。在此基础上，编辑和出版了《中国稻种资源目录》(8册)、《中国优异稻种资源》，编目内容包括基本信息、形态特征、生物学特性、品质特性、抗逆性、抗病虫性等。

截至2010年，在国家作物种质库［简称国家长期库（北京）］繁种保存的水稻种质资源共73 924份，其中各类型种质所占百分比大小顺序为：地方稻种（68.1%）＞国外引进稻种（13.9%）＞野生稻种（8.0%）＞选育稻种（7.8%）＞杂交稻“三系”资源（1.9%）＞遗传材料（0.3%）（表1-1）。在所保存的水稻地方品种中，保存数量较多的省份包括广西（8 537份）、云南（5 882份）、贵州（5 657份）、广东（5 512份）、湖南（4 789份）、四川（3 964份）、江西（2 974份）、江苏（2 801份）、浙江（2 079份）、福建（1 890份）、湖北（1 467份）和台湾（1 303份）。此外，在中国水稻研究所的国家水稻中期库（杭州）保存了稻属及近缘属种质资源7万余份，是我国单项作物保存规模最大的中期种质库，也是世界上最大的单项国家级水稻种质基因库之一。在入国家长期库（北京）的66 408份地方稻种、选育稻种、国外引进稻种等水稻种质中，籼稻和粳稻种质分别占63.3%和36.7%，水稻和陆稻种质分别占93.4%和6.6%，粘稻和糯稻种质分别占83.4%和16.6%。显然，籼稻、水稻和粘稻的种质数量分别显著多于粳稻、陆稻和糯稻。

表1-1　中国稻种资源的编目数和入库数

种质类型	编　目		繁殖入库	
	份数	占比（%）	份数	占比（%）
地方稻种	54 282	65.9	50 371	68.1
选育稻种	6 660	8.1	5 783	7.8
国外引进稻种	11 717	14.2	10 254	13.9
杂交稻“三系”资源	1 938	2.3	1 374	1.9
野生稻种	7 663	9.3	5 938	8.0
遗传材料	126	0.2	204	0.3
合计	82 386	100	73 924	100

截至2010年，完成了29 948份水稻种质资源的抗逆性鉴定，占入库种质的40.5%；完成了61 462份水稻种质资源的抗病虫性鉴定，占入库种质的83.1%；完成了34 652份水稻种质资源的品质特性鉴定，占入库种质的46.9%。种质评价表明：中国水稻种质资源中蕴藏着丰富的抗旱、耐盐、耐冷、抗白叶枯病、抗稻瘟病、抗纹枯病、抗褐飞虱、抗白背飞虱等优异种质（表1-2）。

表1-2　中国稻种资源中鉴定出的抗逆性和抗病虫性优异的种质份数

种质类型	抗旱		耐盐		耐冷		抗白叶枯病	
	极强	强	极强	强	极强	强	高抗	抗
地方稻种	132	493	17	40	142	—	12	165
国外引进稻种	3	152	22	11	7	30	3	39
选育稻种	2	65	2	11	—	50	6	67

（续）

种质类型	抗稻瘟病			抗纹枯病		抗褐飞虱			抗白背飞虱		
	免疫	高抗	抗	高抗	抗	免疫	高抗	抗	免疫	高抗	抗
地方稻种	—	816	1 380	0	11	—	111	324	—	122	329
国外引进稻种	—	5	148	5	14	—	0	218	—	1	127
选育稻种	—	63	145	3	7	—	24	205	—	13	32

注：数据来自2005年国家种质数据库。

2001—2010年，结合水稻优异种质资源的繁殖更新、精准鉴定与田间展示、网上公布等途径，国家粮食作物种质中期库［简称国家中期库（北京）］和国家水稻种质中期库（杭州）共向全国从事水稻育种、遗传及生理生化、基因定位、遗传多样性和水稻进化等研究的300余个科研及教学单位提供水稻种质资源47 849份次，其中国家中期库（北京）提供26 608份次，国家水稻种质中期库（杭州）提供21 241份次，平均每年提供4 785份次。稻种资源在全国范围的交换、评价和利用，大大促进了水稻育种及其相关基础理论研究的发展。

二、野生稻种质资源

野生稻是重要的水稻种质资源，在中国的水稻遗传改良中发挥了极其重要的作用。从海南岛普通野生稻中发现的细胞质雄性不育株，奠定了我国杂交水稻大面积推广应用的基础。从江西发现的矮败野生稻不育株中选育而成的协青早A和从海南发现的红芒野生稻不育株育成的红莲早A，是我国两个重要的不育系类型，先后转育了一大批杂交水稻品种。利用从广西普通野生稻中发现的高抗白叶枯病基因*Xa23*，转育成功了一系列高产、抗白叶枯病的栽培品种。从江西东乡野生稻中发现的耐冷材料，已经并继续在耐冷育种中发挥重要作用。

据1978—1982年全国野生稻资源普查、考察和收集的结果，参考1963年中国农业科学院原生态研究室的考察记录，以及历史上台湾发现野生稻的记载，现已明确，中国有3种野生稻：普通野生稻（*O. rufipogon* Griff.）、疣粒野生稻（*O. meyeriana* Baill.）和药用野生稻（*O. officinalis* Wall. ex Watt），分布于广东、海南、广西、云南、江西、福建、湖南、台湾等8个省（自治区）的143个县（市），其中广东53个县（市）、广西47个县（市）、云南19个县（市）、海南18个县（市）、湖南和台湾各2个县、江西和福建各1个县。

普通野生稻自然分布于广东、广西、海南、云南、江西、湖南、福建、台湾等8个省（自治区）的113个县（市），是我国野生稻分布最广、面积最大、资源最丰富的一种。普通野生稻大致可分为5个自然分布区：①海南岛区。该区气候炎热，雨量充沛，无霜期长，极有利于普通野生稻的生长与繁衍。海南省18个县（市）中就有14个县（市）分布有普通野生稻，而且密度较大。②两广大陆区。包括广东、广西和湖南的江永县及福建的漳浦县，为普通野生稻的主要分布区，主要集中分布于珠江水系的西江、北江和东江流域，特别是北回归线以南及广东、广西沿海地区分布最多。③云南区。据考察，在西双版纳傣族自治州的景洪镇、勐罕坝、大勐龙坝等地共发现26个分布点，后又在景洪和元江发现2个普通野生稻分布点，这两个县普通野生稻呈零星分布，覆盖面积小。历年发现的分布点都集中在流沙河和澜沧江流域，这两条河向南流入东南亚，注入南海。④湘赣区。包括湖南茶陵县及江西东乡县的普通野生稻。东乡县的普通野生稻分布于北纬28°14′，是目前中国乃至全球普通野生稻分布的最北限。⑤台湾区。20世纪50年代在桃园 、新竹两县发现过普通野生稻，但目前已消失。

药用野生稻分布于广东、海南、广西、云南4省（自治区）的38个县（市），可分为3个自然分布区：①海南岛区。主要分布在黎母山一带，集中分布在三亚市及陵水、保亭、乐东、白沙、屯昌5县。②两广大陆区。为主要分布区，共包括27个县（市），集中于桂东中南部，包括梧州、苍梧、岑溪、玉林、容县、贵港、武宣、横县、邕宁、灵山等县（市），以及广东省的封开、郁南、德庆、罗定、英德等县（市）。③云南区。主要分布于临沧地区的耿马、永德县及普洱市。

疣粒野生稻主要分布于海南、云南与台湾三省（台湾的疣粒野生稻于1978年消失）的27个县（市），海南省仅分布于中南部的9个县（市），尖峰岭至雅加大山、鹦哥岭至黎母山、大本山至五指山、吊罗山至七指岭的许多分支山脉均有分布，常常生长在背北向南的山坡上。云南省有18个县（市）存在疣粒野生稻，集中分布于哀牢山脉以西的滇西南，东至绿春、元江，而以澜沧江、怒江、红河、李仙江、南汀河等河流下游地区为主要分布区。台湾在历史上曾发现新竹县有疣粒野生稻分布，目前情况不明。

自2002年开始，中国农业科学院作物科学研究所组织江西、湖南、云南、海南、福建、广东和广西等省（自治区）的相关单位对我国野生稻资源状况进行再次全面调查和收集，至2013年底，已完成除广东省以外的所有已记载野生稻分布点的调查和部分生态环境相似地区的调查。调查结果表明，与1980年相比，江西、湖南、福建的野生稻分布点没有变化，但分布面积有所减少；海南发现现存的野生稻居群总数达154个，其中普通野生稻136个，疣粒野生稻11个，药用野生稻7个；广西原有的1 342个分布点中还有325个存在野生稻，且新发现野生稻分布点29个，其中普通野生稻13个，药用野生稻16个；云南在调查的98个野生稻分布点中，26个普通野生稻分布点仅剩1个，11个药用野生稻分布点仅剩2个，61个疣粒野生稻分布点还剩25个。除了已记载的分布点，还发现了1个普通野生稻和10个疣粒野生稻新分布点。值得注意的是，从目前对现存野生稻的调查情况看，与1980年相比，我国70%以上的普通野生稻分布点、50%以上的药用野生稻分布点和30%疣粒野生稻分布点已经消失，濒危状况十分严重。

2010年，国家长期库（北京）保存野生稻种质资源5 896份，其中国内普通野生稻种质资源4 602份，药用野生稻880份，疣粒野生稻29份，国外野生稻385份；进入国家中期库（北京）保存的野生稻种质资源3 200份。考虑到种茎保存能较好地保持野生稻原有的种性，为了保持野生稻的遗传稳定性，现已在广东省农业科学院水稻研究所（广州）和广西农业科学院作物品种资源研究所（南宁）建立了2个国家野生稻种质资源圃，收集野生稻种茎入圃保存，至2013年已入圃保存的野生稻种茎10 747份，其中广州圃保存5 037份，南宁圃保存5 710份。此外，新收集的12 800份野生稻种质资源尚未入编国家长期库（北京）或国家野生稻种质圃长期保存，临时保存于各省（自治区）临时圃或大田中。

近年来，对中国收集保存的野生稻种质资源开展了较为系统的抗病虫鉴定，至2013年底，共鉴定出抗白叶枯病种质资源130多份，抗稻瘟病种质资源200余份，抗纹枯病种质资源10份，抗褐飞虱种质资源200多份，抗白背飞虱种质资源180多份。但受试验条件限制，目前野生稻种质资源抗旱、耐寒、抗盐碱等的鉴定较少。

第四节　栽培稻品种的遗传改良

中华人民共和国成立以来，水稻品种的遗传改良获得了巨大成就，纯系选择育种、杂交育种、诱变育种、杂种优势利用、组织培养（花粉、花药、细胞）育种、分子标记辅助育种等先后成为卓有成效的育种方法。65年来，全国共育成并通过国家、省（自治区、直辖市）、地区（市）农作物品种审定委员会审定（认定）的常规和杂交水稻品种共8 117份，其中1991—2014年，每年种植面积大于6 667hm^{2}的品种已从1991年的255个增加到2014年的869个（图1-4）。20世纪50年代后期至70年代的矮化育种、70～90年代的杂交水稻育种，以及近20年的超级稻育种，在我国乃至世界水稻育种史上具有里程碑意义。

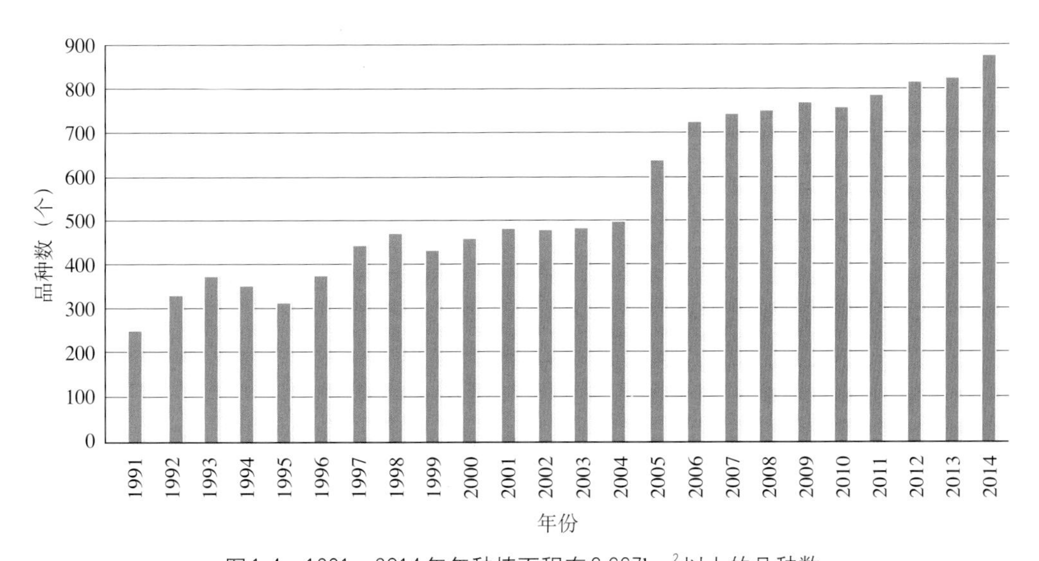

图1-4　1991—2014年年种植面积在6 667hm^{2}以上的品种数

一、常规品种的遗传改良

（一）地方农家品种改良（20世纪50年代）

20世纪50年代初期，全国以种植数以万计的高秆农家品种为主，以高秆（>150cm）、易倒伏为品种主要特征，主要品种有夏至白、马房籼、红脚早、湖北早、黑谷子、竹桠谷、油占子、西瓜红、老来青、霜降青、有芒早粳等。50年代中期，主要采用系统选择法对地方农家品种的某些农艺性状进行改良以提高防倒伏能力，增加产量，育成了一批改良农家品种。在全国范围内，早籼确定38个、中籼确定20个、晚粳确定41个改良农家品种予以大面积推广，连续多年种植面积较大的品种有早籼：南特号、雷火占；中籼：胜利籼、乌嘴川、长粒籼、万利籼；晚籼：红米冬占、浙场9号、粤油占、黄禾子；早粳：有芒早粳；中粳：桂花球、洋早十日、石稻；晚粳：新太湖青、猪毛簇、红须粳、四上裕等。与此同时，通过简单杂交和系统选育，育成了一批高秆改良品种。改良农家品种和新育成的高秆改良品种的产量一般为2 500 ～ 3 000kg/hm^2，比地方高秆农家品种的产量高5%～ 15%。

（二）矮化育种（20世纪50年代后期至70年代）

20世纪50年代后期，育种家先后发现籼稻品种矮仔占、矮脚南特和低脚乌尖，以及粳稻品种农垦58等，具有优良的矮秆特性：秆矮（<100cm），分蘖强，耐肥，抗倒伏，产量高。研究发现，这4个品种都具有半矮秆基因*Sd1*。矮仔占来自南洋，20世纪前期引入广西，是我国20世纪50年代后期至60年代前期种植的最主要的矮秆品种之一，也是60 ～ 90年代矮化育种最重要的矮源亲本之一。矮脚南特是广东农民由高秆品种南特16的矮秆变异株选得。低脚乌尖是我国台湾省的农家品种，是国内外矮化育种最重要的矮源亲本之一。农垦58则是50年代后期从日本引进的粳稻品种。

可利用的*Sd1*矮源发现后，立即开始了大规模的水稻矮化育种。如华南农业科学研究所从矮仔占中选育出矮仔占4号，随后以矮仔占4号与高秆品种广场13杂交育成矮秆品种广场矮。台湾台中农业改良场用矮秆的低脚乌尖与高秆地方品种菜园种杂交育成矮秆的台中本地1号（TN1）。南特号是双季早籼品种极其重要的育种亲源，以南特号为基础，衍生了大量品种，包括矮脚南特（南特号→南特16→矮脚南特）、广场13、莲塘早和陆财号等4个重要骨干品种。农垦58则迅速成为长江中下游地区中粳、晚粳稻的育种骨干亲本。广场矮、矮脚南特、台中本地1号和农垦58这4个具有划时代意义的矮秆品种的育成、引进和推广，标志中国步入了大规模的卓有成效的籼、粳稻矮化育种，成为水稻矮化育种的里程碑。

从20世纪60年代初期开始，全国主要稻区的农家地方品种均被新育成的矮秆、半矮秆品种所替代。这些品种以矮秆（80 ～ 85cm）、半矮秆（86 ～ 105cm）、强分蘖、耐肥、抗倒伏为基本特征，产量比当地主要高秆农家品种提高15%～ 30%。著名的籼稻矮秆品种有矮脚南特、珍珠矮、珍珠矮11、广场矮、广场13、莲塘早、陆财号等；著名的粳稻矮秆品种有农垦58、农垦57（从日本引进）、桂花黄（Balilla，从意大利引进）。60年代后期至70年代中期，年种植面积曾经超过30万hm^{2}的籼稻品种有广陆矮4号、广选3号、二九青、广二104、原丰早、湘矮早9号、先锋1号、矮南早1号、圭陆矮8号、桂朝2号、桂朝13、南京1号、窄叶青8号、红410、成都矮8号、泸双1011、包选2号、包胎矮、团结1号、广二选二、广秋矮、二白矮1号、竹系26、青二矮等；年种植面积超过20万hm^{2}的粳稻矮秆品种有农垦58、农垦57、农虎6号、吉粳60、武农早、沪选19、嘉湖4号、桂花糯、双糯4号等。

（三）优质多抗育种（20世纪80年代中期至90年代）

1978—1984年，由于杂交水稻的兴起和农村种植结构的变化，常规水稻的种植面积大大压缩，特别是常规早稻面积逐年减少，部分常规双季稻被杂交中籼稻和杂交晚籼稻取代。因此，常规品种的选育多以提高稻米产量和品质为主，主要的籼稻品种有广陆矮4号、二九青、先锋1号、原丰早、湘矮早9号、湘早籼13、红410、二九丰、浙733、浙辐802、湘早籼7号、嘉育948、舟903、广二104、桂朝2号、珍珠矮11、包选2号、国际稻8号（IR8）、南京11、754、团结1号、二白矮1号、窄叶青8号、粳籼89、湘晚籼11、双桂1号、桂朝13、七桂早25、鄂早6号、73-07、青秆黄、包选2号、754、汕二59、三二矮等；主要的粳稻品种有秋光、合江19、桂花黄、鄂晚5号、农虎6号、嘉湖4号、鄂宜105、秀水04、武育粳2号、秀水48、秀水11等。

自矮化育种以来，由于密植程度增加，病虫害逐渐加重。因此，90年代常规品种的选育重点在提高产量的同时，还须兼顾提高病虫抗性和改良品质，提高对非生物压力的耐性，因而育成的品种多数遗传背景较为复杂。突出的籼稻品种有早籼31、鄂早18、粤晶丝苗2号、嘉育948、籼小占、粤香占、特籼占25、中鉴100、赣晚籼30、湘晚籼13等；重要的粳稻品种有空育131、辽粳294、龙粳14、龙粳20、吉粳88、垦稻12、松粳6号、宁粳16、垦稻8号、合江19、武育粳3号、武育粳5号、早丰9号、武运粳7号、秀水63、秀水110、秀水128、嘉花1号、甬粳18、豫粳6号、徐稻3号、徐稻4号、武香粳14等。

1978—2014年，最大年种植面积超过40万hm^2的常规稻品种共23个，这些都是高产品种，产量高，适应性广，抗病虫力强（表1-3）。

表1-3　1978—2014年最大年种植面积超过40万hm^2的常规水稻品种

品种名称	品种类型	亲本/血缘	最大年种植面积（万hm^2）	累计种植面积（万hm^2）
广陆矮4号	早籼	广场矮3784/陆财号	495.3（1978）	1 879.2（1978—1992）
二九青	早籼	二九矮7号/青小金早	96.9（1978）	542.0（1978—1995）
先锋1号	早籼	广场矮6号/陆财号	97.1（1978）	492.5（1978—1990）
原丰早	早籼	IR8种子^{60}Co辐照	105.0（1980）	436.7（1980—1990）
湘矮早9号	早籼	IR8/湘矮早4号	121.3（1980）	431.8（1980—1989）
余赤231-8	晚籼	余晚6号/赤块矮3号	41.1（1982）	277.7（1981—1999）
桂朝13	早籼	桂阳矮49/朝阳早18，桂朝2号的姐妹系	68.1（1983）	241.8（1983—1990）
红410	早籼	珍龙410系选	55.7（1983）	209.3（1982—1990）
双桂1号	早籼	桂阳矮C17/桂朝2号	81.2（1985）	277.5（1982—1989）
二九丰	早籼	IR29/原丰早	66.5（1987）	256.5（1985—1994）
73-07	早籼	红梅早/7055	47.5（1988）	157.7（1985—1994）
浙辐802	早籼	四梅2号种子辐照	130.1（1990）	973.1（1983—2004）
中嘉早17	早籼	中选181/育嘉253	61.1（2014）	171.4（2010—2014）
珍珠矮11	中籼	矮仔占4号/惠阳珍珠早	204.9（1978）	568.2（1978—1996）
包选2号	中籼	包胎白系选	72.3（1979）	371.7（1979—1993）
桂朝2号	中籼	桂阳矮49/朝阳早18	208.8（1982）	721.2（1982—1995）
二白矮1号	晚籼	秋二矮/秋白矮	68.1（1979）	89.0（1979—1982）
龙粳25	早粳	佳禾早占/龙花97058	41.1（2011）	119.7（2010—2014）
空育131	早粳	道黄金/北明	86.7（2004）	938.5（1997—2014）
龙粳31	早粳	龙花96-1513/垦稻8号的F_1花药培养	112.8（2013）	256.9（2011—2014）
武育粳3号	中粳	中丹1号/79-51//中丹1号/扬粳1号	52.7（1997）	560.7（1992—2012）
秀水04	晚粳	C21///辐农709//辐农709/单209	41.4（1988）	166.9（1985—1993）
武运粳7号	晚粳	嘉40/香糯9121//丙815	61.4（1999）	332.3（1998—2014）

二、杂交水稻的兴起和遗传改良

20世纪70年代初，袁隆平等在海南三亚发现了含有胞质雄性不育基因*cms*的普通野生稻，这一发现对水稻杂种优势利用具有里程碑的意义。通过全国协作攻关，1973年实现不育系、保持系、恢复系三系配套，1976年中国开始大面积推广“三系”杂交水稻。1980年全国杂交水稻种植面积479万hm^2，1990年达到1 665万hm^2。70年代初期，中国最重要的不育系二九南1号A和珍汕97A,是来自携带*cms*基因的海南普通野生稻与中国矮秆品种二九南1号和珍汕97的连续回交后代；最重要的恢复系来自国际水稻研究所的IR24、IR661和IR26，它们配组的南优2号、南优3号和汕优6号成为20世纪70年代后期到80年代初期最重要的籼型杂交水稻品种。南优2号最大年（1978）种植面积298万hm^2，1976—1986年累计种植面积666.7万hm^2；汕优6号最大年（1984）种植面积173.9万hm^2，1981—1994年累计种植面积超过1 000万hm^2。

1973年10月，石明松在晚粳农垦58田间发现光敏雄性不育株，经过10多年的选育研究，1987年光敏核不育系农垦58S选育成功并正式命名，两系杂交水稻正式进入攻关阶段，两系杂交水稻优良品种两优培九通过江苏省（1999）和国家（2001）农作物品种审定委员会审定并大面积推广，2002年该品种年种植面积达到82.5万hm^2。

20世纪80 ～ 90年代，针对第一代中国杂交水稻稻瘟病抗性差的突出问题，开展抗稻瘟病育种，育成明恢63、测64、桂33等抗稻瘟病性较强的恢复系，形成第二代杂交水稻汕优63、汕优64、汕优桂33等一批新品种，从而中国杂交水稻又蓬勃发展，80年代湖北出现6 666.67hm^2汕优63产量超9 000kg/hm^2的记录。著名的杂交水稻品种包括：汕优46、汕优63、汕优64、汕优桂99、威优6号、威优64、协优46、D优63、冈优22、Ⅱ优501、金优207、四优6号、博优64、秀优57等。中国三系杂交水稻最重要的强恢复系为IR24、IR26、明恢63、密阳46（Miyang 46）、桂99、CDR22、辐恢838、扬稻6号等。

1978—2014年，最大年种植面积超过40万hm^2的杂交稻品种共32个，这些杂交稻品种产量高，抗病虫力强，适应性广，种植年限长，制种产量也高（表1-4）。

表1-4　1978—2014年最大年种植面积超过40万hm^2的杂交稻品种

杂交稻品种	类型	配组亲本	恢复系中的国外亲本	最大年种植面积（万hm^2）	累计种植面积（万hm^2）
南优2号	三系，籼	二九南1号A/IR24	IR24	298.0（1978）	＞666.7（1976—1986）
威优2号	三系，籼	V20A/IR24	IR24	74.7（1981）	203.8（1981—1992）
汕优2号	三系，籼	珍汕97A/IR24	IR24	278.3（1984）	1 264.8（1981—1988）
汕优6号	三系，籼	珍汕97A/IR26	IR26	173.9（1984）	999.9（1981—1994）
威优6号	三系，籼	V20A/IR26	IR26	155.3（1986）	821.7（1981—1992）
汕优桂34	三系，籼	珍汕97A/桂34	IR24、IR30	44.5（1988）	155.6（1986—1993）
威优49	三系，籼	V20A/测64-49	IR9761-19	45.4（1988）	163.8（1986—1995）
D优63	三系，籼	D汕A/明恢63	IR30	111.4（1990）	637.2（1986—2001）

（续）

杂交稻品种	类型	配组亲本	恢复系中的国外亲本	最大年种植面积（万hm²）	累计种植面积（万hm²）
博优64	三系，籼	博A/测64-7	IR9761-19-1	67.1（1990）	334.7（1989—2002）
汕优63	三系，籼	珍汕97A/明恢63	IR30	681.3（1990）	6 288.7（1983—2009）
汕优64	三系，籼	珍汕97A/测64-7	IR9761-19-1	190.5（1990）	1 271.5（1984—2006）
威优64	三系，籼	V20A/测64-7	IR9761-19-1	135.1（1990）	1 175.1（1984—2006）
汕优桂33	三系，籼	珍汕97A/桂33	IR24、IR36	76.7（1990）	466.9（1984—2001）
汕优桂99	三系，籼	珍汕97A/桂99	IR661、IR2061	57.5（1992）	384.0（1990—2008）
冈优12	三系，籼	冈46A/明恢63	IR30	54.4（1994）	187.7（1993—2008）
威优46	三系，籼	V20A/密阳46	密阳46	51.7（1995）	411.4（1990—2008）
汕优46*	三系，籼	珍汕97A/密阳46	密阳46	45.5（1996）	340.3（1991—2007）
汕优多系1号	三系，籼	珍汕97A/多系1号	IR30、Tetep	68.7（1996）	301.7（1995—2004）
汕优77	三系，籼	珍汕97A/明恢77	IR30	43.1（1997）	256.1（1992—2007）
特优63	三系，籼	龙特甫A/明恢63	IR30	43.1（1997）	439.3（1984—2009）
冈优22	三系，籼	冈46A/CDR22	IR30、IR50	161.3（1998）	922.7（1994—2011）
协优63	三系，籼	协青早A/明恢63	IR30	43.2（1998）	362.8（1989—2008）
Ⅱ优501	三系，籼	Ⅱ-32A/明恢501	泰引1号、IR26、IR30	63.5（1999）	244.9（1995—2007）
Ⅱ优838	三系，籼	Ⅱ-32A/辐恢838	泰引1号、IR30	79.1（2000）	663.0（1995—2014）
金优桂99	三系，籼	金23A/桂99	IR661、IR2061	40.4（2001）	236.2（1994—2009）
冈优527	三系，籼	冈46A/蜀恢527	古154、IR24、IR1544-28-2-3	44.6（2002）	246.4（1999—2013）
冈优725	三系，籼	冈46A/绵恢725	泰引1号、IR30、IR26	64.2（2002）	469.4（1998—2014）
金优207	三系，籼	金23A/先恢207	IR56、IR9761-19-1	71.9（2004）	508.7（2000—2014）
金优402	三系，籼	金23A/R402	古154、IR24、IR30、IR1544-28-2-3	53.5（2006）	428.6（1996—2014）
培两优288	两系，籼	培矮64S/288	IR30、IR36、IR2588	39.9（2001）	101.4（1996—2006）
两优培九	两系，籼	培矮64S/扬稻6号	IR30、IR36、IR2588、BG90-2	82.5（2002）	634.9（1999—2014）
丰两优1号	两系，籼	广占63S/扬稻6号	IR30、R36、IR2588、BG90-2	40.0（2006）	270.1（2002—2014）

* 汕优10号与汕优46的父、母本和育种方法相同，前期称为汕优10号，后期统称汕优46。

三、超级稻育种

国际水稻研究所从1989年起开始实施理想株型（Ideal plant type，俗称超级稻）育种计划，试图利用热带粳稻新种质和理想株型作为突破口，通过杂交和系统选育及分子育种方法育成新株型品种［New plant type（NPT），超级稻］供南亚和东南亚稻区应用，设计产量希望比当地品种增产20%～30%。但由于产量、抗病虫力和稻米品质不理想等原因，迄今还无突出的品种在亚洲各国大面积应用。

为实现在矮化育种和杂交育种基础上的产量再次突破，农业部于1996年启动中国超级稻研究项目，要求育成高产、优质、多抗的常规和杂交水稻新品种。广义要求，超级稻的主要性状如产量、米质、抗性等均应显著超过现有主栽品种的水平；狭义要求，应育成在抗性和米质与对照品种相仿的基础上，产量有大幅度提高的新品种。在育种技术路线上，超级稻品种采用理想株型塑造与杂种优势利用相结合的途径，核心是种质资源的有效利用或有利多基因的聚合，育成单产大幅提高、品质优良、抗性较强的新型水稻品种（表1-5）。

表1-5 超级稻品种的主要指标

项 目	长江流域早熟早稻	长江流域中迟熟早稻	长江流域中熟晚稻、华南感光性晚稻	华南早晚兼用稻、长江流域迟熟晚稻、东北早熟粳稻	长江流域一季稻、东北中熟粳稻	长江上游迟熟一季稻、东北迟熟粳稻
生育期（d）	≤105	≤115	≤125	≤132	≤158	≤170
产量（kg/hm^2）	≥8 250	≥9 000	≥9 900	≥10 800	≥11 700	≥12 750
品 质	北方粳稻达到部颁二级米以上（含）标准，南方晚籼稻达到部颁三级米以上（含）标准，南方早籼稻和一季稻达到部颁四级米以上（含）标准					
抗 性	抗当地1～2种主要病虫害					
生产应用面积	品种审定后2年内生产应用面积达到每年3 125hm^{2}以上					

近年有的育种家提出“绿色超级稻”或“广义超级稻”的概念，其基本思路是将品种资源研究、基因组研究和分子技术育种紧密结合，加强水稻重要性状的生物学基础研究和基因发掘，全面提高水稻的综合性状，培育出抗病、抗虫、抗逆、营养高效、高产、优质的新品种。2000年超级杂交稻第一期攻关目标大面积如期实现产量10.5t/hm^2，2004年第二期攻关目标大面积实现产量12.0t/hm^2。

2006年，农业部进一步启动推进超级稻发展的“6236工程”，要求用6年的时间，培育并形成20个超级稻主导品种，年推广面积占全国水稻总面积的30%，即900万hm^2，单产比目前主栽品种平均增产900kg/hm^2，以全面带动我国水稻的生产水平。2011年，湖南隆回县种植的超级杂交水稻品种Y两优2号在7.5hm^{2}的面积上平均产量13 899kg/hm^2；2011年宁波农业科学院选育的籼粳型超级杂交晚稻品种甬优12单产14 147kg/hm^2；2013年，湖南隆回县种植的超级杂交水稻Y两优900获得14 821kg/hm^{2}的产量，宣告超级杂交水稻第三期攻关目标大面积产量13.5t/hm^{2}的实现。据报道，2015年云南个旧市的“超级杂交水稻示范基地”百亩连片水稻攻关田，种植的超级稻品种超优千号，百亩片平均单产16 010kg/hm^2；2016年山东临沂市莒南县大店镇的百亩片攻关基地种植的超级杂交稻超优千号，实测单产15 200kg/hm^2，创造了杂交水稻高纬度单产的世界纪录，表明已稳定实现了超级杂交水稻第四期大面积产量潜力达到15t/hm^{2}的攻关目标。

截至2014年，农业部确认了111个超级稻品种，分别是：

常规超级籼稻7个：中早39、中早35、金农丝苗、中嘉早17、合美占、玉香油占、桂农占。

常规超级粳稻28个：武运粳27、南粳44、南粳45、南粳49、南粳5055、淮稻9号、长白25、莲稻1号、龙粳39、龙粳31、松粳15、镇稻11、扬粳4227、宁粳4号、楚粳28、连粳7号、沈农265、沈农9816、武运粳24、扬粳4038、宁粳3号、龙粳21、千重浪、辽星1号、楚粳27、松粳9号、吉粳83、吉粳88。

籼型三系超级杂交稻46个：F优498、荣优225、内5优8015、盛泰优722、五丰优615、天优3618、天优华占、中9优8012、H优518、金优785、德香4103、Q优8号、宜优673、深优9516、03优66、特优582、五优308、五丰优T025、天优3301、珞优8号、荣优3号、金优458、国稻6号、赣鑫688、Ⅱ优航2号、天优122、一丰8号、金优527、D优202、Q优6号、国稻1号、国稻3号、中浙优1号、丰优299、金优299、Ⅱ优明86、Ⅱ优航1号、特优航1号、D优527、协优527、Ⅱ优162、Ⅱ优7号、Ⅱ优602、天优998、Ⅱ优084、Ⅱ优7954。

粳型三系超级杂交稻1个：辽优1052。

籼型两系超级杂交稻26个：两优616、两优6号、广两优272、C两优华占、两优038、Y两优5867、Y两优2号、Y两优087、准两优608、深两优5814、广两优香66、陵两优268、徽两优6号、桂两优2号、扬两优6号、陆两优819、丰两优香1号、新两优6380、丰两优4号、Y优1号、株两优819、两优287、培杂泰丰、新两优6号、两优培九、准两优527。

籼粳交超级杂交稻3个：甬优15、甬优12、甬优6号。

超级杂交水稻育种正在继续推进，面临的挑战还有很多。从遗传角度看，目前真正能用于超级稻育种的有利基因及连锁分子标记还不多，水稻基因研究成果还不足以全面支撑超级稻分子育种，目前的超级稻育种仍以常规杂交技术和资源的综合利用为主。因此，需要进一步发掘高产、优质、抗病虫、抗逆基因，改进育种方法，将常规育种技术与分子育种技术相结合起来，培育出广适性的可大幅度减少农用化学品（无机肥料、杀虫剂、杀菌剂、除草剂）而又高产优质的超级稻品种。

第五节　核心育种骨干亲本

分析65年来我国育成并通过国家或省级农作物品种审定委员会审（认）定的8 117份水稻、陆稻和杂交水稻现代品种，追溯这些品种的亲源，可以发现一批极其重要的核心育种骨干亲本，它们对水稻品种的遗传改良贡献巨大。但是由于种质资源的不断创新与交流，尤其是育种材料的交流和国外种质的引进，育种技术的多样化，有的品种含有多个亲本的血缘，使得现代育成品种的亲缘关系十分复杂。特别是有些品种的亲缘关系没有文字记录，或者仅以代号留存，难以查考。另外，籼、粳稻品种的杂交和选择，出现了大量含有籼、粳血缘的中间品种，难以绝对划分它们的籼、粳类别。毫无疑问，品种遗传背景的多样性对于克服品种遗传脆弱性，保障粮食生产安全性极为重要。

考虑到这些相互交错的情况，本节品种的亲源一般按不同亲本在品种中所占的重要性和比率确定，可能会出现前后交叉和上下代均含数个重要骨干亲本的情况。

一、常规籼稻

据不完全统计，我国常规籼稻最重要的核心育种骨干亲本有22个，衍生的大面积种植（年种植面积>6 667hm^2）的品种数超过2 700个（表1-6）。其中，全国种植面积较大的常规籼稻品种是：浙辐802、桂朝2号、双桂1号、广陆矮4号、湘早籼45、中嘉早17等。

表1-6　籼稻核心育种骨干亲本及其主要衍生品种

品种名称	类型	衍生的品种数	主要衍生品种
矮仔占	早籼	>402	矮仔占4号、珍珠矮、浙辐802、广陆矮4号、桂朝2号、广场矮、二九青、特青、嘉育948、红410、泸红早1号、双桂36、湘早籼7号、广二104、珍汕97、七桂早25、特籼占13
南特号	早籼	>323	矮脚南特、广场13、莲塘早、陆财号、广场矮、广选3号、矮南早1号、广陆矮4号、先锋1号、青小金早、湘早籼3号、湘矮早3号、湘矮早7号、嘉育293、赣早籼26
珍汕97	早籼	>267	珍竹19、庆元2号、闽科早、珍汕97A、Ⅱ-32A、D汕A、博A、中A、29A、天丰A、枝A不育系及汕优63等大量杂交稻品种
矮脚南特	早籼	>184	矮南早1号、湘矮早7号、青小金早、广选3号、温选青
珍珠矮	早籼	>150	珍龙13、珍汕97、红梅早、红410、红突31、珍珠矮6号、珍珠矮11、7055、6044、赣早籼9号
湘早籼3号	早籼	>66	嘉育948、嘉育293、湘早籼10号、湘早籼13、湘早籼7号、中优早81、中86-44、赣早籼26
广场13	早籼	>59	湘早籼3号、中优早81、中86-44、嘉育293、嘉育948、早籼31、嘉兴香米、赣早籼26
红410	早籼	>43	红突31、8004、京红1号、赣早籼9号、湘早籼5号、舟优903、中优早3号、泸红早1号、辐8-1、佳禾早占、鄂早16、余红1号、湘晚籼9号、湘晚籼14
嘉育293	早籼	>25	嘉育948、中98-15、嘉兴香米、嘉早43、越糯2号、嘉育143、嘉早41、嘉早935、中嘉早17
浙辐802	早籼	>21	香早籼11、中516、浙9248、中组3号、皖稻45、鄂早10号、赣早籼50、金早47、赣早籼56、浙852、中选181
低脚乌尖	中籼	>251	台中本地1号（TN1）、IR8、IR24、IR26、IR29、IR30、IR36、IR661、原丰早、洞庭晚籼、二九丰、滇瑞306、中选8号
广场矮	中籼	>151	桂朝2号、双桂36、二九矮、广场矮5号、广场矮3784、湘矮早3号、先锋1号、泸南早1号
IR8	中籼	>120	IR24、IR26、原丰早、滇瑞306、洞庭晚籼、滇陇201、成矮597、科六早、滇屯502、滇瑞408
IR36	中籼	>108	赣早籼15、赣早籼37、赣早籼39、湘早籼3号
IR24	中籼	>79	四梅2号、浙辐802、浙852、中156，以及一批杂交稻恢复系和杂交稻品种南优2号、汕优2号
胜利籼	中籼	>76	广场13、南京1号、南京11、泸胜2号、广场矮系列品种
台中本地1号（TN1）	中籼	>38	IR8、IR26、IR30、BG90-2、原丰早、湘晚籼1号、滇瑞412、扬稻1号、扬稻3号、金陵57

（续）

品种名称	类型	衍生的品种数	主要衍生品种
特青	中晚籼	>107	特籼占13、特籼占25、盐稻5号、特三矮2号、鄂中4号、胜优2号、丰青矮、黄华占、茉莉新占、丰矮占1号、丰澳占，以及一批杂交稻恢复系镇恢084、蓉恢906、浙恢9516、广恢998
秋播了	晚籼	>60	516、澄秋5号、秋长3号、东秋播、白花
桂朝2号	中晚籼	>43	豫籼3号、镇籼96、扬稻5号、湘晚籼8号、七山占、七桂早25、双朝25、双桂36、早桂1号、陆青早1号、湘晚籼32
中山1号	晚籼	>30	包胎红、包胎白、包选2号、包胎矮、大灵矮、钢枝占
粳籼89	晚籼	>13	赣晚籼29、特籼占13、特籼占25、粤野软占、野黄占、粤野占26

矮仔占源自早期的南洋引进品种，后成为广西容县一带农家地方品种，携带*sd1*矮秆基因，全生育期约140d，株高82cm左右，节密，耐肥，有效穗多，千粒重26g左右，单产4 500 ~ 6 000kg/hm^2，比一般高秆品种增产20% ~ 30%。1955年，华南农业科学研究所发现并引进矮仔占，经系选，于1956年育成矮仔占4号。采用矮仔占4号/广场13，1959年育成矮秆品种广场矮；采用矮仔占4号/惠阳珍珠早，1959年育成矮秆品种珍珠矮。广场矮和珍珠矮是矮仔占最重要的衍生品种，这2个品种不但推广面积大，而且衍生品种多，随后成为水稻矮化育种的重要骨干亲本，广场矮至少衍生了151个品种，珍珠矮至少衍生了150个品种。因此，矮仔占是我国20世纪50年代后期至60年代最重要的矮秆推广品种，也是60 ~ 80年代矮化育种最重要的矮源。至今，矮仔占至少衍生了402个品种，其中种植面积较大的衍生品种有广场矮、珍珠矮、广陆矮4号、二九青、先锋1号、特青、桂朝2号、双桂1号、湘早籼7号、嘉育948等。

南特号是20世纪40年代从江西农家品种鄱阳早的变异株中选得，50年代在我国南方稻区广泛作早稻种植。该品种株高100 ~ 130cm，根系发达，适应性广，全生育期105 ~ 115d，较耐肥，每穗约80粒，千粒重26 ~ 28g，单产3 750 ~ 4 500kg/hm^2，比一般高秆品种增产13% ~ 34%。南特号1956年种植面积达333.3万hm^2，1958—1962年，年种植面积达到400万hm^{2}以上。南特号直接系选衍生出南特16、江南1224和陆财号。1956年，广东潮阳县农民从南特号发现矮秆变异株，经系选育成矮脚南特，具有早熟、秆矮、高产等优点，可比高秆品种增产20% ~ 30%。经分析，矮脚南特也含有矮秆基因*sd1*，随后被迅速大面积推广并广泛用作矮化育种亲本。南特号是双季早籼品种极其重要的育种亲源，至少衍生了323个品种，其中种植面积较大的衍生品种有广场矮、广场13、矮南早1号、莲塘早、陆财号、广陆矮4号、先锋1号、青小金早、湘矮早2号、湘矮早7号、红410等。

低脚乌尖是我国台湾省的农家品种，携带*sd1*矮秆基因，20世纪50年代后期因用低脚乌尖为亲本（低脚乌尖/菜园种）在台湾育成台中本地1号（TN1）。国际水稻研究所利用Peta/低脚乌尖育成著名的IR8品种并向东南亚各国推广，引发了亚洲水稻的绿色革命。祖国大陆育种家利用含有低脚乌尖血缘的台中本地1号、IR8、IR24和IR30作为杂交亲本，至少衍生了251个常规水稻品种，其中IR8（又称科六或691）衍生了120个品种，台中本地1号衍生了38个品种。利用IR8和台中本地1号而衍生的、种植面积较大的品种有原丰早、科梅、双科1号、湘矮早9号、二九丰、扬稻2号、泸红早1号等。利用含有低脚乌尖血缘的IR24、IR26、IR30等，又育成了大量杂交水稻恢复系，有的恢复系可直接作为常规品种种植。

早籼品种珍汕97对推动杂交水稻的发展作用特殊、贡献巨大。该品种是浙江省温州农业科学研究所用珍珠矮11/汕矮选4号于1968年育成，含有矮仔占血缘，株高83cm，全生育期约120d，分蘖力强，千粒重27g左右，单产约5 500kg/hm^2。珍汕97除衍生了一批常规品种外，还被用于杂交稻不育系的选育。1973年，江西省萍乡市农业科学研究所以海南普通野生稻的野败材料为母本，用珍汕97为父本进行杂交并连续回交育成珍汕97A。该不育系早熟、配合力强，是我国使用范围最广、应用面积最大、时间最长、衍生品种最多的不育系。珍汕97A与不同恢复系配组，育成多种熟期类型的杂交水稻品种，如汕优6号、汕优46、汕优63、汕优64等供华南、长江流域作双季晚稻和单季中、晚稻大面积种植。以珍汕97A为母本直接配组的年种植面积超过6 667hm^{2}的杂交水稻品种有92个，36年来（1978—2014年）累计推广面积超过14 450万hm^2。

特青是广东省农业科学院用特矮/叶青伦于1984年育成的早、晚兼用的籼稻品种，茎秆粗壮，叶挺色浓，株叶形态好，耐肥，抗倒伏，抗白叶枯病，产量高，大田产量6 750 ~ 9 000kg/hm^2。特青被广泛用于南方稻区早、中、晚籼稻的育种亲本，主要衍生品种有特籼占13、特籼占25、盐稻5号、特三矮2号、鄂中4号、胜优2号、黄华占、丰矮占1号、丰澳占等。

嘉育293（浙辐802/科庆47//二九丰///早丰6号/水原287////HA79317-7）是浙江省嘉兴市农业科学研究所育成的常规早籼品种。全生育期约112d，株高76.8cm，苗期抗寒性强，株型紧凑，叶片长而挺，茎秆粗壮，生长旺盛，耐肥，抗倒伏，后期青秆黄熟，产量高，适于浙江、江西、安徽（皖南）等省作早稻种植，1993—2012年累计种植面积超过110万hm^2。嘉育293被广泛用于长江中下游稻区的早籼稻育种亲本，主要衍生品种有嘉育948、中98-15、嘉兴香米、嘉早43、越糯2号、嘉育143、嘉早41、嘉早935、中嘉早17等。

二、常规粳稻

我国常规粳稻最重要的核心育种骨干亲本有20个，衍生的种植面积较大（年种植面积＞6 667hm^2）的品种数超过2 400个（表1-7）。其中，全国种植面积较大的常规粳稻品种有：空育131、武育粳2号、武育粳3号、武运粳7号、鄂宜105、合江19、宁粳4号、龙粳31、农虎6号、鄂晚5号、秀水11、秀水04等。

旭是日本品种，从日本早期品种日之出选出。对旭进行系统选育，育成了京都旭以及关东43、金南风、下北、十和田、日本晴等日本品种。至20世纪末，我国由旭衍生的粳稻品种超过149个。如利用旭及其衍生品种进行早粳育种，育成了辽丰2号、松辽4号、合江20、合江21、早丰、吉粳53、吉粳88、冀粳1号、五优稻1号、龙粳3号、东农416等；利用京都旭及其衍生品种农垦57（原名金南风）进行中、晚粳育种，育成了金垦18、南粳11、徐稻2号、镇稻4号、盐粳4号、扬粳186、盐粳6号、镇稻6号、淮稻6号、南粳37、阳光200、远杂101、鲁香粳2号等。

表1-7 常规粳稻最重要核心育种骨干亲本及其主要衍生品种

品种名称	类型	衍生的品种数	主要衍生品种
旭	早粳	>149	农垦57、辽丰2号、松辽4号、合江20、合江21、早丰、吉粳53、吉粳88、冀粳1号、五优稻1号、龙粳3号、东农416、吉粳60、东农416
笹锦	早粳	>147	丰锦、辽粳5号、龙粳1号、秋光、吉粳69、龙粳1号、龙粳4号、龙粳14、垦稻8号、藤系138、京稻2号、辽盐2号、长白8号、吉粳83、青系96、秋丰、吉粳66
坊主	早粳	>105	石狩白毛、合江3号、合江11、合江22、龙粳2号、龙粳14、垦稻3号、垦稻8号、长白5号
爱国	早粳	>101	丰锦、宁粳6号、宁粳7号、辽粳5号、中花8号、临稻3号、冀粳6号、砦1号、辽盐2号、沈农265、松粳10号、沈农189
龟之尾	早粳	>95	宁粳4号、九稻1号、东农4号、松辽5号、虾夷、松辽5号、九稻1号、辽粳152
石狩白毛	早粳	>88	大雪、滇榆1号、合江12、合江22、龙粳1号、龙粳2号、龙粳14、垦稻8号、垦稻10号
辽粳5号	早粳	>61	辽粳68、辽粳288、辽粳326、沈农159、沈农189、沈农265、沈农604、松粳3号、松粳10号、辽星1号、中辽9052
合江20	早粳	>41	合江23、吉粳62、松粳3号、松粳9号、五优稻1号、五优稻3号、松粳21、龙粳3号、龙粳13、绥粳1号
吉粳53	早粳	>27	长白9号、九稻11、双丰8号、吉粳60、新稻2号、东农416、吉粳70、九稻44、丰选2号
红旗12	早粳	>26	宁粳9号、宁粳11、宁粳19、宁粳23、宁粳28、宁稻216
农垦57	中粳	>116	金垦18、双丰4号、南粳11、南粳23、徐稻2号、镇稻4号、盐粳4号、扬粳201、扬粳186、盐粳6号、南粳36、镇稻6号、淮稻6号、扬粳9538、南粳37、阳光200、远杂101、鲁香粳2号
桂花黄	中粳	>97	南粳32、矮粳23、秀水115、徐稻2号、浙粳66、双糯4号、临稻10号、宁粳9号、宁粳23、镇稻2号
西南175	中粳	>42	云粳3号、云粳7号、云粳9号、云粳134、靖粳10号、靖粳16、京黄126、新城糯、楚粳5号、楚粳22、合系41、滇靖8号
武育粳3号	中粳	>22	淮稻5号、淮稻6号、镇稻99、盐稻8号、武运粳11、华粳2号、广陵香粳、武育粳5号、武香粳9号
滇榆1号	中粳	>13	合系34、楚粳7号、楚粳8号、楚粳24、凤稻14、楚粳14、靖粳8号、靖粳优2号、靖粳优3号、云粳优1号
农垦58	晚粳	>506	沪选19、鄂宜105、农虎6号、辐农709、秀水48、农红73、矮粳23、秀水04、秀水11、秀水63、宁67、武运粳7号、武育粳3号、宁粳1号、甬粳18、徐稻3号、武香粳9号、鄂晚5号、嘉991、镇稻99、太湖糯
农虎6号	晚粳	>332	秀水664、嘉湖4号、祥湖47、秀水04、秀水11、秀水48、秀水63、桐青晚、宁67、太湖糯、武香粳9号、甬粳44、香血糯335、辐农709、武运粳7号
测21	晚粳	>254	秀水04、武香粳14、秀水11、宁粳1号、秀水664、武粳15、武运粳8号、秀水63、甬粳18、祥湖84、武香粳9号、武运粳21、宁67、嘉991、矮糯21、常农粳2号、春江026
秀水04	晚粳	>130	武香粳14、秀水122、武运粳23、秀水1067、武粳13、甬优6号、秀水17、太湖粳2号、甬优1号、宁粳3号、皖稻26、运9707、甬优9号、秀水59、秀水620
矮宁黄	晚粳	>31	老来青、沪晚23、八五三、矮粳23、农红73、苏粳7号、安庆晚2号、浙粳66、秀水115、苏稻1号、镇稻1号、航育1号、祥湖25

辽粳5号(丰锦////越路早生/矮脚南特//藤坂5号/BaDa///沈苏6号)是沈阳市浑河农场采用籼、粳稻杂交，后代用粳稻多次复交，于1981年育成的早粳矮秆高产品种。辽粳5号集中了籼、粳稻特点，株高80～90cm，叶片宽、厚、短、直立上举，色浓绿，分蘖力强，株型紧凑，受光姿态好，光能利用率高，适应性广，较抗稻瘟病，中抗白叶枯病，产量高。适宜在东北作早粳种植，1992年最大种植面积达到9.8万hm^2。用辽粳5号作亲本共衍生了61个品种，如辽粳326、沈农159、沈农189、松粳10号、辽星1号等。

合江20（早丰/合江16）是黑龙江省农业科学院水稻研究所于20世纪70年代育成的优良广适型早粳品种。合江20全生育期133～138d，叶色浓绿，直立上举，分蘖力较强，抗稻瘟病性较强，耐寒性较强，耐肥，抗倒伏，感光性较弱，感温性中等，株高90cm左右，千粒重23～24g。70年代末至80年代中期在黑龙江省大面积推广种植，特别是推广水稻旱育稀植以后，该品种成为黑龙江省的主栽品种。作为骨干亲本合江20衍生的品种包括松粳3号、合江21、合江23、黑粳5号、吉粳62等。

桂花黄是我国中、晚粳稻育种的一个主要亲源品种，原名Balilla(译名巴利拉、伯利拉、倍粒稻)，1960年从意大利引进。桂花黄为1964年江苏省苏州地区农业科学研究所从Balilla变异单株中选育而成，亦名苏粳1号。桂花黄株高90cm左右，全生育期120～130d，对短日照反应中等偏弱，分蘖力弱，穗大，着粒紧密，半直立，千粒重26～27g，一般单产5 000～6 000kg/hm^2。桂花黄的显著特点是配合力好，能较好地与各类粳稻配组。据统计，40年来（1965—2004年）桂花黄共衍生了97个品种，种植面积较大的品种有南粳32、矮粳23、秀水115、徐稻2号、浙粳66、双糯4号、临稻10号等。

农垦58是我国最重要的晚粳稻骨干亲本之一。农垦58又名世界一（经考证应该为Sekai系列中的1个品系)，1957年农垦部引自日本，全生育期单季晚稻160～165d，连作晚稻135d，株高约110cm，分蘖早而多，株型紧凑，感光，对短日照反应敏感，后期耐寒，抗稻瘟病，适应性广，千粒重26～27g，米质优，作单季晚稻单产一般6 000～6 750kg/hm^2。该品种20世纪60～80年代在长江流域稻区广泛种植，1975年种植面积达到345万hm^2，1960—1987年累计种植面积超过1 100万hm^2。50年来（1960—2010年）以农垦58为亲本衍生的品种超过506个，其中直接经系统选育而成的品种59个。具有农垦58血缘并大面积种植的品种有：鄂宜105、农虎6号、辐农709、农红73、秀水04、秀水11、秀水63、宁67、武运粳7号、武育粳3号、宁粳1号、甬粳18、徐稻3号等。从农垦58田间发现并命名的农垦58S，成为我国两系杂交稻光温敏核不育系的主要亲本之一，并衍生了多个光温敏核不育系如培矮64S等，配组了大量两系杂交稻如两优培九、两优培特、培两优288、培两优986、培两优特青、培杂山青、培杂双七、培杂泰丰、培杂茂三等。

农虎6号是我国著名的晚粳品种和育种骨干亲本，由浙江省嘉兴市农业科学研究所于1965年用农垦58与老虎稻杂交育成，具有高产、耐肥、抗倒伏、感光性较强的特点，仅1974年在浙江、江苏、上海的种植面积就达到72.2万hm^2。以农虎6号为亲本衍生的品种超过332个，包括大面积种植的秀水04、秀水63、祥湖84、武香粳14、辐农709、武运粳7号、宁粳1号、甬粳18等。

武育粳3号是江苏省武进稻麦育种场以中丹1号分别与79-51和扬粳1号的杂交后代经复交育成。全生育期150d左右，株高95cm，株型紧凑，叶片挺拔，分蘖力较强，抗倒伏性中等，单产大约8 700kg/hm^2，适宜沿江和沿海南部、丘陵稻区中等或中等偏上肥力条件下种植。1992—2008年累计推广面积549万hm^2，1997年最大推广面积达到52.7万hm^2。以武育粳3号为亲本，衍生了一批中粳新品种，如淮稻5号、镇稻99、香粳111、淮稻8号、盐稻8号、盐稻9号、扬粳9538、淮稻6号、南粳40、武运粳11、扬粳687、扬粳糯1号、广陵香粳、华粳2号、阳光200等。

测21是浙江省嘉兴市农业科学研究所用日本种质灵峰（丰沃/绫锦）为母本，与本地晚粳中间材料虎蕾选（金蕾440/农虎6号）为父本杂交育成。测21半矮生，叶姿挺拔，分蘖中等，株型挺，生育后期根系活力旺盛，成熟时穗弯于剑叶之下，米质优，配合力好。测21在浙江、江苏、上海、安徽、广西、湖北、河北、河南、贵州、天津、吉林、辽宁、新疆等省（自治区、直辖市）衍生并通过审定的常规粳稻新品种254个，包括秀水04、武香粳14、秀水11、宁粳1号、秀水664、武粳15、武运粳8号、秀水63、甬粳18、祥湖84、武香粳9号、武运粳21、宁67、嘉991、矮糯21等。1985—2012年以上衍生品种累计推广种植达2 300万hm^2。

秀水04是浙江省嘉兴市农业科学研究所以测21为母本，与辐农70-92/单209为父本杂交于1985年选育而成的中熟晚粳型常规水稻品种。秀水04茎秆矮而硬，耐寒性较强，连晚栽培株高80cm，单季稻95 ~ 100cm，叶片短而挺，分蘖力强，成穗率高，有效穗多。穗颈粗硬，着粒密，结实率高，千粒重26g，米质优，产量高，适宜在浙江北部、上海、江苏南部种植，1985—1994年累计推广面积180万hm^2。以秀水04为亲本衍生的品种超过130个，包括武香粳14、秀水122、祥湖84、武香粳9号、武运粳21、宁67、武粳13、甬优6号、秀水17、太湖粳2号、宁粳3号、皖稻26等。

西南175是西南农业科学研究所从台湾粳稻农家品种中经系统选择于1955年育成的中粳品种，产量较高，耐逆性强，在云贵高原持续种植了50多年。西南175不但是云贵地区的主要当家品种，而且是西南稻区中粳育种的主要亲本之一。

三、杂交水稻不育系

杂交水稻的不育系均由我国创新育成，包括野败型、矮败型、冈型、印水型、红莲型等三系不育系，以及两系杂交水稻的光敏和温敏不育系。最重要的杂交稻核心不育系有21个，衍生的不育系超过160个，配组的大面积种植（年种植面积＞6 667hm^2）的品种数超过1 300个。配组杂交稻品种最多的不育系是：珍汕97A、Ⅱ-32A、V20A、冈46A、龙特甫A、博A、协青早A、金23A、中9A、天丰A、谷丰A、农垦58S、培矮64S和Y58S等（表1-8）。

表1-8 杂交水稻核心不育系及其衍生的品种（截至2014年）

不育系	类 型	衍生的不育系数	配组的品种数	代 表 品 种
珍汕97A	野败籼型	＞36	＞231	汕优2号、汕优22、汕优3号、汕优36、汕优36辐、汕优4480、汕优46、汕优559、汕优63、汕优64、汕优647、汕优6号、汕优70、汕优72、汕优77、汕优78、汕优8号、汕优多系1号、汕优桂30、汕优桂32、汕优桂33、汕优桂34、汕优桂99、汕优晚3、汕优直龙

（续）

不育系	类 型	衍生的不育系数	配组的品种数	代 表 品 种
Ⅱ-32A	印水籼型	＞5	＞237	Ⅱ优084、Ⅱ优128、Ⅱ优162、Ⅱ优46、Ⅱ优501、Ⅱ优58、Ⅱ优602、Ⅱ优63、Ⅱ优718、Ⅱ优725、Ⅱ优7号、Ⅱ优802、Ⅱ优838、Ⅱ优87、Ⅱ优多系1号、Ⅱ优辐819、优航1号、Ⅱ优明86
V20A	野败籼型	＞8	＞158	威优2号、威优35、威优402、威优46、威优48、威优49、威优6号、威优63、威优64、威优647、威优77、威优98、威优华联2号
冈46A	冈籼型	＞1	＞85	冈矮1号、冈优12、冈优188、冈优22、冈优151、冈优188、冈优527、冈优725、冈优827、冈优881、冈优多系1号
龙特甫A	野败籼型	＞2	＞45	特优175、特优18、特优524、特优559、特优63、特优70、特优838、特优898、特优桂99、特优多系1号
博A	野败籼型	＞2	＞107	博Ⅲ优273、博Ⅱ优15、博优175、博优210、博优253、博优258、博优3550、博优49、博优64、博优803、博优998、博优桂44、博优桂99、博优香1号、博优湛19
协青早A	矮败籼型	＞2	＞44	协优084、协优10号、协优46、协优49、协优57、协优63、协优64、协优华联2号
金23A	野败籼型	＞3	＞66	金优117、金优207、金优253、金优402、金优458、金优191、金优63、金优725、金优77、金优928、金优桂99、金优晚3
K17A	K籼型	＞2	＞39	K优047、K优402、K优5号、K优926、K优1号、K优3号、K优40、K优52、K优817、K优818、K优877、K优88、K优绿36
中9A	印水籼型	＞2	＞127	中9优288、中优207、中优402、中优974、中优桂99、国稻1号、国丰1号、先农20
D汕A	D籼型	＞2	＞17	D优49、D优78、D优162、D优361、D优1号、D优64、D汕 优63、D优63
天丰A	野败籼型	＞2	＞18	天优116、天优122、天优1251、天优368、天优372、天优4118、天优428、天优8号、天优998、天优华占
谷丰A	野败籼型	＞2	＞32	谷优527、谷优航1号、谷优964、谷优航148、谷优明占、谷优3301
丛广41A	红莲籼型	＞3	＞12	广优4号、广优青、粤优8号、粤优938、红莲优6号
黎明A	滇粳型	＞11	＞16	黎优57、滇杂32、滇杂34
甬粳2A	滇粳型	＞1	＞11	甬优2号、甬优3号、甬优4号、甬优5号、甬优6号
农垦58S	光温敏	＞34	＞58	培矮64S、广占63S、广占63-4S、新安S、GD-1S、华201S、SE21S、7001S、261S、N5088S、4008S、HS-3、两优培九、培两优288、培两优特青、丰两优1号、扬两优6号、新两优6号、粤杂122、华两优103
培矮64S	光温敏	＞3	＞69	培两优210、两优培九、两优培特、培两优288、培两优3076、培两优981、培两优986、培两优特青、培杂山青、培杂双七、培杂桂99、培杂67、培杂泰丰、培杂茂三
安农S-1	光温敏	＞18	＞47	安两优25、安两优318、安两优402、安两优青占、八两优100、八两优96、田两优402、田两优4号、田两优66、田两优9号
Y58S	光温敏	＞7	＞120	Y两优1号、Y两优2号、Y两优6号、Y两优9981、Y两优7号、Y两优900、深两优5814
株1S	光温敏	＞20	＞60	株两优02、株两优08、株两优09、株两优176、株两优30、株两优58、株两优81、株两优839、株两优99

珍汕97A属野败胞质不育系，是江西省萍乡市农业科学研究所以海南普通野生稻的野败材料为母本，以迟熟早籼品种珍汕97为父本杂交并连续回交于1973年育成。该不育系配合力强，是我国使用范围最广、应用面积最大、时间最长、衍生品种最多的不育系。与不同恢复系配组，育成多种熟期类型的杂交水稻供华南早稻、华南晚稻、长江流域的双季早稻和双季晚稻及一季中稻利用。以珍汕97A为母本直接配组的年种植面积超过6 667hm^2的杂交水稻品种有92个，30年来（1978—2007年）累计推广面积13 372万hm^2。

V20A属野败胞质不育系，是湖南省贺家山原种场以野败/6044//71-72后代的不育株为母本，以早籼品种V20为父本杂交并连续回交于1973年育成。V20A一般配合力强，异交结实率高，配组的品种主要作双季晚稻使用，也可用作双季早稻。V20A是全国主要的不育系之一，配组的威优6号、威优63、威优64等系列品种在20世纪80 ～ 90年代曾经大面积种植，其中威优6号在1981—1992年的累计种植面积达到822万hm^2。

Ⅱ-32A属印水胞质不育系。为湖南杂交水稻研究中心从印尼水田谷6号中发现的不育株，其恢保关系与野败相同，遗传特性也属于孢子体不育。Ⅱ-32A是用珍汕97B与IR665杂交育成定型株系后，再与印水珍鼎（糯）A杂交、回交转育而成。全生育期130d，开花习性好，异交结实率高，一般制种产量可达3 000 ～ 4 500kg/hm^2，是我国主要三系不育系之一。Ⅱ-32A衍生了优ⅠA、振丰A、中9A、45A、渝5A等不育系，与多个恢复系配组的品种，包括Ⅱ优084、Ⅱ优46、Ⅱ优501、Ⅱ优63、Ⅱ优838、Ⅱ优多系1号、Ⅱ优辐819、Ⅱ优明86等，在我国南方稻区大面积种植。

冈型不育系是四川农学院水稻研究室以西非晚籼冈比亚卡（Gambiaka Kokum）为母本，与矮脚南特杂交，利用其后代分离的不育株杂交转育的一批不育系，其恢保关系、雄性不育的遗传特性与野败基本相似，但可恢复性比野败好，从而发现并命名为冈型细胞质不育系。冈46A是四川农业大学水稻研究所以冈二九矮7号A为母本，用“二九矮7号/V41//V20/雅矮早”的后代为父本杂交、回交转育成的冈型早籼不育系。冈46A在成都地区春播，播种至抽穗历期75d左右，株高75 ～ 80cm，叶片宽大，叶色淡绿，分蘖力中等偏弱，株型紧凑，生长繁茂。冈46A配合力强，与多个恢复系配组的74个品种在我国南方稻区大面积种植，其中冈优22、冈优12、冈优527、冈优151、冈优多系1号、冈优725、冈优188等曾是我国南方稻区的主推品种。

中9A是中国水稻研究所1992年以优ⅠA为母本，优ⅠB/L301B//菲改B的后代作父本，杂交、回交转育成的早籼不育系，属印尼水田谷6号质源型，2000年5月获得农业部新品种权保护。中9A株高约65cm，播种至抽穗60d左右，育性稳定，不育株率100%，感温，异交结实率高，配合力好，可配组早籼、中籼及晚籼3种栽培型杂交水稻，适用于所有籼型杂交稻种植区。以中9A配组的杂交品种产量高，米质好，抗白叶枯病，是我国当前较抗白叶枯病的不育系，与抗稻瘟病的恢复系配组，可育成双抗的杂交稻品种。配组的国稻1号、国丰1号、中优177、中优448、中优208等49个品种广泛应用于生产。

谷丰A是福建省农业科学院水稻研究所以地谷A为母本，以[龙特甫B/宙伊B（V41B/汕优菲一//IRs48B）]F_4 作回交父本，经连续多代回交于2000年转育而成的野败型三系不育系。谷丰A株高85cm左右，不育性稳定，不育株率100%，花粉败育以典败为主，异交特性好，较抗稻瘟病，适宜配组中、晚籼类型杂交品种。谷优系列品种已在中国南方稻区大面积推广应用，成为稻瘟病重发区杂交水稻安全生产的重要支撑。利用谷丰A配组育成了谷优527、谷优964、谷优5138等32个品种通过省级以上农作物品种审定委员会审（认）定，其中4个品种通过国家农作物品种审定委员会审定。

甬粳2A是滇粳型不育系，是浙江省宁波市农业科学院以宁67A为母本，以甬粳2号为父本进行杂交，以甬粳2号为父本进行连续回交转育而成。甬粳2A株高90cm左右，感光性强，株型下紧上松，须根发达，分蘖力强，茎韧秆壮，剑叶挺直，中抗白叶枯病、稻瘟病、细菌性条纹病，耐肥，抗倒伏性好。采用粳不/籼恢三系法途径，甬粳2A配组育成了甬优2号、甬优4号、甬优6号等优质高产籼粳杂交稻。其中，甬优6号（甬粳2A/K4806）2006年在浙江省鄞州取得单季稻12 510kg/hm^{2}的高产，甬优12(甬粳2A/F5032）在2011年洞桥“单季百亩示范方”取得13 825kg/hm^{2}的高产。

培矮64S是籼型温敏核不育系，由湖南杂交水稻研究中心以农垦58S为母本，籼爪型品种培矮64（培迪/矮黄米//测64）为父本，通过杂交和回交选育而成。培矮64S株高65～70cm，分蘖力强，亲和谱广，配合力强，不育起点温度在13h光照条件下为23.5℃左右，海南短日照（12h）条件下不育起点温度超过24℃。目前已配组两优培九、两优培特、培两优288等30多个通过省级以上农作物品种审定委员会审定并大面积推广的两系杂交稻品种，是我国应用面积最大的两系核不育系。

安农S-1是湖南省安江农业学校从早籼品系超40/H285//6209-3群体中选育的温敏型两用核不育系。由于控制育性的遗传相对简单，用该不育系作不育基因供体，选育了一批实用的两用核不育系如香125S、安湘S、田丰S、田丰S-2、安农810S、准S360S等，配组的安两优25、安两优318、安两优402、安两优青占等品种在南方稻区广泛种植。

Y58S(安农S-1/常菲22B//安农S-1/Lemont///培矮64S)是光温敏不育系，实现了有利多基因累加，具有优质、高光效、抗病、抗逆、优良株叶形态和高配合力等优良性状。Y58S目前已选配Y两优系列强优势品种120多个，其中已通过国家、省级农作物品种审定委员会审（认）定的有45个。这些品种以广适性、优质、多抗、超高产等显著特性迅速在生产上大面积推广，代表性品种有Y两优1号、Y两优2号、Y两优9981等，2007—2014年累计推广面积已超过300万hm^2。2013年，在湖南隆回县，超级杂交水稻Y两优900获得14 821kg/hm^{2}的高产。

四、杂交水稻恢复系

我国极大部分强恢复系或强恢复源来自国外，包括IR24、IR26、IR30、密阳46等，它们均含有我国台湾省地方品种低脚乌尖的血缘（*sd1*矮秆基因）。20世纪70～80年代，IR24、IR26、IR30、IR36、IR58直接作恢复系利用，随着明恢63（IR30/圭630）的育成，我国的杂交稻恢复系走上了自主创新的道路，育成的恢复系其遗传背景呈现多元化。目前，主要的已广泛应用的核心恢复系17个，它们衍生的恢复系超过510个，配组的种植面积较大（年种植面积＞6 667hm^2）的杂交品种数超过1 200个（表1-9）。配组品种较多的恢复系有：明恢63、明恢86、IR24、IR26、多系1号、测64-7、蜀恢527、辐恢838、桂99、CDR22、密阳46、广恢3550、C57等。

表1-9　我国主要的骨干恢复系及配组的杂交稻品种（截至2014年）

骨干亲本名称	类型	衍生的恢复系数	配组的杂交品种数	代表品种
明恢63	籼型	>127	>325	D优63、Ⅱ优63、博优63、冈优12、金优63、马协优63、全优63、汕优63、特优63、威优63、协优63、优Ⅰ63、新香优63、八两优63
IR24	籼型	>31	>85	矮优2号、南优2号、汕优2号、四优2号、威优2号
多系1号	籼型	>56	>78	D优68、D优多系1号、Ⅱ优多系1号、K优5号、冈优多系1号、汕优多系1号、特优多系1号、优Ⅰ多系1号
辐恢838	籼型	>50	>69	辐优803、B优838、Ⅱ优838、长优838、川香838、辐优838、绵5优838、特优838、中优838、绵两优838、天优838
蜀恢527	籼型	>21	>45	D奇宝优527、D优13、D优527、Ⅱ优527、辐优527、冈优527、红优527、金优527、绵5优527、协优527
测64-7	籼型	>31	>43	博优49、威优49、协优49、汕优49、D优64、汕优64、威优64、博优64、常优64、协优64、优Ⅰ64、枝优64
密阳46	籼型	>23	>29	汕优46、D优46、Ⅱ优46、Ⅰ优46、金优46、汕优10、威优46、协优46、优Ⅰ46
明恢86	籼型	>44	>76	Ⅱ优明86、华优86、两优2186、汕优明86、特优明86、福优86、D297优86、T优8086、Y两优86
明恢77	籼型	>24	>48	汕优77、威优77、金优77、优Ⅰ77、协优77、特优77、福优77、新香优77、K优877、K优77
CDR22	籼型	24	34	汕优22、冈优22、冈优3551、冈优363、绵5优3551、宜香3551、冈优1313、D优363、Ⅱ优936
桂99	籼型	>20	>17	汕优桂99、金优桂99、中优桂99、特优桂99、博优桂99（博优903）、华优桂99、秋优桂99、枝优桂99、美优桂99、优Ⅰ桂99、培两优桂99
广恢3550	籼型	>8	>21	Ⅱ优3550、博优3550、汕优3550、汕优桂3550、特优3550、天丰优3550、威优3550、协优3550、优优3550、枝优3550
IR26	籼型	>3	>17	南优6号、汕优6号、四优6号、威优6号、威优辐26
扬稻6号	籼型	>1	>11	红莲优6号、两优培九、扬两优6号、粤优938
C57	粳型	>20	>39	黎优57、丹粳1号、辽优3225、9优418、辽优5218、辽优5号、辽优3418、辽优4418、辽优1518、辽优3015、辽优1052、泗优422、皖稻22、皖稻70
皖恢9号	粳型	>1	>11	70优9号、培两优1025、双优3402、80优98、Ⅲ优98、80优9号、80优121、六优121

明恢63是我国最重要的育成恢复系，由福建省三明市农业科学研究所以IR30/圭630于1980年育成。圭630是从圭亚那引进的常规水稻品种，IR30来自国际水稻研究所，含有IR24、IR8的血缘。明恢63衍生了大量恢复系，其衍生的恢复系占我国选育恢复系的65%～70%，衍生的主要恢复系有CDR22、辐恢838、明恢77、多系1号、广恢128、恩恢58、明恢86、绵恢725、盐恢559、镇恢084、晚3等。明恢63配组育成了大量优良的杂交稻品种，包括汕优63、D优63、协优63、冈优12、特优63、金优63、汕优桂33、汕优多系1号等，这些杂交稻品种在我国稻区广泛种植，对水稻生产贡献巨大。直接以明恢63为恢复系配组的年种植面积超过6 667hm^2的杂交水稻品种29个，其中，汕优63（珍汕97A/

明恢63）1990年种植面积681万hm^2，累计推广面积（1983—2009年）6 289万hm^2；D优63（D珍汕97A/明恢63）1990年种植面积111万hm^2，累计推广面积（1983—2001年）637万hm^2。

密阳46（Miyang 46）原产韩国，20世纪80年代引自国际水稻研究所，其亲本为统一/IR24//IR1317/IR24，含有台中本地1号、IR8、IR24、IR1317（振兴/IR262//IR262/IR24）及韩国品种统一（IR8//蛦/台中本地1号）的血缘。全生育期110d左右，株高80cm左右，株型紧凑，茎秆细韧、挺直，结实率85%～90%，千粒重24g，抗稻瘟病力强，配合力强，是我国主要的恢复系之一。密阳46衍生的主要恢复系有蜀恢6326、蜀恢881、蜀恢202、蜀恢162、恩恢58、恩恢325、恩恢995、恩恢69、浙恢7954、浙恢203、Y111、R644、凯恢608、浙恢208等；配组的杂交品种汕优46(原名汕优10号)、协优46、威优46等是我国南方稻区中、晚稻的主栽品种。

IR24，其姐妹系为IR661，均引自国际水稻研究所（IRRI），其亲本为IR8/IR127。IR24是我国第一代恢复系，衍生的重要恢复系有广恢3550、广恢4480、广恢290、广恢128、广恢998、广恢372、广恢122、广恢308等；配组的矮优2号、南优2号、汕优2号、四优2号、威优2号等是我国20世纪70～80年代杂交中晚稻的主栽品种，IR24还是人工制恢的骨干亲本之一。

测64是湖南省安江农业学校从IR9761-19中系选测交选出。测64衍生出的恢复系有测64-49、测64-8、广恢4480（广恢3550/测64）、广恢128（七桂早25/测64）、广恢96（测64/518）、广恢452（七桂早25/测64//早特青）、广恢368（台中籼育10号/广恢452）、明恢77（明恢63/测64）、明恢07（泰宁本地/圭630//测64///777/CY85-43）、冈恢12（测64-7/明恢63）、冈恢152（测64-7/测64-48）等。与多个不育系配组的D优64、汕优64、威优64、博优64、常优64、协优64、优I64、枝优64等是我国20世纪80～90年代杂交稻的主栽品种。

CDR22（IR50/明恢63）系四川省农业科学院作物研究所育成的中籼迟熟恢复系。CDR22株高100cm左右，在四川成都春播，播种至抽穗历期110d左右，主茎总叶片数16～17叶，穗大粒多，千粒重29.8g，抗稻瘟病，且配合力高，花粉量大，花期长，制种产量高。CDR22衍生出了宜恢3551、宜恢1313、福恢936、蜀恢363等恢复系24个；配组的汕优22和冈优22强优势品种在生产中大面积推广。

辐恢838是四川省原子能应用技术研究所以226（糯）/明恢63辐射诱变株系r552育成的中籼中熟恢复系。辐恢838株高100～110cm，全生育期127～132d，茎秆粗壮，叶色青绿，剑叶硬立，叶鞘、节间和稃尖无色，配合力高，恢复力强。由辐恢838衍生出了辐恢838选、成恢157、冈恢38、绵恢3724等新恢复系50多个；用辐恢838配组的Ⅱ优838、辐优838、川香9838、天优838等20余个杂交品种在我国南方稻区广泛应用，其中Ⅱ优838是我国南方稻区中稻的主栽品种之一。

多系1号是四川省内江市农业科学研究所以明恢63为母本，Tetep为父本杂交，并用明恢63连续回交育成，同时育成的还有内恢99-14和内恢99-4。多系1号在四川内江春播，播种至抽穗历期110d左右，株高100cm左右，穗大粒多，千粒重28g，高抗稻瘟病，且配合力高，花粉量大，花期长，利于制种。由多系1号衍生出内恢182、绵恢2009、绵恢2040、明恢1273、明恢2155、联合2号、常恢117、泉恢131、亚恢671、亚恢627、航148、晚R-1、中恢8006、宜恢2308、宜恢2292等56个恢复系。多系1号先后配组育成了汕优多系1号、Ⅱ优多系1号、冈优多系1号、D优多系1号、D优68、K优5号、特优多系1号等品种，在我国南方稻区广泛作中稻栽培。

明恢77是福建省三明市农业科学研究所以明恢63为母本，测64作父本杂交，经多代选择于1988年育成的籼型早熟恢复系。到2010年，全国以明恢77为父本配组育成了11个组合通过省级以上农作物品种审定委员会审定，其中3个品种通过国家农作物品种审定委员会审定，从1991—2010年，用明恢77直接配组的品种累计推广面积达744.67万hm^2。到2010年，全国各育种单位利用明恢77作为骨干亲本选育的新恢复系有R2067、先恢9898、早恢9059、R7、蜀恢361等24个，这些新恢复系配组了34个品种通过省级以上农作物品种审定委员会审定。

明恢86是福建省三明市农业科学研究所以P18（IR54/明恢63//IR60/圭630）为母本，明恢75（粳187/IR30//明恢63）作父本杂交，经多代选择于1993年育成的中籼迟熟恢复系。到2010年，全国以明恢86为父本配组育成了11个品种通过省级以上农作物品种审定委员会品种审定，其中3个品种通过国家农作物品种审定委员会审定。从1997—2010年，用明恢86配组的所有品种累计推广面积达221.13万hm^2。到2011年止，全国各育种单位以明恢86为亲本选育的新恢复系有航1号、航2号、明恢1273、福恢673、明恢1259等44个，这些新恢复系配组了65个品种通过省级以上农作物品种审定委员会审定。

C57是辽宁省农业科学院利用“籼粳架桥”技术，通过籼（国际水稻研究所具有恢复基因的品种IR8）/籼粳中间材料（福建省具有籼稻血统的粳稻科情3号）//粳（从日本引进的粳稻品种京引35），从中筛选出的具有1/4籼核成分的粳稻恢复系。C57及其衍生恢复系的育成和应用推动了我国杂交粳稻的发展，据不完全统计，约有60%以上的粳稻恢复系具有C57的血缘，如皖恢9号、轮回422、C52、C418、C4115、徐恢201、MR19、陆恢3号等。C57是我国第一个大面积应用的杂交粳稻品种黎优57的父本。

参考文献

陈温福,徐正进,张龙步,等,2002.水稻超高产育种研究进展与前景[J].中国工程科学,4(1): 31-35.

程式华,曹立勇,庄杰云,等,2009.关于超级稻品种培育的资源和基因利用问题[J].中国水稻科学,23(3): 223-228.

程式华,2010.中国超级稻育种[M].北京:科学出版社:493.

方福平,2009.中国水稻生产发展问题研究[M].北京:中国农业出版社:19-41.

韩龙植,曹桂兰,2005.中国稻种资源收集、保存和更新现状[J].植物遗传资源学报,6(3): 359-364.

林世成,闵绍楷,1991.中国水稻品种及其系谱[M].上海:上海科学技术出版社:411.

马良勇,李西民,2007.常规水稻育种[M]//程式华,李健.现代中国水稻.北京:金盾出版社:179-202.

闵捷,朱智伟,章林平,等,2014.中国超级杂交稻组合的稻米品质分析[J].中国水稻科学,28(2): 212-216.

庞汉华,2000.中国野生稻资源考察、鉴定和保存概况[J].植物遗传资源科学,1(4): 52-56.

汤圣祥,王秀东,刘旭,2012.中国常规水稻品种的更替趋势和核心骨干亲本研究[J].中国农业科学,5(8): 1455-1464.

万建民,2010.中国水稻遗传育种与品种系谱[M].北京:中国农业出版社:742.

魏兴华，汤圣祥，余汉勇，等，2010. 中国水稻国外引种概况及效益分析[J]. 中国水稻科学，24(1): 5-11.

魏兴华，汤圣祥，2011. 中国常规稻品种图志[M]. 杭州：浙江科学技术出版社：418.

谢华安，2005. 汕优63选育理论与实践[M]. 北京：中国农业出版社：386.

杨庆文，陈大洲，2004. 中国野生稻研究与利用[M]. 北京：气象出版社.

杨庆文，黄娟，2013. 中国普通野生稻遗传多样性研究进展[J]. 作物学报，39(4): 580-588.

袁隆平，2008. 超级杂交水稻育种进展[J]. 中国稻米(1): 1-3.

Khush G S, Virk P S, 2005. IR varieties and their impact[M]. Malina, Philippines: IRRI: 163.

Tang S X, Ding L, Bonjean A P A, 2010. Rice production and genetic improvement in China[M]//Zhong H, Bonjean Alain A P A. Cereals in China. Mexico: CIMMYT.

Yuan L P, 2014. Development of hybrid rice to ensure food security[J]. Rice Science, 21(1): 1-2.

第二章
广西稻作区划与品种改良概述

ZHONGGUO SHUIDAO PINZHONGZHI · GUANGXI JUAN

广西壮族自治区地处中国华南沿海，北回归线横贯广西中部，属亚热带季风气候区。全区各地极端最高气温33.7～42.5℃，极端最低气温-8.4～2.9℃，年平均气温16.5～23.1℃。全区大部地区气候温暖，热量丰富，雨水丰沛，干湿分明，季节变化不明显，日照适中，冬短夏长。

水稻是广西最主要的粮食作物，2014年播种面积204.3万hm^2，占全区粮食播种面积的66.5%，产量121.1亿kg，占全区粮食产量的76.3%。

第一节　广西稻作区划

广西地域广阔，东西宽约770km，南北长约610km，地势西北高东南低，各地农业气候资源、社会经济条件和稻田种植制度、水稻品种类型不尽相同。因此，根据这些因素的相似性、方法措施和实现途径的近似性等原则，以影响水稻分布的生态因子为主要依据，对广西的稻作区域进行划分，可为指导水稻生产和科研，合理安排稻作布局和结构，实现高产稳产提供科学依据。

水稻是喜温好湿的短日照作物，热量条件是影响水稻布局的重要因素。热量条件，首先以日平均气温≥10℃积温作为水稻分布的指标，日平均气温≥10℃积温2 000～4 500℃作为种植一季稻、4 500～7 000℃作为种植双季稻（5 300℃是双季稻安全生育的界线）、7 000℃以上种植三季稻的指标。其次，以日平均气温稳定通过12℃（80%保证率）的初日作为籼稻的安全播种期，日平均气温≥22℃、日平均气温≥20℃的终现期分别作为晚籼稻、粳稻的安全齐穗期。根据上述指标，结合纬度、海拔等多方面因素，把广西划分为桂南、桂中、桂北和高寒山区4个稻作区。

一、桂南稻作区

本稻作区地处北回归线以南，包括玉林、贵港、钦州、南宁、崇左、北海、防城港7个市的各县（市、区）以及梧州市城区和岑溪市、藤县、苍梧县、贺州市信都以南各乡镇、右江河谷平原的百色市右江区、田东县、田阳县、平果县及田林县部分乡镇。2014年水稻播种面积125.1万hm^2，占广西水稻播种面积的61.2%；稻谷总产量72.4亿kg，占广西稻谷总产量的61.3%，是广西重点产粮区。

以低山丘陵为主，盆地、平原相间分布，气温高，雨量足，水、热、光资源丰富，无霜期长。年平均气温21～22℃，无霜期330～350d，纬度低、海拔低的个别县终年无霜，日平均气温≥10℃积温7 000～8 000℃，年降水量1 160～1 800mm，年日照时数1 600～1 900h，年太阳辐射总量439.53～460.46kJ/cm^2。早稻烂秧天气一般在2月下旬至3月上旬结束，晚稻重寒露风天气一般在10月中旬出现，双季稻安全生育期230～240d。除桂东南和沿海外，春旱发生频率30%～70%，夏季雨量集中，降雨量大，造成土壤养分流失较重，沿河低洼田易发生涝灾；晚稻常受台风危害。

双季稻的品种布局，早稻以选用迟熟（全生育期125～135d）品种为主，晚稻以弱感光型品种为主，迟熟的感温型品种为辅。稻田种植制度，主要是双季稻+冬种作物（绿肥、蚕豆、豌豆、烤烟、甘薯、马铃薯、蔬菜等）一年三熟制，复种指数较高。近年来，部分地区冬季干旱，冬灌缺水，致使冬种作物面积逐年减少，有逐步回到以双季稻+冬闲为主要形式的一年两熟制的趋势。

二、桂中稻作区

本稻作区地处北回归线以北，包括来宾市的兴宾区、合山市、武宣县、象州县、忻城县及鹿寨县，柳州市的城区、柳江县及柳城县，桂林市的荔浦县、平乐县、恭城县及阳朔县，贺州市的蒙山县、昭平县、八步区及钟山县，河池市的宜州县、金城江区、都安县、环江县、东兰县、巴马县及凤山县，百色市的凌云县及田林县（大部分乡镇）等，除了都安、东兰、巴马、凤山等县以玉米为主，其余各县（市）均以水稻为主。2014年水稻播种面积43.8万hm^2，占广西水稻播种面积的21.5%；稻谷总产量24.6亿kg，占广西稻谷总产量的20.8%。

气温比桂南稻作区低，比桂北稻作区高，年平均气温20℃左右，无霜期310～320d，日平均气温≥10℃积温6 000～7 000℃，年降水量1 100～1 700mm，年日照时数1 500～1 700h，年太阳辐射总量397.67～460.46kJ/cm^2。早稻烂秧天气3月中旬结束，晚稻寒露风10月上旬出现，双季稻安全生育期210～220d。雨量由东到西逐渐减少，东部和中部水利条件较好，西部较差。中山、低山、丘陵交错分布，石山居多，喀斯特地貌广布，地面径流量大，土壤较瘦瘠，农业生产基本条件较差。

历史上以单季稻为主，20世纪50年代起，水利设施逐步改善，双季稻面积逐年扩大，目前以双季稻为主，早晚稻品种搭配以“中熟配迟熟”或“迟熟配中熟”模式为主。稻田种植制度以双季稻+冬闲、双季稻+冬种作物（绿肥、油菜等）为主。西部春旱发生频率50%～70%，春旱缺水，稻田种植制度以春种玉米+中、晚稻的水旱复种为主。

三、桂北稻作区

本稻作区包括桂林市城区、永福县、灵川县、临桂县、兴安县、全州县及灌阳县，贺州市的富川县，柳州市的融安县和融水县，河池市的罗城县和天峨县，百色市的隆林县、西林县、靖西县、德保县和那坡县等。2014年水稻播种面积31.3万hm^2，占广西水稻播种面积的15.3%；稻谷总产量18.6亿kg，占广西稻谷总产量的15.7%。

本稻作区春寒结束较迟，寒露风来得早，年平均气温18～19℃，无霜期290～320d，日平均气温≥10℃积温5 600～6 000℃，年降水量1 500～1 700mm，桂北偏多，桂西山区偏少，年日照时数1 400～1 500h，年太阳辐射总量376.74～418.6kJ/cm^2。早稻烂秧天气于3月下旬至4月上旬结束，晚稻寒露风出现在9月下旬至10月上旬，双季稻安全生育期180～200d。

本稻作区历史上以一季稻+荞麦（秋大豆、冬种油菜、冬种绿肥）的复种方式为主，20世纪70年代以来改单季稻为双季稻。早晚稻品种搭配以“早熟配中熟”或“中熟配早熟”模式为主。大力发展绿肥，是广西冬种绿肥面积最多的稻作区之一，目前以双季稻+冬种绿肥为主。桂西的德保县、靖西县等山区，因春旱频繁，稻田种植方式以春玉米+中、晚稻为主。

四、高寒山区稻作区

本稻作区包括桂林市的龙胜县和资源县，柳州市的三江县和融水县部分山区，来宾市的金秀县，河池市的南丹县，百色市的乐业县和北部海拔在500m以上的稻田。本稻作区山高谷深，日照少，气温低，霜期长，春暖迟，秋冷早。年平均气温17 ~ 18℃，年日照时数1 300h。日平均气温≥10℃积温5 000 ~ 5 600℃，双季稻安全生育期170 ~ 180d。历史上，以单季中稻为主，粳、糯稻品种较多，20世纪70年代虽然发展了部分双季稻，但由于气温低，热量不足，早、晚两季常遭寒害，产量低而不稳，故目前仍以单季中稻为主。2014年水稻播种面积4.1万hm^2，占广西水稻播种面积的2.0%；稻谷总产量2.6亿kg，占广西稻谷总产量的2.2%。稻田种植制度一般为中稻+小麦或马铃薯、中稻+油菜和中稻+冬种绿肥的一年二熟制。

第二节　广西水稻品种改良历程

广西水稻品种改良始于20世纪30年代，经历了地方品种收集与利用、矮化育种、优质常规稻育种及杂交稻育种等阶段，水稻的产量、米质和抗性等方面逐步提高。

一、常规稻品种改良

1. 地方品种收集及利用

1949年前，广西单季稻约占水田面积的60.0%，种植的主要是中晚稻地方品种，以自留自选为主。20世纪20年代以后，成立广西农事试验场及一些专区农业试验农场，先后开展了几次地方品种的征集、评选工作，从中进行优中选优的纯系育种，筛选出马房籼、金山籼10号、白谷糯和广西早禾、广西老禾、广西晚禾等系列品种，单产1 890.0 ~ 2 685.0kg/hm^2。

20世纪50年代中后期，广西开展了一次全区大规模水稻地方品种征集、整理和评选，评选出的优良地方品种320个，其中早稻103个、中稻143个、晚稻74个，成为当时广西的主栽品种，对收集、保存和挖掘利用丰富的广西水稻地方品种资源做出了历史性贡献。其中，矮仔占、珍珠早等被广泛应用于育种，矮仔占成为当时水稻育种的三个主要亲本之一。

2. 矮化育种

20世纪50年代后期至70年代初期，由于生产上使用的多是高秆易倒品种，严重制约水稻单产的提高，同时受到国内外育种趋势的影响，50年代后期，以降低株高、增加种植密度和增强抗倒性和耐肥力，从而提高单产水平为主要育种目标的矮化育种在广西蓬勃开展。广西壮族自治区农业科学研究所（后为广西壮族自治区农业科学院），玉林、柳州、河池等地区农业试验站（后为农业科学研究所），部分县级农业科学研究所以及廉受文、蒋少芳等农民育种家在矮化育种中取得了不同程度的突破。先后育成广选3号、包选2号、团结1号、大灵矮等一批矮化品种并推广应用，实现了水稻矮化育种的重大突破，使广西水稻品种单产由3 450.0kg/hm^{2}左右提高到6 000.0 ~ 7 500.0kg/hm^2。其中最具有代表性的品种有广选3号、包选2号、团结1号。

广选3号于1964年由广西壮族自治区农业科学院粮食作物系的陆万佳、黄珉猷等育成，其特点是矮秆（91cm）、中熟（全生育期120d）、耐肥、抗倒伏、适应性强、产量高，一般单产3 450.0 ～ 6 000.0kg/hm^2，最高可达9 000.0kg/hm^2。该品种1964—1983年累计推广面积515.8万hm^2，是广西主要当家品种，其最高年种植面积占广西水稻种植面积的56.3%。

包选2号是1968年由玉林地区农业科学研究所从包胎白中选育而成的感光品种，全生育期150 ～ 160d，株高110cm左右，抗倒伏能力有所提高，米质好。从1970年开始推广，之后10多年，成为两广南部双季稻区晚稻主栽品种，种植面积占全区晚稻面积的60%～ 70%，最高达80%以上。

团结1号于1971年由博白县农业科学研究所从广二矮系选而成的感光品种，1974—1985年，在广西累计推广面积351.2万hm^2，年均推广面积29.3万hm^2，最高年份（1976年）推广面积52.5万hm^2。

3. 优质多抗常规稻育种

20世纪80年代后期开始，针对国际国内稻米市场竞争加剧、广西稻米品质差、优质米供不应求等问题，广西的水稻育种目标由单纯注重产量逐渐转为高产与优质兼顾，各水稻育种单位开始开展并逐步重视优质常规水稻育种工作。20世纪90年代中后期至21世纪初，先后选育成一批优质常规稻品种，代表品种有桂713、桂青野、桂晚辐、桂占4号、七桂占、八桂香、早香1号、油占8号、桂华占、桂丝占、桂银占、96占、闻香占、辐占、桂丰2号、桂丰6号、田东香、桂花占、桂农占2号及河西香等，这些品种米质优、产量高，一般单产5 250.0 ～ 6 750.0kg/hm^2，平均单产6 000.0kg/hm^{2}左右。桂713是广西壮族自治区农业科学院水稻研究所育成的第一个优质米品种，1992年获首届中国农业博览会铜质奖。油占8号是本时期的主要代表品种，由广西壮族自治区农业科学院水稻研究所育成，于2001年通过广西品种审定委员会审定，米质优，单产4 600.0kg/hm^2，2001—2004年，在广西累计推广种植面积55.6万hm^2，近10年仍有较大种植面积，是广西优质常规稻的一大突破。

21世纪初期，为解决生产上急需不同类型、不同熟期的优质常规稻新品种的问题，育成桂香2号、玉香占、玉科占5号、玉丝占、玉晚占、力源占1号、柳沙油占202、农乐1号、玉科占9号、玉校88、百香139、力源占2号、桂茉莉香1号、桂育2号等系列品种。这些品种的特点是田间抗性和适应性较强，米质优，产量高，一般单产6 000 ～ 7 500kg/hm^2，平均单产6 750kg/hm^{2}左右，比20世纪末的品种平均单产提高约750kg/hm^{2}左右。品种类型丰富，有香型优质品种、高档米质型优质品种、高产型优质品种。这些品种适合在桂中、桂南选作早、晚稻种植，桂北选作中、晚稻种植。

2010年以来，以适当提高千粒重、增强稻瘟病、稻飞虱抗性作为提高优质常规稻产量和抗性的突破口，选育高产多抗型优质常规稻品种，代表品种有桂育7号、三香628、兆香1号、玉美占等，在保持优质的前提下，抗性及产量有了明显提高。桂育7号平均单产7 657.5kg/hm^2，综合米质达国家《优质稻谷》标准2级。

二、杂交稻品种改良

1. 广西杂交稻的发展

广西于1969年开始杂交水稻研究。1973年，广西筛选出泰引1号、IR24 、IR661、IR26

四个强恢复系，被全国统一命名为1号恢复系、2号恢复系、3号恢复系、6号恢复系，为我国首先突破籼型杂交水稻“三系”配套，并大面积应用于生产做出了重大贡献。

针对杂交水稻组合早、中、迟熟不匹配，抗性和米质较差等问题，1982年以来，广西重点开展早中熟、抗两病（稻瘟病、白叶枯病）和米质优的恢复系选育及杂交组合选配，至1990年，育成桂8、桂33、桂44和桂99等一系列恢复系，并审定了汕优桂8、汕优桂33和汕优桂99等中迟熟抗病杂交稻新品种，汕优桂33曾推广到长江中下游以及贵州、云南作一季稻种植，1983年推广1.1万hm^2，1984年推广13.3万hm^2。

20世纪80年代，感光型杂交稻的育种及生产也得到快速发展。桂30选是广西育成的第一个可配制感光组合的恢复系，与汕A配制的感光型杂交晚稻组合汕优30选，1983年在广西推广5.3万hm^2，1984年在广西、广东推广33.3万hm^2，是当时杂交晚稻的主栽品种。随后，又育成了汕优桂44等感光型杂交稻新组合。

不育系博A和强恢复系桂99、测253等品系的育成及应用，进一步推进了广西杂交稻的发展。不育系博A由博白县农业科学研究所于1987年育成，与其配组的绝大多数杂交稻品种属感光品种，杂种一代具有高产稳产、米质优、抗性好等特点，截至2013年，博优系列品种在华南稻区累计推广1 356.5万hm^2，其中，博优64面积335.4万hm^2，博优桂99（博优903）面积241.5万hm^2。

恢复系桂99是全国主要恢复系之一，是广西壮族自治区农业科学院水稻研究所利用野生稻资源育成的第一个强恢复系。桂99抗性强、配合力高、恢复力强、米质优，达到部颁二级优质米标准。截至2013年底，全国不同育种单位利用桂99恢复系配制并在生产上大面积应用的杂交稻品种17个，累计推广面积1 130.6万hm^2，其中汕优桂99和博优903（博优桂99）是第一批推广到越南等周边国家的杂交稻品种。

恢复系测253是广西大学于1996年育成的强优广谱性恢复系，所配组合具有高产稳产、米质优、抗性强、适应性广等特性。至2013年，配组育成并通过省级以上审定的品种8个，累计推广面积达192.6万hm^2，其中博优253在广西、广东、海南、福建等省（自治区）和越南推广97.4万hm^2，是“九五”期间华南地区晚稻当家品种。

广西是开展两系法杂交水稻育种较早的省份之一。1989年鉴定了3个籼型光温敏核不育系KS-7、KS-9、KS-14，筛选出高产两系杂交稻组合桂光1号（KS- 14 / 桂99），在云南省红河哈尼族彝族自治州弥勒县产量达到12 000kg/hm^2。90年代后期至21世纪初又育成了培两优桂99、培两优275、培两优1025、培杂桂早1号、桂两优2号等两系杂交稻品种，并在生产上大面积应用。

2. 杂交稻优质化育种

为了提高米质，解决杂交水稻选育中高产与优质难以统一的矛盾，广西自“七五”以来，一直致力于杂交稻优质化育种研究，1987年育成了恢复系桂99，属我国首批优质恢复系，其组配的博优903、汕优桂99、金优桂99、优Ⅰ桂99等系列杂交稻组合米质较当时其他组合有了显著的提高。随后，针对杂交籼稻稻粒短、垩白粒率高、垩白度大、直链淀粉含量高等突出问题，先后育成了秋优1025、美优998、百优838、绮优桂99、绮优1025、绮优293、早优11及丰田优553等米质达国标优质米标准的优质杂交稻品种。在华南稻区，秋优1025是第一个达到国家《优质稻谷》标准的杂交稻品种，美优998达到国家《优质稻谷》

标准2级，百优838达到国家《优质稻谷》标准1级。秋优1025和美优998成为华南稻区的主栽杂交稻品种，截至2009年，两品种在华南稻区累计推广275.6万hm^2，其中2007—2009年推广面积149.9万hm^2。

3. 超级稻育种

自农业部1996年启动中国超级稻研究项目以来，广西是全国首批开展超级稻协作攻关的省份之一。2010年之前，广西推广应用的超级稻品种大多是由外省引进，由于生育期偏长，不适应广西双季稻种植。2010年7月，广西壮族自治区农业科学院水稻研究所育成两系杂交稻桂两优2号并通过农业部超级稻品种认定，成为广西自主育成的第一个超级稻品种。2011年3月，三系杂交稻特优582通过农业部超级稻品种认定，是广西第二个本土育成的超级稻品种。2013年12月，由南宁市沃德农作物研究所、广西南宁欧米源农业科技有限公司共同培育的籼型两系杂交稻Y两优087通过农业部超级稻品种认定，成为广西第三个超级稻品种。之后，三系杂交稻特优269、特优7571和特优831连续两年通过超级稻品种认定的现场测产验收。

第三节　广西稻种资源

广西保存栽培稻种资源1.4万份，不但包含了亚洲栽培稻的大多数类型，还有深水稻、冬稻及色稻等具有地方特色的稻种资源。保存野生稻材料1.7万份，含稻属21个野生种。保存数量居全国各省份之首。

一、栽培稻资源

20世纪30年代初，广西农事试验场和各专区实验农场开展了水稻品种的收集、整理、保存和选育工作。1934—1938年，收集、征集到水稻品种资源7 182份，但在1944年日军入侵广西后大部分材料遭受遗失。1951—1958年底，广西征集到稻种资源7 547份。1978—1980年，征集到稻种资源2 530份，其中早稻549份、中晚稻1 825份、陆稻156份。1983—1985年，补充征集到稻种资源810份，其中地方品种约797份，约占98%，包括黑米、香味、冬稻、深水稻等特异珍稀资源330份。1996—2013年，补充收集和国外引进稻种资源3 000余份。

现保存的广西栽培稻资源中，籼稻占65%，粳稻占35%；晚稻类型丰富，有籼、粳、水、陆、深水等多种类型，占82%，早稻多数是籼稻，仅占18%；以水陆分，水稻约占94.6%，陆稻约占5.4%；广西栽培稻还具有丰富的糯稻资源，糯稻约占总数的25.6%，其中籼糯约占22%，粳糯约占78%。此外，广西还有冬稻（冬禾、雪禾、冷禾）、深水稻、香稻、紫米稻（黑米稻、墨米稻）、多毛稻、光壳稻和间作稻（夹根稻、合生禾）等特殊类型。

广西稻种资源中具有丰富的抗病虫、抗逆资源。20世纪70年代中期至80年代末，完成了8 000多份广西稻种资源的抗稻瘟病、抗白叶枯病、抗稻瘿蚊、抗褐飞虱和部分材料的抗白背飞虱、抗稻纵卷叶螟、耐冷性的鉴定。近年来，又对部分资源开展了抗纹枯病、抗南方黑条矮缩病、抗旱性的鉴定评价，筛选出一批优异种质资源（表2-1）。

表2-1　广西栽培稻抗（耐）性资源数

抗（耐）性鉴定	鉴定资源总数	抗（耐）性资源数
稻瘟病	8 007	191
白叶枯病	7 946	61
褐飞虱	7 976	123
白背飞虱	3 820	48
稻瘿蚊	10 322	18
稻纵卷叶螟	2 300	6
纹枯病	520	25
南方水稻黑条矮缩病	414	17
耐冷性	3 639	186
抗旱性	105	25

二、野生稻资源

广西野生稻资源十分丰富，有普通野生稻（*O.rufipogon* Grill.）和药用野生稻（*O. officinalis* W.）两个种。1978—1981年，对广西85个县736个公社进行调查，发现普通野生稻和药用野生稻分布于47个县（行政区划调整后为59个县），1 100多个分布点，其中普通野生稻覆盖面积达369.93hm^2，药用野生稻覆盖面积达25.00hm^2，是全国野生稻覆盖面积最多的省份之一。2002年9月至2009年12月，对第一次调查有记录的所有野生稻分布点开展了第二次全面调查，发现野生稻分布点、覆盖面积在大量减少。原记录有野生稻的59个县中，现只有41个县有野生稻自然资源存在，广西野生稻自然资源濒危状况严重。

1990年，广西壮族自治区农业科学院建成了国家种质南宁野生稻圃，圃内保存有野生稻种质资源（植株）1.78余万份，其中5 006份野生稻种子保存于广西壮族自治区农业科学院中期库。截至2011年底，广西建成了野生稻原生境保护点10个（表2-2）。

表2-2　广西野生稻保护点情况

序号	保护点名称	稻种名称	面积（hm^2）	建设时间	保存方式
1	桂林市野生稻保护点	普通野生稻*O.rufipogon*	32.0	2006	物理隔离
2	来宾市野生稻保护点	普通野生稻*O.rufipogon*	7.2	2004	物理隔离
3	贺州市野生稻保护点	药用野生稻*O.officinalis*	30.0	2005	物理隔离
4	梧州市野生稻保护点	药用野生稻*O.officinalis*	33.3	2007	物理隔离
5	玉林市野生稻保护点	药用野生稻*O.officinalis*	3.3	2003	物理隔离
6	玉林市野生稻保护点	普通野生稻*O.rufipogon*	36.9	2003	物理隔离
7	贺州市野生稻保护点	药用野生稻*O.officinalis*	33.3	2007	主流化
8	梧州市野生稻保护点	药用野生稻*O.officinalis*	20.0	2010	主流化

（续）

序号	保护点名称	稻种名称	面积（hm^2）	建设时间	保存方式
9	玉林市野生稻保护点	药用野生稻*O.officinalis*	13.3	2010	主流化
10	来宾市野生稻保护点	普通野生稻*O.rufipogon*	16.7	2010	主流化

广西野生稻蕴藏着丰富的抗病、抗虫、耐逆性基因。“七五”以来，对广西野生稻资源进行了大规模的抗病性、抗虫性及耐冷性等鉴定评价，鉴定出一批抗性、耐性较强的种质（表2-3），定位了抗褐飞虱基因*bph20*（*t*）、*bph21*（*t*）、*bph22*（*t*）、*bph23*（*t*）和*Bph24*（*t*）和抗细菌性条斑病基因*bls1*，并从广西普通野生稻中鉴定并克隆了抗白叶枯病基因*Xa-23*，现已广泛应用于水稻育种。

表2-3　广西野生稻抗（耐）性资源数

抗（耐）性鉴定	鉴定资源总数	抗（耐）性资源数
稻瘟病	1 786（普通野生稻）	111
白叶枯病	1 752（普通野生稻）	483
褐飞虱	198（药用野生稻）	195
	1 214（普通野生稻）	30
白背飞虱	197（药用野生稻）	117
	1 203（普通野生稻）	8
耐冷性	1 727（普通野生稻）	200

广西利用野生稻在水稻育种中取得了巨大成功。全国主要恢复系之一的桂99是广西壮族自治区农业科学院水稻研究所利用普通野生稻资源育成，恢复系测253是广西大学利用田东普通野生稻资源为亲本育成，在华南稻区广泛使用。此外，恢复系测679、常规稻品种桂青野、糯稻品种西乡糯1号、糯稻品种桂D1号等也是利用广西普通野生稻育成。

参考文献

万建民. 2010. 中国水稻遗传育种与品种系谱 (1986—2005) [M]. 北京: 中国农业出版社.
邓国富, 韦昌联, 陈仁天. 2010. 广西近30年水稻育种的主要成就、问题与展望 [C] //第1届中国杂交水稻大会论文集, 9: 75-78.
覃惜阴, 韦仕邦, 黄英美, 等. 1994. 杂交水稻恢复系桂99的选育与应用 [J]. 杂交水稻 (2):1-3.
莫永生. 2004. 高大韧稻育种论及其新品种和应用技术 [M]. 南宁: 广西民族出版社.
陈彩虹, 粟学俊, 梁曼玲. 2011. 杂交水稻抗性育种策略探讨 [J]. 南方农业学报, 42 (5):475-478.
罗群昌, 韦善富, 蒋显斌, 等. 2003. 广西优质稻育种进展及生产建议 [J]. 广西农业科学 (2):6-7.
刘广林, 陈远孟, 陈传华, 等. 2012. 广西优质常规稻育种现状及发展对策 [J]. 南方农业学报, 43 (11):1646-1649.

邓国富 . 2006. 广西超级稻研究现状及育种对策［J］. 广西农业科学, 37 (3):218-220.

陈颖, 秦延春 . 2013. 广西超级稻研究应用现状与展望［J］. 广东农业科学(9): 6-8.

梁耀懋 . 2010. 广西的稻研究文集［M］. 南宁: 广西科学技术出版社 .

李丹婷, 夏秀忠, 农保选, 等. 2011. 广西地方稻种资源核心种质构建和遗传多样性分析［J］. 广西植物, 32 (1)：94-100.

邓国富, 张宗琼, 李丹婷, 等. 2012. 广西野生稻资源保护现状及育种应用研究进展［J］. 南方农业学报, 43 (9)：1425-1428.

陈成斌, 李道远 . 1995. 广西野生稻优异种质评价与利用研究进展［J］. 广西农业科学(5):193-195.

赖星华, 高汉亮, 宋文学, 等 . 1992. 广西野生稻种质资源对稻瘟病的抗性研究［J］. 广西农业科学(1):37-41.

李容柏, 秦学毅 . 1994. 广西野生稻抗病虫性鉴定研究的主要进展［J］. 广西科学, 1 (1):83-85.

Yang L, Li R B, Li Y R, et al. 2012. Genetic mapping of *bph20* (*t*) and *bph21* (*t*) loci conferring brown planthopper resistance to Nilaparvata lugens Stål in rice（*Oryza sativa* L.）［J］. Euphytica, 183:161–171.

第三章

品种介绍

ZHONGGUO SHUIDAO PINZHONGZHI · GUANGXI JUAN

第一节　籼型常规稻

05占（05 Zhan）

品种来源：广西博白县农业科学研究所1980年从团黄占变异株中选育而成。1983年通过广西壮族自治区农作物品种审定委员会审定，审定编号为桂审证字第010号。

形态特征和生物学特性：籼型常规早稻品种。植株整齐，茎秆集生且坚韧，叶片直，穗半圆形，株型集散适中，谷壳呈橙黄色，稃尖无色，有短顶芒。株高90.0～105.0cm，穗长20.0cm左右，穗粒数102.0～120.0粒，结实率90.0%～95.0%。千粒重16.2～16.8g。

品质特性：谷粒长宽比3.4，糙米白色，糙米率78.8%，精米率高达70.0%，米粒透明，油质好，无三白，直链淀粉含量29.0%。米饭硬。

抗性：抗稻瘟病和白叶枯病，易感纹枯病，易受稻飞虱危害。

产量及适宜地区：1981年早稻，博白县种植约66.7hm^2，单产4 500.0kg/hm^{2}左右。1982年博白县推广0.67万hm^2。适宜桂南稻作区和桂中部分县种植。

栽培技术要点：苗期抗寒力不强，早稻宜在气温稳定在12℃后播种，秧龄30d，晚稻秧龄18～22d，秧田播种量早稻187.5～225.0kg/hm^2，晚稻150～187.5kg/hm^2。选择中上肥力田块种植，采用小株合理密植，株行距一般13.2cm×20.0cm或16.5cm×20.0cm，每穴4～5苗，插基本苗120.0万～150.0万/hm^2，争取成穗375万～450万/hm^2。施足基肥和早施分蘖肥，分蘖施肥量应占总量的60.0%，争取早稻插后20d、晚稻插后15d达到计划苗数，然后进行露晒田。要注意病虫害防治，特别注意防治纹枯病和稻飞虱。

96占（96 Zhan）

品种来源：广西壮族自治区种子总站、防城港市防城区农业科学研究所从国外引进的低代育种材料选育而成。2000年通过广西壮族自治区农作物品种审定委员会审定，审定编号为桂审稻2000001号。

形态特征和生物学特性：籼型常规感温迟熟品种。株型集散适中，分蘖力中等，茎秆粗壮，叶鞘包裹紧密，叶片小、挺直，叶色浓绿，抽穗整齐，二次枝梗多，穗型呈纺锤状，转色好。全生育期桂南早稻125d，晚稻110d左右。株高110.0cm，穗长22.4cm，有效穗数300.0万～330.0万/hm^2，穗粒数130.0～145.0粒，结实率85.0%以上，千粒重20.0～22.0g。

品质特性：糙米长宽比2.6，糙米率77.0%，精米率70.3%，整精米率49.0%，垩白粒率40%，垩白度8.8%，透明度2级，碱消值7.0级，胶稠度54mm，直链淀粉含量26.0%，蛋白质含量8.0%。

抗性：叶瘟6级，穗瘟7级，白叶枯病2级。

产量及适宜地区：1998年早稻对比试验平均单产6 703.5kg/hm^2，其中武鸣点单产7 474.5kg/hm^2，钦北点单产6 000.0kg/hm^2，象州点单产6 636kg/hm^2。1999年早晚稻参加广西优质谷组区试，平均单产分别为7 149.0kg/hm^2和5 974.5kg/hm^2。1997—1999年在钦南、合浦、武鸣、兴业等地进行生产试验，表现为高产稳产，适应性广。适宜桂南作早、晚稻，桂中北作中晚稻种植。

栽培技术要点：早稻在2月底至3月初播种，秧龄30d左右；晚稻在7月上旬播种，秧龄18～20d的播种量，1叶1心期喷施30ml/L多效唑液。采用抛秧，秧龄15～18d为宜。合理密植，插足基本苗。插37.5万穴/hm^2，基本苗120.0万～135.0万/hm^2。抛秧37.5万穴/hm^2。用种量37.5kg/hm^2。插后15～18d施足氮肥。用肥总量为纯氮150kg/hm^2、磷90kg/hm^2、钾150kg/hm^2。注意防治三化螟、稻纵卷叶螟、稻飞虱和纹枯病等。

矮仔占（Aizaizhan）

品种来源：广西容县农家品种，容县籍华侨甘利南20世纪40年代从南洋引进的高产水稻品种。

形态特征和生物学特性：籼型常规特迟熟早稻品种。茎秆粗壮，分蘖力强，穗颈较短，着粒密，矮秆密节，谷壳暗金黄色，稃尖无色，谷粒扁椭圆形，籽粒饱满。全生育期140d。株高82.0cm，有效穗多，穗大，千粒重26.0g。

品质特性：米质中等。

抗性：抗病力弱，不抗稻瘟病和白叶枯病，易感染胡麻叶斑病，易早衰。

产量及适宜地区：1956—1965年为广西当家品种，单产4 500.0 ～ 6 000.0kg/hm^2。1959年在广西推广13.3万hm^2，在广东推广6.7万hm^2。

栽培技术要点：参照一般籼型常规稻迟熟品种进行。

八桂香（Baguixiang）

品种来源：广西壮族自治区农业科学院水稻研究所利用中繁21/桂713选育而成。2000年通过广西壮族自治区农作物品种审定委员会审定，审定编号为桂审稻2000005号。2005年获广西科技进步三等奖。

形态特征和生物学特性：籼型常规感温迟熟品种。株型集散适中，分蘖力强，长势繁茂，叶色淡绿，叶片长、披，茎秆软。全生育期早稻128d，晚稻118d，株高97.3cm，每穗总粒数115.8粒，结实率88.7%，千粒重26.0g。

品质特性：糙米长宽比3.4，糙米率80%，精米率71.8%，整精米率20.5%，垩白粒率14%，垩白度2.2%，透明度1级，碱消值7.0级，胶稠度60mm，直链淀粉含量18.1%，蛋白质含量8.0%。

抗性：白叶枯病2级，叶瘟6级，穗瘟9级。抗倒伏性差。

产量及适宜地区：1995年参加品比试验，早稻单产6 909.0kg/hm^2，晚稻单产6 349.5kg/hm^2。1999年晚稻参加广西优质谷组区试，平均单产5 458.5kg/hm^2。适宜广西各地作中、晚稻推广种植。截至2004年累计推广面积7.3万hm^2。

栽培技术要点：不宜多株植，适宜晚稻种植。施肥应注意氮、磷、钾肥配合，不宜偏施氮肥；够苗后及时露晒田。

白钢占（Baigangzhan）

品种来源：广西农业大学1984年从钢枝占中系统选育而成。1996年通过广西壮族自治区农作物品种审定委员会审定，审定编号为桂审证字第122号。

形态特征和生物学特性：籼型常规强感光晚稻品种。多穗型，株叶型结构好，分蘖力强，叶片小、直硬、短、叶色深，后期熟色好，穗短粒密，谷粒有顶芒，白壳。全生育期139d。株高85.4cm，穗粒数86.8粒，实粒数78.6粒，结实率90.6%，千粒重21.8g。

品质特性：糙米率81.9%，米粒垩白3级，胶稠度75mm，直链淀粉含量25.0%，蛋白质含量7.2%。

抗性：叶瘟4级，穗瘟5级；白叶枯病3.5级。

产量及适宜地区：1988—1989年参加南宁地区区试，平均单产分别为5 182.5kg/hm^{2}和5 887.5kg/hm^2；1990—1991年参加广西晚稻区试，桂南10个试点平均单产6 543kg/hm^{2}和6 489kg/hm^2。1992年生产试验，平均单产5 292.0 ～ 6 700.5kg/hm^2。适宜桂南稻作区作晚稻种植。

栽培技术要点：秧龄30d左右移植，插基本苗150.0万～ 180.0万/hm^2，以18.0cm × 12.0cm插秧规格为宜，每穴3 ～ 4苗，有效穗345.0万～ 375.0万/hm^2，基肥以有机肥为主，插后20d追完分蘖肥，壮尾肥可在剑叶抽出时，施尿素60kg/hm^2。注意防治稻瘿蚊。

百香139（Baixiang 139）

品种来源：南宁百农科技发展有限公司利用IR36//早香18/包选2号选育而成。2007年通过广西壮族自治区农作物品种审定委员会审定，审定编号为桂审稻2007041号。

形态特征和生物学特性：籼型常规感温品种。株型适中，叶色浓绿，剑叶短直，着粒密，粒重小。在桂南、桂中作早稻种植全生育期124d左右；作晚稻种植全生育期104d左右。株高100.1cm，穗长21.8cm，有效穗数298.5万/hm^2，穗粒数164.8粒，结实率75.8%，千粒重17.0g。

品质特性：糙米长宽比3.0，糙米率79.9%，整精米率57.0%，垩白粒率14%，垩白度2.1%，胶稠度78mm，直链淀粉含量10.4%。

抗性：苗叶瘟4.0 ~ 5.7级。

产量及适宜地区：2005年参加晚稻优质组试验，平均单产6 648.0kg/hm^2；2006年参加早稻优质组试验，平均单产5 400.0kg/hm^2。2006年早稻生产试验平均单产5 487.0kg/hm^2。适宜桂中、桂南稻作区作早、晚稻，桂北稻作区除灵川、兴安、全州、灌阳之外的区域作晚稻种植。

栽培技术要点：早稻桂南3月上旬、桂中3月中旬播种，秧龄25d左右；晚稻桂南7月上旬、桂中北6月下旬播种，并注意稀播培育多蘖壮秧。插植规格13.2cm×19.8cm，每穴插3 ~ 4棵秧或抛秧密度每平方米34穴，基本苗112.5万 ~ 150.0万/hm^2。施足基肥，早施追肥，多施磷钾肥，巧施穗肥，施尿素300 ~ 375kg/hm^2，钾肥300 ~ 450kg/hm^2，磷肥600 ~ 750kg/hm^2；注意及时露晒田，苗数达300.0万/hm^2时开始露晒田；不宜偏施氮肥，可多施磷钾肥，以防胡麻叶斑病和倒伏；抽穗灌浆期喷施0.4%尿素和0.3%磷酸二氢钾2 ~ 3次。

包辐766（Baofu 766）

品种来源：广西农学院同位素应用研究室1979年采用同位素^{60}Co γ射线辐射晚籼品种包选2号植株花粉母细胞减数分裂期，从变异后代中选育而成。1989年通过广西壮族自治区农作物品种审定委员会审定，审定编号为桂审证字第056号。

形态特征和生物学特性：籼型常规中熟晚稻品种。株型集散适中，分蘖力中等，茎秆粗壮，叶片稍大厚直，青枝蜡秆，前期生长慢，后期生长快，灌浆期长。全生育期130d左右。株高102.0cm，穗长22.1cm，穗粒数112.0粒，结实率80.0%，千粒重28.0g。

品质特性：糙米率80.0%，直链淀粉含量25.5%，蛋白质含量8.6%，脂肪2.0%。米质中等、带香味。

抗性：中抗稻瘟病，抗白叶枯病，对稻瘿蚊感至高感。抗倒伏能力强。

产量及适宜地区：1980年在贵县桥圩农场进行品比试验，平均单产7 312.5kg/hm^2。1981—1983年在广西农学院农场进行品比，3年平均单产5 614.5kg/hm^2。1981年参加玉林地区区试，平均单产4 762.5kg/hm^2。适宜桂南和桂中南部稻作区作晚稻和中稻种植。

栽培技术要点：作晚稻于7月上旬播种，8月1～5日插秧，秧龄30d左右，插植规格以16.5cm×13.2cm为宜，每穴4～6苗。早施前期肥，促进前期早生快发促使分蘖成穗。灌浆速度慢，不宜断水过早，待完熟后收割。

包胎矮（Baotai'ai）

品种来源：广西玉林地区农业试验站1959年利用中山红156/秋矮133后代选育而成。

形态特征和生物学特性：籼型常规迟熟晚稻品种。分蘖力中等，叶片厚直，穗大粒多，谷壳薄，成熟期后期熟色好。全生育期152d左右，株高100.0cm左右，千粒重22.0g。

品质特性：精米率高，米质好。

抗性：对病虫害抗性强，抗寒力差，抽穗期若遇寒露风，易受害造成包颈。

产量及适宜地区：产量4 500.0kg/hm^2，曾在广东、广西和福建南部等省份大面积栽培，年最大推广面积33.3万hm^2以上。

栽培技术要点：参照一般常规稻中熟品种进行。

包胎白（Baotaibai）

品种来源：广东省肇庆地区农业科学研究所1961年从胞胎红的变异株中选育而成。

形态特征和生物学特性：籼型常规迟熟晚稻品种。分蘖力中等，成熟青枝蜡秆。全生育期150d左右。株高120.0cm左右，结实率90.0%，千粒重21.0g。

品质特性：米质中等。

抗性：中抗白叶枯病，抗倒伏能力不强。

产量及适宜地区：产量4 500.0 ～ 5 250.0kg/hm^2，1969年推广面积13.3万hm^2。

栽培技术要点：参照一般常规稻迟熟品种进行。

包胎红（Baotaihong）

品种来源：广西20世纪50年代从中山占中系统选育而成。

形态特征和生物学特性：籼型常规中早熟晚稻品种。全生育期135 ~ 140d，株高85.0 ~ 100.0cm。

品质特性：米质中等。

抗性：抗病虫力强，耐旱、耐瘠、抗倒伏，不耐寒，抽穗期如遇寒露风易影响结实，同时出现茎叶早衰。

产量及适宜地区：适宜广西和广东丘陵、山区、中等半沙坭田种植。

栽培技术要点：参照一般中常规稻早熟品种进行。

包选2号（Baoxuan 2）

品种来源：广西玉林地区农业科学研究所于1965年从包胎白的变异单株系统中选育而成。1983年通过广西壮族自治区农作物品种审定委员会审定，审定编号为桂审证字第012号。

形态特征和生物学特性：籼型常规感光型迟熟晚稻品种，感光性强。株型集散适中，分蘖力中等，叶片细长厚直，叶片叶鞘淡绿色，叶耳、叶舌、叶枕无色，主茎叶片18片左右，转色好，剑叶角度小，茎节间绿色，茎节不露，青枝蜡秆，谷壳带麻点，成穗率高，有效穗多，穗呈半圆形。全生育期140d左右。株高100.0 ~ 105.0cm，穗长21.0cm，有效穗数7个/株左右，结实率85.0%左右，千粒重21.0g。

品质特性：米质好，出米率高。

抗性：抗纹枯病和白叶枯病，易倒伏，抗寒力差，抽穗扬花期若遇寒露风造成“包颈”，降低结实率。

产量及适宜地区：1970年在玉林地区各地多点试种，单产4 500.0 ~ 5 250.0kg/hm^2，高的可达7 500.0kg/hm^2，在海南南繁149.6hm^2，平均单产5 287.5kg/hm^2。1971年在玉林地区推广7 186.7hm^2，南宁、百色、钦州、梧州及广东的肇庆、湛江等地区大面积推广。适宜桂南稻作区晚稻搭配种植。

栽培技术要点：秧龄40 ~ 50d，播种375 ~ 450kg/hm^2。如留有晚稻秧田，可提前在5月底6月初播种，秧龄50d以上。7月底插完秧，早插产量高。好田、肥足，每穴插3 ~ 4苗；瘦田，肥料少，每穴插4 ~ 6苗，规格为8.0cm × 4.0cm或8.0cm × 5.3cm。前期早施重施分蘖肥，中期控制水肥，后期补施粒肥，注意氮、磷、钾肥配合。秧苗期注意防治病虫害。

博香占3号（Boxiangzhan 3）

品种来源：广西博白县农业科学研究所利用香1号/新型品系136（香1号/36辐）选育而成。2004年通过广西壮族自治区农作物品种审定委员会审定，审定编号为桂审稻2004024号。

形态特征和生物学特性：籼型常规感温品种。株型适中，叶姿披垂，谷粒金黄色。在桂南、桂中作早稻种植全生育期124d左右，作晚稻种植全生育期108 ～ 119d。株高111.7cm，穗长23.0cm，有效穗数337.5万/hm^2，穗粒数116.4粒，结实率77.1％，千粒重19.7g。

品质特性：糙米长宽比3.0，整精米率70.0％，垩白粒率1％，垩白度0.1％，胶稠度89mm，直链淀粉含量12.2％。

抗性：苗叶瘟7级，穗瘟9级，白叶枯病9级，褐飞虱9级。

产量及适宜地区：2003年早稻参加优质组区域试验，平均单产5 766.0kg/hm^2；晚稻续试，平均单产5 785.5kg/hm^2。生产试验平均单产5 266.5kg/hm^2。适宜种植七桂早、珍桂矮的非稻瘟病区种植。

栽培技术要点：桂南早稻3月上旬播种，旱育秧4.1叶移栽，水育秧5.1叶左右移栽；桂中、桂南晚稻6月底7月初播种，秧龄20d。栽插规格13.2cm×23.1cm或13.2cm×26.4cm，每穴插4株苗或抛栽密度33穴/m^2。施足基肥，早追肥，氮、磷、钾肥配合使用，施纯氮150kg/hm^2、五氧化二磷75kg/hm^2、氧化钾105kg/hm^2；浅灌为主，间歇露田，足苗晒田，后期干干湿湿。主要防治稻瘟病、白叶枯病等危害。

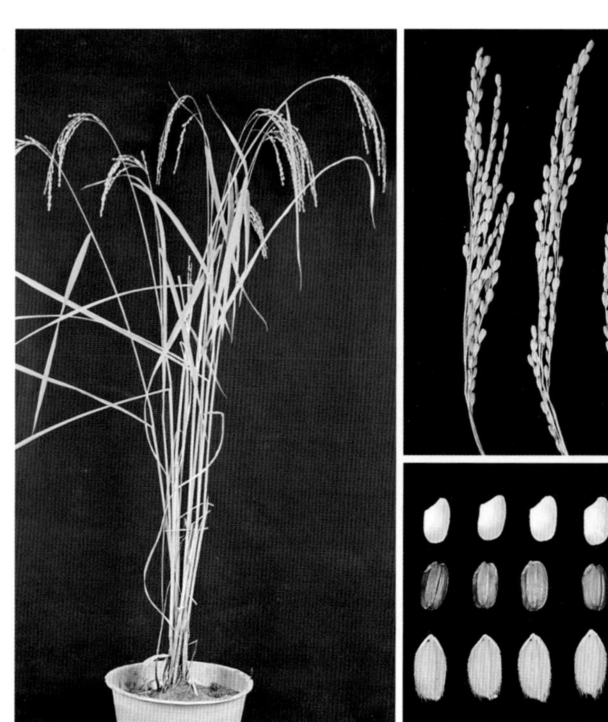

朝花矮（Chaohua'ai）

品种来源：广西农学院植物组织培养研究室1983年用包选2号作母本，朝阳矮2-1作父本杂交后，通过花药培养选育而成。1989年通过广西壮族自治区农作物品种审定委员会审定，审定编号为桂审证字第055号。

形态特征和生物学特性：籼型常规中熟晚稻品种。株型集散适中，分蘖中等，叶片厚直，根系发达，省肥易种，前期生长缓慢，中后期生长快，青枝蜡秆，成穗率高，穗大粒多。全生育期135d左右。株高95.0cm左右，穗粒数120.0粒左右，结实率85.0%～90.0%，千粒重23.0g。

品质特性：糙米率78.9%，精米率72.0%～73.0%。米质好，米饭柔软。

抗性：抗白叶枯病和纹枯病能力强，不抗稻瘟病。抗倒伏，抗旱能力强，适应性广。

产量及适宜地区：1984—1985年参加广西农学院两年晚稻品比试验，单产分别为4 875.0kg/hm^{2}和6 750.0kg/hm^2。1984年参加广西区试，桂南和桂中17个试点平均单产4 456.5kg/hm^2，桂南10个试点平均单产4 932.0kg/hm^2。适宜桂南稻作区的中低产田地区作晚稻种植，稻瘟病区不宜种植。

栽培技术要点：宜于6月下旬至7月上旬播种，秧龄30d左右，可于10月10日前齐穗，正常年景可避过寒露风。以农家肥和磷钾肥为主，适当控制氮肥用量。插植规格19.8cm×9.9cm或16.5cm×9.9cm，每穴插4～6苗，争取有效穗达330.0万～375.0万/hm^2。

朝灵11（Chaoling 11）

品种来源：广西灵山县农业科学研究所1969年利用朝阳矮1号/大灵矮选育而成。1983年通过广西壮族自治区农作物品种审定委员会审定，审定编号为桂审证字第015号。

形态特征和生物学特性：籼型常规中熟晚稻品种，株型集散适中，分蘖力中等，叶片窄，剑叶短，剑叶角15°，谷粒阔卵形，谷壳花褐，秆黄色，稃尖无色，植株生长前期缓慢，中、后期生长势强，后期熟色好。全生育期130 ～ 135d。株高100.0 ～ 115.0cm，穗长17.6cm，成穗率70.0%左右，有效穗数330.0万～ 375.0万/hm^2，穗粒数100.0粒左右，结实率85.0%，千粒重21.0 ～ 22.0g。

品质特性：糙米率73.0%，米质中上。

抗性：轻感稻瘟病和纹枯病，易受稻瘿蚊危害，中抗白叶枯病。中等耐肥，抗倒伏。

产量及适宜地区：1975年参加广西区域试验共96个点，平均单产5 539.5kg/hm^2。1976年参加试点92个，平均单产4 792.5kg/hm^2。适宜桂南、桂中、桂北稻作区种植。

栽培技术要点：秧龄弹性大，20 ～ 50d均可，拔秧秧龄30 ～ 35d，铲秧秧龄25d左右。播种量600.0 ～ 900.0kg/hm^2，播后5 ～ 7d施1次攻苗肥。秧田要防治稻蓟马、三化螟等。插秧密度，一般45.0万～ 60.0万穴/hm^2，肥田插16.5cm × 13.2cm，一般田插16.5cm × 10.0cm或20.0cm × 10.0cm，每穴6 ～ 7苗。

大灵矮（Daling'ai）

品种来源：广西灵山县农业科学研究所1968年从包胎红中系选育成。1983年通过广西壮族自治区农作物品种审定委员会审定，审定编号为桂审证字第014号。

形态特征和生物学特性：籼型常规迟熟晚稻品种，苗期生长缓慢，孕穗后期生长旺盛，生长整齐，茎秆粗壮，分蘖力中上，成穗率高，中期叶色转正常，后期无早衰，穗大粒密，结实率高。全生育期155 ～ 157d。株高94.0 ～ 104.0cm，穗粒数80.0 ～ 100.0粒，千粒重20.0 ～ 22.0g。

品质特性：米质中等。

抗性：不抗穗颈瘟，易倒伏，对寒露风抗性差。

产量及适宜地区：1970年、1971年灵山县试种，平均单产分别为6 375.0kg/hm^{2}和6 525.0kg/hm^2。1970年晚稻，灵山县种植1.0万hm^2，1971—1978年，每年种植面积约2.3万～ 2.7万hm^2，占晚稻面积的60.0%～ 70.0%。1971—1975年，广西推广面积共33.3万hm^2，1981年广西种植8.3万hm^2。适宜桂南地区作晚稻搭配种植。

栽培技术要点：浸种时要用福尔马林药水进行种子消毒，选择肥的秧田（或施适当基肥），疏播，秧田播种450 ～ 600kg/hm^2，培育50 ～ 60d的老壮秧。在大暑前插秧，插秧采用19.8cm × 9.9cm、16.5cm × 13.2cm或16.5cm × 9.9cm规格，每穴插8 ～ 10苗。

辐占（Fuzhan）

品种来源：广西壮族自治区农业科学院水稻研究所从福糯自然杂交变异株中，经多代定向选育而成。2001年通过广西壮族自治区农作物品种审定委员会审定，审定编号为桂审稻2001043号。

形态特征和生物学特性：籼型常规感温迟熟品种。株叶型集散适中，分蘖力强，茎秆坚韧，后期转色好，后期熟色好，青枝蜡秆，谷粒细长。桂南种植，早稻全生育期124d左右，晚稻108d左右。株高103.0cm，有效穗数300.0万～315.0万/hm^2，穗粒数146.0粒左右，结实率85.0%左右，千粒重16.7g。

品质特性：糙米长宽比3.1，糙米率79.3%，精米率72.7%，整精米率68.1%，垩白粒率7%，垩白度1.2%，透明度2级，碱消值7.0级，胶稠度88mm，直链淀粉含量12.4%，蛋白质含量8.2%。

抗性：叶瘟、穗瘟均为5级，白叶枯病5级。耐肥，抗倒伏。

产量及适宜地区：1999年晚稻参加育成单位的品比试验，单产6 190.5kg/hm^2；2000年早稻复试，单产6 426.0kg/hm^2。2001年早稻参加广西优质谷组区试，平均单产5 554.5kg/hm^2。2000年晚稻至2001年早稻，在贵港覃塘区、宁明、浦北、柳城等地试种示范，累计种植面积2 466.7hm^2，一般单产6 000.0kg/hm^{2}左右。适宜桂南、桂中南部作早、晚稻，桂中北部及桂北作中、晚稻推广种植。

栽培技术要点：参照一般常规稻迟熟品种。

福糯（Funuo）

品种来源：广西农学院水稻研究室1986年利用经同位素^{60}Co γ 射线辐射的（IR24/温造青）种子后代选育而成。1991年通过广西壮族自治区农作物品种审定委员会审定，审定编号为桂审证字第077号。

形态特征和生物学特性：籼型常规早熟糯稻品种，对光温反应较弱。株型好，分蘖力强，总叶片数13片，平均剑叶长31.0cm，宽1.2cm，叶片直立，叶色浓绿。根系发达，转色好。在桂南，早季全生育期115 ~ 118d，晚季113d左右。株高90.0cm，穗长20.6cm，成穗率70.0%，有效穗数可达420.0万~ 450.0万/hm^2，穗粒数85.0粒，结实率85.0%，千粒重28.0g。

品质特性：糙米粒长6.9mm，糙米宽2.3mm，糙米率83.2%，精米率72%，整精米率71.1%，呈乳白色，胶稠度100mm，直链淀粉含量0.3%，蛋白质含量8.8%。

抗性：稻瘟病5级，白叶枯病1 ~ 2级，苗叶瘟4级。

产量及适宜地区：1987—1989年3年品比试验，平均单产6 226.5kg/hm^2。1987—1988年试种167.4hm^2，单产6 000.0kg/hm^{2}左右；1989年试种29.3hm^2，平均单产6 171.0kg/hm^2。到1990年已种植1.8万hm^2，平均单产达2 100.0kg/hm^{2}左右。适宜广西全区推广种植。

栽培技术要点：早稻在2月底至3月上旬播种，秧龄控制在25 ~ 30d；晚稻翻秋，于7月中旬播种，秧龄控制在20d左右。播种量375.0 ~ 525.0kg/hm^2。一般栽插规格19.8cm×13.2cm，每穴插3 ~ 4苗，插基本苗120.0万 ~ 135.0万/hm^2，有效穗达450.0万/hm^{2}左右。注意防治病虫害。

广二石（Guang'ershi）

品种来源：广州市农业科学研究所1975年利用广二109/打爆石选育而成。1983年通过广西壮族自治区农作物品种审定委员会审定，审定编号为桂审证字第004号。

形态特征和生物学特性：籼型常规中熟早稻品种。株型好，分蘖力中等，叶片大小适中，叶片、叶鞘绿色，根系发达，后期不易早衰，转色好，青枝蜡秆，抽穗灌浆快，穗大粒多，着粒均匀，谷粒阔卵形，饱满黄净，谷壳黄色，稃尖无色。早稻全生育期125d左右；晚稻108 ~ 115d。早稻株高100.0cm左右，晚稻85.0 ~ 90.0cm。穗粒数100.0 ~ 130.0粒，结实率85.0%左右，千粒重26.0g。

品质特性：糙米率81.3%。米质中等。

抗性：抗稻瘟病、白叶枯病、纹枯病能力比桂朝稍强。苗期抗寒力强。

产量及适宜地区：1980年早稻在钦州试种，单产6 562.5kg/hm^2；1981年、1982年早稻钦州地区区试，单产分别为5 224.5kg/hm^{2}和6 031.5kg/hm^2。适宜桂南地区作早稻种植，桂中、桂北作早、晚两季栽培，高寒山区作晚季栽培。

栽培技术要点：早稻桂南地区宜在2月下旬至3月初播种，秧龄30d左右，晚稻在7月上旬播种，秧龄15 ~ 20d为宜，力争9月底齐穗，避过寒露风。株行距为10.0cm × 20.0cm、13.2cm × 20.0cm、13.2cm × 16.5cm，瘦瘠及浅脚田可插密些，中上田每穴可插3 ~ 5苗，插基本苗180万 ~ 225万/hm^2。插后5 ~ 7d追施第一次肥，再过5 ~ 7d重施分蘖肥，争取插后25 ~ 30d内够苗。前期注意防治稻纵卷叶螟，中后期防治褐飞虱及其他虫鼠危害。

广南1号（Guangnan 1）

品种来源：广西壮族自治区农业科学院1964年利用 广选3号/南顺299育成。

形态特征和生物学特性：籼型常规早熟早稻品种。株型集中，分蘖力中等，叶硬直，生长势旺，穗大粒多。全生育期118d。株高90.0cm，穗粒数中等，千粒重27.0g。

品质特性：米质中等。

抗性：中抗稻瘟病，抗性中等。

产量及适宜地区：单产4 500.0kg/hm^2，1974年广西推广2.6万hm^2。

栽培技术要点：参照一般籼型常规早稻品种进行。

广协1号（Guangxie 1）

品种来源：广西河池地区农业科学研究所利用广二石/协四115选育而成。2000年通过广西壮族自治区农作物品种审定委员会审定，审定编号为桂审稻2000003号。

形态特征和生物学特性：籼型常规稻感温中熟品种。株型集散适中，分蘖力强，成熟时遇高温多雨易穗上芽。全生育期早稻120 ~ 125d，晚稻90d左右。株高94.5cm，有效穗数334.5万/hm^2，穗粒数93.0粒，结实率76.0%，千粒重24.3g。

品质特性：糙米长宽比2.7，糙米率81.2%，精米率73.8%，整精米率47.8%，垩白粒率94%，垩白度19.9%，透明度4级，碱消值3.5级，胶稠度45mm，直链淀粉含量20.4%，蛋白质含量8.0%。

抗性：白叶枯病4级，苗瘟4 ~ 5级，穗瘟6级。耐肥，抗倒伏。

产量及适宜地区：1994—1995年参加广西区试，其中1994年桂南、桂中11个试点平均单产5 629.5kg/hm^2，1995年桂南6个试点平均单产6 603.0kg/hm^2。1995—1998年在宜州、罗城、都安、柳城、玉林、象州等地进行生产试验和试种，单产6 450.0 ~ 7 350.0kg/hm^2。适宜桂南、桂中作早晚稻，桂北作中晚稻种植。

栽培技术要点：参照一般常规稻中熟品种进行。

广选3号（Guangxuan 3）

品种来源：广西壮族自治区农业科学院1961年从南高广3号中系统选育而成。

形态特征和生物学特性：籼型常规迟熟早稻品种。分蘖力中等，穗大粒多。全生育期128d左右。株高95.0cm，有效穗数307.5万～361.5万/hm^2，穗粒数100.8～115.7粒，千粒重25.0g。

品质特性：米质中等。

抗性：抗性中等，抗倒伏。

产量及适宜地区：单产4 500.0～6 000.0kg/hm^2，高的可达9 000.0kg/hm^2，适应性广。1964年试产，平均单产7 080.0kg/hm^2，1965年再试，平均单产7 500.0kg/hm^2，最高单产8 141.3kg/hm^2。广西自1966—1979年每年种植面积26.7万hm^{2}左右，1976年高达43.2万/hm^2。湖南、江西、福建、广东等省也引入种植。

栽培技术要点：耐肥，一般田块插秧规格7.9cm×6.6cm，插植基本苗150.0万～180.0万/hm^2，施足基肥，早施追肥，同时注意氮、磷、钾肥的配合施用。

广选早（Guangxuanzao）

品种来源：广西玉林地区农业学校1965年从广选3号系统选育而成。

形态特征和生物学特性：籼型常规早熟早稻品种。株型较矮，分蘖力强，后期青枝蜡秆，耐密植。全生育期107d。株高75.0cm，穗数多，结实率高，千粒重25.0g。

品质特性：米质中等。

抗性：抗性中等。

产量及适宜地区：单产4 500.0 ~ 5 250.0kg/hm^2，高的可达7 500.0kg/hm^2。适应性广，湖南、江西等地均有推广，1974年广西种植14.2万hm^2。

栽培技术要点：广西南宁3月2日播种，6月18日成熟。其他参照广选3号品种进行。

桂713（Gui 713）

品种来源：广西壮族自治区农业科学院水稻研究所1988年从IR28125-79-3-3-2中用纯系法选育而成。原名713。1993年通过广西壮族自治区农作物品种审定委员会审定，审定编号为桂审证字第082号。1995年获广西科学技术进步三等奖。

形态特征和生物学特性：籼型常规中迟熟早稻品种。株叶型松散适中，叶片短直，分蘖力强，株高88.7cm，多穗型，全生育期125d左右。成穗率59.4%，有效穗数13.3，穗粒数87.3粒，结实率84.6%，千粒重21.2g。

品质特性：早稻米粒长6.3mm，长宽比3.2，糙米率78.0%，精米率70.1%，整精米率58.4%，垩白粒率3%，垩白度5.7%，透明度1级，糊化温度7级（低），胶稠度85mm(软)，直链淀粉含量17.7%；晚稻米粒长6.3mm，长宽比值3.1，糙米率77.3%，精米率71.3%，整精米率62.8%，垩白粒率0，垩白大小0，透明度1级，碱消值7.0级，胶稠度81mm（软），直链淀粉含量9.27%。米粒无腹白，品质优。

抗性：抗白叶枯病，中抗稻瘟病。耐肥力中上等。

产量及适宜地区：该品种经1990—1992年3年早稻品比试验，平均单产7 111.5kg/hm^2。1992年早稻对比试验，平均单产6 373.5kg/hm^2，晚稻复试，平均单产5 007.0kg/hm^2。生产试验早稻面积1 191.0hm^2，平均单产6 073.5kg/hm^2，晚稻面积14.5hm^2，平均单产5 770.5kg/hm^2。适宜桂南、桂中南部作早、晚稻种植，桂中中部和桂北作中稻或晚稻种植。不宜在沙土田、深土田、烂畈田种植。

栽培技术要点：秧龄在20～25d，桂南早稻在3月10～15日，晚稻在7月10～15日；桂中南部早稻在3月20～26日，晚稻在7月5日以前播种；桂北作晚稻种植，在6月25日左右播种。选择中等肥力以上的肥田种植。早施重施分蘖肥，氮、磷、钾肥配合施用，促进早分蘖、快分蘖，以达到较多有效穗，以多穗夺高产。注意防治病、虫、鼠害。

桂丰2号（Guifeng 2）

品种来源：广西壮族自治区农业科学院水稻研究所从IR60830-110-3-3-1后代分离变异株中经系统选育而成。2001年通过广西壮族自治区农作物品种审定委员会审定，审定编号为2001047号。

形态特征和生物学特性：籼型常规感温迟熟品种。株型集散适中，分蘖力强，叶片窄直，叶色较淡，茎秆坚韧，后期熟色好。早稻全生育期125d左右，晚稻115d左右。株高105.0cm，有效穗数300.0万/hm^2左右，穗粒数120.0粒左右，结实率84.0%左右，千粒重19.3g。

品质特性：糙米长宽比3.2，糙米率80.3%，精米率72.1%，整精米率61.1%，垩白粒率6%，垩白度1.4%，透明度1级，碱消值7.0级，胶稠度74mm，直链淀粉含量12.5%，蛋白质含量10.0%。

抗性：稻瘟5～7级，白叶枯病5级。耐肥，抗倒伏性较强。

产量及适宜地区：1999年、2000年晚稻参加育成单位的品比试验，单产分别为6 556.5kg/hm^2和6 975.0kg/hm^2；2001年早稻参加自治区优质谷组区试，平均单产5 874.0kg/hm^2。2000—2001年在金秀、象州、宁明、邕宁等地试种示范1 133.3hm^2，一般单产6 000.0kg/hm^2左右。适宜桂南、桂中作早、晚稻，桂北及高寒山区作中、晚稻推广种植。

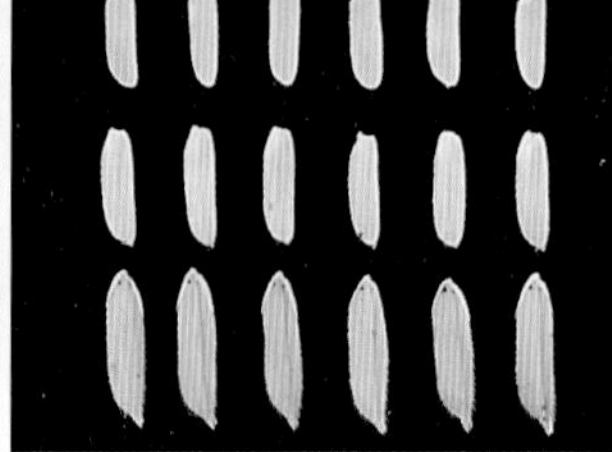

栽培技术要点：参照一般常规稻迟熟品种。

桂丰6号（Guifeng 6）

品种来源：广西壮族自治区农业科学院水稻研究所从IR60830-110-3-3-1后代分离变异株中经系统选育而成。2001年通过广西壮族自治区农作物品种审定委员会审定，审定编号为桂审稻2001048号。

形态特征和生物学特性：籼型常规感温迟熟品种。株型集散适中，分蘖力强，叶片窄直，淡绿色，后期熟色好，茎秆较细，谷粒细长，谷壳白色。桂南种植，早稻全生育期125d左右，晚稻113d左右，株高110.0cm，有效穗数345.0万/hm^2左右，穗粒数135.0粒左右，结实率84.0%左右，千粒重17.8g。

品质特性：糙米长宽比3.9，糙米率80.6%，精米率73.1%，整精米率41.2%，垩白粒率7%，垩白度0.8%，透明度1级，碱消值7.0级，胶稠度79mm，直链淀粉含量14.9%。米质优。

抗性：稻瘟5级，白叶枯病5级。耐肥，抗倒伏性稍差。

产量及适宜地区：1999年、2000年晚稻参加育成单位的品比试验，单产分别为6 487.5kg/hm^2和7 275kg/hm^2；2001年早稻参加自治区优质谷组区试，平均单产6 216.0kg/hm^2。2000—2001年在邕宁、宁明、金秀、柳州、玉林、合山、平乐、大新、上林等地试种示范8 000.0hm^2，一般单产6 000.0kg/hm^2左右。适宜桂南、桂中作早、晚稻，桂北及高寒山区作中、晚稻推广种植。2001—2005年，广西累计推广面积14.0万hm^2。

栽培技术要点：注意不能偏施氮肥，中期露晒田，其他参照一般常规稻迟熟品种。

桂红1号（Guihong 1）

品种来源：广西壮族自治区农业科学院水稻研究所以湖南农家传统红米/广东农家传统红米选育而成的红米品种。2009年通过广西壮族自治区农作物品种审定委员会审定，审定编号为桂审稻2009027号。

形态特征和生物学特性：籼型常规感温品种。株型紧凑，叶色浓绿，叶片宽、长，略卷曲，后期熟色好，谷粒细长，淡黄色，种皮朱红色，糙米深红色。桂南、桂中早稻种植，全生育期122d左右；晚稻种植，全生育期101d左右，与对照七桂占相当。株高104.1cm，穗长21.9cm，有效穗数286.5万/hm^2，穗粒数118.4粒，结实率88.9%，千粒重24.9g。

品质特性：糙米长宽比3.6，糙米率79.8%，整精米率58.6%，垩白粒率5%，垩白度0.6%，胶稠度68mm，直链淀粉含量15.5%。

抗性：苗叶瘟6～7级，穗瘟病9级；白叶枯病Ⅳ型5～7级，Ⅴ型7～9级。

产量及适宜地区：2007年参加常规水稻优质组晚稻初试，平均单产7 081.5kg/hm^2；2008年早稻续试，平均单产7 114.5kg/hm^2；两年试验平均单产7 098.0kg/hm^2。2008年早稻生产试验平均单产6 720.0kg/hm^2。适宜桂南、桂中稻作区作早、晚稻，桂北稻作区作晚稻种植。

栽培技术要点：大田用种量，手插秧34.5～37.5kg/hm^2，塑盘育秧27.0～30.0kg/hm^2；秧田播种量225.0kg/hm^2左右，秧盘量900盘/hm^2左右。插秧规格19.8cm×13.2cm或23.2cm×9.9cm，每穴插3～4苗（含分蘖），抛秧30.0万～33.0万穴/hm^2。不宜偏施氮肥。注意病、虫、鼠害的防治。

桂花占（Guihuazhan）

品种来源：广西壮族自治区农业科学院水稻研究所从收存的同名地方品种经系统选育而成。2003年通过广西壮族自治区农作物品种审定委员会审定，审定编号为桂审稻2003014。

形态特征和生物学特性：籼型常规感温中熟品种。群体生长较整齐，株型适中，叶色青绿，转色较好，落粒性中。早稻全生育期120d左右，晚稻全生育期110d左右。株高100.0cm左右，穗长约22.0cm，有效穗数270.0万/hm^{2}左右，每穗总粒数120.0 ~ 135.0粒，结实率76.9%左右，千粒重23.6g。

品质特性：糙米粒长6.9mm，糙米长宽比3.3，糙米率79.5%，精米率71.2%，整精米率53.9%，垩白粒率24%，垩白度8.5%，透明度3级，碱消值7.0级，胶稠度36mm，直链淀粉含量25.6%，蛋白质含量12.7%。

抗性：轻感稻瘟病和白叶枯病，苗叶瘟5级，穗瘟5 ~ 7级，白叶枯病3级，褐稻虱8.5级。耐寒性中，抗倒伏性较强。

产量及适宜地区：2002年参加广西水稻品种优质组区试初试，4个试点（南宁、玉林、柳州、宜州）平均单产6 937.5kg/hm^2；晚稻续试，5个试点（南宁、玉林、贺州、柳州、宜州）平均单产6 244.5kg/hm^2。同期在试点面上多点试种，一般单产6 000.0 ~ 7 200.0kg/hm^2。适宜桂南、桂中稻作区作早、晚稻，桂北稻作区作晚稻种植。

栽培技术要点：参照一般常规稻中熟品种。

桂华占（Guihuazhan）

品种来源：广西壮族自治区农业科学院水稻研究所利用长丝占作母本与桂引901作父本杂交选育而成。2001年通过广西壮族自治区农作物品种审定委员会审定，审定编号为桂审稻2001045号。2008年获广西科技进步三等奖。

形态特征和生物学特性：籼型常规感温迟熟品种。桂南种植，早稻全生育期126d左右，晚稻110d左右，株型集散适中，分蘖力强，茎秆坚韧，叶细直，抗倒伏性强，青枝蜡秆，后期熟色好，株高105cm，有效穗300.0万～330.0万/hm^2，每穗总粒137.0粒左右，结实率83.0%左右，千粒重18.0克，谷粒细长。

品质特性：米质优，糙米率78.6%，精米率70.4%，整精米率63.2%，糙米长宽比3.2，垩白粒率5%，垩白度1.4%，透明度1级，碱消值7.0级，胶稠度88mm，直链淀粉含量12.2%，蛋白质含量9.0%。

抗性：穗瘟7级，白叶枯病5级。

产量及适宜地区：1999年、2000年早稻参加育成单位的品比试验，单产分别为6 415.5kg/hm^{2}和6 613.5kg/hm^2；2001年早稻参加自治区优质谷组区试，平均单产5 877.0kg/hm^2。2000—2001年在港北区、博白、金秀、苍梧、宁明等地试种示范，累计种植面积4 933.3hm^2，一般单产6 000.0kg/hm^{2}左右。适宜桂南、桂中南部作早、晚稻，桂中北部及桂北作中、晚稻推广种植。截至2007年，在广西32个县（区）累计推广面积达21.1万hm^2。

栽培技术要点：参照一般常规稻迟熟品种。

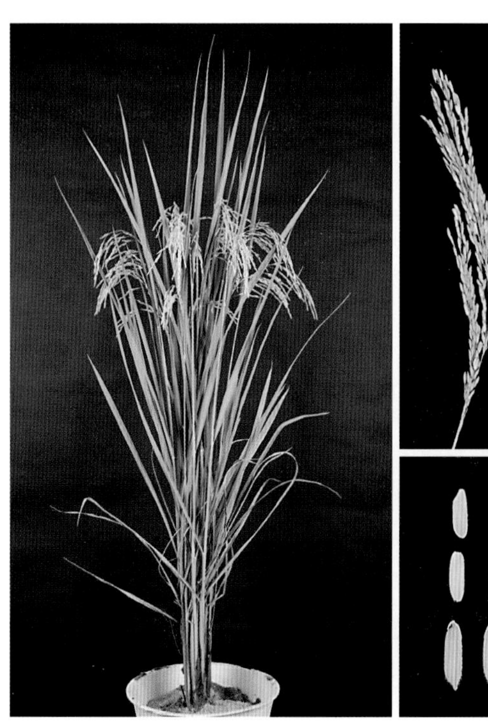

桂井1号（Guijing 1）

品种来源：广西壮族自治区农业科学院水稻研究所、南宁市储备粮管理有限责任公司利用桂丝占/马坝银占选育而成。2009年通过广西壮族自治区农作物品种审定委员会审定，审定编号为桂审稻2009026号。

形态特征和生物学特性：籼型常规感温品种。株型紧凑，叶色浓绿，叶片宽、长，略卷曲，后期熟色好，谷粒淡黄色。桂南、桂中早稻种植，全生育期124d左右；晚稻种植，全生育期103d左右。株高116.9cm，穗长25.6cm，有效穗数237.0万/hm^2，穗粒数145.5粒，结实率88.1%，千粒重23.5g。

品质特性：糙米长宽比3.5，糙米率80.8%，整精米率64.1%，垩白粒率5%，垩白度0.4%，胶稠度77mm，直链淀粉含量13.3%。

抗性：苗叶瘟7级，穗瘟病9级；白叶枯病Ⅳ型5～9级，Ⅴ型7～9级。

产量及适宜地区：2007年参加常规水稻优质组晚稻初试，平均单产6 297.0kg/hm^2；2008年早稻续试，平均单产6 343.5kg/hm^2；两年试验平均单产6 321.0kg/hm^2。2008年早稻生产试验平均单产5 788.5kg/hm^2。适宜桂南、桂中稻作区作早、晚稻，桂北稻作区作晚稻种植。

栽培技术要点：大田用种量，手插秧34.5～37.5kg/hm^2，塑盘育秧27.0～30kg/hm^2；秧田播种量225.0kg/hm^{2}左右，秧盘用量900片/hm^{2}左右。插秧规格以19.8cm×13.2cm或23.2cm×9.9cm为宜，每穴插3～4苗（含分蘖），抛秧30.0万～33.0万穴/hm^2。不宜偏施氮肥。注意病、虫、鼠害的防治。

桂茉香1号（Guimoxiang 1）

品种来源：广西玉林市农业科学研究所利用茉莉香占/早桂1号选育而成。2008年通过广西壮族自治区农作物品种审定委员会审定，审定编号为桂审稻2008023号。

形态特征和生物学特性：籼型常规弱感光品种。全生育期108d左右，比对照七桂占迟熟5d。株高103.9cm，穗长22.4cm，有效穗数273.0万/hm^2，穗粒数153.2粒，结实率68.5%，千粒重23.1g。

品质特性：糙米长宽比3.2，糙米率80.4%，整精米率70.4%，垩白粒率9%，垩白度2.5%，胶稠度68mm，直链淀粉含量13.3%。

抗性：苗叶瘟7级，白叶枯病Ⅳ型5级，Ⅴ型7级。

产量及适宜地区：2006年晚稻参加水稻优质组初试，平均单产6 447.0kg/hm^2；2007年晚稻续试，平均单产6 216.0kg/hm^2；两年试验平均单产6 331.5kg/hm^2。2007年晚稻生产试验平均单产6 319.5kg/hm^2。适宜桂南稻作区作晚稻种植。

栽培技术要点：7月10日左右播种，秧龄15d即可抛栽。秧苗长至4～5叶时，即7月25日左右抛栽，抛秧30.0万～37.5万穴/hm^2。基肥施碳酸氢铵450kg/hm^2、普通过磷酸钙450kg/hm^2；抛后5d施立苗肥，用尿素75kg/hm^2、钾肥105kg/hm^2；抛后12d施攻蘖肥，用钾肥150kg/hm^2、尿素105kg/hm^2；抛后20d施壮蘖肥，用复合肥15kg/hm^2、尿素60kg/hm^2。前期薄水分蘖，中期露晒田，后期干湿交替到成熟。苗期防治稻瘿蚊、三化螟，中后期防治稻纵卷叶螟、稻飞虱等。

桂农占2号（Guinongzhan 2）

品种来源：广西壮族自治区农业科学院水稻研究所1997年利用七丝占/桂713选育而成。2003年通过广西壮族自治区农作物品种审定委员会审定，审定编号为桂审稻2003016号。

形态特征和生物学特性：籼型常规感温品种。群体整齐度一般，株型较松散，叶色青绿，长势较繁茂，转色较好，落粒性中。早稻全生育期123d左右（手插秧）；晚稻种植，桂南、桂中7月上旬播种，秧龄18 ~ 25d，全生育期115d左右（手插秧）。株高98.0cm左右，穗长19.0cm左右，有效穗数270.0万/hm^{2}左右，穗粒数155.0粒左右，结实率78.0%左右，千粒重18.7g。

品质特性：糙米粒长6.0mm，糙米长宽比3.2，糙米率80.5%，精米率73.4%，整精米率64.8%，垩白粒率11%，垩白度2.4%，透明度3级，碱消值7.0级，胶稠度60mm，直链淀粉含量14.3%，蛋白质含量10.8%。

抗性：苗叶瘟5级，穗瘟5 ~ 9级，白叶枯病5级，褐飞虱9.0级。耐寒性中，抗倒伏性中。

产量及适宜地区：2002年早稻参加自治区水稻品种优质组区试初试，4个试点（南宁、玉林、柳州、宜州）平均单产6 666.0kg/hm^2；晚稻续试，5个试点（南宁、玉林、贺州、柳州、宜州）平均单产5 545.5kg/hm^2。同期在试点面上多点试种，一般单产6 000.0 ~ 6 750.0kg/hm^{2}左右。适宜桂中、桂南稻作区作早、晚稻，桂北稻作区除灵川、兴安、全州、灌阳之外的区域作晚稻种植。

栽培技术要点：参照一般常规稻迟熟品种。

桂青野（Guiqingye）

品种来源：广西壮族自治区农业科学院水稻研究所1983年用广西野生稻（81-377）作母本，以青华矮6号、双桂1号、双桂36作父本选育而成的。1994年通过广西壮族自治区农作物品种审定委员会审定，审定编号为桂审证字第108号。1996年获广西科技进步三等奖。

形态特征和生物学特性：籼型常规感光早熟晚稻品种。株型集散适中，分蘖力强，有效穗多，剑叶中长，叶色青秀，后期熟色好，谷粒黄褐色（麻壳）。在桂南，全生育期120 ~ 126d。株高96.0cm，有效穗数330.0万 ~ 390万/hm^2，穗粒数114.7粒，结实率88.5%，千粒重19.6g。

品质特性：糙米粒长6.2mm，糙米宽2.12mm，糙米长宽比2.8，糙米率78.0%，精米率72.0%，整精米率61.6%，垩白粒率1%，垩白度0.09%，透明度1级，碱消值7.0级，胶稠度58mm，直链淀粉含量26.0%，蛋白质含量10.6%。米质优。

抗性：抗稻瘟病、纹枯病，高抗褐飞虱生物型Ⅰ、Ⅱ。后期耐寒，耐肥、抗倒伏能力强。

产量及适宜地区：1991年晚稻品比试验单产6 318.0kg/hm^2；1992年晚稻区试桂南稻作区平均单产5 772.0kg/hm^2；桂中稻作区平均单产4 732.5kg/hm^2；1993年晚稻继续参试，平均单产5 140.5kg/hm^2，其中在南宁、柳州两个点单产分别为6 852.0kg/hm^2和3 000.0kg/hm^2。同年在桂南、桂中试种面积4.5hm^2，平均单产6 088.5kg/hm^2。适宜桂南及桂中以南地区作晚稻种植。

栽培技术要点：秧龄25 ~ 30d。秧田播量300.0 ~ 375.0kg/hm^2。插植规格19.8cm×13.2cm或19.8cm×9.9cm，每穴插3 ~ 4苗。不宜过早断水晒田。

桂丝占（Guisizhan）

品种来源：广西壮族自治区农业科学院水稻研究所利用七丝占/桂引901选育而成。2001年通过广西壮族自治区农作物品种审定委员会审定，审定编号为桂审稻2001046号。

形态特征和生物学特性：籼型常规感温迟熟品种。株型集散适中，分蘖力强，茎秆细韧，叶片窄直，生长势旺盛，后期熟色好，谷粒细长，谷壳淡白色。桂南种植，早稻全生育期125d左右，晚稻108d左右。株高106.0cm左右，有效穗数300.0万/hm^2左右，穗粒数130.0粒左右，结实率82.0%左右，千粒重18.2g。

品质特性：糙米长宽比3.1，糙米率80.0%，精米率72.8%，整精米率66.1%，垩白粒率5%，垩白度0.8%，透明度2级，碱消值7.0级，胶稠度80mm，直链淀粉含量12.2%，蛋白质含量10.1%。米质优。

抗性：穗瘟7级，白叶枯病5级。抗倒伏。

产量及适宜地区：1999年、2000年早稻参加育成单位的品比试验，单产分别为6 306.0kg/hm^2和6 294.0kg/hm^2；2001年早稻参加广西优质谷组区试，平均单产5 581.5kg/hm^2。2000—2001年在港北区、浦北、扶绥、横县、覃塘区等地试种示范，累计种植面积5 133.3hm^2，一般单产6 000.0kg/hm^2左右。2002—2004年在全区20多个县（市）推广种植，面积达4.0万hm^2，一般产量为5 625.0 ～ 6 000.0kg/hm^2左右，最高达7 515.0kg/hm^2。适宜桂南、桂中南部作早、晚稻，桂中北部及桂北作中、晚稻推广种植。

栽培技术要点：桂南作早稻种植，2月底3月初播种；桂中3月中旬播种。作晚稻种植，桂南7月中旬播种；桂中7月初播种；桂北6月下旬播种。用种量手插秧早稻30.0kg/hm^2，晚稻23.0kg/hm^2，塑盘抛栽秧23.0kg/hm^2，并要求用秧盘1 000片以上。采用旱育秧或塑盘育秧等先进技术育秧，培育带蘖壮秧。插秧规格19.8cm × 13.2cm或23.2cm × 9.9cm，每穴3 ～ 4苗。插基本苗112.5万～ 180.0万/hm^2，抛秧以33.0万穴/hm^2左右为宜。大田生产种植时应做到重施基肥，早施追肥，巧施穗粒肥。注意病虫害综合防治。

桂晚辐（Guiwanfu）

品种来源：广西壮族自治区农业科学院水稻研究所1983年利用包胎矮进行辐射处理选育而成。1989年通过广西壮族自治区农作物品种审定委员会审定，审定编号为桂审证字第054号。

形态特征和生物学特性：籼型常规迟熟晚稻品种。株型集散适中，叶片挺立，剑叶厚直，丰产性好，适应性广，茎秆粗壮，穗大，着粒密，秧龄弹性大，根系发达，抽穗快而整齐，后期熟色好，结实率高。全生育期135 ~ 137d。株高100.0 ~ 105.0cm，穗粒数129.6粒，实粒数122.8粒，结实率94.7%，千粒重21.5g。

品质特性：糙米率80.5%，碱消值5.0级，胶稠度27mm，直链淀粉含量21.2%，蛋白质含量11.1%，腹白小，饭味甜，有香味。

抗性：抗白叶枯病，中抗穗颈瘟，不抗恶苗病。抗倒伏性强，生长后期耐寒性强。

产量及适宜地区：1983年大区观察试验，单产7 350.0 ~ 7 725.0kg/hm^2。1984—1985年品种比较试验，1984年单产6 603.0 ~ 6 736.5kg/hm^2，1985年单产5 730.0 ~ 6 000.0kg/hm^2。1986年、1987年参加广西晚稻区试，平均单产分别为5 251.5kg/hm^2、4 818.0kg/hm^2。适宜桂南稻作区种植包胎矮、包选2号、大灵矮的地区种植。

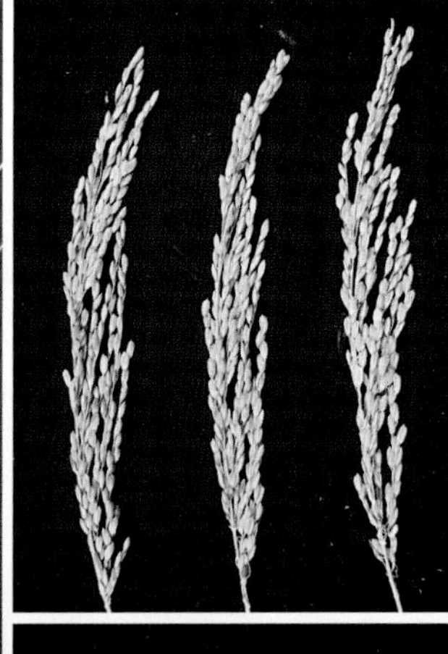

栽培技术要点：播种期在6月中旬至下旬，秧龄40 ~ 45d为宜。插秧规格16.5cm × 13.2cm或19.8cm × 13.2cm，每穴4 ~ 5苗，插足基本苗150.0万 ~ 180.0万/hm^2。施肥采用前重、中控、后补的原则，促进前期低位分蘖成穗，控制中后期无效分蘖，使整个群体结构健壮生长。注意防治病、虫、鼠害。

桂香2号（Guixiang 2）

品种来源：广西壮族自治区农业科学院水稻研究所利用八桂香/粤香占，经系统选育而成。2004年通过广西壮族自治区农作物品种审定委员会审定，审定编号为桂审稻2004023号。

形态特征和生物学特性：籼型常规感温品种。株型适中，叶色淡绿，转色较好。全生育期120～124d，与对照七桂占相仿。株高110.5cm，穗长23.1cm，有效穗数273.0万/hm^2，穗粒数116.2粒，结实率79.6%，千粒重26.0g。

品质特性：糙米长宽比3.3，整精米率64.9%，垩白粒率31%，垩白度4.0%，胶稠度74mm，直连淀粉含量12.9%。

抗性：苗叶瘟病7级，穗瘟9级，白叶枯病3级，褐飞虱9级。

产量及适宜地区：2003年早稻参加优质组区域试验，平均单产6 850.5kg/hm^2，晚稻续试，平均单产6 147.0kg/hm^2。生产试验平均单产5 890.5kg/hm^2。适宜种植七桂早、珍桂矮的非稻瘟病区种植。

栽培技术要点：桂南早稻3月上旬播种，旱育秧4.1叶移栽，水育秧5.1叶左右移栽；桂中、桂南晚稻6月底7月初播种，秧龄20d。栽插规格13.2cm×19.8cm，每穴插3～4株苗。施足基肥，早追肥，氮、磷、钾肥配合使用；浅灌为主，间歇露田，足苗晒田，后期干干湿湿。主要防治稻瘟病等危害。

桂香3号（Guixiang 3）

品种来源：广西壮族自治区农业科学院水稻研究所以万家香/闻香占选育而成。2009年通过广西壮族自治区农作物品种审定委员会审定，审定编号为桂审稻2009028号。

形态特征和生物学特性：籼型常规感温品种。桂南、桂中早稻种植，全生育期124d左右，晚稻种植，全生育期102d左右，与对照七桂占相当。株高111.2cm，穗长23.0cm，有效穗数261.0万/hm^2，穗粒数128.4粒，结实率87.2%，千粒重24.7g。

品质特性：糙米长宽比3.4，糙米率80.9%，整精米率66.1%，垩白粒率2%，垩白度0.2%，胶稠度72mm，直链淀粉含量16.9%。

抗性：苗叶瘟7级，穗瘟病9级，白叶枯病Ⅳ型7级，Ⅴ型7级。

产量及适宜地区：2007年参加常规水稻优质组晚稻初试，平均单产6 480.0kg/hm^2；2008年早稻续试，平均单产6 606.0kg/hm^2；两年试验平均单产6 543.0kg/hm^2。2008年晚稻生产试验平均单产6 340.5kg/hm^2。适宜桂南、桂中稻作区作早、晚稻，桂北稻作区作晚稻种植。

栽培技术要点：大田用种量，手插秧34.5 ~ 37.5kg/hm^2，塑盘育秧27.0 ~ 30.0kg/hm^2；秧田播种量225.0kg/hm^{2}左右，秧盘用量900盘/hm^{2}左右。插秧规格19.8cm × 13.2cm或23.1cm × 9.9cm，每穴插3 ~ 4苗（含分蘖），抛秧量30.0万 ~ 33.0万穴/hm^2。不宜偏施氮肥。注意病、虫、鼠害的防治。

桂银占（Guiyinzhan）

品种来源：广西壮族自治区农业科学院水稻研究所利用粳籼89/湖南软米选育而成。2000年通过广西壮族自治区农作物品种审定委员会审定，审定编号为桂审稻2000009号。

形态特征和生物学特性：籼型常规感温迟熟品种。株型适中，分蘖力中等。全生育期早稻127d，晚稻110d。株高100.0cm，穗粒数156.5粒，结实率89.5%，千粒重21.0g。

品质特性：糙米长宽比3.3，糙米率79.1%，精米率72.4%，整精米率45.6%，垩白粒率22.0%，垩白度3.0%，透明度1级，碱消值7.0级，胶稠度86mm，直链淀粉含量15.7%，蛋白质含量8.6%。

抗性：苗期耐寒，耐肥，抗倒伏。

产量及适宜地区：1999年进行品比试验，早、晚稻单产分别为6 180.0kg/hm^2、5 452.5kg/hm^2。适宜桂南作早、晚稻，桂中、桂北作中晚稻推广种植。

栽培技术要点：秧田播种量300.0kg/hm^2，桂南早稻播种期2月下旬至3月上旬，晚稻播种期以7月15～20日为宜，桂中7月上旬播种，秧龄17～20d，本田用种量37.5～45kg/hm^2，插植规格19.8cm×13.2cm，每穴插3～4苗。适宜中上肥力田种植，本田施足基肥，早施追肥，适施穗肥，氮、磷、钾肥合理搭配，增施磷、钾肥，提高结实率。注意病、虫、鼠害防治。

桂引901（Guiyin 901）

品种来源：广西桂林市郊区农业技术推广站1985年从国外引进，1989年引入桂林市郊区扩大试种。原名桂优901，后定名为桂引901。1994年通过广西壮族自治区农作物品种审定委员会审定，审定编号为桂审证字第106号。

形态特征和生物学特性：籼型常规感温性品种。株紧凑，分蘖力强，叶片较细长直立，茎秆粗壮，根系发达。全生育期桂南早稻128～130d，晚稻115～118d；桂中、桂北早稻130～135d，晚稻118～125d。株高98.0cm左右，穗粒数100.0～130.0粒，结实率70.0%～80.0%，千粒重28.0g左右。

品质特性：糙米粒长7.1mm，糙米率81.1%，精米率75.0%，整精米率51.5%，米粒无垩白。

抗性：抗纹枯病、稻瘟病、恶苗病，对白叶枯病、细菌性条斑病和褐飞虱生物型抗性强。耐旱、耐涝及抗倒伏性强，耐寒性差。

产量及适宜地区：1985—1988年在容县六王乡双善村文胜队试种5.3hm^2，一般单产为5 250.0～6 750.0kg/hm^2。1989—1990年在桂林市试种4.0hm^2，一般单产为4 500.0～6 000.0kg/hm^2。1991年在广西试种118.8hm^2，一般单产为4 500.0～6 750.0kg/hm^2。适宜广西桂南作早晚稻种植；桂中、桂北作中、晚稻种植。

栽培技术要点：播前将种子翻晒3～4h。浸种时做好种子消毒，可用强氯精300倍溶液消毒10～12h；大田用种量37.5kg/hm^2，秧田播种150～225kg/hm^2。秧龄早稻30d左右，中、晚稻25d左右。晚稻播种季节，桂北地区不能迟于6月25日，插秧规格19.8cm×13.2cm，每穴插1～2苗。耐肥。注意病虫害综合防治。

桂优糯（Guiyounuo）

品种来源：广西壮族自治区农业科学院水稻研究所从SLK分离变异株定向选育而成。2000年通过广西壮族自治区农作物品种审定委员会审定，审定编号为桂审稻2000012号。

形态特征和生物学特性：籼型常规感光糯稻品种。株型紧凑，茎秆粗壮，叶片厚直。桂南7月上旬播种，全生育期130d。株高100.0cm，穗长25.8cm，穗粒数183.0粒，结实率87.0%左右，千粒重23.8g。

品质特性：糙米长宽比3.0，糙米率79.2%，精米率73.0%，整精米率61.2%，碱消值7.0级，胶稠度100mm，直链淀粉含量0.5%，蛋白质含量11.5%。饭软质滑，糯性极佳。

抗性：叶瘟5级，穗瘟7～9级，白叶枯病5级。

产量及适宜地区：1993—1994年晚稻育成单位进行品比试验，单产为7 233.0kg/hm^2、7 003.5kg/hm^2。1994—1997年晚稻在南宁市两县一郊等地进行试种，一般单产6 300.0～7 350.0kg/hm^2。适宜桂南稻作区作晚稻种植。

栽培技术要点：桂南晚稻宜在7月10日前播种。插苗规格19.8cm×13.2cm，每穴插3～4株苗，插基本苗112.5万～150.0万/hm^2。施足基肥，重施分蘖肥。

桂育2号（Guiyu 2）

品种来源：广西壮族自治区农业科学院水稻研究所、广西兆和种业有限公司利用油占8号/特优63同位素^{60}Co γ 射线辐射第五代中间材料选育而成。2008年通过广西壮族自治区农作物品种审定委员会审定，审定编号为桂审稻2008021号。

形态特征和生物学特性：籼型常规感温品种。桂南、桂中早稻种植，全生育期124d左右；晚稻种植，全生育期103d左右。株高101.6cm，穗长21.5cm，有效穗数265.5万/hm^2，穗粒数138.1粒，结实率86.7%，千粒重20.8g。

品质特性：糙米长宽比3.2，糙米率81.0%，整精米率64.8%，垩白粒率20%，垩白度4.8%，胶稠度80mm，直链淀粉含量11.6%。

抗性：苗叶瘟7级，穗瘟病9级；白叶枯病Ⅳ型5级，Ⅴ型9级。

产量及适宜地区：2006年早稻参加水稻优质组初试，平均单产6 115.5kg/hm^2；2007年晚稻续试，平均单产6 502.5kg/hm^2。2007年晚稻生产试验平均单产6 541.5kg/hm^2。适宜桂南、桂中稻作区作早、晚稻种植。

栽培技术要点：大田用种量，手插秧30.0 ～ 33.8kg/hm^2，秧盘育秧22.5 ～ 27.0kg/hm^2，秧田播种量225.0kg/hm^{2}左右。插秧规格23.2cm×13.2cm，每穴插2 ～ 3苗（含分蘖），抛秧30.0万～ 33.0万穴/hm^2。早追肥，基肥以农家肥为主，氮、磷、钾配合施用，不偏施氮肥。浅水插（抛）秧，深水回青，够苗露晒田，中期干湿交替，后期切忌断水过早。注意病、虫、鼠害的防治。

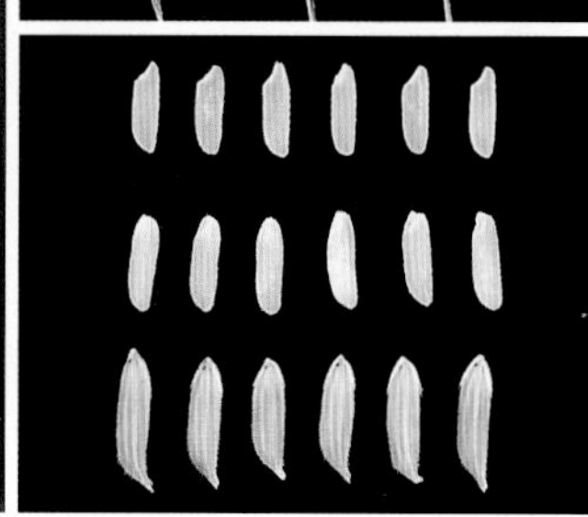

桂育7号（Guiyu 7）

品种来源：广西壮族自治区农业科学院水稻研究所以七丝占/桂引901杂交选育而成。2011年通过广西壮族自治区农作物品种审定委员会审定，审定编号为桂审稻2011035号。

形态特征和生物学特性：籼型常规感温品种。全生育期127d左右。前期长势一般，中后期长势旺盛，分蘖强，株型紧凑，叶色浓绿，叶片细长较直立，剑叶竖直，叶鞘绿色，后期熟色好，米质优。有效穗数304.5万/hm^2，株高98.3cm，穗长21.7cm，穗型着粒密，每穗总粒数131.9粒，颖色淡黄，稃尖无色、无芒，结实率82.6%，谷粒长度为9.7mm，宽度为2.3mm，长宽比4.2，千粒重23.2g。

品质特性：糙米率79.5%，整精米率69.4%，长宽比3.2，垩白粒率2%，垩白度0.5%，胶稠度84mm，直链淀粉含量16.5%

抗性：苗叶瘟7级；白叶枯病致病Ⅳ型5级，Ⅴ型5～7级。

产量及适宜地区：2009年早稻参加常规优质稻组初试，平均单产7 455.0kg/hm^2；2010年晚稻复试，平均单产7 015.5kg/hm^2；两年试验平均单产7 233.0kg/hm^2。2010年晚稻生产试验平均单产6 831.0kg/hm^2。适宜桂南、桂中稻作区作早、晚稻种植。

栽培技术要点：用种量，手插秧30.0～34.5kg/hm^2，塑盘育秧22.5～27.0kg/hm^2，播种量25.0kg/hm^{2}左右。插秧规格23cm×13cm，每穴插2～3苗（含分蘖），抛秧30.0万～31.5万穴/hm^2。施足基肥，及早追肥，基肥以农家肥为主，氮、磷、钾配合施用，不偏施氮肥。浅水插（抛）秧，深水回青，够苗露晒田，中期干湿交替，后期切忌断水过早。注意病、虫、鼠害的防治。

桂占4号（Guizhan 4）

品种来源：广西壮族自治区农业科学院水稻研究所从桂引901的分离变异株定向选育而成。2000年通过广西壮族自治区农作物品种审定委员会审定，审定编号为桂审稻2000007号。

形态特征和生物学特性：籼型常规感温迟熟品种。茎秆粗壮，叶片短、宽、厚，叶鞘及稃尖紫色，全生育期早稻125 ~ 128d，晚稻125d左右，株高100.4cm，穗长21.0cm，有效穗数330.0万/hm^2左右，穗粒数135.0粒，结实率83.3%，千粒重28.2g。

品质特性：糙米长宽比3.3，糙米率80.26%，精米率74.93%，整精米率63.03%，垩白粒率18%，垩白度5.6%，透明度2级，碱消值4.8级，胶稠度88mm，直链淀粉含量16.4%，蛋白质含量8.6%。

抗性：白叶枯病5级，稻瘟7级。耐肥，抗倒伏。

产量及适宜地区：1995年、1996年早稻参加广西桂南迟熟组区试，平均单产分别为5 385.0kg/hm^2、6 004.5kg/hm^2。1995年在武宣、象州和宾阳等地进行生产试验，早稻平均单产分别为6 888.0kg/hm^2、8 049.0kg/hm^2和5 508.0kg/hm^2，晚稻平均单产分别为5 700.0kg/hm^2、6 375.0kg/hm^2和4 800.0kg/hm^2。适宜桂南、桂中南部作早、晚稻，桂中北部和桂北作中、晚稻推广种植。

栽培技术要点：参照一般常规稻迟熟品种进行。

河西2号（Hexi 2）

品种来源：广西河池地区农业科学研究所1976年利用团结1号/西溪矮67-160选育而成。1983年通过广西壮族自治区农作物品种审定委员会审定，审定编号为桂审证字第023号。

形态特征和生物学特性：籼型常规感光中熟晚稻品种。株型集散适中，茎秆粗壮，叶片直立，叶色翠绿，根系发达，活力强，分蘖多，繁茂性好，熟色顺调，青枝蜡秆。全生育期133d左右，株高80.0～85.0cm，每穗100.0粒左右，结实率81.9%，千粒重24.0g。

品质特性：糙米率73.0%，粒长，腹白小，质透明，米质中等。

抗性：抗性中等。

产量及适宜地区：1977年参加广西晚稻区试的预备试验，根据35个点的统计，平均单产5 701.5kg/hm^2。1978—1980年参加桂林、河池两地区各16个点次的区试，桂林地区16个点平均单产5 626.5kg/hm^2。适宜桂中以北地区作晚稻种植。

栽培技术要点：播种期桂中稻作区以6月25日播完，8月5日播完为下限，秧龄以35～45d为宜，本田用种量90～112.5kg/hm^2，秧田播种量600kg/hm^2。肥力好的田插秧规格19.8cm×16.5cm，一般田插秧规格19.8cm×13.2cm或16.5cm×13.2cm，每穴4～6苗，保证基本苗180.0万～240.0万/hm^2。早施重施前期肥，适施壮尾肥，播后10～12d重施分蘖肥，要求播后25d苗数达到计划穗数水平。

河西3号（Hexi 3）

品种来源：广西河池地区农业科学研究所1980年晚稻利用科团白/464选育而成。原代号为84-2-803。1998年通过广西壮族自治区农作物品种审定委员会审定，审定编号为桂审证字第130号。

形态特征和生物学特性：籼型常规感光晚稻品种。分蘖强，长势繁茂，大穗，白壳、粒细长，转色好。全生育期130d左右。株高90.0cm，有效穗数300.0万～315.0万/hm^2，穗粒数114.0粒，结实率72.5%，千粒重27.2g。

品质特性：糙米率82.2%，精米率74.7%，整米率57.8%，直链淀粉含量23.9%，蛋白质含量7.5%。米质优。

抗性：高抗稻瘿蚊，抗寒性强。

产量及适宜地区：1987—1989年晚稻参加河池地区区试，平均单产分别为4 068.0kg/hm^2、5 007.0kg/hm^2和5 107.5kg/hm^2；1990—1991年晚稻参加广西区试，平均单产分别为5 311.5kg/hm^2和5 250.0kg/hm^2。1992年晚稻生产力测定平均单产6 324.0kg/hm^2。1984—1996年广西累计试种面积达5 333.3hm^2。适宜桂南稻作区双季晚稻推广种植。

栽培技术要点：秧龄在25～40d内，插秧规格采用19.8cm×13.2cm，每穴插3～4株苗。前期肥占85.0%左右，后期不能断水过早。

河西香（Hexixiang）

品种来源：广西河池地区农业科学研究所1993—1995年从黄壳香占分离变异株经系统选育而成。2003年通过广西壮族自治区农作物品种审定委员会审定，审定编号为桂审稻2003004号。

形态特征和生物学特性：籼型常规迟熟香稻品种。分蘖中等，谷壳黄色。桂中种植，早稻全生育期127d左右，晚稻110d左右。株高105.0cm左右，穗长23.0cm左右，有效穗数315.0万/hm^2，穗粒数120.0粒左右，结实率76.7%，千粒重18.7g。

品质特性：糙米长宽比3.0，糙米率75.0%，精米率71.0%，整精米率66.4%，垩白粒率6%，垩白度1.2%，胶稠度52mm，直链淀粉含量11.6%。

产量及适宜地区：1998—1999年参加河池地区水稻品种区试，其中1998年早稻平均单产5 182.5kg/hm^2，1999年早稻平均单产5 407.5kg/hm^2。1996年以来，在宜州、罗城、河池、大化、都安、柳城等地试种，一般单产5 400.0kg/hm^{2}左右。适宜桂中稻作区种植。

栽培技术要点：参照一般常规稻迟熟品种进行。

红南（Hongnan）

品种来源：广西壮族自治区农业科学院1971年利用^{60}Co γ 射线辐射红梅早/广南早1号F_1种子选育而成。1983年通过广西壮族自治区农作物品种审定委员会审定，审定编号为桂审证字第011号。

形态特征和生物学特性：籼型常规中迟熟早稻品种。株型紧凑，分蘖力中等，叶片挺直，剑叶角度小，色深，后期熟色好。全生育期120d，株高90.0cm，穗粒数109.0粒左右，结实率85.0%，千粒重27.0g。

品质特性：糙米率79.8%，蛋白质含量9.2%，米质中等。

抗性：中抗稻瘟病、白叶枯病。

产量及适宜地区：1975年、1976年广西品比试验，平均单产分别为7 753.5kg/hm^{2}和7 528.5kg/hm^2；1977年、1978年广西区试，平均单产分别为6 700.5kg/hm^{2}和3 324.0hm^2。到1984年累计推广面积67.7万hm^2，其中1984年16.0万hm^2。广西全区可种植，但在沿海地区的沙质土田表现差，不宜大面积推广。

栽培技术要点：桂南宜在2月底3月初播种，桂北、高寒山区于3月中下旬播种，桂中介于两者之间。秧龄30d育成5～6片叶的嫩壮秧，若采用小苗或铲秧，叶龄可小一些。要浅插，插足基本苗，株行距13.2cm×20.0cm或9.9cm×20.0cm，每穴插6～8苗。施足基肥，及时追肥耘田，够苗露晒田，注意氮肥不能过量，防止倒伏。对病虫害加强防治。

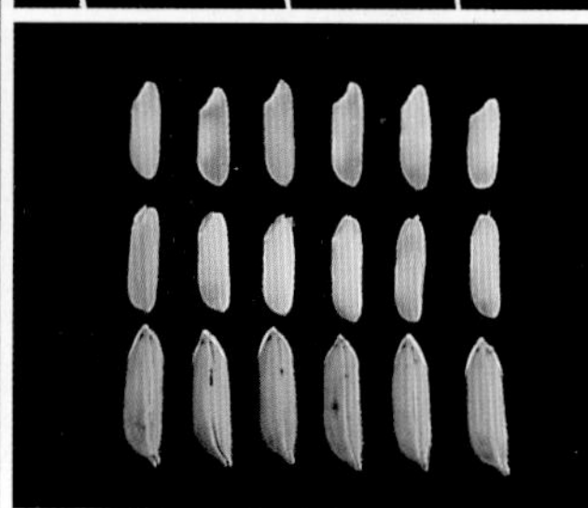

激青（Jiqing）

品种来源：广西农学院1978年利用广选3号激光处理选育而成。1985年通过广西壮族自治区农作物品种审定委员会审定，审定编号为桂审证字第035号。

形态特征和生物学特性：籼型常规迟熟早稻品种。株型集散适中，长势繁茂，生长整齐，叶色深绿，叶型直立，茎秆粗壮，根系发达，穗型半月形，有中芒。全生育期125d，株高95.0 ～ 100.0cm，穗长20.0cm左右，穗粒数120.0粒左右，结实率90.0%左右，千粒重25.0g。

品质特性：糙米率83.9%，蛋白质含量8.8%。没有或少有腹白，富有光泽，食味好，米质中上。

抗性：抗性中等。

产量及适宜地区：1977年早稻参加广西预备试验，平均单产3 277.5kg/hm^2。1978年早稻区试，平均单产3 273.0kg/hm^2。1984年推广1.0万hm^2。适宜桂南、桂中、桂北南部县非稻瘟病区种植。

栽培技术要点：早稻播种期可在3月初至3月中旬，秧龄30d左右。作翻秋栽培可在7月中旬播种，立秋前插完，秧龄以20d左右为宜。一般在中等肥力田，行株距以19.8cm × 13.2cm或19.8cm × 9.9cm为宜，每穴插4 ～ 6苗，插基本苗225.0万/hm^{2}左右。成穗1.7万/hm^{2}左右。作翻秋种植，插基本苗300.0万/hm^{2}左右。总施肥量纯氮不宜超过187.5kg/hm^2。插后10d和17d各施一次追肥。后期对氮肥敏感，追施要慎重，以免贪青徒长，遭受病虫危害。

家福香1号（Jiafuxiang 1）

品种来源：玉林市农业科学研究所利用桂丝占/丰华占选育而成。2009年通过广西壮族自治区农作物品种审定委员会审定，审定编号为桂审稻2009029号。

形态特征和生物学特性：籼型常规感温品种。株叶型适中，叶片、叶鞘绿色，颖色、稃尖淡黄，穗型、着粒度一般，穗顶谷粒有黄色长芒。全生育期110d左右。株高112.3cm，穗长23.7cm，有效穗数262.5万/hm^2，穗粒数137.2粒，结实率80.5%，千粒重24.4g。

品质特性：糙米长宽比2.9，糙米率80.9%，整精米率69.1%，垩白粒率12%，垩白度1.2%，胶稠度71mm，直链淀粉含量15.6%。

抗性：苗叶瘟5～6级，穗瘟发病率5～9级；白叶枯病Ⅳ型5级，Ⅴ型7级。

产量及适宜地区：2007年参加常规水稻优质组晚稻初试，平均单产6 657.0kg/hm^2；2008年晚稻续试，平均单产6 142.5kg/hm^2；两年试验平均单产6 400.5kg/hm^2。2008年晚稻生产试验平均单产6 232.5kg/hm^2。适宜桂南、桂中稻作区作晚稻种植。

栽培技术要点：桂南晚稻7月10日左右、桂中6月下旬至7月初播种。秧龄15d、秧苗4叶左右即可抛栽，抛秧37.5万～42.0万穴/hm^2。基肥施碳酸氢铵450kg/hm^2、普通过磷酸钙450.0kg/hm^2；抛后5d施立苗肥，施用尿素75kg/hm^2、氯化钾105kg/hm^2；抛后12d施攻蘖肥，用钾肥150kg/hm^2、复合肥150kg/hm^2；抛后20d施壮蘖肥，用复合肥225kg/hm^2。注意防治稻瘟病等。

金香糯（Jinxiangnuo）

品种来源：广西桂林市农业科学研究所、广西壮族自治区农业科学院水稻研究所利用桂香糯系统选育而成。2007年通过广西壮族自治区农作物品种审定委员会审定，审定编号为桂审稻2007042号。

形态特征和生物学特性：籼型常规感温糯稻品种。植株较高、剑叶短直，谷壳褐色，结实好。在桂南、桂中作早稻种植全生育期126d左右；作晚稻种植全生育期112d左右。株高107.7cm，穗长22.9cm，有效穗数253.5万/hm^2，穗粒数130.4粒，结实率91.5%，千粒重23.8g。

品质特性：糙米长宽比2.5，糙米率79.9%，整精米率61.1%，阴糯率0%，垩白度1.0%，胶稠度100mm，直链淀粉含量2.2%。

抗性：苗叶瘟5～7级，穗瘟发病率9级；白叶枯病Ⅳ型5级，Ⅴ型7～9级。

产量及适宜地区：2006年参加早稻优质组试验，平均单产6 003.0kg/hm^2；2006年晚稻续试，平均单产7 023.0kg/hm^2。2006年晚稻生产试验平均单产6 216.0kg/hm^2。适宜桂南、桂中稻作区作早、晚稻，桂北稻作区作晚稻种植。

栽培技术要点：早稻桂南3月上旬、桂中3月中旬播种，秧龄25d左右；晚稻桂南7月上旬、桂中北6月下旬播种，大田用种量22.5～30.0kg/hm^2。适宜移栽叶龄5.0～5.5叶，栽插规格19.8cm×13.2cm，每穴插3棵谷秧，插基本苗90.0万/hm^{2}以上。施纯氮165kg/hm^2、五氧化二磷90kg/hm^2、氧化钾150kg/hm^2。注意稻瘟病等的防治。

科香糯（Kexiangnuo）

品种来源：广西桂林市种子公司利用刷把糯/巨峰糯选育而成。2007年通过广西壮族自治区农作物品种审定委员会审定，审定编号为桂审稻2007043号。

形态特征和生物学特性：籼型常规感温糯稻品种。株型适中、剑叶长直，部分谷粒有芒。在桂南、桂中作早稻种植全生育期121d左右，与对照七桂占相仿；作晚稻种植全生育期105d左右。株高104.6cm，穗长21.2cm，有效穗数253.5万/hm^2，穗粒数133.1粒，千粒重26.0g。

品质特性：糙米长宽比3.1，糙米率80.0%，整精米率55.9%，阴糯率4%，垩白度1.0%，胶稠度100mm，直链淀粉含量2.3%。

抗性：苗叶瘟4～6级，穗瘟发病率5～9级，穗瘟损失率5～9级，稻瘟病抗性指数5.3～8.2；白叶枯病Ⅳ型7级，Ⅴ型9级。

产量及适宜地区：2005年参加晚稻优质组试验，平均单产6 880.5kg/hm^2；2006年早稻续试，平均单产5 439.0kg/hm^2。2006年早稻生产试验平均单产5 838.0kg/hm^2。适宜桂南、桂中、桂北稻作区作早、晚稻种植。

栽培技术要点：早稻桂南3月上旬、桂中3月中旬播种、桂北早稻3月底4月初播种，秧龄25d；晚稻桂南7月上旬、桂中北6月下旬至7月初播种，秧田播种量225.0kg/hm^2，大田用种量22.5～30.0kg/hm^2，稀播匀播，播种时每千克种子拌2g多效唑，培育多蘖壮秧。半水育秧秧龄20～25d，叶龄4.1～4.5叶，抛秧栽培叶龄2.5～3.1叶抛栽。手插秧16.5cm×19.8cm，插基本苗120.0万/hm^2，抛秧栽培密度28.0穴/m^2，每穴插2粒谷秧。中等肥力土壤，一般施纯氮165kg/hm^2、五氧化二磷75kg/hm^2、氧化钾97.5kg/hm^2；耙田时施入25%水稻专用配方肥600kg/hm^2，栽后5～7d结合施用除草剂再追施尿素112.5～150kg/hm^2；分蘖期干湿相间促分蘖，够苗及时露晒田，孕穗期以湿为主，抽穗期田间保持有浅水，灌浆期干湿壮籽。加强病虫害防治。

科玉03（Keyu 03）

品种来源：玉林市农业科学研究所以泰国稻BK14系统选育而成。2010年通过广西壮族自治区农作物品种审定委员会审定，审定编号为桂审稻2010024号。

形态特征和生物学特性：籼型常规感温迟熟品种。株型紧凑，分蘖力强，叶色绿，叶片细长，叶鞘绿色，主茎叶数17叶，着粒密，谷壳淡黄，稃尖无色，无芒，粒型细长。桂南、桂中早稻种植，全生育期136d左右；晚稻种植，全生育期113d左右。株高108.5cm，穗长22.4cm，有效穗数286.5万/hm^2，穗粒数129.3粒，结实率81.0%，千粒重22.9g。

品质特性：谷粒长9.9mm，谷粒长宽比3.8，糙米长宽比3.0，糙米率82.2%，整精米率70.5%，垩白粒率4%，垩白度0.7%，胶稠度81mm，直链淀粉含量12.9%。

抗性：苗叶瘟5～6级，穗瘟5～9级；白叶枯病致病Ⅳ型9级，Ⅴ型9级。

产量及适宜地区：2008年参加常规水稻优质组早稻初试，平均单产6 285.0kg/hm^2；2009年晚稻续试，平均单产6 858.0kg/hm^2，两年试验平均单产6 576kg/hm^2。2009年晚稻生产试验平均单产5 937.0kg/hm^2。适宜桂南、桂中稻作区作晚稻种植或中稻地区种植。

栽培技术要点：7月10日左右播种。4叶左右即可抛栽，抛37.5万穴/hm^{2}左右。基肥施碳酸氢铵450kg/hm^2、普通过磷酸钙450kg/hm^2；抛后5d施立苗肥，用尿素75kg/hm^2、钾肥105kg/hm^2；抛后12d施攻蘖肥，用钾肥150kg/hm^2、复合肥150kg/hm^2；抛后20d施壮蘖肥，用复合肥225kg/hm^2。前期薄水分蘖，中期露晒田，后期干湿交替到成熟。苗期防治稻瘿蚊、三化螟，穗期注意防治稻瘟病，中后期防治稻纵卷叶螟、稻飞虱等。

力源占1号（Liyuanzhan 1）

品种来源：广西壮族自治区农业科学院水稻研究所利用桂引901/八桂香选育而成，2006年通过广西壮族自治区农作物品种审定委员会审定，审定编号为桂审稻2006041号。

形态特征和生物学特性：籼型常规感温品种。株型适中，转色好。早稻全生育期125d左右，晚稻全生育期108d左右。株高92.2cm，穗长22.8cm，有效穗数286.5万/hm^2，穗粒数150.7粒，结实率75.7%，千粒重22.0g。

品质特性：糙米长宽比3.0，糙米率78.7%，整精米率63.1%，垩白粒率22%，垩白度3.3%，胶稠度72mm，直链淀粉含量15.0%。

抗性：苗叶瘟7级，穗瘟9级，穗瘟损失率83.0%。

产量及适宜地区：2004年参加桂中南稻作区优质组区域试验，5个试点平均单产6 597.0kg/hm^2。2005年晚稻续试，5个试点平均单产7 081.5kg/hm^2。2005年早稻生产试验平均单产6 778.5kg/hm^2。适宜桂南、桂中稻作区作早、晚稻种植。

栽培技术要点：早稻桂南3月上旬、桂中3月中旬播种，晚稻桂南7月上旬、桂中6月下旬播种；手插秧30.0～34.5kg/hm^2，塑盘育秧22.5～27.0kg/hm^2；插秧叶龄4～5叶，抛秧叶龄3～4叶。插植规格19.8cm×13.2cm，每穴插3～5株苗，或抛秧33.0万～37.5万穴/hm^2。重基肥早追肥，氮、磷、钾肥配合施用，不偏施氮肥。水的管理要做到干湿交替，够苗晒田，后期切忌断水过早。注意稻瘟病等的防治。

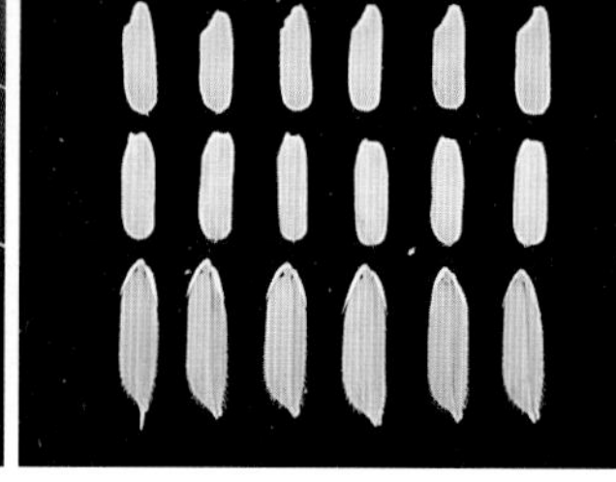

力源占2号（Liyuanzhan 2）

品种来源：广西壮族自治区农业科学院水稻研究所、桂林市力源粮油食品有限公司利用长丝占/桂713选育而成。2007年通过广西壮族自治区农作物品种审定委员会审定，编号为桂审稻2007040号。

形态特征和生物学特性：籼型常规感温品种。株型适中，茎秆细，谷粒细长。早稻全生育期126d左右，晚稻全生育期108d。株高102.7cm，穗长22.5cm，有效穗数327.0万/hm^2，穗粒数122.0粒，结实率82.7%，千粒重18.9g。

品质特性：谷粒长9.9mm，谷粒长宽比5.5，糙米长宽比4.6，糙米率78.9%，整精米率49.7%，垩白粒率5%，垩白度0.8%，胶稠度79mm，直链淀粉含量12.6%。

抗性：苗叶瘟4～7级，穗瘟发病率9级，穗瘟损失率9级，稻瘟病抗性指数7.8～8.5；白叶枯病Ⅳ型5级，Ⅴ型9级。

产量及适宜地区：2006年参加早稻优质组试验，平均单产5 416.5kg/hm^2；2006年晚稻续试，平均单产6 177.0kg/hm^2。2006年晚稻生产试验平均单产5 968.5kg/hm^2。适宜桂南、桂中稻作区作早、晚稻，桂北稻作区作晚稻种植。

栽培技术要点：早稻桂南3月上旬、桂中3月中旬播种，晚稻桂南7月上旬、桂中6月下旬播种，秧龄控制在20d以内。插植规格19.8cm×13.2cm或23.1cm×9.9cm，每穴插3～4苗，插足基本苗112.5万～150.0万/hm^2，或抛秧33.0万穴/hm^2左右。施足基肥，及早追肥，够苗晒田，贯彻薄、浅、湿、晒的科学灌溉技术。在晒田回水，禾苗幼穗分化期，应补施一次肥，一般施复合肥150～225kg/hm^2。注意稻瘟病等的防治。

联育2号（Lianyu 2）

品种来源：广西壮族自治区农业科学院水稻研究所利用k15品系/国际水稻研究所紫稻选育而成。2000年通过广西壮族自治区农作物品种审定委员会审定，审定编号为桂审稻2000008号。

形态特征和生物学特性：籼型常规感温中熟品种。株型紧凑，分蘖力中等。前期生长稍慢，叶色淡；中期生长快，叶色浓绿、叶片直立；后期熟色好，脱粒稍难。全生育期早稻125d，晚稻110d。株高107.3cm，穗长23.3cm，每穴有效穗数7.9，穗粒数183.0粒，结实率82.8%，千粒重22.2g。

品质特性：糙米长宽比2.7，糙米率79.8%，精米率71.2%，整精米率33.4%，垩白粒率49%，垩白度10.7%，透明度3级，碱消值6.7级，胶稠度71mm，直链淀粉含量15.0%。

抗性：白叶枯病3级，穗瘟5级。耐肥，抗倒伏。

产量及适宜地区：1998年、1999年早稻进行品比试验，单产分别为6 759.0kg/hm^2、6 714.0kg/hm^2。1999年晚稻品比，单产6 610.5kg/hm^2。1997—1999年晚稻分别在柳城、武鸣、灵山、全州等地进行生产试验，单产分别为5 415.0kg/hm^2、6 240.0kg/hm^2、5 674.5kg/hm^2、4 694.4kg/hm^2。适宜桂南作早、晚稻，桂中、桂北作中晚稻推广种植。

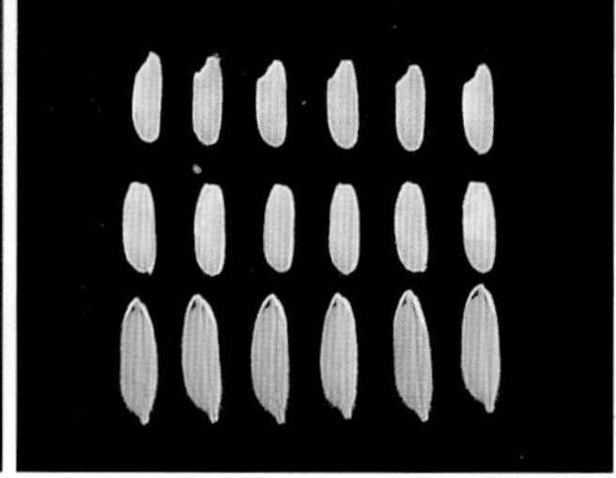

栽培技术要点：谷粒完全成熟时收获。其他参照一般常规稻中熟品种。

联育3号（Lianyu 3）

品种来源：广西壮族自治区农业科学院水稻研究所利用Calatoc/02428后代粳型株系经系统选育而成。2000年通过广西壮族自治区农作物品种审定委员会审定，审定编号为桂审稻2000006号。

形态特征和生物学特性：籼型常规感温中熟品种。分蘖力中等，前、中期叶型较直，后期株叶集散适中，剑叶挺直，青枝蜡秆，后期熟色好。全生育期早稻125d左右，晚稻110d左右。株高104.0cm，穗长23.0cm，有效穗数285.0万～300.0万/hm^2，穗粒数161.0粒，结实率71.7%～84.9%，千粒重21.6g。

品质特性：糙米长宽比2.9，糙米率80.6%，精米率74.2%，整精米率51.6%，垩白粒率24%，垩白度4.4%，透明度2级，碱消值7.0级，胶稠度61mm，直链淀粉含量22.3%，蛋白质含量9.4%。

抗性：白叶枯病3级，叶瘟4级，穗瘟7级。耐肥，抗倒伏。

产量及适宜地区：1998年、1999年早稻进行品比试验，单产分别为6 831.0kg/hm^2和6 769.5kg/hm^2。1999年晚稻续试，单产为6 580.5kg/hm^2；同期参加广西优质谷组区试，平均单产5 485.5kg/hm^2。1997—1999年在柳城、全州、南丹等地进行生产试验，单产为5 595.0kg/hm^2。面上试种一般单产5 250.0～6 000.0kg/hm^2。适宜桂南、桂中作早、晚稻，桂北作中晚稻推广种植。

栽培技术要点：早稻4.5～5叶移栽，抛栽以3～3.5叶为宜；插植规格23.1cm×13.2cm或23.1cm×9.9cm，每穴插3～4苗。施足基肥，早施重施分蘖肥，促早生快发。后期不宜断水过早。

柳丰香占（Liufengxiangzhan）

品种来源：广西柳州市农业科学研究所从丰八占优良自然变异单株系统选育而成。2009年通过广西壮族自治区农作物品种审定委员会审定，审定编号为桂审稻2009025号。

形态特征和生物学特性：籼型常规感温品种。株型集散适中，叶色绿，叶姿一般，剑叶长直，叶鞘绿色，着粒密，谷壳黄色，稃尖无色，部分谷粒有短芒，粒型细长。全生育期124d左右；晚稻种植，全生育期103d左右，与对照柳沙油占202相当。株高105.2cm，穗长21.8cm，有效穗数277.5万/hm^2，穗粒数138.9粒，结实率81.3%，千粒重22.8g。

品质特性：糙米长宽比3.1，糙米率79.2%，整精米率67.6%，垩白粒率8%，垩白度1.2%，胶稠度84mm，直链淀粉含量13.2%。

抗性：苗叶瘟6～7级，穗瘟发病率7～9级；白叶枯病Ⅳ型5级，Ⅴ型7级。

产量及适宜地区：2007年参加常规水稻优质组晚稻初试，平均单产6 744.0kg/hm^2；2008年早稻续试，平均单产6 829.5kg/hm^2，两年试验平均单产6 786.0kg/hm^2。2008年早稻生产试验平均单产6 481.5kg/hm^2。适宜桂中、桂南稻作区作早、晚稻，桂北稻作区除灵川、兴安、全州、灌阳之外的区域作晚稻种植。

栽培技术要点：早稻3月中、下旬播种，秧龄25d左右；晚稻7月中旬播种，秧龄15～20d。插植33.0万～37.5万穴/hm^2，2粒谷秧。合理施肥，重施基肥，早施分蘖肥，增施磷钾肥，适施穗粒肥。后期不宜断水过早。注意防治病虫害。

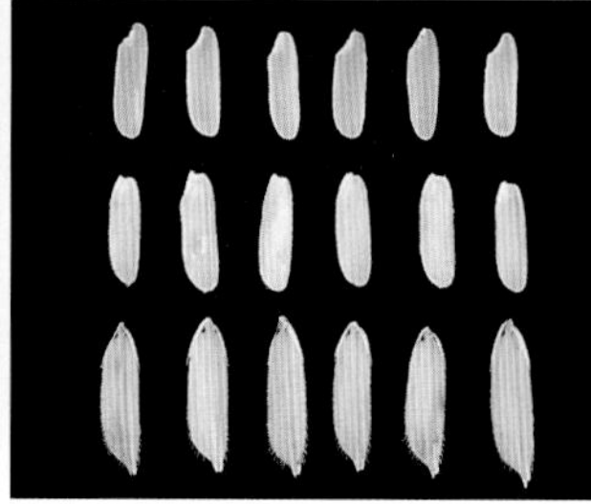

柳革1号（Liuge 1）

品种来源：又名柳沙1号，广西柳州地区农业科学研究所于1972年从矮仔占中系统选育而成。

形态特征和生物学特性：籼型常规迟熟早稻品种。分蘖力强，全生育期119 ~ 120d。株高82.0cm左右，千粒重21.0g。

品质特性：米质中等。

抗性：抗性中等。

产量及适宜地区：一般单产4 500.0kg/hm^2，1974年推广面积1.3万hm^2。

栽培技术要点：参照一般常规稻迟熟品种进行。

柳沙油占202（Liushayouzhan 202）

品种来源：广西来宾市农业科学研究所（现更名为柳州市农业科学研究所）利用白壳油占/粤香占选育而成。2006年通过广西壮族自治区农作物品种审定委员会审定，审定编号为桂审稻2006044号。

形态特征和生物学特性：籼型常规感温品种。株型适中，粒多粒小，转色较好，淡黄色，稃尖带有细软绒毛。早稻全生育期125d左右，作晚稻种植全生育期107d左右，株高96.2cm，穗长21.0cm，有效穗数295.5万/hm^2，穗粒数177.5粒，结实率72.9%，千粒重17.1g。

品质特性：谷粒长8.8mm，谷粒长宽比4.4，糙米长宽比3.5，糙米率80.5%，整精米率63.5%，垩白粒率6%，垩白度1.1%，胶稠度70mm，直链淀粉含量14.7%。

抗性：苗叶瘟6级，穗瘟9级；白叶枯病5级。

产量及适宜地区：2004年参加桂中南稻作区晚稻优质组区域试验，5个试点平均单产6 306.0kg/hm^2。2005年晚稻续试，5个试点平均单产6 531.0kg/hm^2。2005年早稻生产试验平均单产6 531.0kg/hm^2。适宜桂南、桂中稻作区作早、晚稻种植。

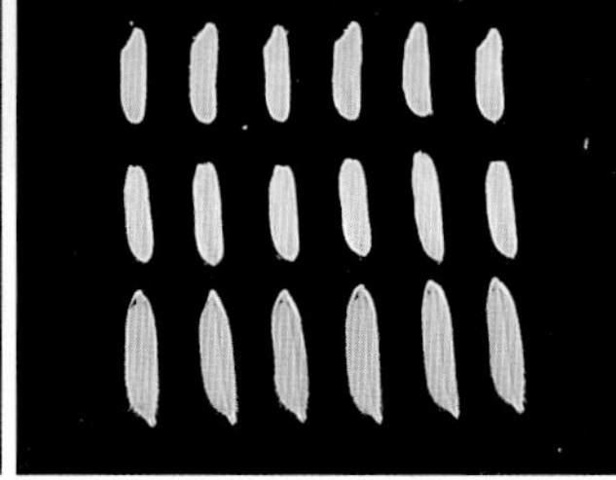

栽培技术要点：早稻桂南3月上旬、桂中3月中旬播种，晚稻桂南7月上中旬、桂中7月初播种。插植规格19.8cm×13.2cm，每穴插2～3株苗，或抛秧33万～37.5万穴/hm^2。早追施分蘖肥，氮、磷、钾比例为1：0.8：1，够苗露晒田，后期不宜断水过早。注意防治稻瘟病等。

柳香占（Liuxiangzhan）

品种来源：广西柳州地区农业科学研究所1994年利用具利拉特派/七桂早，从F_2选择优良单株与本地香稻黄壳香占杂交，经系统选育而成。2003年经过广西壮族自治区农作物品种审定委员会审定，审定编号为桂审稻2003003号。

形态特征和生物学特性：籼型常规感温迟熟香稻品种。群体整齐度一般，株型适中，分蘖力中等，叶色淡绿，叶姿披垂，剑叶挺直，长势繁茂，熟期转色较好，较易落粒，谷壳黄色，无芒，稃尖无色，粒型细长。早稻全生育期124d左右（手插秧）。株高110.0cm左右，穗长22.0cm左右，有效穗数285.0万/hm^2左右，穗粒数110.0～120.0粒，结实率78.5%以上，千粒重26.1g左右。

品质特性：谷粒长宽比3.7，糙米长宽比3.1，糙米率81.0%，精米率72.2%，整精米率49.5%，粒长6.8mm，垩白粒率19%，垩白度4.6%，透明度3级，碱消值6.4级，胶稠度66mm，直链淀粉含量13.3%，蛋白质含量11.3%。

抗性：苗叶瘟5级，穗瘟7～9级，白叶枯病3级，褐稻虱9级。耐寒性中，抗倒伏性较强。

产量及适宜地区：2001年早稻参加自治区水稻品种优质组区试初试，5个试点（南宁、玉林、贺州、柳州、宜州）平均单产6 315kg/hm^2；2002年早稻续试，平均单产5 836.5kg/hm^2；生产试验两试点（柳州、河池）平均单产6 241.5kg/hm^2。2001—2002年在三江、武宣、象州、来宾、宜州、柳江等地试种，一般单产6 450.0～7 776.0kg/hm^2。适宜桂南、桂中稻作区种植。

栽培技术要点：参照一般常规稻迟熟品种。

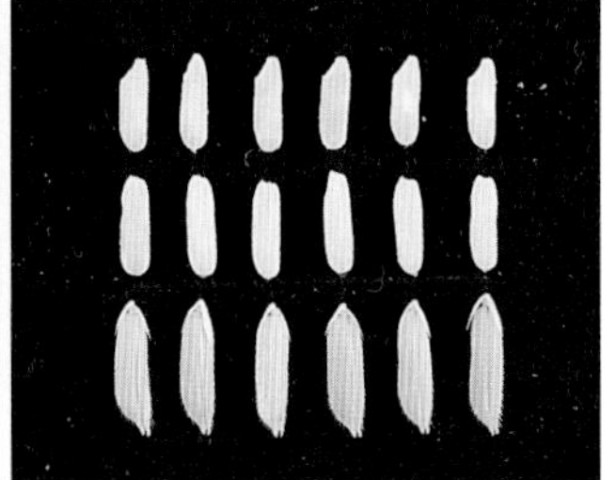

马坝银占（Mabayinzhan）

品种来源：广西横县农业科学研究所、横县粮食局从广东中山市农业局引进的一个优质谷新品种。2001年通过广西壮族自治区农作物品种审定委员会审定，审定编号为桂审稻2001049号。

形态特征和生物学特性：籼型常规感温中熟品种。株型集散适中，分蘖力中等，叶片细直，后期熟色好，茎秆细韧，谷粒细长。桂南种植，早稻全生育期120d左右，晚稻105d左右。株高95.0cm，有效穗数360.0万/hm^{2}左右，穗粒数125.0 ~ 135.0粒，结实率80.0% ~ 95.0%，千粒重15.0g。

品质特性：糙米长宽比3.0，糙米率78.0%，精米率70.7%，整精米率48.5%，垩白粒率8%，垩白度2.9%，透明度2级，碱消值7.0级，胶稠度88mm，直链淀粉含量12.4%，蛋白质含量7.9%。米质优。

抗性：稻瘟5级，白叶枯病5级。抗倒伏性较好。

产量及适宜地区：2001年早稻在横县校椅、陶圩镇进行品比试验，单产5 505.0kg/hm^{2}和6 487.5kg/hm^2，同时在灵竹、校椅、板路等乡镇进行生产试验，单产分别为7 500.0kg/hm^2、6 217.5kg/hm^2、6 541.5kg/hm^2；2001年晚稻在校椅、陶圩继续进行品比试验，单产分别为6 394.5kg/hm^2、6 090.0kg/hm^2，同时在横县那阳、陶圩、校椅、平朗、板路和贵港市的三里等乡镇进行试种示范，面积46.7hm^2，平均单产5 700.0 ~ 6 900.0kg/hm^2。适宜桂南作早、晚稻，桂中北作晚稻推广种植。

栽培技术要点：用种30.0kg/hm^2，用400倍强氯精或使百克浸种消毒12.0 ~ 20.0h。早稻宜在3月上中旬播种结束，晚稻在7月上旬播种结束。水播、旱播、抛秧均可。早稻秧龄30 ~ 35d，晚稻22 ~ 25d，采用抛秧，每平方米抛足45.0穴以上，采用手插规格19.8cm × 13.2cm或23.2cm × 9.9cm，每穴插3 ~ 4株秧苗。施足基肥，提早追肥，增施磷钾肥，提高品种抗性。防治稻瘟病及穗颈瘟。

农乐1号（Nongle 1）

品种来源：广西壮族自治区农业科学院水稻研究所利用96占/七桂占选育而成。2006年通过广西壮族自治区农作物品种审定委员会审定，审定编号为桂审稻2006040号

形态特征和生物学特性：籼型常规感温品种。株型适中，群体整齐，转色好。在桂南、桂中作早稻种植全生育期126d左右；作晚稻种植全生育期108d左右。株高99.1cm，穗长22.1cm，有效穗数309.0万/hm^2，穗粒数152.2粒，结实率82.7%，千粒重18.6g。

品质特性：糙米长宽比3.3，糙米率78.6%，整精米率61.0%，垩白粒率21%，垩白度3.5%，胶稠度56mm，直链淀粉含量26.6%。

抗性：苗叶瘟5级，穗瘟9级。

产量及适宜地区：2004年参加桂中南稻作区晚稻优质组区域试验，5个试点平均单产6 859.5kg/hm^2。2005年晚稻续试，5个试点平均单产7 177.5kg/hm^2。2005年早稻生产试验平均单产6 439.5kg/hm^2。适宜桂南、桂中稻作区作早、晚稻种植。

栽培技术要点：早稻桂南3月上旬、桂中3月中旬播种，晚稻桂南7月上旬、桂中6月下旬播种，插秧叶龄4～5叶，抛秧叶龄3～4叶。插植规格19.8cm×13.2cm，每穴插3～4株苗，或抛秧33.0万～37.5万穴/hm^2。施纯氮150.0kg/hm^2左右，重底肥早追肥，增施有机肥和磷、钾肥。水的管理要做到干湿交替，够苗晒田，后期不宜断水过早。注意稻瘟病等的防治。

七桂占（Qiguizhan）

品种来源：广西壮族自治区农业科学院水稻研究所利用七丝占/桂引901选育而成。2000年通过广西壮族自治区农作物品种审定委员会审定，审定编号为桂审稻2000004号。2002年获广西科技进步二等奖。

形态特征和生物学特性：籼型常规感温中熟品种。株叶形态好，茎秆坚韧，根系发达，生长后期转色好，后期熟色好，青枝蜡秆，谷粒细长，着粒密。全生育期早稻122d左右，晚稻110d。株高99.0 ~ 104.0cm，有效穗数9.0 ~ 11.0，穗粒数157.0粒，结实率85.0%，千粒重18.2g。

品质特性：糙米长宽比3.2，糙米率79.8%，精米率73.8%，整精米率69.4%，垩白粒率12%，垩白度2%，透明度1级，碱消值7.0级，胶稠度76mm，直链淀粉含量14.3%，蛋白质含量9.6%。

抗性：白叶枯病3级，感稻瘟病6 ~ 9级。抗倒伏。

产量及适宜地区：1997年早稻参加广西迟熟组区试，桂南6个试点平均单产4 986.0kg/hm^2；1998年早稻调入中熟组复试，平均单产4 768.5kg/hm^2；1999年调入优质谷组再试，早、晚稻平均单产分别为5 925kg/hm^2、5 215.5kg/hm^2。1998—1999年象州、浦北、贵港、融安、金秀、博白、邕宁等地大面积试种，一般单产早稻6 000.0 ~ 6 750.0kg/hm^2，晚稻4 500.0 ~ 5 625.0kg/hm^2。1997—1999年广西试种8 000hm^{2}左右，产量一般6 000kg/hm^2；2000—2008年累计种植面积8.5万hm^2。

栽培技术要点：加强稻瘟病的预防和防治，其他按照一般常规稻中熟品种进行。

奇选42（Qixuan 42）

品种来源：广西农学院1984年利用不育系神奇与恢复系桂选7号杂交选育而成。1987年通过广西壮族自治区农作物品种审定委员会审定，审定编号为桂审证字第051号。

形态特征和生物学特性：籼型常规迟熟早稻品种。株型集散适中，分蘖力强，茎秆粗壮，叶片中长而厚，剑叶挺直，成熟时青枝蜡秆，根系发达，再生力强，前期生长慢，后期生长快，灌浆期长。全生育期早稻120d，晚稻115d。株高95.0cm，穗长22.7cm，有效穗数360.0万～390.0万/hm^2，穗粒数110.0粒，结实率86.0%，千粒重27.0g。

品质特性：糙米率78.9%，精米率71.0%，直链淀粉含量22.5%，蛋白质含量7.8%。米质中上。

抗性：中抗稻瘟病、白叶枯病。抗倒伏能力中等，秧苗期耐寒。

产量及适宜地区：1985—1986年参加广西水稻区试，平均单产分别为6 900.0kg/hm^2和6 699.0kg/hm^2。适宜桂南、桂中、桂北稻作区的南部县作早稻种植，桂北稻作区北部县作中稻种植。

栽培技术要点：2月下旬至3月上旬播种，4月上旬插秧，插植规格16.5cm×13.2cm或19.8cm×13.2cm，每穴2～3苗。需肥水平中上，施纯氮112.5～150.0kg/hm^2，要求施足基肥，早追肥早耘田。一般插秧后7～10d进行第一次追肥耘田，再过7～10d进行第二次追肥耘田。秧苗较细，秧田期应加强管理，培育壮秧；抽穗后灌浆慢，完熟后才收割。

青桂3号（Qinggui 3）

品种来源：广西钦州地区农业科学研究所1981年用早籼桂朝2号与晚籼竹广青杂交，用集团选择法育成。1989年通过广西壮族自治区农作物品种审定委员会审定，审定编号为桂审证字第059号。

形态特征和生物学特性：籼型常规中熟偏迟晚稻品种。株型集散适中，分蘖中等，茎秆较粗，叶片偏大，叶色浓绿，根系发达，后期熟色好，不早衰，分蘖节位低，拔节后能迅速长高，抽穗灌浆期长。全生育期142 ~ 148d。株高95.0 ~ 100.0cm，穗长18.5 ~ 21.0cm，穗粒数110.0 ~ 150.0粒，结实率85.0%左右，千粒重23.0 ~ 24.0g。

品质特性：米质中等，食味好。

抗性：中抗白叶枯病。

产量及适宜地区：1982年参加品种比较试验，单产6 825.0kg/hm^2。1983年参加钦州地区区试，平均单产5 707.5kg/hm^2。1984年复试，平均单产5 487.0kg/hm^2。1985年续试，平均单产5 331.0kg/hm^2。凡是大灵矮能种植的地方，都可以作晚稻种植。

栽培技术要点：在6月中旬至7月初播种，秧龄45d左右。立秋前后插完秧，插植采用16.5cm × 9.9cm规格，每穴插4 ~ 5苗，插基本苗150.0万 ~ 180.0万/hm^2。以前重、中补、后轻为原则，促进低位分蘖早生快发成穗。注意防治病虫害。

青南2号（Qingnan 2）

品种来源：广西柳州地区农业科学研究所1974年利用青乙2号（青小金早/乙布下）/广南1号选育而成。

形态特征和生物学特性：籼型常规中熟早稻品种。株型适中，长势繁茂，叶片挺直，后期转色好，青枝蜡秆，穗大，结实率高。全生育期110d，株高73.0cm，千粒重25.6g。

品质特性：米质中等。

抗性：易感染纹枯病和穗颈瘟。

产量及适宜地区：1975年、1976年参加广西区域试验，两年各试点平均单产分别为5 887.5kg/hm^{2}和5 511.0kg/hm^2。1978年推广0.8万hm^2。

栽培技术要点：栽培上应注意培育嫩壮秧，小株密植，早耘早追肥，后期不施氮肥或少施氮肥。

双桂1号（Shuanggui 1）

品种来源：广东省农业科学院水稻研究所1979年利用桂阳矮C17与桂朝2号杂交育成。原名双桂210。1983年通过广西壮族自治区农作物品种审定委员会审定，审定编号桂审证字第003号，1990年通过国家农作物品种审定委员会审定，审定编号GS01009-1989。

形态特征和生物学特性：籼型常规早、晚两季兼用品种，感温性强，感光性弱。株型紧凑，分蘖力强，叶片短直，秆矮抗倒伏，生长旺盛，后期根系活力强，转色好。早稻全生育期140d，晚稻全生育期120 ~ 125d。株高90.0cm左右，穗粒数100.0粒左右，结实率80.0%，千粒重24.5g。

抗性：抗稻瘟病、白叶枯病，易感纹枯病。抗倒伏，秧苗耐寒性弱。

产量及适宜地区：1980年晚稻钦州地区平均单产4 927.5kg/hm^2，1981年钦州地区晚稻平均单产4 885.5kg/hm^2，1982年钦州地区平均单产5 601.0kg/hm^2，1982年广西区试平均单产6 028.5kg/hm^2。1983年晚稻在广西推广8.2万hm^2，一般单产6 000.0 ~ 6 750.0kg/hm^2。适宜桂南地区作早晚两季栽培，桂中以北地区作中稻或晚稻栽培。

栽培技术要点：早稻在气温稳定在12℃以上播种，或用薄膜覆盖防寒；晚稻播期以7月上旬为宜，秧龄20 ~ 25d。宜小株密植，可选择株行距为10.0cm × 20.0cm、13.2cm × 20.0cm、10.0cm × 16.5cm、13.2cm × 16.5cm，每穴插3 ~ 4苗，中下肥力田每穴可插5 ~ 6苗。耐肥，宜选中等以上肥力的田种植。施肥掌握攻前、控中、补尾的原则；并实行氮、磷、钾肥配合施用。水分管理采用前浅、中露晒、后干湿的方法，并注意防治纹枯病、稻纵卷叶螟等病虫害。

水辐17（Shuifu 17）

品种来源：广西柳州地区农业科学研究所利用同位素$^{60}Co\ \gamma$射线辐射高秆农家种水芽156干种子，从突变后代选育而成。1983年通过广西壮族自治区农作物品种审定委员会审定，审定编号为桂审证字第009号。

形态特征和生物学特性：籼型常规弱感光中熟晚稻品种。株型集散适中，分蘖力强，茎秆坚韧、弹性好，主茎叶数一般15～16片，叶片短小窄直，剑叶角度小，穗呈弧形，颖尖和谷壳秆黄色，无芒，谷粒椭圆形，谷壳薄。全生育期138～140d。株高80.0cm左右，穗长20.0cm左右，成穗率高达81.5%，有效穗数391.5万/hm^2，千粒重22.0～23.0g。

品质特性：糙米率81.2%，蛋白质含量9.1%。米质中上。

抗性：对稻瘟病抗性差，中抗白叶枯病，易感纹枯病。易招虫害。抗倒伏。

产量及适宜地区：1977年参加柳州地区农业科学研究所品种比较试验，平均单产6 960.0kg/hm^2。1978—1980年参加柳州地区区域试验，3年平均单产6 214.5kg/hm^2。1979—1981年参加广西全区晚稻品种中熟组区试，平均单产5 782.5kg/hm^2。适宜桂南地区部分县和桂中地区大部分县因地制宜扩大推广。高海拔山区和纹枯病、稻瘟病严重地区不宜推广。

栽培技术要点：宜在6月下旬播种，桂北、高寒山区可适当提早。采用半水育秧，秧田播种量450.0～525.0kg/hm^2。耐肥，秧田施足基肥和磷钾肥。叶龄2.5～3叶时施速效肥1次，移栽前1周施送嫁肥。秧龄以35d左右为宜，7月下旬至8月上旬移栽均可。株行距以13.2cm×16.5cm、13.2cm×19.8cm为宜，每穴3～5苗，浅插。插后1周重施1次速效肥，20d内完成追肥，氮、磷、钾合理配合，后期视禾苗生长情况施穗肥。注意晒田和病虫防治。为防止稻瘟病和恶苗病发生，于播种前进行种子消毒。分蘖末至拔节期适当晒田，防止纹枯病发生。纹枯病重的田块，施井冈霉素防治。

丝香1号（Sixiang 1）

品种来源：广西玉林市农业科学研究所、广西兆和种业有限公司利用丝苗香/608号选育而成。2008年通过广西壮族自治区农作物品种审定委员会审定，审定编号为桂审稻2008022号。

形态特征和生物学特性：籼型常规感温品种。桂南、桂中早稻种植，全生育期125d左右；晚稻种植，全生育期107d左右。株高104.6cm，穗长24.2cm，有效穗数273.0万/hm^2，穗粒数130.4粒，结实率82.0%，千粒重23.2g。

品质特性：糙米长宽比3.3，糙米率79.7%，整精米率60.4%，垩白粒率10%，垩白度2.6%，胶稠度78mm，直链淀粉含量12.7%。

抗性：苗叶瘟7级，穗瘟发病率9级，穗瘟损失指数88.8%，稻瘟病抗性指数8.5；白叶枯病Ⅳ型7级，Ⅴ型7级。

产量及适宜地区：2006年早稻参加水稻优质组初试，平均单产6 400.5kg/hm^2；2007年晚稻续试，平均单产6 807.0kg/hm^2。2007年晚稻生产试验平均单产6 435.0kg/hm^2。适宜桂南、桂中稻作区作早、晚稻种植。

栽培技术要点：桂南稻作区早稻适播期为3月上旬，晚稻适播期为7月上旬，秧田播种量375.0kg/hm^2左右；抛秧每个托盘播种量为0.05kg。早稻秧龄25d左右，晚稻秧龄20d左右，叶龄6～7叶移植；抛秧适当缩减秧龄5～7d，叶龄3.5～4叶抛植。插秧规格19.8cm×13.2cm，每穴插3～4粒谷秧苗，基本苗120.0万～150.0万/hm^2；抛秧31.5万～37.5万穴/hm^2。有机肥与无机肥适当配合，氮、磷、钾比例以1：0.5：1为宜，纯氮施用量201～225kg/hm^2。

泰玉14（Taiyu 14）

品种来源：广西玉林市农业科学研究所利用泰国稻（BK14）/玉83杂交经多代选育而成。2001年通过广西壮族自治区农作物品种审定委员会审定，审定编号为桂审稻2001114号。

形态特征和生物学特性：籼型常规感温中熟品种。株型集散适中，分蘖力强，叶厚、直立，后期熟色好。桂南种植全生育期早稻123d左右，晚稻110d左右。株高110.0cm左右，穗长22.0cm，有效穗数300.0万/hm^2左右，穗粒数146.0粒左右，结实率89.0%，千粒重20.5g。

品质特性：谷粒细长，外观好。

抗性：较抗稻瘟病和白叶枯病，适应性广。耐寒性强。

产量及适宜地区：1999—2000年参加玉林市区试，平均单产分别为7 138.5kg/hm^2和7 384.5kg/hm^2。2001年参加广西区试，平均单产为7 351.5kg/hm^2。2002年面上生产试种推广1 000.0hm^2，一般单产6 750.0kg/hm^2，最高单产8 310.0kg/hm^2。适宜桂南作早、晚稻推广种植。

栽培技术要点：采用壮秧剂培育壮秧，3月上旬播种。插植规格19.8cm×13.2cm，每穴插3苗；抛秧秧盘用量825盘/hm^2。施足基肥，早施分蘖肥，不宜偏施氮肥，以防倒伏。注意防治病虫害。

特眉（Temei）

品种来源：广西壮族自治区农业科学院育种室1975年从矮齐眉5号中系统选育而成。1983年通过广西壮族自治区农作物品种审定委员会审定，审定编号为桂审证字第016号。

形态特征和生物学特性：籼型常规早熟晚稻品种。株型集散适中，分蘖力中等，移栽后发穴快，前期叶片细长稍弯，长势繁茂，叶鞘青绿色，叶色淡绿，剑叶挺长，抽穗快而整齐，转色后期熟色好，适于中等肥力田块种植。全生育期135 ~ 140d。株高100.0cm左右，穗粒数110.6粒，结实率91.7%，千粒重18.7g。

品质特性：米质好。

抗性：抗性中等。耐肥力中等。

产量及适宜地区：1978年在桂平、贵县、玉林、北流、平南、藤县、邕宁、横县、宾阳、浦北、灵山11县种植，平均单产3 874.5kg/hm^2。1979年南宁、玉林、梧州、钦州地区17个优质谷生产基地县种植面积2 666.7hm^2。适宜桂南稻作区，桂中部分县作晚稻种植。

栽培技术要点：6月中旬（10 ~ 20日）播种，秧龄35 ~ 40d，多株植的播种525.0 ~ 667.5kg/hm^2，单株植的播种300.0 ~ 375.0kg/hm^2，土壤肥力中等的可插16.5cm × 13.2cm或19.8cm × 9.9cm，土壤肥力中上等的适当疏些，插16.5cm × 16.5cm或19.8cm × 13.2cm，每穴4 ~ 5苗。

田东香（Tiandongxiang）

品种来源：广西壮族自治区农业技术推广总站、田东县农业技术推广站利用泰国稻/如意香稻选育而成。2001年通过广西壮族自治区农作物品种审定委员会审定，审定编号为桂审稻2001018号。

形态特征和生物学特性：籼型常规感温迟熟品种。株型集散适中，分蘖力中等，秧田期和本田期均带香味，叶色青绿，后期熟色好，谷粒细长，谷壳金黄色带花。桂南种植，早稻全生育期125～130d，晚稻115～120d。株高105.0～110.0cm，有效穗数300.0万～345.0万/hm^2，穗粒数117.0～127.0粒，结实率85.0%～95.0%，千粒重18.6～19.8g。

品质特性：糙米长宽比2.8，糙米率76.9%，精米率70.1%，整精米率55.9%，垩白粒率2%，垩白度0.2%，透明度2级，碱消值7.0级，胶稠度76mm，直链淀粉含量16.3%，蛋白质含量9.7%。米质优，食味品质分为8.0分。

抗性：抗稻瘟病和白叶枯病。耐肥，抗倒伏能力中等。

产量及适宜地区：1998年早稻分别在北流、象州和武鸣3个县（市）进行品比试验，单产分别为7 042.5kg/hm^2、6 033kg/hm^{2}和5 988.0kg/hm^2。1999—2000年北流点续试，其中1999年早、晚稻平均单产分别为6 834.0kg/hm^{2}和6 333.0kg/hm^2，2000年早、晚稻平均单产分别为7 291.5kg/hm^{2}和6 834.0kg/hm^2。1995—2001年累计种植面积6.7万hm^2，单产6 000.0～7 200.0kg/hm^2。2002—2008年每年种植面积约1.8万hm^2。

栽培技术要点：桂南作早稻种植，2月底至3月初播种。晚稻7月初播种。插秧37.5万～45.0万穴/hm^{2}或抛秧30.0万～37.5万穴/hm^2，保证基本苗在150万/hm^{2}左右。提早偏重分蘖肥，注意施用有机肥，后期严格控制施用氮肥。注意防治病虫害和后期不宜断水过早。一般掌握在成熟度85.0%左右收割。

团黄占（Tuanhuangzhan）

品种来源：广西博白县农业科学研究所1977年用南广占不育株与团结1号测交的后代为母本，用黄壳油占为父本选育而成。1983年通过广西壮族自治区农作物品种审定委员会审定，审定编号为桂审证字第022号。

形态特征和生物学特性：籼型常规强感温性品种。株型紧凑，分蘖力强，叶片小，前期长相较矮，拔节后迅速伸长，谷粒细长，谷壳橙黄色，稃尖无色，有短芒。早稻栽培全生育期125 ~ 130d，晚稻翻秋105 ~ 110d。株高80.0 ~ 90.0cm，穗长18.0cm左右，有效穗数450.0万/hm^2左右，穗粒数70.0 ~ 100.0粒，结实率85.0%左右，千粒重19.5 ~ 20.0g。

品质特性：糙米率78.0%，糙米白色，无腹白、心白，米粒油分好，透明有光泽，米饭稍硬。

抗性：对稻瘟病和白叶枯病抗性强，易感纹枯病，易受褐飞虱危害。耐肥，抗倒伏，苗期不耐寒。

产量及适宜地区：1977年、1978年试繁，单产分别为6 094.5kg/hm^2和5 383.5kg/hm^2。1979年早稻，博白县推广约3 333.3hm^2，玉林地区约9 333.3hm^2，单产4 500.0 ~ 6 000.0kg/hm^2。最高单产达6 750.0 ~ 7 500.0kg/hm^2。适宜桂南稻作区和桂中稻作区部分县种植。

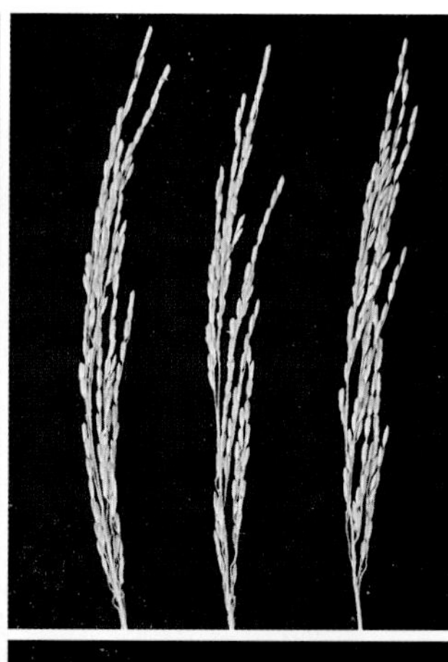

栽培技术要点：早稻秧龄30d左右，晚稻18 ~ 22d。每穴4 ~ 5苗，插足基本苗150.0万/hm^2左右，最后成穗450.0万/hm^2左右为宜。早施重施第一次追肥，争取早够苗、早晒田，不宜重晒，中后期看苗施好穗肥，促其抽穗整齐，防止早衰，提高结实率。注意抓好纹枯病和褐飞虱的防治工作。

团结1号（Tuanjie 1）

品种来源：广西博白农业科学研究所1969年从广二矮变异单株经连续三代筛选选育而成。1983年通过广西壮族自治区农作物品种审定委员会审定，审定编号为桂审证字第013号。

形态特征和生物学特性：中熟晚籼型常规稻品种。株型集散适中，分蘖力中等，茎秆坚韧中等，叶片稍大，穗呈半圆形，谷粒中长形，谷壳褐斑，秆黄色，谷粒无芒，稃尖无色，后期转色好，青枝蜡秆。全生育期在桂南地区130 ～ 135d，桂中、桂北135 ～ 140d。株高100.0 ～ 105.0cm，穗长25.0cm，每穗143.6粒，结实率88.2%，千粒重23.0g。

品质特性：糙米率77.2%，米粒长形无腹白，米质上等。

抗性：中抗稻瘟病、白叶枯病，特抗矮缩病。抗倒伏性中等。

产量及适宜地区：1972—1974年参加广西晚稻良种区域试验，3年平均单产4 761.0kg/hm^2。1975—1977年，作为广西区试对照，单产4 987.5 ～ 5 391.0kg/hm^2。适宜广西全区种植，宜选中等田种植。

栽培技术要点：耐肥中等，施纯N不宜超过135kg/hm^2，后期不宜断水过早；在6月上旬至7月上旬均可播种，秧龄伸缩性大，35 ～ 50d都没有早花现象，以35 ～ 40d秧龄为好；插植规格20.0cm × 13.2cm或20.0cm × 16.5cm，每穴插4 ～ 6苗为宜，插足基本苗150.0万 ～ 225.0万/hm^2；注意防治稻飞虱、纹枯病，在稻瘟病、白叶枯病流行的地区注意加强防治。

闻香占（Wenxiangzhan）

品种来源：广西壮族自治区农业科学院水稻研究所利用中繁21/桂青野选育而成。2000年通过广西壮族自治区农作物品种审定委员会审定，审定编号为桂审稻2000010号。

形态特征和生物学特性：籼型常规感温迟熟品种。株型集散适中，茎秆粗壮，叶色深绿，叶片厚、直、半卷（呈瓦状），分蘖力中等，后期熟色好。全生育期早稻135d，晚稻120d，株高102.0cm，有效穗数300.0万/hm^2左右，穗粒数110.0粒，结实率62.0%～87.0%，千粒重28.0g。

品质特性：米质优，香味浓。糙米长宽比3.4，糙米率78.2%，精米率71.8%，整精米率45.6%，垩白粒率10%，垩白度2.6%，透明度1级，碱消值7.0级，胶稠度64mm，直链淀粉含量15.7%，蛋白质含量10.4%。

抗性：白叶枯病4级，叶瘟5级，穗瘟9级。耐肥，抗倒伏。

产量及适宜地区：1998年晚稻育成单位品比试验，单产为6 129.0kg/hm^2；1999年早稻续试，单产6 786.0kg/hm^2。1999年晚稻参加广西优质谷组区试，平均单产5 416.5kg/hm^2。适宜桂南早、晚稻，桂中晚稻和中稻地区土壤肥力中等以上的稻田推广种植。

栽培技术要点：选择中上肥力田种植，并适当增施肥料，且后期不宜断水过早。作早稻，适当稀植。插植规格23.2cm×16.5cm或19.8cm×219.8cm。注意预防和防治穗颈瘟等。

西乡糯（Xixiangnuo）

品种来源：广西壮族自治区农业科学院水稻研究所1983年用小野糯（小家伙/野生稻）为母本、双桂1号为父本进行有性杂交育成。1990年通过广西壮族自治区农作物品种审定委员会审定，审定编号为桂审证字第069号。1991年获广西科技进步奖三等奖。

形态特征和生物学特性：籼型常规迟熟早稻品种。生长势稳健，分蘖力强，茎秆坚韧。在南宁种植，早稻全生育期125d，晚稻全生育期120d左右。株高97.8cm，成穗率60.0%，有效穗数333.0万/hm^2，穗粒数95.3粒，结实率85.7%，千粒重24.1g。

品质特性：糙米率80.4%，精米率74.2%，整精米率56.8%，米色乳白，碱消值5.0级，胶稠度100mm，直链淀粉含量早稻样品为1.9%，晚稻样品为0.5%，蛋白质含量8.6%。

抗性：耐肥，抗倒伏能力强。

产量及适宜地区：1987年早稻进行品系试验，小区平均单产8 925.0kg/hm^2。1988—1989年参加广西区试，平均单产分别为6 256.5kg/hm^{2}和6 538.5kg/hm^2。试种和生产试验，单产6 000.0kg/hm^{2}左右。1988—1990年在广西45个县（市）推广2.1万hm^2，1990—2004年累计推广面积10.0万hm^2，2000年为最大年，推广面积5 000.0hm^2。适宜桂南稻作区作早、晚稻种植，桂中、桂北稻作区作中稻或晚稻种植。

栽培技术要点：秧龄25～30d，施纯氮150～187.5kg/hm^2，插秧规格19.8cm×13.2cm，每穴插4～5苗，回青后浅灌，中期节水控肥促壮秆，争取粒多穗大，后期不宜断水过早，以利养根保叶，防止早衰，提高结实率，增加粒重。不易落粒，充分成熟收割。

协四115（Xiesi 115）

品种来源：广西河池地区农业科学研究所1985年利用协作2号/IR24选育而成。1989年通过广西壮族自治区农作物品种审定委员会审定，审定编号为桂审证字第064号。

形态特征和生物学特性：籼型常规中熟早稻品种。株型紧凑，秆矮而叶片短竖，利于密植，抽穗整齐，成熟一致，后期熟色好，青枝蜡秆，结实率高，千粒重大。早稻在桂中地区生育期为115～120d。株高75～80cm，结实率87.1%，千粒重26.4g。

品质特性：糙米率79.5%，直链淀粉含量19.1%，粗蛋白质含量8.2%。米质好，饭软，食味好。

抗性：稻瘟病抗性为抗—中抗，不抗白叶枯病，翻秋易感细菌性条斑病。耐肥，抗倒伏。

产量及适宜地区：1985年参加品系鉴定，单产7 125.0kg/hm^2。1986—1988年参加河池地区区试，单产分别为5 218.5kg/hm^2、5 572.5kg/hm^{2}和5 296.5kg/hm^2。1987—1988年参加广西区试，桂中、桂北共11个试点平均单产5 592.0kg/hm^2。适宜桂中、桂南中等肥力以上稻作区作早稻种植。有白叶枯病和细菌性条斑病的地区不宜作翻秋种植。

栽培技术要点：种植规格16.5cm×9.9cm或19.8cm×10cm，每穴插植6～8苗为宜。翻秋秧龄要控制在15d左右为宜，尽量增加本田的营养生长期。注意防治病虫害，翻秋应注意对白叶枯病和细菌性条斑病的防治。

新香占（Xinxiangzhan）

品种来源：广西壮族自治区农业科学院水稻研究所1994年利用中繁21/桂占4号选育而成。2003年通过广西壮族自治区农作物品种审定委员会审定，审定编号为桂审稻2003015号。

形态特征和生物学特性：籼型常规感温迟熟品种。群体整齐度一般，株型适中，叶色青绿，叶姿挺直，长势一般，转色较好，落粒性中。早稻种植全生育期123d左右（手插秧）；晚稻种植全生育期115d左右（手插秧）。株高105.0cm左右，穗长19.0cm左右，有效穗数270.0万/hm^2左右，穗粒数130.0 ~ 145.0粒，结实率85.0%左右，千粒重20.1g。

品质特性：糙米粒长5.7mm，糙米长宽比2.7，糙米率79.6%，精米率72.5%，整精米率64.1%。垩白粒率18%，垩白度6.5%，透明度3级，碱消值7.0级，胶稠度40mm，直链淀粉含量24.6%，蛋白质含量10.5%。米质较优，煮饭香味浓。

抗性：苗叶瘟6 ~ 7级，穗瘟5 ~ 9级，白叶枯病3级，褐稻虱8.8级。耐寒性中，抗倒伏性较强。

产量及适宜地区：2002年早稻参加自治区水稻品种优质组区试初试，4个试点（南宁、玉林、柳州、宜州）平均单产6 529.5kg/hm^2；晚稻续试，5个试点（南宁、玉林、贺州、柳州、宜州）平均单产6 247.5kg/hm^2。同期在试点面上多点试种，一般单产6 000.0 ~ 7 200.0kg/hm^2左右。适宜桂中、桂南稻作区作早、晚稻，桂北稻作区除灵川、兴安、全州、灌阳之外的区域作晚稻种植。

栽培技术要点：参照一般常规稻迟熟品种。

亚霖2号（Yalin 2）

品种来源：广西亚霖米业有限公司以泰国丝苗/桂花占选育而成。2010年通过广西壮族自治区农作物品种审定委员会审定，审定编号为桂审稻2010023号。

形态特征和生物学特性：籼型常规感温品种。株型紧凑，分蘖中等，叶色绿，剑叶长、竖，叶鞘绿色，着粒较密，谷壳淡黄，稃尖黄色，无芒。桂南、桂中早稻种植，全生育期124d左右；晚稻种植，全生育期106d左右。株高106.2cm，穗长22.7cm，有效穗数262.5万/hm^2，穗粒数159.0粒，结实率82.4%，千粒重21.1g。

品质特性：糙米长宽比3.3，糙米率79.4%，整精米率69.7%，垩白粒率8%，垩白度1.3%，胶稠度82mm，直链淀粉含量15.6%。

抗性：苗叶瘟5～7级；白叶枯病致病Ⅳ型7级，Ⅴ型7级。

产量及适宜地区：2008年参加常规水稻优质组晚稻初试，平均单产6 499.5kg/hm^2；2009年早稻续试，平均单产7 194.0kg/hm^2，两年试验平均单产6 847.5kg/hm^2。2009年早稻生产试验平均单产6 820.5kg/hm^2。适宜桂南、桂中稻作区作早、晚稻，桂北稻作区作晚稻种植。

栽培技术要点：大田用种量，手插秧34.5～37.5kg/hm^2，塑盘育秧27.0～30.0kg/hm^2，秧田播种量225.0kg/hm^2左右，秧盘用量900片/hm^2左右。插秧规格19.8cm×13.2cm或23.1cm×9.9cm，每穴插3～4苗（含分蘖），抛秧30.0万～33.0万穴/hm^2。前期要早施、重施氮、磷、钾。适宜于中、上等肥田种植。注意病、虫、鼠害的防治。

亚霖3号（Yalin 3）

品种来源：广西亚霖米业有限公司利用粤香占/七桂占选育而成。2010年通过广西壮族自治区农作物品种审定委员会审定，审定编号为桂审稻2010026号。

形态特征和生物学特性：籼型常规感温品种。株型紧凑，分蘖力中等，叶色绿，剑叶长、竖，叶鞘绿色，着粒较密，颖色淡黄，稃尖紫红色，穗顶部谷粒有短芒。桂南、桂中早稻种植，全生育期126d左右；晚稻种植，全生育期104d左右。株高107.4cm，穗长21.7cm，有效穗数271.5万/hm^2，穗粒数131.7粒，结实率83.0%，千粒重25.3g。

品质特性：糙米长宽比3.3，糙米率79.4%，整精米率66.6%，垩白粒率6%，垩白度0.4%，胶稠度72mm，直链淀粉含量16.9%。

抗性：苗叶瘟5～6级；白叶枯病致病Ⅳ型5～9级，Ⅴ型7～9级。

产量及适宜地区：2008年参加常规水稻优质组早稻初试，平均单产6 475.5kg/hm^2；2009年晚稻续试，平均单产7 048.5kg/hm^2，两年试验平均单产6 762.0kg/hm^2。2009年晚稻生产试验平均单产6 211.5kg/hm^2。适宜桂中、桂南稻作区作早、晚稻，桂北稻作区除灵川、兴安、全州、灌阳之外的区域作晚稻种植。

栽培技术要点：桂南早稻可在2月底至3月初播种，秧龄30～35d；晚稻可在7月中旬播种，秧龄20d左右。一般田插16.5cm×9.9cm或16.5cm×13.2cm规格，每穴插3～4苗，肥田插2～3苗，插基本苗120.0万～150.0万/hm^2，争取有效穗在330.0万/hm^{2}以上。施肥上可采用施足基肥，早施重施分蘖肥，控制中期肥，后期轻施或补施少量肥的原则。在排灌上采用前浅、中露晒、后湿润的方法。注意防治纹枯病和稻瘟病。

油占8号（Youzhan 8）

品种来源：广西壮族自治区农业科学院水稻研究所从澳粳占自然变异株中系统选育而成。2001年通过广西壮族自治区农作物品种审定委员会审定，审定编号为桂审稻2001044号。2006年获广西科技进步三等奖。

形态特征和生物学特性：籼型常规感温中迟熟品种。株型集散适中，分蘖力中上，后期耐寒性好，谷粒细长。桂南种植，早稻全生育期125d，晚稻115d。株高103.0cm，有效穗数300.0万/hm^{2}左右，穗粒数132.0粒，结实率81.4%，千粒重24.7g。

品质特性：糙米长宽比3.3，糙米率80.9%，精米率73.8%，整精米率63.8%，垩白粒率22%，垩白度3.5%，透明度1级，碱消值7.0级，胶稠度70mm，直链淀粉含量15.9%，糙米蛋白质含量8.2%。外观品质优。

抗性：苗瘟5级，穗瘟9级，白叶枯病1 ~ 3级，抗倒伏性强。

产量及适宜地区：1999年晚稻参加广西优质谷组区试，平均单产5 122.5kg/hm^2；2000年晚稻复试，平均单产6 579.0kg/hm^2。1998年以来，在武鸣、灵山、田阳等地试种示范，单产5 850.0 ~ 6 750.0kg/hm^2。至2004年，累计推广面积55.6万hm^2。2002—2008年每年种植面积4.0万hm^{2}左右。适宜桂南非稻瘟病区推广种植。

栽培技术要点：参照一般常规稻迟熟品种。

玉丰占（Yufengzhan）

品种来源：广西玉林市农业科学研究所利用香引1号/八桂香选育而成。2007年通过广西壮族自治区农作物品种审定委员会审定，审定编号为桂审稻2007039号。

形态特征和生物学特性：籼型常规弱感光品种。株型适中，粒多，结实较差。在桂南、桂中作晚稻种植全生育期112d左右，株高107.1cm，穗长22.1cm，有效穗数247.5万/hm^2，穗粒数185.7粒，结实率73.7%，千粒重22.7g。

品质特性：谷粒长8.9mm，谷粒长宽比3.5，糙米长宽比3.1，糙米率81.5%，整精米率70.8%，垩白粒率4%，垩白度0.8%，胶稠度92mm，直链淀粉含量27.9%。

抗性：苗叶瘟5 ～ 7级，穗瘟病7 ～ 9级。

产量及适宜地区：2005年参加晚稻优质组试验，5个试点平均单产6 925.5kg/hm^2；2006年晚稻续试，5个试点平均单产7 348.5kg/hm^2；两年平均单产7 173.0kg/hm^2。2006年晚稻生产试验平均单产6 780.0kg/hm^2。适宜桂南稻作区和桂中稻作区南部作晚稻种植。

栽培技术要点：7月1 ～ 5日播种，播种量300.0 ～ 375.0kg/hm^2，秧龄18d左右。插植规格19.8cm × 13.2cm，每穴插3苗。施足基肥，插后早施回青肥，重施攻蘖肥，后期看苗施幼穗肥；前期薄水分蘖，中期露晒田，后期干湿交替到成熟。苗期防治稻蓟马、三化螟，中期防治稻纵卷叶螟，后期防治稻飞虱等。

玉桂占（Yuguizhan）

品种来源：广西玉林市农业科学研究所1995年从恢复系桂99繁殖田中选择变异株，经系统选育而成。2003年通过广西壮族自治区农作物品种审定委员会审定，审定编号为2003017号。

形态特征和生物学特性：籼型常规感温品种。群体生长整齐，株型适中，分蘖力强，叶色青绿，叶姿和长势一般，熟期转色较好，落粒性中。早稻全生育期121d左右，晚稻全生育期114d左右。株高105.0cm左右，穗长18.0cm左右，有效穗数330.0万/hm^2左右，穗粒数110.0 ～ 120.0粒，结实率84.5%左右，千粒重17.6g。

品质特性：谷粒长6.2mm，谷粒长宽比3.5，糙米率79.6%，精米率71.7%，整精米率63.1%，垩白粒率2%，垩白度0.3%，透明度3级，碱消值6.5级，胶稠度64mm，直链淀粉含量12.0%，蛋白质含量10.4%。

抗性：苗叶瘟5 ～ 6级，穗瘟5级，白叶枯病3 ～ 5级，褐稻虱9.0级。抗倒伏性强。

产量及适宜地区：2002年早稻参加自治区水稻品种优质组区试初试，4个试点（南宁、玉林、柳州、宜州）平均单产5 976.0kg/hm^2；晚稻续试，5个试点（南宁、玉林、贺州、柳州、宜州）平均单产5 365.5kg/hm^2。同期在试点面上多点试种，一般单产6 000.0kg/hm^2左右。适宜桂南、桂中稻作区作早、晚稻，桂北稻作区作晚稻种植。

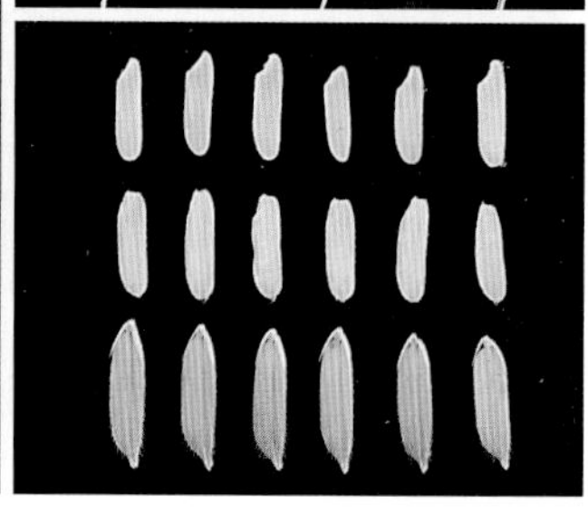

栽培技术要点：参照一般常规稻中熟品种。

玉科占5号（Yukezhan 5）

品种来源：广西玉林市农业科学研究所1998年早稻利用桂99/早桂1号选育而成。2005年通过广西壮族自治区农作物品种审定委员会审定，审定编号为桂审稻2005022号。

形态特征和生物学特性：籼型常规感温品种。群体较整齐，株型适中，叶色青绿，叶姿一般，转色好，较易落粒。桂南、桂中种植早稻全生育期120d左右，晚稻113d左右。株高104.0cm，穗长21.9cm，有效穗数289.5万/hm^2，穗粒数148.5粒，结实率76.9%，千粒重23.9g。

品质特性：糙米长宽比3.1，糙米率81.0%，整精米率53.0%，垩白粒率18%，垩白度4.9%，胶稠度66mm，直链淀粉含量26.9%。

抗性：穗瘟9级，白叶枯病5级。耐寒性中。

产量及适宜地区：2003年早稻参加玉林市优质组筛选试验，5个试点平均单产6 747.0kg/hm^2。2004年晚稻参加广西优质组区试，5个试点平均单产7 038.0kg/hm^2。生产试验平均单产5 940.0kg/hm^2。适宜桂南、桂中稻作区作早、晚稻种植。

栽培技术要点：根据当地种植习惯安排适宜播种期，播种量300.0 ~ 375.0kg/hm^2。秧龄20 ~ 25d，每穴栽3 ~ 4株苗。本田施足基肥，施碳酸氢铵、过磷酸钙各375kg/hm^2，插后及时施回青肥（施尿素、氯化钾各75kg/hm^2），重施攻蘖肥（施复合肥150kg/hm^2、尿素75kg/hm^2）。后期看苗施幼穗肥，前期薄水分蘖，中期露晒田，后期干湿交替到成熟。特别注意防治稻瘟病，苗期防治稻蓟马、三化螟，后期防治稻飞虱等。

玉科占9号（Yukezhan 9）

品种来源：广西玉林市农业科学研究所利用八桂香/粤香占选育而成。2006年通过广西壮族自治区农作物品种审定委员会审定，审定编号为桂审稻2006043号。

形态特征和生物学特性：籼型常规感温品种。株型适中，植株矮小，叶片、叶鞘绿色，有效穗多，籽粒小，无芒。在桂南、桂中作早稻种植全生育期126d左右；作晚稻种植全生育期103d左右。株高86.3cm，穗长22.9cm，有效穗数334.5万/hm^2，穗粒数135.7粒，结实率79.1%，千粒重18.9g。

品质特性：谷粒长8.6mm，谷粒长宽比3.8，糙米长宽比3.4，糙米率78.9%，整精米率65.3%，垩白粒率4%，垩白度0.6%，胶稠度32mm，直链淀粉含量25.3%。

抗性：苗叶瘟6级，穗瘟9级，穗瘟损失率91%，综合抗性指数8.3，稻瘟病高感；白叶枯病5级。

产量及适宜地区：2004年早稻参加玉林市优质组筛选试验，5个试点平均单产6 648.0kg/hm^2。2005年晚稻区域试验，5个试点平均单产6 492.0kg/hm^2。2005年早稻生产试验平均单产5 884.5kg/hm^2。适宜桂南、桂中稻作区作早、晚稻种植。截至2008年年底，累计推广面积2.3万hm^2。

栽培技术要点：早稻桂南3月上旬、桂中3月中旬播种，晚稻桂南7月上中旬、桂中7月初播种，插秧叶龄4～5叶，抛秧叶龄3～4叶。插植规格19.8cm×13.2cm，每穴插2～3株苗，或抛秧33.0万～37.5万穴/hm^2。施足基肥，早追施分蘖肥，氮、磷、钾比例为1∶0.8∶1，够苗露晒田，后期不宜断水过早。注意防治稻瘟病等。

玉丝占（Yusizhan）

品种来源：广西玉林市农业科学研究所1998年早稻利用单广选与固优8号进行有性杂交选育而成。2005年通过广西壮族自治区农作物品种审定委员会审定，审定编号为桂审稻2005021号。

形态特征和生物学特性：籼型常规感温品种。群体较整齐，株型适中，叶色青绿，叶姿挺直，熟期转色好，较易落粒。桂南、桂中种植早稻全生育期119d左右，晚稻109d左右。株高99.8cm，穗长21.4cm，有效穗数315.0万/hm^2，穗粒数161.4粒，结实率73.8%，千粒重17.0g。

品质特性：糙米长宽比3.4，糙米率80.7%，整精米率56.6%，垩白粒率9%，垩白度3.6%，胶稠度84mm，直链淀粉含量13.8%。

抗性：穗瘟7级，白叶枯病5级。耐寒性中。

产量及适宜地区：2003年早稻参加玉林市优质组筛选试验，5个试点平均单产5 889.0kg/hm^2。2004年晚稻优质组续试，5个试点平均单产6 193.5kg/hm^2。生产试验平均单产6 319.5kg/hm^2。适宜桂南、桂中稻作区作早、晚稻种植。

栽培技术要点：根据当地种植习惯安排适宜播种期，用种量22.5kg/hm^2，秧田播种量150kg/hm^2。早稻秧龄控制在25d，晚稻秧龄控制在20d，栽基本苗120.0万～150.0万/hm^2。施纯氮150～180kg/hm^2，重底肥早追肥，增施磷、钾肥。水浆管理要做到干湿交替，够苗晒田，防倒伏，后期不可脱水过早。注意稻瘟病等防治。

玉晚占（Yuwanzhan）

品种来源：广西玉林市农业科学研究所1996年晚稻利用云国一号/八桂香选育而成。2005年通过广西壮族自治区农作物品种审定委员会审定，审定编号为桂审稻2005023号。

形态特征和生物学特性：籼型常规弱感光品种。群体整齐度一般，株型适中，叶色淡绿，转色好，较易落粒。桂南晚稻种植全生育期118d左右。株高101.8cm，穗长21.1cm，有效穗数283.5万/hm^2，穗粒数133.8粒，结实率77.8%，千粒重21.5g。

品质特性：糙米长宽比3.1，糙米率82.3%，整精米率73.7%，垩白粒率1%，垩白度0.2%，胶稠度79mm，直链淀粉含量13.6%。

抗性：穗瘟7级，白叶枯病5级。耐寒性中。

产量及适宜地区：2003年晚稻参加优质组区试，5个试点平均单产6 156.0kg/hm^2。2004年晚稻续试，5个试点平均单产5 728.5kg/hm^2。生产试验平均单产4 512.0kg/hm^2。适宜桂南稻作区作晚稻种植。

栽培技术要点：桂南种植宜在7月1～5日播种，秧龄25～30d。8月1～5日移栽，每穴栽3株苗。本田施足基肥，施碳酸氢铵、过磷酸钙各450.0kg/hm^2，移栽后及时施回青肥，重施攻蘖肥（施复合肥150kg/hm^2、75kg/hm^2），后期看苗施幼穗肥，前期薄水分蘖，中期露晒田，后期干湿交替到成熟。前期防治稻瘿蚊、三化螟，后期防治稻纵卷叶螟、稻飞虱。

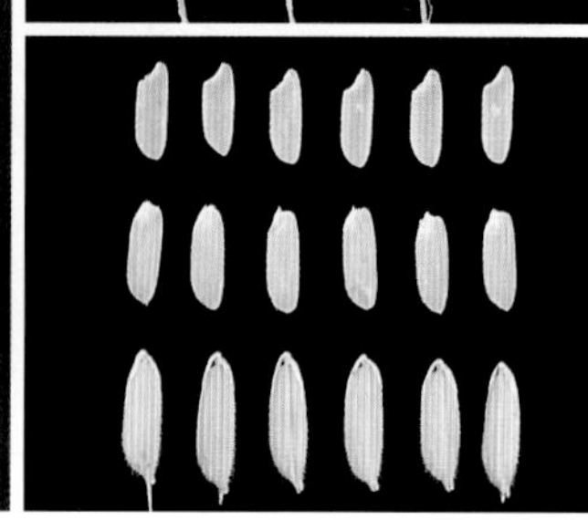

玉香占（Yuxiangzhan）

品种来源：广西玉林市农业科学研究所利用西山香/优质水稻材料281选育而成。2004年通过广西壮族自治区农作物品种审定委员会审定，审定编号为桂审稻2004022号。

形态特征和生物学特性：籼型常规感温品种。株型适中，叶姿挺直。早稻全生育期121 ~ 124d，晚稻全生育期105 ~ 118d。株高103.0cm，穗长22.0cm，有效穗数295.5万/hm^2，穗粒数135.2粒，结实率76.9%，千粒重22.7g。

品质特性：糙米长宽比3.1，整精米率68.6%，垩白粒率19%，垩白度3.9%，胶稠度77mm，直链淀粉含量14.3%。

抗性：苗叶瘟7级，穗瘟9级，白叶枯病3级，褐飞虱9.0级。抗倒伏性较强。

产量及适宜地区：2003年早稻参加优质组区域试验，平均单产7 236.0kg/hm^2；晚稻续试，平均单产6 313.5kg/hm^2。2003年玉林市早稻生产试验平均单产7 128.0kg/hm^2。适宜种植七桂早、珍桂矮的非稻瘟病区种植。

栽培技术要点：桂南早稻3月上旬播种，旱育秧4.1叶移栽，水育秧5.1叶左右移栽；桂中、桂南晚稻6月底7月初播种，秧龄20d。插植规格13.2cm × 19.8cm，每穴插3 ~ 4株苗。施足基肥，早追肥，氮、磷、钾肥配合使用；浅灌为主，间歇露田，足苗晒田，后期干干湿湿。注意防治稻瘟病等病虫害。

玉校88（Yuxiao 88）

品种来源：广西玉林农业学校利用黄壳占/珍桂矮选育而成。2006年通过广西壮族自治区农作物品种审定委员会审定，审定编号为桂审稻2006042号。

形态特征和生物学特性：籼型常规感温品种。群体整齐，株型适中，叶片挺直，转色中等，穗尖有短顶芒，谷粒浅褐色。在桂南、桂中作早稻种植全生育期126d左右；作晚稻种植全生育期109d左右。株高99.9cm，穗长21.6cm，有效穗数259.5万/hm^2，穗粒数155.9粒，结实率75.1%，千粒重24.9g。

品质特性：谷粒长9.3mm，谷粒长宽比3.2，糙米长宽比3.0，糙米率79.8%，整精米率54.5%，垩白粒率11%，垩白度3.3%，胶稠度44mm，直链淀粉含量26.3%。

抗性：苗叶瘟5级，穗瘟9级，穗瘟损失率89.1%，稻瘟病高感；白叶枯病7级。

产量及适宜地区：2004年参加桂中南稻作区晚稻优质组区域试验，5个试点平均单产6 870.0kg/hm^2。2005年晚稻续试，5个试点平均单产6 934.5kg/hm^2。2005年早稻生产试验平均单产5 724.0kg/hm^2。适宜桂南、桂中稻作区作早、晚稻种植。

栽培技术要点：早稻桂南3月上旬、桂中3月中旬播种，晚稻桂南7月上旬、桂中6月下旬播种。插秧叶龄4 ～ 5叶，抛秧叶龄3 ～ 4叶；插植规格19.8cm×13.2cm，每穴插3 ～ 4株苗，或抛秧33.0万 ～ 37.5万穴/hm^2。施足基肥，早施、重施分蘖肥；灌浆初期，叶面喷施磷酸二氢钾；后期湿润灌溉。注意稻瘟病、螟虫等的防治。

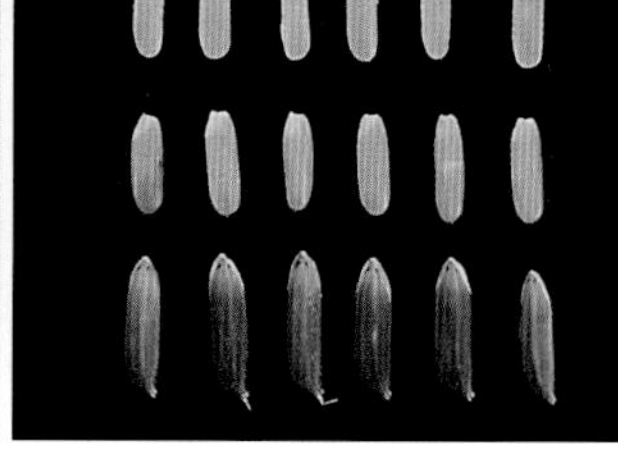

云国1号（Yunguo 1）

品种来源：广西玉林地区农业科学研究所1990年利用云玉糯与IR36选育而成。1998年通过广西壮族自治区农作物品种审定委员会审定，审定编号为桂审证字第135号。

形态特征和生物学特性：籼型常规感光中熟晚稻品种。株型紧凑，分蘖力强，叶片细直，叶色淡绿，长势繁茂，茎秆细，弹性好，转色好。全生育期125d。株高75.0 ~ 90.0cm，有效穗数279.0万 ~ 429.0万/hm^2，穗粒数95.4 ~ 125.0粒，结实率95.0%左右，千粒重23.1 ~ 25.1g。

品质特性：精米率74.1%，整精米率67.37%，碱消值适中，胶稠度中，直链淀粉含量25.6%，蛋白质含量8.0%。

抗性：抗细条病，白叶枯病2 ~ 3级，稻瘟病3 ~ 7级。

产量及适宜地区：1991—1992年晚稻参加玉林地区区试，平均单产分别为6 118.5kg/hm^2和6 853.5kg/hm^2；1992—1993年晚稻参加广西桂南稻作区区试，平均单产为6 066.0kg/hm^2和5 817.0kg/hm^2。1993年晚稻6个点最高单产为8 986.5kg/hm^2，最低单产5 425.5kg/hm^2；1996年大面积布点试种，平均结实率98.2%，单产7 630.5kg/hm^2。1998年在桂东南地区晚稻大面积种植，一般单产6 750.0kg/hm^2。适宜桂南稻作区双季晚稻推广种植。

栽培技术要点：桂南稻作区在6月底至7月初播种，8月5日前插完秧，插秧规格采用20cm × 13cm，每穴插4 ~ 6苗。本田施足基肥，早追重追分蘖肥，酌追幼穗分化肥及攻粒肥，及时露晒田，注意防治稻瘿蚊，确保稳产高产。秧苗期防治稻瘿蚊。三化螟盛发时期，采用药剂防治。生长中后期，注意稻纵卷叶螟、三化螟、稻飞虱、纹枯病的危害，及时喷药防治。

早桂1号（Zaogui 1）

品种来源：广西玉林市农业科学研究所利用双桂36/早香17选育而成。2000年通过广西壮族自治区农作物品种审定委员会审定，审定编号为桂审稻2000037。

形态特征和生物学特性：籼型常规早稻品种。株型集散适中，茎秆粗壮，分蘖力中等。全生育期119d。株高95.0cm，穗粒数153.8粒，结实率90.0%以上，千粒重21.0g。

品质特性：糙米长宽比2.7，整精米率65.7%，垩白粒率12%，垩白度1.7%，透明度2级，碱消值7.0级，胶稠度74mm，直链淀粉含量15.2%。

抗性：叶瘟病5级，白叶枯病1～3级，穗瘟病7级。耐肥，抗倒伏。

产量及适宜地区：1997年参加玉林市区试，平均单产6 045.0kg/hm^2。1999年参加广西优质谷组合区试，单产为6 148.0kg/hm^2。1997—2002年在广西、广东等地（市）累计种植面积25.9万hm^2，一般单产6 750.0kg/hm^{2}左右。平均单产6 300.0kg/hm^2。2002年最大推广面积9.0万hm^2，2001—2005年累计推广面积34.0万hm^2。

栽培技术要点：插足基本苗180.0万～195.0万/hm^2。本田施足基肥，重施攻蘖肥。其他参照一般常规稻早熟品种。

早香1号（Zaoxiang 1）

品种来源：广西壮族自治区农业科学院水稻研究所利用P4070F3-3-RH3-1BA选早3/壮香选育而成。2001年通过广西壮族自治区农作物品种审定委员会审定，审定编号为桂审稻2001042号。

形态特征和生物学特性：籼型常规感温品种。株型集散适中，分蘖力中等，早生快发，谷粒细长。桂南种植，早稻全生育期115d左右，晚稻105d左右。株高98.0cm，有效穗数285.0万/hm^2，穗粒数120.0粒，结实率75.0%以上，千粒重22.0g。

品质特性：糙米长宽比3.2，糙米率81.0%，精米率73.5%，整精米率42.7%，垩白粒率6%，垩白度0.3%，透明度2级，碱消值3.7级，胶稠度82mm，直链淀粉含量13.1%，蛋白质含量8.9%。米质优，饭味可口，有清香气。

抗性：穗瘟7级，白叶枯病3级。

产量及适宜地区：1999年早稻参加育成单位的品比试验，单产为6 447.0kg/hm^2；2000年晚稻参加广西优质谷组区试，平均单产5 782.5kg/hm^2；2001年早稻复试，平均单产5 487.0kg/hm^2。1998年以来，在柳城、灵山、浦北、田阳、宜州、临桂等地试种示范，累计种植面积7 333.3hm^2，一般单产5 700.0kg/hm^{2}左右。

栽培技术要点：早施重施分蘖肥。其他参照一般常规稻中熟品种。

珍陆溪1号（Zhenluxi 1）

品种来源：广西河池地区农业科学研究所1980年利用广陆矮4号/珍汕98第四代的一个株系（76-1-129）为母本，与溪选4号为父本杂交后代经系统选育而成。原编号为79-1-588，1981年正式命名为珍陆溪1号。1987年通过广西壮族自治区农作物品种审定委员会审定，审定编号为桂审证字第052号。

形态特征和生物学特性：籼型常规中熟早稻品种。株型紧凑，叶片短直，略呈瓦状，色深，抽穗整齐，后期不早衰。全生育期110d左右，株高84.0cm，成穗率70.0%，穗粒数99.0粒，结实率79.2%，千粒重23.9g。

品质特性：糙米率79.5%，直链淀粉含量20.0%，粗蛋白质含量9.9%。米质中等。

抗性：抗稻瘟病。

产量及适宜地区：1981—1983年参加河池地区区试，3年共26个点次，平均单产5 227.5kg/hm^2。1982—1983年参加广西水稻区试，两年33个点次，平均单产5 821.5kg/hm^2。1984—1985年参加柳州地区区试，两年15个点次，平均单产6 219.0kg/hm^2。适宜桂中、桂北、高寒山区稻作区早稻种植。

栽培技术要点：矮秆耐肥，宜选中上肥力的田块种植。培育4.5 ~ 5叶龄、扁蒲、略带分蘖的壮秧为好。插植规格20.0cm × 13.2cm或23.1cm × 16.5cm，每穴5 ~ 7基本苗。

中广香1号（Zhongguangxiang 1）

品种来源：中国农业科学院作物科学研究所、广西壮族自治区农业科学院水稻研究所、广东东莞市凤冲水稻科研站于1999年早稻利用紫红稻//紫红稻/BASMATI 370选育而成。2010年通过广西壮族自治区农作物品种审定委员会审定，审定编号为桂审稻2010025号。

形态特征和生物学特性：籼型常规感温品种。株型集散适中，分蘖力强，叶色淡绿，剑叶细长、竖直，叶鞘绿色，谷粒黄壳，稃尖无色，粒型细长。桂南、桂中早稻种植，全生育期128d左右；晚稻种植，全生育期105d左右。株高104.7cm，穗长22.0cm，有效穗数303.0万/hm^2，穗粒数119.0粒，结实率89.8%，千粒重19.8g。

品质特性：谷粒长9.2mm，谷粒长宽比4.0。糙米长宽比3.2，糙米率78.7%，整精米率64.5%，垩白粒率4%，垩白度1.1%，胶稠度76mm，直链淀粉含量14.7%，精米铁含量6.3mg/kg。

抗性：苗叶瘟5～6级；白叶枯病致病Ⅳ型5～7级，Ⅴ型5～9级。

产量及适宜地区：2008年参加常规水稻优质组早稻初试，平均单产6 133.5kg/hm^2；2009年晚稻续试，平均单产6 546kg/hm^2，两年试验平均单产6 340.5kg/hm^2。2009年晚稻生产试验平均单产5 811.0kg/hm^2。适宜桂中、桂南稻作区作早、晚稻，桂北稻作区除灵川、兴安、全州、灌阳之外的区域作晚稻种植。

栽培技术要点：大田用种量22.5～30.0kg/hm^2。早稻秧龄不超过30d，晚稻不宜超过20d。插足基本苗，每穴插2～3粒谷秧苗，栽插规格以19.8cm×13.2cm或19.8cm×16.5cm为宜。重施基肥，早施分蘖肥，增施磷钾肥，适施穗粒肥。宜浅水促分蘖，够苗封行及时露晒田，控制无效分蘖，干湿交替到成熟。注意防治病虫害。

中山红（Zhongshanhong）

品种来源：广西玉林县名山乡1947年从中山1号衍生系中山占中系统选育而成。

形态特征和生物学特性：籼型常规中熟晚稻品种，分蘖力中等，易落粒。全生育期135d左右，株高105.0cm左右，穗粒数中等，千粒重21.0g。

品质特性：种皮粉红，米质好。

抗性：抗病虫害，过量施肥容易倒伏。

产量及适宜地区：单产4 050.0kg/hm^2，1958年推广面积8.0万hm^2，适宜丘陵地区的垌田等肥力中下田块栽培。

栽培技术要点：参照一般常规稻中熟品种进行。

竹桂371（Zhugui 371）

品种来源：广西钦州地区农业科学研究所1981年利用桂朝2号/竹选72-4选育而成。1989年通过广西壮族自治区农作物品种审定委员会审定，审定编号为桂审证字第057号。

形态特征和生物学特性：籼型常规中熟晚稻品种。分蘖力强，多穗，成穗率高，穗型中等，青枝蜡秆，对各种土壤适应性强。全生育期127～128d。株高83.0～100.0cm，有效穗数420万～480万/hm^2，结实率高达83.5%，千粒重22.0～23.0g。

抗性：抗白叶枯病2级。

产量及适宜地区：1981年晚稻品比试验，单产5 962.5kg/hm^2。1982年参加地区区试，平均单产5 220.0kg/hm^2。1983年参加广西区试，桂南、桂中15个点平均单产5 520.0kg/hm^2；1984年桂南、桂中16个点平均单产4 999.5kg/hm^2。1985—1986年参加南方区试，平均单产5 803.5kg/hm^2。适宜广西桂南、桂中、桂北晚稻种植。

栽培技术要点：一般在6月下旬7月初播种，秧龄30d为宜，秧龄过长会出现早花现象。栽插规格9.9cm×13.2cm或9.9cm×16.5cm，每穴插5～6苗。耐肥力中等。施尿素以300.0～337.5kg/hm^2为宜，采用前攻后补施法，做好封行露田、够苗晒田、以水调肥工作，以提高成穗率和结实率。注意防治病虫害。

竹选25（Zhuxuan 25）

品种来源：广西钦州地区农业科学研究所1981年在竹选1号变异株中选出育成。1989年通过广西壮族自治区农作物品种审定委员会审定，审定编号为桂审证字第058号。

形态特征和生物学特性：籼型常规中迟熟晚稻品种。株型集散适中，分蘖力中等，剑叶挺直，穗大粒多粒密。全生育期135d左右。株高95.0 ～ 100.0cm，有效穗数300.0万～ 330.0万/hm^2，穗粒数100.0 ～ 130.0粒，结实率81.0%～ 90.0%，千粒重24.0 ～ 25.0g。

品质特性：精米率72.3%，米质中上。

抗性：抗白叶枯病3级，中期易招稻瘿蚊。耐肥，抗倒伏。

产量及适宜地区：1984年晚稻参加钦州地区区试，平均单产5 524.5kg/hm^2。1985年复试，平均单产5 299.5kg/hm^2。1986年续试，平均单产5 892.0kg/hm^2。1985年参加广西区试，单产6 045.0kg/hm^2。适宜桂南稻作区种植包选2号、青华矮6号和大灵矮的地区作晚稻种植。

栽培技术要点：一般在6月中旬播种，秧龄40d，10月初齐穗，避过寒露风。采用9.9cm × 13.2cm或9.9cm × 16.5cm规格，每穴插5 ～ 7苗。抓好病虫害防治。苗期防治稻蓟马和稻纵卷叶螟，大田防治稻瘿蚊。

第二节　籼型两系杂交稻

H两优6839（H Liangyou 6839）

品种来源：广西兆和种业有限公司利用HD9802S与R6839（R6839源于明恢63/明恢77//桂99/测64）配组而成。2012年通过广西壮族自治区农作物品种审定委员会审定，审定编号为桂审稻2012006号。

形态特征和生物学特性：籼型两系杂交稻感温中熟晚稻品种，株型集散适中，主茎15～16叶。苗期早生快发，分蘖力中等，中后期长势繁茂，茎秆较粗壮。芽鞘色绿色，叶鞘色（基部）绿色，叶片颜色绿色，着粒密度较密，谷壳橙黄色，稃尖黄色。桂中、桂北晚稻种植全生育期111d左右。株高107.7cm，穗长22.9cm，有效穗数268.5万/hm^2，每穗总粒数126.1粒，结实率77.0%，千粒重30.1g。

品质特性：糙米率79.4%，整精米率60.7%，谷粒长度10.5mm，谷粒长宽比3.2，垩白粒率18%，垩白度3.8%，胶稠度86mm，直链淀粉含量12.3%。

抗性：苗叶瘟4～6级，穗瘟9级；白叶枯病5～9级。感稻瘟病，中感—高感白叶枯病。

产量及适宜地区：2010年参加桂中、桂北稻作区晚稻中熟组初试，6个试点平均单产6 997.5kg/hm^2；2011年续试，6个试点平均单产7 395.0kg/hm^2；两年平均单产7 179.0kg/hm^2。2011年生产试验平均单产6 178.5kg/hm^2。适宜桂中稻作区作早、晚稻，桂南稻作区作早稻种植。

栽培技术要点：桂南早稻3月上旬播种；桂中早稻3月中旬播种，晚稻7月上旬播种；做好种子消毒处理，大田用种量22.5～30.0kg/hm^2，抛秧大田用种量30.0～37.5kg/hm^2。一般塑料软盘育秧3.1～4.1叶抛秧，手插秧5.0叶左右移栽，栽插规格13.3cm×20.0cm或16.7cm×16.7cm，每穴栽插2粒种子苗，或抛30.0万穴/hm^2左右。施足基肥，早施追肥，巧补穗肥。基肥占总施肥量的70%，分蘖肥占25%，穗粒肥占5%；水分管理做到干湿相间促分蘖，当总苗数达到375万/hm^2时及时晒田，孕穗时以湿为主，后期干湿交替壮籽，切忌脱水过早。注意病虫害防治。

H两优991（H Liangyou 991）

品种来源：广西兆和种业有限公司利用HD9802S与R991（R991源自晚3/R527//明恢63/测64-7）配组而成。2011年通过广西壮族自治区农作物品种审定委员会审定，审定编号为桂审稻2011017号。

形态特征和生物学特性：籼型两系杂交稻感温中熟晚稻品种，株型集散适中，茎秆较粗壮，分蘖力较强，后期熟色好。叶鞘基部绿色，叶片绿色，剑叶直立，谷壳、稃尖黄色。桂中、桂北晚稻种植全生育期108d左右。株高116.9cm，穗长22.4cm，有效穗数225.0万/hm^2，每穗总粒数153.8粒，结实率77.7%，千粒重24.0g。

品质特性：糙米率77.7%，整精米率65.3%，粒长6.8mm，长宽比3.2，谷粒长度9.4mm，谷粒长宽比3.3，垩白粒率22%，垩白度4.2%，胶稠度85mm，直链淀粉含量13.9%。

抗性：苗叶瘟5级，穗瘟5～7级，稻瘟病抗性水平为中感—感病；白叶枯病Ⅳ型5～7级，Ⅴ型9级，白叶枯病抗性评价为中感—高感。

产量及适宜地区：2009年参加桂中、桂北稻作区晚稻中熟组初试，5个试点平均单产7 705.5kg/hm^2；2010年续试，6个试点平均单产6 762.0kg/hm^2；两年平均单产7 234.5kg/hm^2。2010年生产试验平均单产6 213.0kg/hm^2。适宜桂中稻作区作早、晚稻，桂北稻作区作晚稻或桂南稻作区早稻因地制宜种植。

栽培技术要点：早稻3月中下旬，晚稻6月底7月初播种，大田用种量22.5kg/hm^2，秧田播种225～300kg/hm^2。施复合肥525kg/hm^2、尿素225kg/hm^2、钾肥45kg/hm^2。秧龄30d以内，株行距13.3cm×20.0cm，每穴插2粒谷苗。前期浅水分蘖，中期足苗晒田，后期干湿壮籽，成熟期保持田间湿润。注意病虫防治。

Y两优087（Y Liangyou 087）

品种来源：南宁市沃德农作物研究所、湖南杂交水稻研究中心、广西南宁欧米源农业科技有限公司利用Y58S和R087（R9311//测1012/辐恢838）配组育成。2010年通过广西壮族自治区农作物品种审定委员会审定，审定编号为桂审稻2010014号，2013年被农业部认定为超级稻品种。

形态特征和生物学特性：籼型两系杂交稻感温迟熟品种。桂南早稻种植，全生育期128d左右，株高117.2cm，穗长24.0cm，有效穗数253.5万/hm^2，穗粒数157.9粒，结实率79.0%，千粒重26.0g。

品质特性：糙米率78.9%，糙米长宽比2.8，整精米率63.7%，垩白粒率24%，垩白度2.5%，胶稠度72mm，直链淀粉含量14.5%。

抗性：苗叶瘟5级，穗瘟3～7级；白叶枯病致病Ⅳ型5～7级，Ⅴ型7～9级。

产量及适宜地区：2008年参加桂南稻作区早稻迟熟组初试，6个试点平均单产7 858.5kg/hm^2；2009年复试，5个试点平均单产8 304.0kg/hm^2；两年试验平均单产8 082.0kg/hm^2。2009年生产试验平均单产8 055.0kg/hm^2。适宜桂南稻作区作早稻，其他稻作区因地制宜作早稻或中稻种植。

栽培技术要点：桂南早稻3月初播种，总施肥量纯氮187.5～210kg/hm^2，氮、磷、钾比例为1∶0.5∶1，采用前促中稳后补的施肥方法。插27.0万穴/hm^2或抛栽24.0万～25.5万穴/hm^2，综合防治病虫害。

Y两优286（Y Liangyou 286）

品种来源：南宁市沃德农作物研究所、湖南杂交水稻研究中心利用Y58S与R286配组而成。2012年通过广西壮族自治区农作物品种审定委员会审定，审定编号为桂审稻2012010号。

形态特征和生物学特性：籼型两系杂交稻感温迟熟早稻品种，分蘖期株型稍松散，圆秆拔节后株型变紧凑，叶型好，叶片较厚、内卷，中后期挺举，叶鞘无色；分蘖力中等，茎秆较粗壮，穗型中、下垂，粒型细长，粒色淡黄，稃尖秆黄色，部分短顶芒，有两段灌浆现象。桂南早稻种植全生育期133d左右。株高121.3cm，穗长26.8cm，有效穗数287.3万/hm^2，每穗总粒数150.6粒，结实率77.4%，千粒重26.9g。

品质特性：糙米率79.7%，整精米率62.7%，长宽比3.1，谷粒长9.6mm，谷粒长宽比3.7，垩白粒率12%，垩白度1.5%，胶稠度82mm，直链淀粉含量14.3%。

抗性：苗叶瘟5～6级，穗瘟5～6级；白叶枯病5～7级。中感稻瘟病，中感—感白叶枯病。

产量及适宜地区：2010年参加桂南稻作区早稻迟熟组初试，6个试点平均产量7 483.5kg/hm^2；2011年复试，6个试点平均产量8 215.5kg/hm^2；两年试验平均产量7 849.5kg/hm^2。2011年生产试验平均产量8 614.5kg/hm^2。适宜桂南稻作区作早稻种植，其他稻作区作一季早稻或中稻种植。

栽培技术要点：桂南作早稻种植宜在2月底至3月5日前播种。中高肥力水平栽培，总施纯氮225kg/hm^2左右，氮：磷：钾比例1.0：0.5：1.0，采用前促中稳后补的施肥方法。插27.0万穴/hm^2或抛栽24.0万～25.5万穴/hm^2。浅灌勤露，分蘖后期适时适度晒田，干干湿湿灌浆，后期不宜断水过早。综合防治病虫害。

安两优1号（Anliangyou 1）

品种来源：广西大学、广西壮族自治区种子公司利用安湘和ZSP选1配组而成。2004年通过广西壮族自治区农作物品种审定委员会审定，审定编号为桂审稻2004013号。

形态特征和生物学特性：籼型两系杂交稻中熟品种。株型适中，叶姿稍披，叶鞘、颖尖紫色，熟期转色好，易落粒，谷粒椭圆形。在桂中北作早稻种植全生育期114 ~ 123d，作晚稻种植全生育期103 ~ 113d。株高105.3cm，穗长21.1cm，有效穗数268.5万/hm^2，穗粒数148.4粒，结实率75.7%，千粒重25.6g。

品质特性：整精米率64.8%，谷粒长宽比3.04，糙米长宽比2.4，垩白粒率98%，垩白度30.4%，胶稠度72mm，直链淀粉含量19.6%。

抗性：苗叶瘟7级，穗瘟9级，白叶枯病9级，褐飞虱9级。

产量及适宜地区：2003年早稻参加桂中北稻作区中熟组区域试验，平均单产7 360.5kg/hm^2；晚稻续试，平均单产6 748.5kg/hm^2。贺州市早稻生产试验平均单产7 249.5kg/hm^2。可在种植汕优64、金优207的非稻瘟病区种植。

栽培技术要点：早稻3月中旬播种，晚稻6月底7月上旬播种，早稻秧龄应控制在25d以内，晚稻秧龄控制在20d以内。插植规格13.2cm×23.1cm，每穴插2粒谷或抛栽密度30穴/m^2。注意防治稻瘟病、白叶枯病等。

安两优321（Anliangyou 321）

品种来源：广西壮族自治区农业科学院杂交水稻研究中心利用安湘S与321配组育成。2000年通过广西壮族自治区农作物品种审定委员会审定，审定编号为桂审稻2000014号。

形态特征和生物学特性：籼型三系杂交稻感温中熟早、晚稻品种。株型稍散，叶片较长，谷粒细长。全生育期桂南早稻120 ~ 122d，晚稻100 ~ 105d。株高110.0cm，有效穗数225.0万~ 270.0万/hm^2，穗粒数140.0粒左右，结实率85.0%左右，千粒重22.0g。

品质特性：外观米质较好。

抗性：抗稻瘟病，感纹枯病。耐肥，抗倒伏性差。

产量及适宜地区：1998年早稻、1999年晚稻参加育成单位品比试验，平均单产分别为8 119.5kg/hm^{2}和4 827.0kg/hm^2；1999—2000年在上林、北流等地进行生产试验和试种示范，其中上林县1999年晚稻平均单产5 943.0kg/hm^2，2000年早稻平均单产7 885.5kg/hm^2。适宜广西中低产地区和有冬种习惯的地区种植。

栽培技术要点：6叶左右移栽，3.5 ~ 4.5叶抛栽。插30.0万~ 37.5万穴/hm^2，基本苗90.0万~ 105.0万/hm^2。施纯氮150kg/hm^{2}以内。及时露晒田。

八两优353（Baliangyou 353）

品种来源：湖南省安江农校利用两系不育系810S和R353配组育成。2001年通过广西壮族自治区农作物品种审定委员会审定，审定编号为桂审稻2001064号。

形态特征和生物学特性：籼型两系杂交稻感温早熟品种。株型集散适中，分蘖力强，叶鞘青色，剑叶长而挺直。全生育期早稻110～118d，晚稻90～95d。株高94.0～100.0cm，有效穗数260.0万～300.0万/hm^2，穗粒数110粒左右，结实率70.0%～85.0%，千粒重27.0g。

品质特性：米质中等。

抗性：中抗稻瘟病、白叶枯病、细条病，耐肥，抗倒伏。

产量及适宜地区：1996年参加桂林市水稻新品种筛选试验，平均单产为7 203.0kg/hm^2；1997—1998年参加桂林市水稻品种比较试验，平均单产分别为6 796.5kg/hm^2和7 096.5kg/hm^2；1996—2001年在灌阳、临桂、永福等地进行试种示范，累计种植面积4 000.0hm^2，平均单产为6 750.0～7 500.0kg/hm^2。适宜桂中、桂北作早稻推广种植。

栽培技术要点：参照一般早熟杂交稻品种进行。

二两优3401（Erliangyou 3401）

品种来源：育种者唐建忠利用2301S与WR3401（WR3401是以培矮64S为母本，与从日本引进的粳稻品种KitaaKe为父本杂交而成）配组育成。2011年通过广西壮族自治区农作物品种审定委员会审定，审定编号为桂审稻2011014号。

形态特征和生物学特性：籼型两系杂交稻感温中熟晚稻品种。桂中北晚稻种植全生育期109d。株型紧凑，分蘖力较强，叶片斜立上举，剑叶直立，叶色绿，叶鞘无色；谷粒中长型，谷壳黄色，稃尖无色、无芒或少芒。株高111.9cm，穗长24.0cm，有效穗数270.0万/hm^2，每穗总粒数152.3粒，结实率75.6%，千粒重25.1 ~ 28.7g。

品质特性：糙米率81.1%，整精米率64.3%，粒长6.6mm，长宽比2.8，垩白粒率26%，垩白度5.2%，胶稠度72mm，直链淀粉含量21.2%。

抗性：苗叶瘟6 ~ 7级，穗瘟7级，稻瘟病抗性水平为感病；白叶枯病Ⅳ型7级，Ⅴ型9级，白叶枯病抗性评价为感—高感。

产量及适宜地区：2009年参加桂中北稻作区晚稻中熟组初试，5个试点平均产量7 525.5kg/hm^2；2010年续试，6个试点平均产量7 015.5kg/hm^2；两年平均产量7 270.5kg/hm^2。2010年生产试验平均产量6 069.0kg/hm^2。适宜桂中稻作区作早、晚稻，桂北稻作区作晚稻或桂南稻作区早稻因地制宜种植。

栽培技术要点：桂南早稻3月上旬，桂中3月中下旬播种，晚稻宜7月上旬播种；桂北晚稻6月下旬播种。移栽秧龄5 ~ 5.5叶，抛栽秧龄3.0 ~ 3.5叶。插植规格24.0cm × 16.0cm，双株植；或抛秧27.0万 ~ 30.0万穴/hm^2。宜高肥力栽培。一般用纯氮165 ~ 195kg/hm^2，氮、磷、钾比例为1.0 ∶ 0.6 ∶ 1.0。浅灌勤露，干湿交替，中期适度晒田，后期干干湿湿成熟，不宜断水过早。综合防治病虫害。

桂两优2号（Guiliangyou 2）

品种来源：广西壮族自治区农业科学院水稻研究所以桂科-2S和桂恢582（桂99//Calotoc/02428）配组育成。2008年通过广西壮族自治区农作物品种审定委员会审定，审定编号为桂审稻2008006号，2010年被农业部认定为超级稻品种。

形态特征和生物学特性：籼型两系杂交稻感温迟熟品种。株型紧凑，叶片短直，熟期转色好。桂南早稻种植，全生育期124d左右。株高112.2cm，穗长23.2cm，有效穗数283.5万/hm^2，穗粒数158.0粒，结实率83.0%，千粒重21.6g。

品质特性：糙米率82.7%，糙米长宽比2.7，整精米率69.0%，垩白粒率86%，垩白度15.0%，胶稠度80mm，直链淀粉含量24.4%。

抗性：苗叶瘟6级，穗瘟7级；白叶枯病致病Ⅳ型7级，Ⅴ型5级。

产量及适宜地区：2006年参加桂南稻作区早稻迟熟组初试，5个试点平均单产7 042.5kg/hm^2；2007年续试，5个试点平均单产7 840.5kg/hm^2；两年试验平均单产7 666.5kg/hm^2。2007年生产试验平均单产8 391.0kg/hm^2。桂南稻作区早、晚稻，桂中、桂北稻作区作一季早稻或中稻种植。

栽培技术要点：早稻3月上旬播种，适宜移栽秧龄以4.5～5.0叶为宜，抛秧叶龄3.5～4.0叶为宜；晚稻以7月上旬播种，适宜移栽秧龄18～25d，抛秧叶龄3.0～3.5叶为宜；插（抛）27.0万～30.0万穴/hm^2，每穴插2～3粒谷秧。早施重施分蘖肥，适时补施穗粒肥；本田基肥施农家肥15 000～26 000kg/hm^2，氮、磷、钾比例为1∶0.8∶1.1，施纯氮277.5kg/hm^2、五氧化二磷222.0kg/hm^2、氧化钾306kg/hm^2。

贺两优86（Heliangyou 86）

品种来源：广西壮族自治区贺州市农业科学研究所、贺州市种子公司利用贺S和明恢86配组育成。2005年通过广西壮族自治区农作物品种审定委员会审定，审定编号为桂审稻2005014号。

形态特征和生物学特性：籼型两系杂交稻感温迟熟早稻品种。长势繁茂，整齐度一般，株型适中，叶色淡绿，叶姿披垂。桂南早稻种植，全生育期122 ~ 128d。株高124.0cm，穗长25.1cm，有效穗数267.0万/hm^2，穗粒数126.3粒，结实率87.2%，千粒重28.9g。

品质特性：糙米率82.2%，糙米长宽比2.8，整精米率67.0%，垩白粒率26%，垩白度13.6%，胶稠度65mm，直链淀粉含量12.7%。

抗性：穗瘟9级，白叶枯病3级。抗倒伏性较弱。

产量及适宜地区：2003年早稻参加桂南迟熟组筛选试验，5个试点平均单产7 680.0kg/hm^2。2004年早稻参加桂南迟熟组区试，5个试点平均单产8 328.0kg/hm^2。生产试验平均单产7 234.5kg/hm^2。适宜桂南稻作区作早、晚稻种植。

栽培技术要点：根据当地种植习惯与特优63同期播种，秧龄30d左右。栽植密度为20.0cm × 13.0cm，每穴栽2粒谷苗。需施纯氮150 ~ 180 kg/hm^2，后期控制氮肥，防倒伏。注意稻瘟病等的防治。

两优4826（Liangyou 4826）

品种来源：安徽荃银农业高科技研究所利用2148S与Q026（9311/明恢86）配组育成。2006年通过广西壮族自治区农作物品种审定委员会审定，审定编号为桂审稻2006036号。

形态特征和生物学特性：籼型两系杂交稻感温迟熟早稻品种。株型适中，有效穗较多，穗大粒重。桂南早稻种植，全生育期126d左右。株高119.5cm，穗长23.9cm，有效穗数241.5万/hm^2，穗粒数142.8粒，结实率81.5%，千粒重28.4g。

品质特性：糙米率81.6%，糙米长宽比3.0，整精米率38.0%，垩白粒率27%，垩白度5.3%，胶稠度72mm，直链淀粉含量12.7%。

抗性：苗叶瘟8级，穗瘟8级，白叶枯病5级，高感稻瘟病，抗倒伏性较强。

产量及适宜地区：2004年参加桂南稻作区早稻迟熟组筛选试验，5个试点平均单产7 945.5kg/hm^2；2005年早稻区域试验，4个试点平均单产7 017.0kg/hm^2。2005年生产试验平均单产7 204.5kg/hm^2。适宜桂南稻作区作早稻，桂中稻作区作早、晚稻种植。

栽培技术要点：根据当地种植习惯与特优63、金优253同期播种。移栽叶龄5.0～6.0叶，规格23.0cm×13.0cm，每穴栽2粒谷苗，或抛秧30.0万～33.0万穴/hm^2，抛栽叶龄3.0～4.0叶。生长期内重视螟虫的防治，抽穗期注意防治稻曲病，同时注意稻瘟病、稻飞虱、稻蓟马等病虫害的防治。

两优638（Liangyou 638）

品种来源：合肥丰乐种业股份有限公司利用广占63S与丰恢8号（广恢218/早恢46）配组育成。2007年通过广西壮族自治区农作物品种审定委员会审定，审定编号为桂审稻2007014号。

形态特征和生物学特性：籼型两系杂交稻感温迟熟早稻品种。株型紧凑，植株较矮，叶片挺直，粒大，后期转色较好，较易落粒。桂南早稻种植，全生育期121d左右，株高108.8cm，穗长22.8cm，有效穗数261.0万/hm^2，穗总粒数135.2粒，结实率81.3%，千粒重29.3g。

品质特性：糙米率82.0%，糙米长宽比2.9，整精米率49.4%，垩白粒率43%，垩白度6.4%，胶稠度68mm，直链淀粉含量20.8%。

抗性：苗叶瘟4.5 ~ 4.7级，穗瘟9级；白叶枯病Ⅳ型7级，Ⅴ型9级。

产量及适宜地区：2005年参加桂南稻作区早稻迟熟组试验，5个试点平均单产7 395.0kg/hm^2；2006年早稻续试，5个试点平均单产8 218.5kg/hm^2；两年试验平均单产7 807.5kg/hm^2。2006年早稻生产试验平均单产7 960.5kg/hm^2。适宜桂南、桂中稻作区作早稻种植。

栽培技术要点：早稻宜3月上旬播种，可采用两段育秧，培育多蘖壮秧，栽插时叶龄不超过7叶。宜采用宽行窄株（20.0cm × 16.5cm），栽27.0万 ~ 30.0万穴/hm^2。施肥原则是重底肥、早施蘖肥、巧施穗肥，移栽后5d内施用分蘖肥；实行浅水勤灌，后期干干湿湿。注意防治稻瘟病、纹枯病和稻曲病等。

两优培三（Liangyoupeisan）

品种来源：广西壮族自治区种子公司利用培矮64S与宇305配组育成。2006年通过广西壮族自治区农作物品种审定委员会审定，审定编号为桂审稻2006038号。

形态特征和生物学特性：籼型两系杂交稻感温品种。株型适中，长势繁茂，叶姿较挺，植株叶鞘紫色，叶绿色，倒2叶叶耳紫色，剑叶内卷直立；柱头、颖尖紫色，谷壳秆黄色；有效穗较多，穗型较大，结实率较低，谷粒细长。在桂南、桂中种植全生育期早稻124d左右；晚稻104d左右。株高105.6cm，穗长22.3cm，有效穗数294.0万/hm^2，穗粒数155.4粒，结实率73.1%，千粒重21.3g。

品质特性：糙米率82.4%，糙米长宽比3.0，整精米率68.2%，垩白粒率24%，垩白度5.8%，谷粒长9.1mm，谷粒宽2.3mm，谷粒长宽比3.9，胶稠度78mm，直链淀粉含量23.1%。

抗性：苗叶瘟6级，穗瘟9级，白叶枯病5级。高感稻瘟病。

产量及适宜地区：2004年参加桂中南稻作区早稻优质组区域试验，5个试点平均单产6 801kg/hm^2；2005年晚稻续试，5个试点平均单产6 559.5kg/hm^2。2005年晚稻生产试验平均单产5 907.0kg/hm^2。适宜桂南、桂中稻作区作早、晚稻种植。

栽培技术要点：早稻桂中3月中旬、桂南3月上旬播种，晚稻桂中7月10日前，桂南7月15日前播种。插秧叶龄5.0～6.0叶，抛秧叶龄3.0～4.0叶；插植规格23.0cm×13.0cm，每穴插2粒谷，或抛秧30.0万～33.0万穴/hm^2。底肥主要以农家肥为主，施15 000～22 500kg/hm^2，施钙镁磷肥450～600kg/hm^2；重施分蘖肥，施尿素225kg/hm^2、氯化钾112.5kg/hm^2；注重花肥和粒肥的施用，以确保穗大、粒多、籽粒饱满。注意防治稻瘟病等。

陵两优197（Lingliangyou 197）

品种来源：广西恒茂农业科技有限公司、湖南亚华种业科学研究院利用湘陵628S与R197配组而成。2013年通过广西壮族自治区农作物品种审定委员会审定，审定编号为桂审稻2013024号。

形态特征和生物学特性：籼型两系杂交稻感光晚稻品种，桂南晚稻种植全生育期119d左右。叶片、叶鞘绿色，叶耳浅绿色，谷粒黄色，稃尖秆黄色、穗上部部分谷粒有芒。株高108.6cm，穗长23.7cm，有效穗数238.5万/hm^2，每穗总粒数136.4粒，结实率79.1%，千粒重31.8g。

品质特性：糙米率80.9%，整精米率66.3%，糙米长宽比3.1，谷粒长9.8mm，谷粒长宽比3.2，垩白粒率24%，垩白度2.6%，胶稠度82mm，直链淀粉含量16.2%，达到国家《优质稻谷》标准3级。

抗性：穗瘟9级，白叶枯病7～9级；感稻瘟病，感—高感白叶枯病。

产量及适宜地区：2011年参加桂南稻作区晚稻感光组区域试验，平均单产7 398.0kg/hm^2；2012年续试，平均单产7 522.5kg/hm^2；两年试验平均单产7 461.0kg/hm^2。2012年生产试验平均单产7 389.0kg/hm^2。适宜桂南稻作区作晚稻种植。

栽培技术要点：晚稻7月上中旬播种，5.0～5.5叶龄移植，抛秧2.5～3.5叶龄。基本苗90.0万～105.0万/hm^2，插植规格23.0cm×16.5cm或抛栽25.5万穴/hm^{2}左右。施纯氮187.5～225.0kg/hm^2，氮、磷、钾比例为1.0：0.5：1.0。综合防治病虫害。

陵两优711（Lingliangyou 711）

品种来源：湖南亚华种业科学研究院利用湘陵628S和华恢711配组育成。2010年通过广西壮族自治区农作物品种审定委员会审定，审定编号为桂审稻2010018号。

形态特征和生物学特性：籼型两系杂交稻弱感光晚稻品种。株型适中，分蘖力强，叶色绿色，叶鞘、叶耳、叶缘均无色，穗型、着粒一般，谷壳薄，籽粒淡黄色，稃尖无色、偶有白色顶芒。桂南晚稻种植，全生育期115d左右，株高114.5cm，穗长23.1cm，有效穗数256.5万/hm^2，穗粒数136.0粒，结实率76.7%，千粒重27.4g。

品质特性：糙米率79.6%，糙米长宽比2.9，整精米率68.9%，垩白粒率9%，垩白度0.7%，胶稠度78mm，直链淀粉含量15.5%。

抗性：苗叶瘟5级，穗瘟5～9级；白叶枯致病Ⅳ型5～7级，Ⅴ型7级。

产量及适宜地区：2008年参加桂南稻作区晚稻感光组初试，6个试点平均单产7 042.5kg/hm^2；2009年续试，5个试点平均单产7 164.0kg/hm^2；两年试验平均单产7 104.0kg/hm^2。2009年生产试验平均单产7 398.0kg/hm^2。适宜桂南稻作区作晚稻或桂中稻作区南部适宜种植感光型品种的地区晚稻种植。

栽培技术要点：桂南7月上旬播种，大田用种量22.5kg/hm^2，秧田播种量150.0kg/hm^2，稀播匀播培育壮秧。秧龄20d左右（抛秧3.5～4.0叶），栽插规格20cm×20cm，每穴栽2粒谷苗。施碳酸氢铵450kg/hm^2、过磷酸钙450kg/hm^2、氯化钾75kg/hm^2，或25%水稻专用复合肥525kg/hm^2；插后5d施回青肥，施尿素75kg/hm^2；插后10d施壮蘖肥，施尿素75～90kg/hm^2、氯化钾75～90kg/hm^2；幼穗分化四期或大胎期看叶色酌情施用攻胎肥或粒肥。移栽后深水活穴，分蘖期干湿相间促分蘖，够苗及时落水晒田。综合防治病、虫、鼠害。

茂两优29 (Maoliangyou 29)

品种来源：广东华茂高科种业有限公司利用228S与茂恢29（粳缘恢复系MR600/茂选）配组而成。2008年通过广西壮族自治区农作物品种审定委员会审定，审定编号为桂审稻2008014号。

形态特征和生物学特性：籼型两系杂交稻感温迟熟品种。植株较矮，叶片内卷。桂南早稻种植，全生育期129d左右。株高106.6cm，穗长22.2cm，有效穗数307.5万/hm^2，穗粒数139.9粒，结实率84.8%，千粒重24.2g。

品质特性：糙米率81.6%，糙米长宽比2.5，整精米率56.8%，垩白粒率91%，垩白度13.5%，胶稠度78mm，直链淀粉含量26.7%。

抗性：苗叶瘟7级，穗瘟7级；白叶枯病致病Ⅳ型7级，Ⅴ型5级。

产量及适宜地区：2006年参加桂南稻作区早稻迟熟组初试，5个试点平均单产7 899.0kg/hm^2；2007年续试，5个试点平均单产8 175.0kg/hm^2；两年试验平均单产8 037.0kg/hm^2。2007年生产试验平均单产8 101.5kg/hm^2。适宜桂南稻作区作早稻种植。

栽培技术要点：培育壮秧，插足基本苗；重施基肥，早施分蘖肥、壮蘖肥，增加有效分蘖；够苗后及时晒田，控制好无效蘖提高成穗率，多施磷、钾肥，提高抗逆能力；后期干湿交替管理，增强根系活力防斜倒，不宜断水过早以影响结实率造成产量下降；注意防治稻瘟病。

孟两优2816（Mengliangyou 2816）

品种来源：广西绿田种业有限公司利用孟S与R2816（R2816是从冈优527F_1代中选育而成）配组而成。2011年通过广西壮族自治区农作物品种审定委员会审定，审定编号为桂审稻2011003号。

形态特征和生物学特性：籼型两系杂交稻感温中熟品种，桂中、桂北早稻种植，全生育期120d左右。株型集散适中，中、后期长势较旺盛，叶片前期披软，倒二、三叶直立，剑叶竖直、稍长，叶色前期淡绿，后期浓绿，叶鞘、叶枕为绿色，主茎总叶片数15 ~ 16叶。有效穗数258.0万/hm^2，株高118.8cm，穗长22.9cm，每穗总粒数157.4粒，结实率81.9%，千粒重26.4g。

品质特性：糙米率81.0%，整精米率52.0%，长宽比2.8，垩白粒率66%，垩白度15.0%，胶稠度70mm，直链淀粉含量19.1%。

抗性：苗叶瘟5 ~ 6级，穗瘟5 ~ 7级，白叶枯病致病Ⅳ型7级，Ⅴ型7 ~ 9级。

产量及适宜地区：2008年参加桂中、桂北稻作区早稻中熟组初试，5个试点平均单产7 714.5kg/hm^2；2009年续试，5个试点均单产7 861.5kg/hm^2；两年试验平均单产7 788.0kg/hm^2。2010年生产试验平均单产6 861.0kg/hm^2。适宜桂中、桂北稻作区作早、晚稻或桂南稻作区早稻因地制宜种植。

栽培技术要点：早稻3月20日左右播种，旱秧或软盘抛秧，秧田播种量600.0kg/hm^2，本田用种量30.0kg/hm^2，秧龄15 ~ 20d，叶龄2.5 ~ 3.5叶时移栽；水秧秧田播种量225.0kg/hm^2，秧龄25 ~ 30d，叶龄5叶左右移栽。插30.0万 ~ 37.5万穴/hm^2，每穴2粒谷苗。施猪牛粪草15 000kg/hm^2、过磷酸钙450kg/hm^2作基肥，施碳酸氢铵300kg/hm^2作面肥，移栽后5d左右施氯化钾150kg/hm^2、尿素187.5kg/hm^2。施总纯氮225.0kg/hm^2，氮、磷、钾比例为1 ∶ 0.6 ∶ 0.9。及时防治病虫害。

孟两优701（Mengliangyou 701）

品种来源：广西绿田种业有限公司利用孟S与R701配组而成。2013年通过广西壮族自治区农作物品种审定委员会审定，审定编号为桂审稻2013035号。

形态特征和生物学特性：籼型两系杂交稻感温早熟早稻品种。主茎总叶片数14～15叶，叶片色前期绿色，后期深绿色，叶鞘、叶枕、颖尖紫色，叶舌形状二裂。桂中、桂北早稻种植，全生育期111d左右。株高105.6cm，穗长21.6cm，有效穗数279.0万/hm^2，每穗总粒数133.2粒，结实率80.4%，千粒重25.2g。

品质特性：糙米率81.3%，整精米率54.5%，长宽比2.6，垩白粒率80%，垩白度8.2%，胶稠度88mm，直链淀粉含量21.4%。

抗性：穗瘟9级，白叶枯病7～9级；感稻瘟病，感—高感白叶枯病。

产量及适宜地区：2010年参加桂中、桂北稻作区早稻早熟组区域试验，平均单产6 762.0kg/hm^2；2011年续试，平均单产7 195.5kg/hm^2；两年试验平均单产6 978.0kg/hm^2。2011年生产试验平均单产7 045.5kg/hm^2。适宜桂中、桂北稻作区作早、晚稻种植。

栽培技术要点：早稻桂中3月中、下旬播种，桂北4月上旬播种；晚稻7月上旬播种，本田用种30kg/hm^2。旱秧或软盘抛秧，秧龄15～20d，叶龄2.5～3.5叶时移栽；水秧秧田播种量225.0kg/hm^2，秧龄25～30d，叶龄5叶左右移栽，插30.0万～37.5万穴/hm^2，每穴2粒谷苗。施猪牛粪草15 000kg/hm^2、过磷酸钙450kg/hm^2作基肥，施碳酸氢铵300kg/hm^2作面肥，移栽后5d左右施氯化钾150kg/hm^2、尿素187.5kg/hm^2。施总纯氮225kg/hm^2，氮、磷、钾比例为1.0∶0.6∶0.9。及时防治病虫害。

孟两优705（Mengliangyou 705）

品种来源：广西壮族自治区种子公司利用孟S与R705组配而成。2013年通过广西壮族自治区农作物品种审定委员会审定，审定编号为桂审稻2013012号。

形态特征和生物学特性：籼型两系杂交稻感温中熟早稻品种。主茎总叶片数15 ~ 16叶，叶色前期淡绿，后期深绿，叶鞘、叶枕色绿色，叶舌形状二裂。桂中、桂北早稻种植，全生育期120d左右，晚稻106d左右。株高113.3cm，穗长24.4cm，有效穗数252.0万/hm^2，每穗总粒数158.8粒，结实率72.4%，千粒重27.4g。

品质特性：糙米率80.7%，整精米率56.6%，长宽比3.0，垩白粒率40%，垩白度11.4%，胶稠度84mm，直链淀粉含量13.5%。

抗性：穗瘟9级，白叶枯病5 ~ 9级；中感稻瘟病，中感—高感白叶枯病。

产量及适宜地区：2011年参加桂中、桂北稻作区早稻中熟组区域试验，平均单产8 034.0kg/hm^2；2012年晚稻续试，平均单产6 202.5kg/hm^2；两年平均单产7 119.0kg/hm^2。2012年早稻生产试验平均单产6 828.0kg/hm^2。适宜桂南、桂中、桂北稻作区作早稻种植。

栽培技术要点：旱秧或软盘抛秧，桂南、桂中3月中旬播种，桂北4月上旬播种，用种量30.0kg/hm^2，秧龄25d左右，叶龄3.5 ~ 4.0叶移栽；插（抛）30.0万~ 37.5万穴/hm^2，每穴2粒谷苗。施猪牛粪草15 000kg/hm^2、过磷酸钙450kg/hm^2作基肥，施碳酸氢铵300kg/hm^2作面肥，移栽后5d左右施氯化钾150kg/hm^2、尿素187.5kg/hm^2。施总纯氮225kg/hm^2，氮、磷、钾比为1.0 ：0.6 ：0.9。及时防治病虫害。

孟两优838（Mengliangyou 838）

品种来源：广西绿田种业有限公司利用孟S和辐恢838配组育成。2010年通过广西壮族自治区农作物品种审定委员会审定，审定编号为桂审稻2010001号。

形态特征和生物学特性：籼型两系杂交稻感温中熟品种。株型集散适中，叶片前期披软，剑叶竖直，叶色前期淡绿，后期浓绿，叶鞘、叶枕绿色，叶舌形状二裂，分蘖力中等，穗型和着粒密度一般，谷壳淡黄，稃尖黄色。桂中、桂北早稻种植，全生育期115d左右，株高108.9cm，穗长22.8cm，有效穗数282.0万/hm^2，穗粒数122.7粒，结实率83.6%，千粒重27.2g。

品质特性：糙米率79.7%，整精米率54.6%，谷粒长粒型，平均粒长1.1cm，长宽比3.5；糙米长宽比3.0，垩白粒率18%，垩白度4.3%，胶稠度84mm，直链淀粉含量14.6%。

抗性：苗叶瘟4～5级，穗瘟9级；白叶枯病致病Ⅳ型5级，Ⅴ型7级。

产量及适宜地区：2008年参加桂中、桂北稻作区早稻早熟组初试，5个试点平均单产7 152.0kg/hm^2；2009年续试，6个试点平均单产7 755.0kg/hm^2；两年试验平均单产7 455.0kg/hm^2。2009生产试验平均单产7 539.0kg/hm^2。适宜桂中、桂北稻作区作早、晚稻或桂南稻作区低水位田因地制宜作早稻种植。

栽培技术要点：旱秧或软盘抛秧，3月20日左右播种，秧田播种量600.0kg/hm^2，本田用种30.0kg/hm^2，秧龄15～20d，叶龄2.5～3.5叶时移栽；水秧3月20日左右播种，薄膜覆盖，秧田播种量225.0kg/hm^2，大田用种量30.0kg/hm^2，秧龄25～30d，叶龄6～7叶时移栽。插30.0万～37.5万穴/hm^2，每穴2粒谷。施猪牛粪15 000万kg/hm^2、过磷酸钙450kg/hm^2作基肥，施碳酸氢铵300kg/hm^2作面肥，移栽后5d左右施氯化钾150kg/hm^2、尿素187.5kg/hm^2。

明两优527（Mingliangyou 527）

品种来源：福建省三明市农业科学研究所、福建六三种业有限责任公司利用明香10S和蜀恢527选育而成。2009通过广西壮族自治区农作物品种审定委员会审定，审定编号为桂审稻2009014号。

形态特征和生物学特性：籼型两系杂交稻感温迟熟品种。株型适中，叶鞘绿色，叶色绿，剑叶竖直，剑叶长33cm、剑叶宽2.2cm；穗型长，着粒密度中，谷壳深黄，稃尖无色，有少量芒，芒色白。桂南早稻种植，全生育期128d左右。株高119.9cm，穗长26.5cm，有效穗数252.0万/hm^2，穗粒数154.5粒，结实率82.4%，千粒重25.6g。

品质特性：糙米率81.3%，整精米率61.4%，长宽比3.4，谷粒长度10.6mm，谷粒长宽比3.9，垩白粒率19%，垩白度3.6%，胶稠度80mm，直链淀粉含量12.2%。

抗性：苗叶瘟5～6级，穗瘟5～9级；白叶枯病致病Ⅳ型5～7级，Ⅴ型7级。

产量及适宜地区：2007年参加桂南稻作区早稻迟熟组初试，5个试点平均单产7 810.5kg/hm^2；2008年续试，6个试点平均单产7 435.5kg/hm^2；两年试验平均单产7 623.0kg/hm^2。2008年生产试验平均单产7 653.0kg/hm^2。适宜桂南稻作区作早稻或桂中稻作区早稻因地制宜种植。

栽培技术要点：桂南作早稻种植，3月上旬播种，播种量150.0kg/hm^2，秧龄宜控制在30d以内，秧田要施足基肥，稀播匀播。插植规格20.0cm×23.3cm，每穴2粒谷苗，插足基本苗90.0万/hm^2左右。后期切忌氮肥过量，造成叶披。水肥管理及病虫害防治等参照迟熟杂交稻品种进行。

糯两优6号（Nuoliangyou 6）

品种来源：湖南杂交水稻研究中心、广西壮族自治区钟山县种子公司利用糯S与糯6配组育成。2000年通过广西壮族自治区农作物品种审定委员会审定，审定编号为桂审稻2000048号。

形态特征和生物学特性：籼型两系杂交稻感温中熟品种。前期株型稍散，圆秆拔节后集中直立，叶色青绿，叶片窄长，分蘖力强，后期熟色好。桂中种植全生育期早稻122d，晚稻107d。株高105.0cm，有效穗数270.0万～300.0万/hm^2，穗粒数120.0粒左右，结实率80.0%～80.5%，千粒重26.5g。

品质特性：糙米率79.5%，糙米长宽比3.0，精米率70.6%，整精米率33.7%，碱消值6.5级，胶稠度100mm，直链淀粉含量3.5%，蛋白质含量8.4%。

产量及适宜地区：1999年早稻参加广西壮族自治区区试，平均单产为6 804.0kg/hm^2。1998—1999年在钟山县进行生产试验和试种示范，早、晚稻平均单产分别为7 177.5kg/hm^{2}和6 402.0kg/hm^2。同期在广西昭平、荔浦等县试种，一般单产6 900.0kg/hm^{2}左右。适宜桂南、桂中作早、晚稻，桂北作晚稻推广种植。

栽培技术要点：适宜秧龄早稻5～5.5叶，晚稻20d左右。插基本苗120.0万～150.0万/hm^{2}或抛秧33.0万～37.5万穴/hm^2。切忌后期断水过早，注意防治病虫害，在谷物收获后，先晾干水分，然后堆放3～4d，剥出米粒变白后再晒干入库。

培两优1025（Peiliangyou 1025）

品种来源：广西壮族自治区农业科学院杂交水稻研究中心利用培矮64S与桂1025配组育成。2001年通过广西壮族自治区农作物品种审定委员会审定，审定编号为桂审稻2001019号。

形态特征和生物学特性：籼型两系杂交稻感温中迟熟品种。株型紧凑，分蘖力强，后期熟色好，谷粒细长。桂南、桂中种植全生育期早稻125 ～ 130d。株高100.0 ～ 105.0cm，晚稻110 ～ 115d，株高90.0 ～ 100.0cm，有效穗数300.0万/hm^2左右，穗粒数145.0粒左右，结实率75.0%以上，千粒重20.3g。

品质特性：糙米率82.0%，糙米长宽比3.2，精米率74.5%，整精米率50.2%，垩白粒率30%，垩白度6.8%，透明度2级，碱消值6.3级，胶稠度86mm，直链淀粉含量22.2%，蛋白质含量9.4%，米质优。

抗性：中抗稻瘟病和白叶枯病，耐肥，抗倒伏性较强。

产量及适宜地区：1999年晚稻参加选育单位品比试验，单产7 666.5kg/hm^2；2001年早稻参加广西区试，桂南6个试点平均单产6 334.5kg/hm^2。1999—2001年在藤县、上林、北流、田阳等地累计试种面积达0.53万hm^2，一般单产6 750.0 ～ 7 500.0kg/hm^2。适宜桂南作早、晚稻，桂中、北作晚稻推广种植。

栽培技术要点：桂南作早稻种植，2月底至3月初播种，晚稻7月初播种。插30.0万 ～ 37.5万穴/hm^2，基本苗90.0万 ～ 105.0万/hm^2，抛秧大田不少于750盘/hm^2，注意防治病虫害，后期不宜断水过早。

培两优275（Peiliangyou 275）

品种来源：广西壮族自治区农业科学院杂交水稻研究中心1995年利用培矮64S与恢复系275（倾粳亲籼系）配组而成。1999年通过广西壮族自治区农作物品种审定委员会审定，审定编号为桂审证字第150号。

形态特征和生物学特性：籼型两系杂交稻感温中迟熟品种。株型紧凑，分蘖力中等，叶片挺直，剑叶呈瓦形，叶色绿。全生育期早稻130d，晚稻115d。株高105.0cm，有效穗数270.0万～300.0万/hm^2，穗粒数150.0粒，结实率82.0%，千粒重23.0g。

品质特性：糙米率、精米率、整精米率、粒型、垩白度、透明度六项指标达部颁二级优质米标准；碱消值（4.7级）、胶稠度（94mm）、直链淀粉含量（21.2%）、蛋白质含量（10.0%）四项指标达部颁一级优质米标准。

抗性：稻瘟叶瘟5～7级，穗瘟5级，白叶枯病3级，稻飞虱9级。

产量及适宜地区：1997年广西壮族自治区农业科学院杂交水稻研究中心进行试验，早晚稻单产分别为7 659.0kg/hm^{2}和7 444.5kg/hm^2。1998—1999年参加广西区试，1999年早稻复试11个试点平均单产6 574.5kg/hm^2。适合桂南早、晚稻和桂中、北晚稻推广。

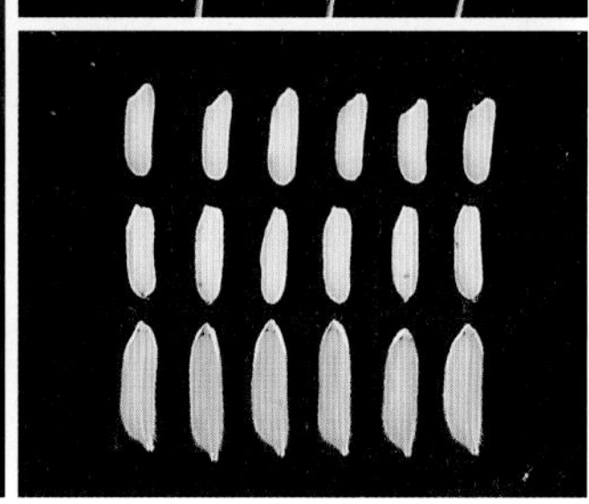

栽培技术要点：早稻6片叶左右，晚稻秧期控制在20d内。双本植，插基本苗150.0万/hm^2。施纯氮150～187.5kg/hm^2。不宜断水过早，干干湿湿到成熟。注意防治纹枯病。

培两优99（Peiliangyou 99）

品种来源：广西壮族自治区农业科学院杂交水稻研究中心1995年利用培矮64S与桂99配组育成。1998年通过广西壮族自治区农作物品种审定委员会审定，审定编号为桂审证字第144号。

形态特征和生物学特性：籼型两系杂交稻感温中迟熟品种。株型集散适中，分蘖力强，叶片挺直，剑叶瓦形，叶色深绿。全生育期早稻130d，晚稻110 ~ 115d。株高早稻110.0cm，晚稻100.0cm，有效穗数270.0万 ~ 300.0万/hm^2，穗粒数140.0粒左右，结实率80.0% ~ 85.0%，千粒重22.0 ~ 23.0g。

品质特性：糙米率79.6%，精米率79.1%，长宽比3.2，垩白度1.5%，透明度2级，碱消值6.1级，胶稠度100mm，直链淀粉含量22.0%，糙米蛋白质含量8.8%，米质优，达部颁一级优质米标准。

抗性：中抗稻瘟病和白叶枯病，易感纹枯病，耐肥，抗倒伏性强。

产量及适宜地区：1997年在广西壮族自治区农业科学院杂交水稻研究中心进行品种比较试验，早稻单产7 524.0kg/hm^2，晚稻单产7 282.5kg/hm^2。广西区试，1998年早稻桂南6个点平均单产6 811.5kg/hm^2，其中百色（田阳）点最高，7 695.0kg/hm^2。1997—1998年在桂南、桂中、桂北共试种1 443.3hm^2，其中北流市1998年早稻试种520.0hm^2，经市农业局、统计局和科技局联合验收，平均单产7 885.5kg/hm^2，最高单产达8 359.5kg/hm^2。适宜桂南、桂中稻区作早、晚稻，桂北作中、晚稻推广种植。

栽培技术要点：秧龄早稻6片叶左右，晚稻20d左右。栽植密度，视田的肥力灵活掌握肥疏、瘦密的原则。重基肥早追肥，施纯氮150 ~ 187.5kg/hm^2，后期不宜断水过早，干干湿湿到成熟。注意防治纹枯病。及时收割，防止落粒。

培杂266（Peiza 266）

品种来源：玉林市农业科学研究所利用培矮64S和玉266（海南占/玉212）配组育成。2001年通过广西壮族自治区农作物品种审定委员会审定，审定编号为桂审稻2001110号。

形态特征和生物学特性：籼型两系杂交稻感温迟熟品种。株叶型好，分蘖力强，叶细厚直，后期青枝蜡秆，熟色好。桂南种植全生育期早稻125d左右，晚稻110d左右。株高106.0cm左右，有效穗数300.0万/hm^{2}左右，穗粒数110粒左右，结实率78.0%左右，千粒重21.0g。

品质特性：糙米率82%，糙米长宽比3.1，精米率74%，整精米率56.2%，垩白粒率19%，垩白度5.4%，透明度2级，糊化温度6级，胶稠度60mm，直链淀粉含量23.2%，蛋白质含量10.4%。米质优，米粒细长，且饭软硬适中，食味好。

抗性：苗期耐寒、耐肥，抗倒伏。

产量及适宜地区：2000年早稻参加育成单位品比试验，平均单产7 530.0kg/hm^2；2001年早稻参加玉林市区试，平均单产7 462.5kg/hm^2。2000—2001年全区试种666.7hm^2，平均单产6 750.0 ～ 7 500.0kg/hm^2。适宜桂南作早、晚稻推广种植。

栽培技术要点：参照培杂山青进行。

培杂279（Peiza 279）

品种来源：玉林市农业科学研究所利用培矮64S和玉恢279配组育成。2005年通过广西壮族自治区农作物品种审定委员会审定，审定编号为桂审稻2005019号。

形态特征和生物学特性：籼型两系杂交稻感温性品种。群体生长整齐，株型较紧束，叶色浓绿，叶姿挺直，叶色浓绿，较易落粒。桂南早稻种植，全生育期122 ～ 128d。株高106.2cm，穗长22.1cm，有效穗数292.5万/hm^2，穗粒数171.2粒，结实率80.9%，千粒重21.3g。

品质特性：糙米率83.4%，糙米长宽比3.0，整精米率67.5%，垩白粒率26%，垩白度9.3%，胶稠度78mm，直链淀粉含量23.3%。

抗性：穗瘟9级，白叶枯病5级，抗倒伏性较强。

产量及适宜地区：2003年早稻参加玉林市筛选试验，5个试点平均单产7 002.0kg/hm^2；2004年早稻参加桂南迟熟组区试，5个试点平均单产8 421.0kg/hm^2。生产试验平均单产6 990.0kg/hm^2。适宜桂南稻作区作早、晚稻和桂中稻作区作晚稻种植。

栽培技术要点：桂南早稻种植，宜在3月上中旬播种，用塑盘825个/hm^2左右，施足基肥，稀播匀播。每千克种子用15.0%可湿性多效唑粉剂1 ～ 2g加水1kg均匀拌种，也可在1叶1心或2叶1心时用0.02%多效唑喷雾。4.0叶内抛秧。抛栽30.0万穴/hm^2左右。

培杂67（Peiza 67）

品种来源：华南农业大学利用培矮64S和G67配组育成。2001年通过广西壮族自治区农作物品种审定委员会审定，审定编号为桂审稻2001107号。

形态特征和生物学特性：籼型两系杂交稻感温迟熟品种。株叶型紧凑，分蘖力稍弱，叶片宽、挺直，叶色青秀，茎秆粗壮，抽穗整齐，后期熟色好。全生育期早稻130d左右，晚稻117d左右。株高100.0 ~ 110.0cm，有效穗数270.0万/hm^2左右，穗粒数175 ~ 190粒，结实率75.0%左右，千粒重22.0g左右。

品质特性：外观米质优。

抗性：较抗稻瘟病，不抗稻曲病，耐肥，抗倒伏。

产量及适宜地区：1999—2000年晚稻参加桂林市区试，平均单产分别为7 041.0kg/hm^2和6 624.0kg/hm^2。1998—2001年桂林市累计种植面积6 666.7hm^2左右，平均单产6 750.0 ~ 7 500.0kg/hm^2。适宜桂南、桂中作早晚稻，桂北作中、晚稻推广种植。

栽培技术要点：参照培杂山青进行。

培杂桂旱1号（Peizaguihan 1）

品种来源：广西壮族自治区农业科学院水稻研究所利用培矮64S与桂旱1号（桂D1号/桂99）配组育成。2006年通过广西壮族自治区农作物品种审定委员会审定，审定编号为桂审稻2006060号。

形态特征和生物学特性：籼型两系杂交稻感温品种。株型紧束，分蘖较强，叶挺，穗大粒多，熟期转色较好，较易落粒。在大化、柳州、南宁等地作旱稻种植，全生育期130 ~ 135d；桂南早稻种植，全生育期123d左右。株高87.1cm，穗长22.1cm，有效穗数234.0万~ 274.5万/hm^2，穗粒数151.7粒，结实率80.2%，千粒重23.9g。

品质特性：整精米率56.2%，糙米长宽比3.2，垩白粒率16%，垩白度1.6%，胶稠度72mm，直链淀粉含量21.6%。

抗性：叶瘟、穗瘟2级，最高3级；苗期抗旱指数64.9（5级），穗期抗旱指数0.95（5级）。

产量及适宜地区：2003—2004年参加国家旱稻品种试验西南组区试，其中2003年平均单产4 396.5kg/hm^2，2004年平均单产4 989.0kg/hm^2。2002—2003年参加广西水稻品种桂南早稻迟熟组试验，其中2002年单产7 279.5kg/hm^2，2003年单产6 814.5kg/hm^2。2002—2005年在桂中的柳州、忻城、融安、象州、兴宾和桂南的邕宁、武鸣等地进行“水插旱管”试种，一般单产6 000.0kg/hm^2。适宜桂南、桂中稻作区作早、晚稻和中稻地区种植。

栽培技术要点：水插旱管，早稻2月底3月初播种，秧龄25 ~ 30d；晚稻7月初播种，秧龄20 ~ 25d。插后施用水田除草剂，插后20d停止灌溉，如遇严重干旱，灌水保苗。旱播旱管，早稻3月上旬至中旬，晚稻7月上旬。旱整地，耙碎耙平，开行条播，行距23.0 ~ 25.0cm，施复合肥375.0 ~ 450.0kg/hm^{2}作基肥，播种量22.5kg/hm^2，浸种催芽露白，播后用耙沿行沟直耙；使种子入土3.0 ~ 5.0cm以防鼠鸟危害。播后灌水或喷水，使土壤充分湿润，并施用旱地专用除草剂。出苗后15d施尿素225kg/hm^2、氯化钾120kg/hm^2，促早分蘖早封行。肥力差的旱地孕穗期施尿素45kg/hm^{2}作壮尾肥。

培杂金康民（Peizajinkangmin）

品种来源：广西科泰种业有限公司利用培矮64S与金康民配组育成。2007年通过广西壮族自治区农作物品种审定委员会审定，审定编号为桂审稻2007007号。

形态特征和生物学特性：籼型两系杂交稻感温型中熟品种。叶片厚，有效穗较多，穗长粒多粒小，结实率稍低。桂南早稻种植，全生育期121d左右；桂中、桂北种植，全生育期111d左右。株高104.9cm，穗长23.0cm，有效穗数282.0万/hm^2，穗粒数164.3粒，结实率77.1%，千粒重21.3g。

品质特性：糙米率81.7%，糙米长宽比3.2，整精米率63.8%，垩白粒率22%，垩白度2.6%，谷粒长宽比3.6，胶稠度71mm，直链淀粉含量22.4%。

抗性：苗叶瘟5～7级，穗瘟9级；白叶枯病Ⅳ型9级，Ⅴ型9级，耐肥，抗倒伏。

产量及适宜地区：2005年参加桂南稻作区早稻迟熟组试验，4个试点平均单产7 176.0kg/hm^2；2006年参加桂中北晚稻中熟组试验，5个试点平均单产7 137.0kg/hm^2，两年试验平均单产7 156.5kg/hm^2。2006年早稻生产试验平均单产6 174.0kg/hm^2。适宜桂南、桂中稻作区作早、晚稻，桂北稻作区除兴安、全州、灌阳之外的区域作晚稻种植。

栽培技术要点：早稻桂南2月底至3月初，桂中3月中下旬播种；晚稻桂南7月15日前，桂中、桂北6月底至7月初播种。适时移栽、合理密植：早稻秧龄25～30d，或4.0～4.5叶抛栽，晚稻15～18d。一般株行距20.0cm×16.5cm，双株植，注意浅插、匀插。施足基肥早施追肥，中等肥力田块施纯氮180.0kg/hm^2，其中基肥占60.0%～70.0%，追肥占20.0%～30.0%，穗肥占10%，配合施用有机肥和磷钾肥。注意防治稻瘟病等。

新两优821（Xinliangyou 821）

品种来源：安徽荃银农业高科技研究所利用新华S和821R配组育成。2004年通过广西壮族自治区农作物品种审定委员会审定，审定编号为桂审稻2004011号。

形态特征和生物学特性：籼型两系杂交水稻中熟品种。株型适中，叶色淡绿，叶姿稍披，较难落粒。在桂中、桂北种植全生育期早稻116～122d；晚稻102～115d。株高112.1cm，穗长25.6cm，有效穗数231.0万/hm^2，穗粒数168.7粒，结实率70.9%，千粒重26.4g。

品质特性：整精米率22.9%，糙米长宽比3.1，垩白粒率27%，垩白度9.9%，胶稠度85mm，直链淀粉含量11.9%。

抗性：苗叶瘟7级，穗瘟9级，白叶枯病5级，褐飞虱9级，抗倒伏性好。

产量及适宜地区：2003年早稻参加桂中北稻作区中熟组区域试验，平均单产7 859.0 kg/hm^2；晚稻继续参加桂中北稻作区中熟组区域试验，平均单产6 939.0kg/hm^2。2003年贺州市生产试验，早稻平均单产7 854.0kg/hm^2，晚稻平均单产6 801.0kg/hm^2。可在种植汕优64、金优207的非稻瘟病区种植。

栽培技术要点：早稻3月中旬播种，晚稻6月底7月上旬播种，早稻秧龄应控制在25d以内，晚稻秧龄控制在20d以内。插植规格13.2cm×26.5cm或17.0cm×23.0cm，每穴插2粒谷苗或抛栽密度30穴/m^2。施纯氮180～210kg/hm^2，氮、磷、钾比例为1∶0.8∶1。注意防治稻瘟病。

雁两优9218（Yanliangyou 9218）

品种来源：湖南省衡阳市农业科学研究所利用雁农S和92-18（由92-15/桂朝七号选育而成）配组育成。2004年通过广西壮族自治区农作物品种审定委员会审定，审定编号为桂审稻2004010号。

形态特征和生物学特性：籼型两系杂交稻中熟早稻品种。株型适中，叶姿挺直，熟期转色好。在桂中、桂北种植全生育期早稻117 ～ 121d。株高110.8cm，穗长21.2cm，有效穗数258.0万/hm^2，穗粒数164.6粒，结实率78.4%，千粒重24.1g。

品质特性：整精米率66.6%，糙米长宽比2.0，垩白粒率97%，垩白度32.5%，胶稠度48mm，直链淀粉含量25.5%。

抗性：苗叶瘟6级，穗瘟5级，白叶枯病7级，褐飞虱8级。抗倒伏性较强。

产量及适宜地区：2002年参加桂中北稻作区早稻中熟组筛选试验，平均单产7 261.5kg/hm^2；2003年参加桂中北稻作区早稻中熟组区域试验，平均单产7 857.0kg/hm^2。2003年桂林市生产试验平均单产7 666.5kg/hm^2。可在种植汕优64、金优207的稻瘟病轻发区种植。

栽培技术要点：早稻3月中旬播种，晚稻6月底7月上旬播种，旱育秧4.1叶移栽，水育秧5.1叶移栽，秧龄25d左右。插植规格17.0cm×20.0cm，每穴2 ～ 3粒谷苗或抛栽密度30穴/m^2。氮、磷、钾比例为1 ： 0.5 ： 1.2。注意防治稻瘟病、白叶枯病等。

育两优8号（Yuliangyou 8）

品种来源：广西亚航农业科技有限公司利用育11S与亚航恢8号组配而成。2013年通过广西壮族自治区农作物品种审定委员会审定，审定编号为桂审稻2013008号。

形态特征和生物学特性：籼型两系杂交稻感温迟熟早稻品种。株型集散适中，剑叶内卷，后期熟色好。芽鞘、叶鞘（基部）绿色，小穗柱头白色，谷壳秆黄色，有短芒，谷粒细长形，糙米形状纺锤形。桂南种植全生育期早稻126d左右；晚稻120d左右。株高122.4cm，穗长23.8cm，有效穗数367.0万/hm^2，每穗总粒数168.1粒，结实率78.7%，千粒重23.9g。

抗性：穗瘟9级；白叶枯病5 ~ 7级；感稻瘟病，中感—感白叶枯病。

品质特性：糙米率79.4%，整精米率58.1%，糙米长宽比3.2，垩白粒率14%，垩白度2.7%，胶稠度74mm，直链淀粉含量22.6%，达到国家《优质稻谷》标准2级。

产量及适宜地区：2011年参加桂南稻作区早稻迟熟组区域试验，平均单产8 380.5kg/hm^2；2012年续试，平均单产8 302.5kg/hm^2；两年试验平均单产8 341.5kg/hm^2。2012年生产试验平均单产8 415.0kg/hm^2；2012年参加感光组筛选试验，平均单产7 482.0kg/hm^2。适宜桂南稻作区作早、晚稻，其他稻作区作中稻种植。

栽培技术要点：早稻2月下旬至3月上旬播种，中稻4月中、下旬播种，插栽秧龄25 ~ 30d，抛秧叶龄4.0叶左右；晚稻7月上旬播种，秧龄15 ~ 20d；插（抛）30万穴/hm^2左右，双苗插植。施纯氮187.5kg/hm^2左右，氮、磷、钾比例为1.0 ∶ 0.6 ∶ 1.0。浅水回青，薄水分蘖，够苗及早晒田，浅水孕穗、出穗，后期干干湿湿，不宜过早断水。根据当地病虫预测预报及时防治病虫害。

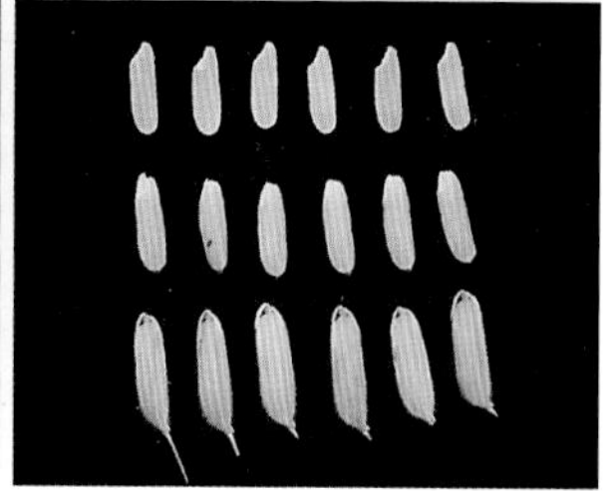

粤杂8763（Yueza 8763）

品种来源：广东华茂高科种业有限公司利用GD-5S和茂恢763配组育成，茂恢763是以MR450作母本与恢复系茂三作父本进行有性杂交而成。2009年通过广西壮族自治区农作物品种审定委员会审定，审定编号为桂审稻2009006号。

形态特征和生物学特性：籼型两系杂交稻感温中熟早稻品种。株型较紧凑，叶姿挺直，剑叶短窄，叶色淡绿，稃尖无色，谷粒有短芒。桂中、桂北早稻种植，全生育期124d左右。株高111.7cm，穗长21.9cm，有效穗数273.0万/hm^2，穗粒数129.8粒，结实率86.1%，千粒重26.9g。

品质特性：糙米率82.2%，糙米长宽比2.7，整精米率65.3%，垩白粒率36%，垩白度5.4%，胶稠度80mm，直链淀粉含量25.3%。

抗性：苗叶瘟6级，穗瘟7～9级；白叶枯病致病Ⅳ型9级，Ⅴ型9级。

产量及适宜地区：2007年参加桂中、桂北稻作区早稻中熟组初试，4个试点平均单产8 214.0kg/hm^2；2008年续试，5个试点平均单产7 597.5kg/hm^2；两年试验平均单产8 109.0kg/hm^2。2008年晚稻生产试验平均单产7 153.5kg/hm^2。适宜桂中、桂北稻作区作早、晚稻或桂南稻作区早稻因地制宜种植。

栽培技术要点：保证基本苗120.0万/hm^2以上。重施基肥，及时追肥攻苗，适时晒田控制无效分蘖，提高成穗率，多施磷、钾肥，提高抗逆能力。后期干湿交替管理，不宜断水过早，以免影响结实率及充实度，造成产量下降。

准两优1383（Zhunliangyou 1383）

品种来源：广西南宁市沃德农作物研究所、广西百色兆农两系杂交水稻研发中心利用准S与R1383（T0463变异株系选而成）配组育成。2008年通过广西壮族自治区农作物品种审定委员会审定，审定编号为桂审稻2008001号。

形态特征和生物学特性：籼型两系杂交稻感温型品种。株型适中、植株较高、叶片较大、抗倒伏性稍差，桂中、桂北早稻种植，全生育期114d左右。株高96.2cm，穗长20.8cm，有效穗数262.5万/hm^2，穗粒数110.9粒，结实率88.3%，千粒重28.4g。

品质特性：糙米率78.7%，糙米长宽比3.1，整精米率36.5%，垩白粒率82%，垩白度10.2%，胶稠度78mm，直链淀粉含量21.7%。

抗性：苗叶瘟6级，穗瘟9级；白叶枯病致病Ⅳ型7级，Ⅴ型7级。

产量及适宜地区：2006年参加桂中、桂北稻作区早稻早熟组初试，5个试点平均单产6 638.6kg/hm^2；2007年早稻续试，5个试点平均单产7 122.3kg/hm^2；两年试验平均单产6 880.5kg/hm^2。2007年生产试验平均单产6 751.5kg/hm^2。适宜桂中、桂北稻作区作早稻或桂南稻作区低水位田作早稻种植。

栽培技术要点：早稻桂中3月中下旬，桂北3月底4月上旬播种。移栽秧龄4.5～5.0叶，抛栽秧龄2.5～3.5叶。插植规格20.0cm×13.0cm，双株植或抛栽33.0万穴/hm^2。施纯氮量165.0kg/hm^2，氮：磷：钾比例为1∶0.6∶1。综合防治病虫害，注意防治稻瘟病。

准两优5号（Zhunliangyou 5）

品种来源：广西壮族自治区罗敬昭利用准S和绿恢5号（桂99/蜀恢527）配组育成。2010年通过广西壮族自治区农作物品种审定委员会审定，审定编号为桂审稻2010013号。

形态特征和生物学特性：籼型两系杂交稻感温迟熟品种。株型稍散，叶片、叶鞘绿色，稃尖无色，谷粒黄色。桂南早稻种植，全生育期124d左右。株高113.1cm，穗长23.6cm，有效穗数252.0万/hm^2，穗粒数127.5粒，结实率86.0%，千粒重31.4g。

品质特性：糙米率80.3%，整精米率52.3%，糙米长宽比3.1，垩白粒率63%，垩白度12.6%，胶稠度46mm，直链淀粉含量22.8%。

抗性：苗叶瘟5～6级，穗瘟5～9级；白叶枯病致病Ⅳ型7～9级，Ⅴ型7～9级。

产量及适宜地区：2008年参加桂南稻作区早稻迟熟组初试，6个试点平均单产7 851.0kg/hm^2；2009年复试，5个试点平均单产8 635.5kg/hm^2；两年试验平均单产8 248.5kg/hm^2。2009年生产试验平均单产7 926.0kg/hm^2。适宜桂南稻作区作早稻，其他稻作区因地制宜作早稻或中稻种植。

栽培技术要点：桂南早稻3月上旬播种，移栽叶龄4.5～5.0叶，抛秧叶龄3.5～4.0叶；插（抛）27.0万～30.0万穴/hm^2，每穴插2～3粒谷秧。肥水管理、病虫害防治等措施参照特优63等迟熟品种。

准两优香油占（Zhunliangyouxiangyouzhan）

品种来源：广西百色兆农两系杂交水稻研发中心用准S和玉香油占配组育成。2008年通过广西壮族自治区农作物品种审定委员会审定，审定编号为桂审稻2008007号。

形态特征和生物学特性：籼型两系杂交稻感温型迟熟品种。株型松散，叶片内卷，主穗、分蘖穗差异大。桂南早稻种植，全生育期126d左右。株高113.1cm，穗长23.8cm，有效穗数258.0万/hm^2，穗粒数125.9粒，结实率90.0%，千粒重29.2g。

品质特性：糙米率81.4%，糙米长宽比3.1，整精米率34.9%，垩白粒率86%，垩白度13.3%，胶稠度71mm，直链淀粉含量21.8%。

抗性：苗叶瘟6级，穗瘟7级；白叶枯病致病Ⅳ型9级，Ⅴ型9级。

产量及适宜地区：2006年参加桂南稻作区早稻迟熟组初试，5个试点平均单产7 951.5kg/hm^2；2007年续试，5个试点平均单产8 188.5kg/hm^2；两年试验平均单产8 070.0kg/hm^2。2007年生产试验平均单产8 242.5kg/hm^2。适宜桂南稻作区作早稻种植。

栽培技术要点：秧田要下足基肥，稀播匀播，1叶1心时秧田喷多效唑1.2kg/hm^2。双株植，插（抛）足基本苗120.0万～150.0万/hm^2。施肥采用前重中稳，后期看苗情适施穗肥。做好病虫害防治。

第三节　籼型三系杂交稻

一、籼型感温型三系杂交稻

78优185（78 You 185）

品种来源：福建省三明市农业科学研究所利用T78A和明恢185配组育成。2004年通过广西壮族自治区农作物品种审定委员会审定，审定编号为桂审稻2004008号。

形态特征和生物学特性：籼型三系杂交稻感温中熟早稻品种。株型适中，叶色淡绿，熟期转色好。在桂中、桂北种植全生育期早稻114 ～ 120d。株高116.8cm，穗长25.0cm，有效穗数255.0万/hm^2，穗粒数150.0粒，结实率83.5%，千粒重25.4g。

品质特性：糙米长宽比2.6，整精米率38.4%，垩白粒率79%，垩白度15.0%，胶稠度46mm，直链淀粉含量20.3%。

抗性：苗叶瘟6级，穗瘟5级，白叶枯病9级，褐飞虱9.0级。

产量及适宜地区：2002年参加桂中北稻作区早稻中熟组筛选试验，平均单产7 470.0kg/hm^2。2003年参加桂中北稻作区早稻中熟组区域试验，平均单产8 059.5kg/hm^2。生产试验平均单产7 353.0kg/hm^2。可在种植汕优64、金优207的地区种植。

栽培技术要点：早稻3月中旬播种，晚稻6月底7月上旬播种，旱育秧4.1叶移栽，水育秧5.1叶移栽，秧龄25 ～ 30d。插植规格17.0cm × 20.0cm，每穴插2粒谷苗或抛栽密度30穴/m^2。施纯氮135kg/hm^{2}左右，基肥、蘖肥、穗肥、粒肥比例为6 ∶ 2 ∶ 2 ∶ 1。注意防治病虫害。

Ⅱ优36辐（Ⅱ You 36 fu）

品种来源：广西桂林市种子公司、荔浦县种子公司于1996年利用Ⅱ-32A和36辐配组育成。2001年通过广西壮族自治区农作物品种审定委员会审定，审定编号为桂审稻2001106号。

形态特征和生物学特性：籼型三系杂交稻感温中熟早、晚稻品种。株型集散适中，分蘖力中等，后期青枝蜡秆，熟色好。全生育期早稻126d左右，晚稻110～113d。株高95.0cm左右，有效穗数255.0万～300.0万/hm^2，穗粒数120粒左右，结实率82.0%左右，千粒重24.5g。

品质特性：外观米质较好。

抗性：抗稻瘟病。

产量及适宜地区：1997—1997年参加桂林市区试，其中1997年早、晚稻平均单产分别为7 023.0kg/hm^2和6 507.0kg/hm^2，1998年早、晚稻平均单产分别为6 597.0kg/hm^2和6 406.5kg/hm^2。1997—2001年桂林市累计推广种植面积4 333.3hm^2，平均单产6 750.0～7 500.0kg/hm^2。适宜桂中、桂北作早、晚稻推广种植。

栽培技术要点：参照汕优36辐。

Ⅱ优桂34（Ⅱ Yougui 34）

品种来源：广西桂林市种子公司1989年利用Ⅱ-32A和桂34配组育成。2001年通过广西壮族自治区农作物品种审定委员会审定，审定编号为桂审稻2001056号。

形态特征和生物学特性：籼型三系杂交稻感温迟熟早、晚稻品种。株叶型紧凑，剑叶长，分蘖力中上，茎秆粗壮，耐肥，抗倒伏性强。桂中晚稻种植全生育期115～120d，中稻128～135d。有效穗数270.0万～330.0万/hm^2，穗粒数170粒，结实率80.0%左右，千粒重25.0～27.0g。

抗性：抗稻瘟病、白叶枯病。

产量及适宜地区：1991—1992年参加桂林市水稻品种比较试验，平均单产分别为7 479.0kg/hm^{2}和7 353.0kg/hm^2；1992—1995年在荔浦、永福、恭城等地进行试种示范，平均单产为6 750.0～7 500.0kg/hm^2。至2001年，桂林市累计种植面积1.3万hm^2。适宜桂南作早、晚稻，桂中、桂北作晚稻推广种植，也可在中稻地区推广种植。

栽培技术要点：参照一般籼型三系杂交稻感温迟熟品种进行。

Ⅱ优桂99（ⅡYougui 99）

品种来源：广西桂林市种子公司1991年利用Ⅱ-32A和桂99配组育成。2001年通过广西壮族自治区农作物品种审定委员会审定，审定编号为桂审稻2001055号。

形态特征和生物学特性：籼型三系杂交稻感温迟熟早、晚稻品种。株型集散适中，分蘖力中上，叶色深绿，剑叶长，抽穗整齐，繁茂性好，茎秆粗壮，再生能力强。桂南、桂中种植，全生育期早稻128d左右，晚稻115d左右，中稻地区作一季种植全生育期130d左右。株高100.0～110.0cm，有效穗数270.0万～330.0万/hm^2，穗粒数140～180粒，结实率80.0%左右，千粒重26.5g。

抗性：中抗稻瘟病、白叶枯病。耐肥，抗倒伏。

产量及适宜地区：1992年参加桂林市新组合品种比较试验，平均单产7 296.0kg/hm^2；1993—1994年续试，平均单产分别为7 296.0kg/hm^{2}和7 057.5kg/hm^2；1992—1994年在荔浦、灵川、全州等地进行试种示范，平均单产为6 750.0～7 200.0kg/hm^2。至2001年，桂林市累计种植面积1.3万hm^{2}左右。适宜桂南作早、晚稻，桂中、桂北作晚稻种植，也可在中稻地区推广种植。

栽培技术要点：参照一般籼型三系杂交稻感温迟熟品种进行。

D香287 (D Xiang 287)

品种来源：四川省雅安市山州种业有限责任公司、四川农业大学水稻研究所利用D香4A和山恢287（蜀恢527/乐恢130）配组育成。2006年通过广西壮族自治区农作物品种审定委员会审定，审定编号为桂审稻2006022号。

形态特征和生物学特性：籼型三系杂交稻感温迟熟早稻品种。株型适中，叶鞘、稃尖紫色，穗长、着粒较稀，穗顶有短芒，谷粒淡黄色，千粒重高。桂南种植，全生育期早稻129d左右。株高113.7cm，穗长24.9cm，有效穗数273.0万/hm^2，穗粒数117.9粒，结实率82.2%，千粒重30.5g。

品质特性：谷粒长9.5mm，谷粒长宽比3.1，糙米率82.5%，糙米长宽比3.2，整精米率39.0%，垩白粒率96%，垩白度26.7%，胶稠度38mm，直链淀粉含量17.5%。

抗性：苗叶瘟6级，穗瘟3级，稻瘟病的抗性评价为中感；白叶枯病9级。

产量及适宜地区：2004年参加桂南稻作区早稻迟熟组筛选试验，4个试点平均单产8 326.5kg/hm^2；2005年早稻区域试验，5个试点平均单产7 303.5kg/hm^2。2005年生产试验平均单产6 888kg/hm^2。适宜桂南稻作区作早稻和中稻地区种植。

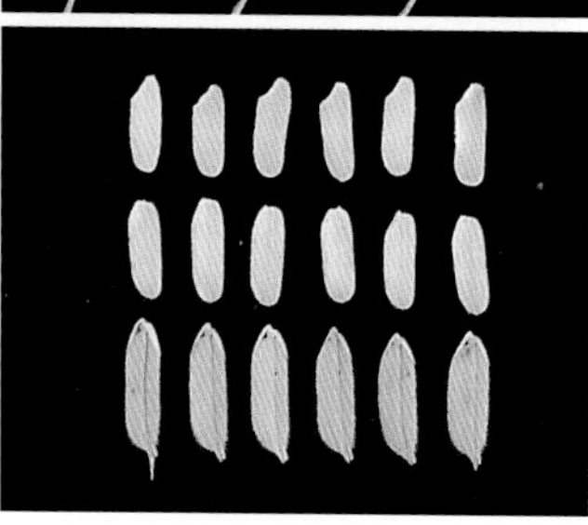

栽培技术要点：根据当地种植习惯与特优63同期播种，秧龄30d左右。早稻插植规格23.0cm × 13.0cm，中稻26.0cm × 16.0cm，每穴插2粒谷苗，保证基本苗105.0万～135.0万/hm^2。施纯氮150～180kg/hm^2，氮、磷、钾比例为1：0.5：0.8。注意白叶枯病等病虫害的防治。

D优203（D You 203）

品种来源：四川农业大学水稻研究所、绵阳市川农作物科学研究院利用D62A和蜀恢203配组育成。2006年通过广西壮族自治区农作物品种审定委员会审定，审定编号为桂审稻2006025号。

形态特征和生物学特性：籼型三系杂交稻感温迟熟早稻品种。株型适中，叶色浓绿，穗大粒重。桂南种植，全生育期早稻131d左右。株高119.6cm，穗长24.8cm，有效穗数264.0万/hm²，穗粒数133.3粒，结实率76.3%，千粒重30.1g。

品质特性：糙米率81.4%，糙米长宽比3.2，整精米率23.3%，垩白粒率78%，垩白度21.2%，胶稠度42mm，直链淀粉含量20.4%。

抗性：苗叶瘟3级，穗瘟3级，稻瘟病的抗性评价为中抗；白叶枯病7级。

产量及适宜地区：2004年参加桂南稻作区早稻迟熟组筛选试验，5个试点平均单产7 905.0kg/hm²；2005年早稻区域试验，5个试点平均单产7 138.5kg/hm²。2005年生产试验平均单产6 826.5kg/hm²。适宜桂南稻作区作早稻和中稻地区种植。

栽培技术要点：根据当地种植习惯与特优63同期播种，秧龄30d左右。早稻插植规格23.0cm × 13.0cm，中稻26.0cm × 16.0cm，每穴插2粒谷苗，保证基本苗105.0万～135.0万/hm²。重基肥早追肥，基肥占60%，蘖肥占30%，穗肥占10%。注意防治稻蓟马、螟虫、稻纵卷叶螟及稻瘟病等病虫害。

D优205（D You 205）

品种来源：四川农业大学水稻研究所、绵阳市川农作物科学研究院利用D62A和蜀恢205配组育成。2006年通过广西壮族自治区农作物品种审定委员会审定，审定编号为桂审稻2006018号。

形态特征和生物学特性：籼型三系杂交稻感温迟熟早稻品种。株型适中，穗大粒重，稃尖紫色。桂南早稻种植，全生育期128d左右。株高119.4cm，穗长24.5cm，有效穗数268.5万/hm^2，穗粒数127.9粒，结实率78.9%，千粒重29.0g。

品质特性：糙米率82.0%，糙米长宽比3.2，整精米率32.8%，垩白粒率94%，垩白度24.3%，胶稠度32mm，直链淀粉含量19.2%。

抗性：苗叶瘟2级，穗瘟3级，稻瘟病的抗性评价为中抗；白叶枯病7级。

产量及适宜地区：2004年参加桂南稻作区早稻迟熟组筛选试验，5个试点平均单产7 680.0kg/hm^2；2005年早稻区域试验，5个试点平均单产7 470.0kg/hm^2。2005年生产试验平均单产7 077.0kg/hm^2。适宜桂南稻作区作早稻和中稻地区种植。

栽培技术要点：根据当地种植习惯与特优63同期播种，秧龄30d左右。早稻插植规格23.0cm × 13.0cm，中稻26.0cm × 16.0cm，每穴插2粒谷苗，保证基本苗120.0万/hm^2。重基肥早追肥，基肥占60%，蘖肥占30%，穗肥占10%。注意防治稻蓟马、螟虫、稻纵卷叶螟及稻瘟病等病虫害。

D优618（D You 618）

品种来源：湖南隆平高科农平种业有限公司利用D62A和R618（R2188/蜀恢527）配组育成。2007年通过广西壮族自治区农作物品种审定委员会审定，审定编号为桂审稻2007019号。

形态特征和生物学特性：籼型三系杂交稻感温迟熟早稻品种。植株较高，株型适中，叶色浓绿，穗长粒重，熟期转色好，较难落粒。桂南早稻种植，全生育期127d左右。株高120.0cm，穗长23.9cm，有效穗数267.0万/hm^2，穗粒数134.3粒，结实率81.1%，千粒重28.6g。

品质特性：糙米率82.1%，糙米长宽比3.0，整精米率43.1%，垩白粒率54%，垩白度8.7%，胶稠度58mm，直链淀粉含量22.0%。

抗性：苗叶瘟4.7～5级，穗瘟9级；白叶枯病Ⅳ型7级，Ⅴ型7级。

产量及适宜地区：2005年参加桂南稻作区早稻迟熟组试验，5个试点平均单产7 032.0kg/hm^2；2006年早稻续试，5个试点平均单产8 455.5kg/hm^2；两年试验平均单产7 744.5kg/hm^2。2006年早稻生产试验平均单产7 822.5kg/hm^2。适宜桂南稻作区作早稻种植。

栽培技术要点：桂南早稻3月上旬播种，大田播种量22.5kg/hm^2，秧田播种量180.0kg/hm^2。移栽秧龄30d以内，一般插植规格26.5cm×20.0cm，每穴插2苗，插基本苗90.0万～120.0万/hm^2。施足基肥，早施追肥，及时晒田控苗，后期看苗追肥。注意防治病虫害。

EK优18（EK You 18）

品种来源：广西桂林市种子公司与江西省赣州市农业科学研究所利用K17eA和R18（T0974/R402）配组育成。2006年通过广西壮族自治区农作物品种审定委员会审定，审定编号为桂审稻2006001号。

形态特征和生物学特性：籼型三系杂交稻感温早熟早、晚稻品种。株型适中，叶姿挺直，剑叶直立，谷粒较难落粒、淡黄色。桂中北种植，全生育期早稻112d左右。株高106.2cm，穗长20.5cm，有效穗数277.5万/hm^2，穗粒数118.4粒，结实率74.6%，千粒重28.3g。

品质特性：糙米率81.9%，糙米长宽比2.9，整精米率48.6%，垩白粒率88%，垩白度11.3%，胶稠度85mm，直链淀粉含量20.2%。

抗性：苗叶瘟4级，穗瘟5级，稻瘟病的抗性评价为中感；白叶枯病9级。

产量及适宜地区：2004年参加桂中北稻作区早稻早熟组筛选试验，3个试点平均单产7 396.5kg/hm^2；2005年早稻区域试验，4个试点平均单产7 014.0kg/hm^2。2005年生产试验平均单产6 504.0kg/hm^2。适宜桂中、桂北稻作区作早、晚稻种植。

栽培技术要点：早稻3月中下旬、4月初播种，晚稻7月上旬播种；大田用种量15.0 ～ 22.5kg/hm^2；插植叶龄4.0 ～ 5.0叶，抛秧叶龄3.0 ～ 4.0叶。插植规格20.0cm × 13.0cm，每穴插2粒谷苗；或抛秧33.0万～ 375万穴/hm^2。施纯氮150.0kg/hm^{2}左右，氮、磷、钾比例为1 ∶ 0.6 ∶ 0.9。注意防治稻瘟病和白叶枯病等病虫的危害。

G优3号（G You 3）

品种来源：北京中农种业有限公司、四川农业大学水稻研究所利用G203A和中农03配组育成。2007年通过广西壮族自治区农作物品种审定委员会审定，审定编号为桂审稻2007013号。

形态特征和生物学特性：籼型三系杂交稻感温迟熟早稻品种。植株较高，株型适中，穗长粒大，剑叶宽长，披垂。桂南早稻种植，全生育期125d左右。株高121.0cm，穗长25.5cm，有效穗数256.5万/hm^2，穗粒数133.6粒，结实率81.4%，千粒重29.5g。

品质特性：谷粒长度9.8mm，谷粒长宽比3.3，糙米率80.8%，糙米长宽比2.7，整精米率61.0%，垩白粒率30%，垩白度2.7%，胶稠度86mm，直链淀粉含量10.6%。

抗性：苗叶瘟4.0～5.3级，穗瘟9级；白叶枯病Ⅳ型7级，Ⅴ型9级。抗倒伏性稍差。

产量及适宜地区：2005年参加桂南稻作区早稻迟熟组试验，5个试点平均单产7 218.0kg/hm^2；2006年早稻续试，5个试点平均单产8 202.0kg/hm^2；两年试验平均单产7 710.0kg/hm^2。2006年早稻生产试验平均单产7 195.5kg/hm^2。适宜桂南稻作区作早稻、高寒山区稻作区作中稻或习惯种植中稻的地区种植。

栽培技术要点：根据当地气候情况确定适宜播种期，浸种时要进行种子消毒，稀播，早稻宜采用尼龙薄膜育秧。作早稻栽培，可在秧苗4.5～5.0叶时移栽，插植规格23.2cm×16.5cm，每穴插2粒谷苗。作中稻栽培与一般中籼杂交稻相同。注意及时防治病虫害及其他自然灾害。

K优28（K You 28）

品种来源：四川省农业科学院水稻高粱研究所、北京中农种业有限责任公司利用K22A和泸恢8258（圭630//HR615/N45）配组育成。2007年通过广西壮族自治区农作物品种审定委员会审定，审定编号为桂审稻2007021号。

形态特征和生物学特性：籼型三系杂交稻感温迟熟早稻品种。植株较矮，株型适中，分蘖力较强，叶姿挺直，长势繁茂，穗长粒少粒重，结实率高。桂南早稻种植，全生育期126d左右。株高111.3cm，穗长23.9cm，有效穗数274.5万/hm^2，穗粒数116.7粒，结实率84.5%，千粒重31.9g。

品质特性：糙米率82.0%，糙米长宽比3.1，整精米率46.5%，垩白粒率76%，垩白度11.8%，胶稠度46mm，直链淀粉含量20.5%。

抗性：苗叶瘟4.0 ~ 4.3级，穗瘟9级；白叶枯病Ⅳ型7级，Ⅴ型7级。抗倒伏性稍差。

产量及适宜地区：2005年参加桂南稻作区早稻迟熟组试验，4个试点平均单产7 668.0kg/hm^2；2006年早稻续试，5个试点平均单产8 455.5kg/hm^2；两年试验平均单产8 062.5kg/hm^2。2006年早稻生产试验平均单产7 809.0kg/hm^2。适宜桂南稻作区作早稻种植。

栽培技术要点：根据当地种植习惯与特优63同期播种。用种量15.0 ~ 22.5kg/hm^2。栽插规格16.7cm×20cm，每穴栽2粒谷苗，22.5万穴/hm^2左右。施纯氮120 ~ 150kg/hm^2、过磷酸钙300kg/hm^2、钾肥75kg/hm^2作底肥，栽后7d施45kg/hm^2纯氮作追肥。及时防治稻瘟病、螟虫等主要病虫害。

T98优207（T 98 You 207）

品种来源：湖南杂交水稻研究中心利用T98A和R207配组育成。2001年通过广西壮族自治区农作物品种审定委员会审定，审定编号为桂审稻2001065号。

形态特征和生物学特性：籼型三系杂交稻感温中熟早、晚稻品种。株型集散适中，分蘖力中等，叶色较绿，剑叶长，茎秆粗壮，谷壳淡黄，稃尖无色。桂中、桂北种植，全生育期早稻121d左右，晚稻106d左右。株高109.0cm左右，有效穗数255.0万～285.0万/hm^2，穗粒数120～150粒，结实率80.0%左右，千粒重24.0～27.0g。

品质特性：外观米质好，有香味。

抗性：中抗稻瘟病。

产量及适宜地区：1998年参加桂林市水稻新品种筛选试验，平均单产为7 708.5kg/hm^2；1999—2000年参加桂林市水稻品种比较试验，平均单产分别为7 419.0kg/hm^2和7 225.5kg/hm^2；1998—2001年在恭城、荔浦、永福等地进行试种示范，累计种植面积1 333.3hm^2，平均单产为6 750.0kg/hm^2左右。适宜桂中、桂北作早、晚稻推广种植。

栽培技术要点：参照一般籼型三系杂交稻感温中熟品种进行。

T优1202（T You 1202）

品种来源：南宁市沃德农作物研究所利用T98A和R1202（测1018/测64-7）配组而成。2005年通过广西壮族自治区农作物品种审定委员会审定，审定编号为桂审稻2005008号。

形态特征和生物学特性：籼型三系杂交稻感温中熟早、晚稻品种。群体生长整齐，株型适中，叶色青绿，叶姿稍披，叶鞘、叶耳、稃尖无色，熟期转色较好，较易落粒。桂中北早稻种植，全生育期124d左右；晚稻种植，全生育期114d左右。株高113.9cm，穗长25.6cm，有效穗数252.0万/hm^2，穗粒数169.3粒，结实率74.2%，千粒重25.9g。

品质特性：糙米率82.0%，糙米长宽比3.2，整精米率71.1%，垩白粒率22%，垩白度7.3%，胶稠度79mm，直链淀粉含量22.4%。

抗性：穗瘟抗性9级，白叶枯病5级。

产量及适宜地区：2003年早稻参加桂中北中熟组区试，5个试点平均单产7 596.0kg/hm^2。2004年晚稻参加桂中北中熟组区试，5个试点平均单产7 561.5kg/hm^2。生产试验平均单产6 828.0kg/hm^2。适宜桂中北稻作区作晚稻和桂南稻作区作早、晚稻种植。

栽培技术要点：早稻桂南2月底3月初，桂中3月中、下旬播种，晚稻桂南、桂中7月上旬至中旬，桂北6月底至7月初播种。插秧秧龄5.0～6.0叶，抛秧秧龄3.0～3.5叶，插秧规格（20～23）cm×（13～16）cm或抛栽31.5万穴/hm^2。施纯氮165～187.5kg/hm^2，氮、磷、钾比例为1∶0.6∶1；适当增施磷、钾肥。注意防治稻瘟病等病虫害。

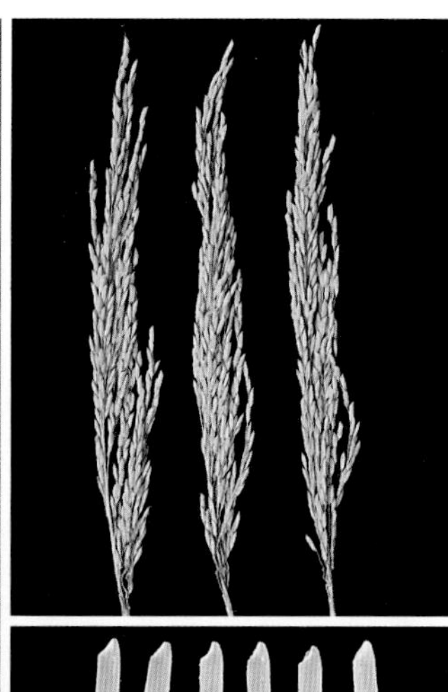

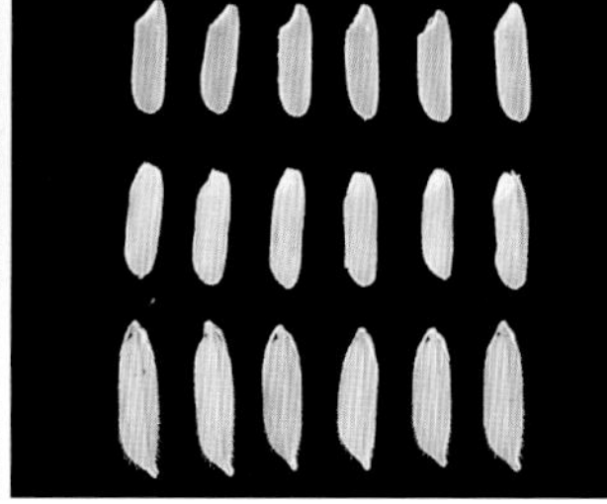

T优433（T You 433）

品种来源：湖南省衡阳市农业科学研究所利用T98A和P433（由T0463/R207选育而成）配组育成。2004年通过广西壮族自治区农作物品种审定委员会审定，审定编号为桂审稻2004004号。

形态特征和生物学特性：籼型三系杂交稻感温早熟早稻品种。株型适中，叶色绿，叶舌、叶耳白色，熟期转色好。在桂中、桂北种植全生育期早稻107～115d，株高96.1cm，穗长21.2cm，有效穗数267.0万/hm^2，穗粒数143.2粒，结实率72.4%，千粒重25.3g。

品质特性：糙米率80.7%，糙米长宽比3.0，精米率71.7%，整精米率44.5%，垩白粒率44%，垩白度7.3%，透明度1级，碱消值5.3级，胶稠度65mm，直链淀粉含量21.0%。

抗性：苗叶瘟6级，穗瘟5级，白叶枯病5级，褐稻虱9.0级。

产量及适宜地区：2002年参加桂中北稻作区早稻早熟组筛选试验，平均单产6 670.5kg/hm^2。2003年参加桂中北稻区早稻早熟组区域试验，平均单产7 188.0kg/hm^2。2003年桂林市生产试验平均单产7 224.0kg/hm^2。可在适宜种植金优402、金优463的地区和桂南低水田地区作早稻种植。

栽培技术要点：桂中北早稻3月中下旬播种，旱育秧3.5叶移栽，水育秧4.5叶移栽。插植规格13.2cm×19.2cm，每穴插2粒谷或抛栽密度30穴/m^2。施纯氮150/hm^{2}左右，氮、磷、钾比例为1.0∶0.6∶0.9，注意前促、中控、后补多次追肥。及时防治病虫害。注重防治二化螟、稻纵卷叶螟、稻瘟病及纹枯病。

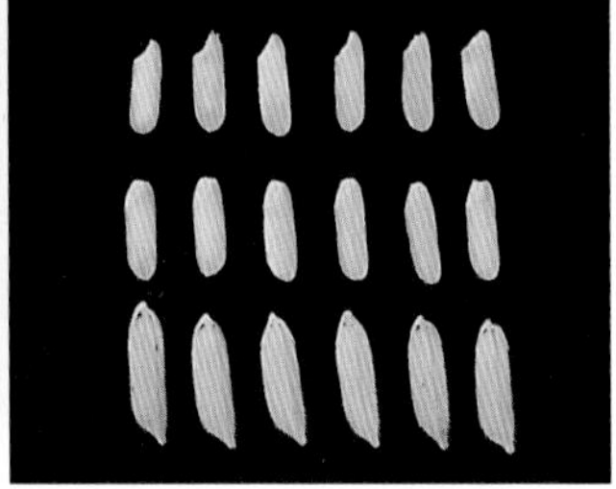

T优585（T You 585）

品种来源：广西百色兆农两系杂交水稻研发中心利用T98A和R585（T0463/先恢207）配组育成。2009年通过广西壮族自治区农作物品种审定委员会审定，审定编号为桂审稻2009003号。

形态特征和生物学特性：籼型三系杂交稻感温早熟早稻品种。株型适中，叶片上举，剑叶直立，叶鞘、叶耳、稃尖无色。桂中、桂北早稻种植，全生育期112d左右。株高99.5cm，穗长22.1cm，有效穗数288.0万/hm^2，穗粒数124.5粒，结实率79.4%，千粒重26.7g。

品质特性：糙米率82.4%，糙米长宽比3.0，整精米率63.2%，垩白粒率16%，垩白度2.6%，胶稠度44mm，直链淀粉含量22.3%。

抗性：苗叶瘟5～6级，穗瘟9级；白叶枯病致病Ⅳ型7级，Ⅴ型9级。

产量及适宜地区：2007年参加桂中、桂北稻作区早稻早熟组初试，5个试点平均单产7 092.0kg/hm^2；2008年续试，5个试点平均单产6 411.0kg/hm^2；两年试验平均单产6 751.5kg/hm^2。2008年生产试验平均单产5 884.5kg/hm^2。适宜桂中、桂北稻作区作早、晚稻种植。

栽培技术要点：早稻桂中3月中下旬播种，桂北3月底4月初播种，秧龄4.5～5.0叶；晚稻桂中、桂北7月上旬至中旬初播种，秧龄16～18d，抛秧秧龄3.0～3.5叶。插37.5万穴/hm^2或抛栽34.5万～37.5万穴/hm^2。其他参照籼型三系杂交稻感温早熟早稻品种栽培技术。

T优682 (T You 682)

品种来源：广西博士园种业有限公司利用T98A和R682（IR36//IR2061/合浦野生稻）配组育成。2010年通过广西壮族自治区农作物品种审定委员会审定，审定编号为桂审稻2010003号。

形态特征和生物学特性：籼型三系杂交稻感温中熟早稻品种。苗期株型松散，分蘖力中上，中期株型集中，主茎叶片数14，叶色绿，剑叶直，叶鞘绿色，穗型和着粒密度一般。桂中、桂北早稻种植，全生育期123d左右。株高117.7cm，穗长23.9cm，有效穗数267.0万/hm^2，穗粒数154.3粒，结实率79.6%，千粒重27.7g。穗型和着粒密度一般，平均穗长23.5cm，谷粒长10.1mm，谷粒长宽比3.6。

品质特性：糙米率81.9%，糙米长宽比2.9，整精米率60.5%，垩白粒率25%，垩白度3.2%，胶稠度60mm，直链淀粉含量19.9%。

抗性：苗叶瘟5～6级，穗瘟5～9级；白叶枯病致病Ⅳ型7～9级，Ⅴ型9级。

产量及适宜地区：2007年参加桂中、桂北稻作区早稻中熟组初试，5个试点平均单产8 665.0kg/hm^2；2008年续试，5个试点平均单产7 797.0kg/hm^2；两年试验平均单产8 230.5kg/hm^2。2009年生产试验平均单产6 823.5kg/hm^2。适宜桂中、桂北稻作区作早、晚稻种植，桂南稻作区早稻因地制宜种植。

栽培技术要点：插植规格23.2cm×13.2cm，每穴插2粒谷秧，插足基本苗150.0万～180.0万/hm^2，抛秧密度为32.0穴/m^2。施足基肥，移栽回青后及时追肥，氮、磷、钾比例按1∶1∶1.5搭配使用。中期要露、晒田，不施或少施氮肥，后期干干湿湿管理。其他参照中熟杂交稻栽培技术。

T优855（T You 855）

品种来源：湖南杂交水稻研究中心利用T98A和R855［明恢63/R185（R312/密阳46）］配组而成。2005年通过广西壮族自治区农作物品种审定委员会审定，审定编号为桂审稻2005017号。

形态特征和生物学特性：籼型三系杂交稻感温迟熟早、晚稻品种，群体生长较整齐，株型适中，叶色青绿，叶姿一般，熟期转色中。桂南早稻种植，全生育期120 ~ 127d。株高111.4cm，穗长24.9cm，有效穗数273.0万/hm^2，穗粒数130.3粒，结实率81.6%，千粒重27.3g。

品质特性：糙米长宽比3.1，整精米率54.8%，垩白粒率42%，垩白度6.5%，胶稠度50mm，直链淀粉含量22.1%。

抗性：穗瘟9级，白叶枯病5级。抗倒伏性较弱。

产量及适宜地区：2003年早稻参加桂南迟熟组筛选试验，5个试点平均单产7 390.5kg/hm^2。2004年早稻参加桂南迟熟组区试，5个试点平均单产9 034.5kg/hm^2。生产试验平均单产7 188.1kg/hm^2。适宜桂南稻作区作早、晚稻和桂中稻作区作晚稻种植。

栽培技术要点：根据当地种植习惯与特优63同期播种。插秧秧龄20 ~ 25d，抛秧秧龄2.5 ~ 3.5叶；栽30.0万 ~ 37.5万穴/hm^2，每穴栽2粒谷苗，或抛30.0万 ~ 33.0万穴/hm^2。注意防治稻瘟病、稻飞虱、纹枯病等病虫害。

T优974（T You 974）

品种来源：湖南省衡阳市农业科学研究所利用T98A和T0974配组育成。2004年通过广西壮族自治区农作物品种审定委员会审定，审定编号为桂审稻2004006号。

形态特征和生物学特性：籼型三系杂交稻感温早熟早稻品种。株型适中，叶片直立，叶鞘、稃尖无色。在桂中、桂北种植全生育期早稻104 ～ 115d。株高95.8cm，穗长22.1cm，有效穗数288.0万/hm^2，穗粒数142.0粒，结实率68.3%，千粒重24.3g。

品质特性：糙米长宽比3.4，整精米率55.4%，垩白粒率21%，垩白度2.4%，胶稠度70mm，直链淀粉含量21.6%。

抗性：苗叶瘟7级，穗瘟9级，白叶枯病9级，褐飞虱9级。抗倒伏性好。

产量及适宜地区：2002年参加桂中北稻作区早稻早熟组区域试验，平均单产6 462.0kg/hm^2；2003年续试，平均单产6 988.5kg/hm^2。2003年桂林市生产试验平均单产7 027.5kg/hm^2。可在种植金优402、金优463的非稻瘟病区种植。

栽培技术要点：桂中北早稻3月中下旬播种，旱育秧3.5叶移栽，水育秧4.0 ～ 4.5叶移栽，秧龄25d以内。插植规格13.2cm × 20.0cm，每穴插2 ～ 3粒谷或抛栽密度30穴/m^2。施纯氮150.0kg/hm^2，氮、磷、钾比例为1.0 ：0.6 ：0.9，应重施基肥，早追肥，早管理。注意防治稻瘟病、白叶枯病、褐飞虱等。

八红优256（Bahongyou 256）

品种来源：广西大学支农开发中心利用八红A和测256（由IR56/田东野生稻//IR2061选育而成）配组育成。2004年通过广西壮族自治区农作物品种审定委员会审定，审定编号为桂审稻2004018号。

形态特征和生物学特性：籼型三系杂交稻迟熟早稻品种。株型适中，叶色淡绿，叶姿较挺直，叶鞘、稃尖紫色，熟期转色较好，谷粒无芒，植株偏高。在桂南作早稻种植全生育期122d左右，株高123.2cm，穗长25.4cm，有效穗数262.5万/hm^2，穗粒数148.4粒，结实率78.1%，千粒重26.6g。

品质特性：谷粒长宽比3.4，糙米长宽比2.9，整精米率53.4%，垩白粒率26%，垩白度5.7%，胶稠度48mm，直链淀粉含量21.4%。

抗性：苗叶瘟7级，穗瘟9级，白叶枯病5级，褐飞虱9级。抗倒伏性稍差。

产量及适宜地区：2002年早稻参加桂南稻作区迟熟组区域试验，平均单产7 093.5kg/hm^2；2003年早稻续试，平均单产7 744.5kg/hm^2。2003年早稻南宁生产试验平均单产7 686.0kg/hm^2。可在种植特优63的非稻瘟病区种植。

栽培技术要点：早稻3月上旬播种，旱育秧4.1 ~ 5.1叶移栽，水育秧6.1叶左右移栽；晚稻7月上旬播种，秧龄25d左右。插植规格13.2cm × 23.1cm或17.0cm × 20.0cm，每穴插2粒谷或抛栽密度28穴/m^2。氮、磷、钾比例为1 ∶ 0.6 ∶ 1。注意防治稻瘟病。

百优429（Baiyou 429）

品种来源：广西壮族自治区农业科学院水稻研究所利用百A和R429配组而成。2013年通过广西壮族自治区农作物品种审定委员会审定，审定编号为桂审稻2013002号。

形态特征和生物学特性：籼型三系杂交稻早熟早稻品种。桂中、桂北早稻种植，全生育期112d左右。株型适中，分蘖强，叶鞘色绿色，叶色绿色，长度中，直立，穗形松散下垂，谷粒颖尖色黄色，无芒。株高102.3cm，有效穗数316.5万/hm^2，穗长21.2cm，每穗总粒数110.7粒，结实率79.9%，千粒重25.9g。

品质特性：糙米率83.5%，整精米率61.4%，糙米长宽比3.3，垩白粒率18%，垩白度2.9%，胶稠度83mm，直链淀粉含量13.2%。

抗性：穗瘟9级；白叶枯病9级；感稻瘟病，高感白叶枯病。

产量及适宜地区：2011年参加桂中、桂北稻作区早稻早熟组区域试验，平均单产7 072.5kg/hm^2；2012年续试，平均单产6 357.0kg/hm^2；两年试验平均单产6 715.5kg/hm^2；2012年生产试验平均单产6 082.5kg/hm^2。适宜桂中、桂北稻作区作早、晚稻种植，作晚稻种植应严格按照早熟品种栽培管理进行。

栽培技术要点：早稻桂中3月中下旬播种，桂北4月上旬播种，晚稻7月上旬播种。早稻秧龄20 ~ 25d，晚稻秧龄15d左右，最长不超过20d秧龄。用种量15.0 ~ 22.5kg/hm^2，双株植或抛秧，抛栽30.0万穴/hm^2。本田基肥施农家肥15 000 ~ 22 500kg/hm^2、磷肥600 ~ 750kg/hm^2；回青肥施尿素75 ~ 105kg/hm^2；分蘖肥施尿素150 ~ 187.5kg/hm^2、钾肥150 ~ 225kg/hm^2；穗肥施尿素45 ~ 60kg/hm^2、钾肥60 ~ 75kg/hm^2。移栽后20d露晒田，幼穗分化开始时回水，并视苗情补肥。抽穗扬花期保持田面水层，灌浆期保持干干湿湿到黄熟，收获前1周排水。根据当地病虫预测预报及时防治病虫害。

博优49（Boyou 49）

品种来源：广西博白县农业科学研究所于1988年利用博A与测64-49配组而成。1993年通过广西壮族自治区农作物品种审定委员会审定，审定编号为桂审证字第083号。

形态特征和生物学特性：籼型三系杂交稻早熟早稻品种。株型集散适中，分蘖力强，长势旺盛，穗大，抽穗整齐、熟色好。全生育期早稻桂南112～117d，桂中116～120d。株高87.2cm，成穗率高达79.2%，有效穗数364.5万/hm^2，穗粒数113.2粒，实粒数86.6粒，结实率76.5%，千粒重23.3g。

品质特性：米质中等。

抗性：中抗稻瘟病。抗倒伏能力强。

产量及适宜地区：1989—1990年玉林地区两年区试，早稻平均单产6 861.0kg/hm^2，晚稻平均单产6 531.0kg/hm^2。1991年早稻参加广西区试，桂南、桂中17个试点平均单产6 418.5kg/hm^2；其中桂南10个点平均单产6 049.5kg/hm^2；桂中7个点平均单产6 366.0kg/hm^2。适宜桂中、桂南较缺水田、低畦田及晚稻秧田作早稻种植，冬季农业开发区作晚稻种植。

栽培技术要点：秧田播量以90.0kg/hm^{2}为宜，本田用种量19.5～22.5kg/hm^2。播时下足基肥，早施追肥，早稻育成5.5～6.0片叶分蘖壮秧，晚稻培育成18～20d秧龄嫩壮秧。一般早稻于3月上中旬播种，晚稻于7月上中旬播种为宜。插植采用19.8cm×13.2cm规格，双本插植，基本苗180.0万～225.0万/hm^2，争取有效穗345.0万～375.0万/hm^2。

丰优1号（Fengyou 1）

品种来源：合肥丰乐种业股份有限公司利用R237和早恢1号配组育成。2009年通过广西壮族自治区农作物品种审定委员会审定，审定编号为桂审稻2009002号。

形态特征和生物学特性：籼型三系杂交稻感温早熟早稻品种。着粒密度一般，谷壳淡黄，稃尖黄色，有短芒。桂中、桂北早稻种植，全生育期114d左右。株高108.6cm，穗长22.5cm，有效穗数301.5万/hm^2，穗粒数125.6粒，结实率81.8%，千粒重24.1g。

品质特性：谷粒长度6.9mm，谷粒长宽比2.8，糙米率81.3%，糙米长宽比2.7，整精米率64.4%，垩白粒率30%，垩白度6.5%，胶稠度48mm，直链淀粉含量21.6%。

抗性：苗叶瘟5～6级，穗瘟9级；白叶枯病致病Ⅳ型7级，Ⅴ型9级。

产量及适宜地区：2007年参加桂中、桂北稻作区早稻早熟组初试，5个试点平均单产7 354.5kg/hm^2；2008年续试，5个试点平均单产6 784.5kg/hm^2；两年试验平均单产7 069.5kg/hm^2。2008年生产试验平均单产6 396.0kg/hm^2。适宜桂中、桂北稻作区作早、晚稻或桂南稻作区低水位田作早稻种植。

栽培技术要点：桂中、桂北早稻3月下旬至4月上旬播种，晚稻7月中下旬播种，采取旱育秧或湿润育秧，培育多蘖适龄壮秧。早稻秧龄25～30d为宜，中上等肥力田块，插（抛栽）30.0万穴/hm^2，中等及肥力偏下田块，适当增加密度；晚稻秧龄不宜过长，应控制在15～20d内。肥水管理、病虫害防治等措施参照早熟品种进行。

丰优191（Fengyou 191）

品种来源：广西钟山县种子公司利用丰源A与恢复系191配组育成。2004年、2001年分别通过国家和广西壮族自治区农作物品种审定委员会审定，审定编号分别为国审稻2004030和桂审稻2001003号。

形态特征和生物学特性：籼型三系杂交稻感温迟熟早、晚稻品种。株型较好，分蘖力较强，茎秆坚韧，叶色浅绿，叶鞘、叶耳为紫色，后期青枝蜡秆，熟色好。桂中地区种植，全生育期早稻130d左右，晚稻116d左右。株高早稻100.0 ~ 105.0cm，晚稻95.0cm左右。有效穗数300万~ 330万/hm^2，穗粒数135.0粒左右，结实率85.0%左右，千粒重27.5g。

品质特性：糙米率81.2%，糙米长宽比3.1，精米率73.3%，整精米率53.2%，垩白粒率21%，垩白度3.7%，透明度1级，碱消值5.7级，胶稠度44mm，直链淀粉含量21.5%，蛋白质含量10.5%。

抗性：中抗稻瘟病。耐寒，抗倒伏。

产量及适宜地区：1999—2000年两年四造参加钟山县品比试验，平均单产6 766.5 ~ 8 049.0kg/hm^2。同期钟山、富川、鹿寨等地试种1 066.7hm^2，一般单产7 200.0 ~ 7 950.0kg/hm^2。适宜桂中作早、晚稻，桂北作晚稻推广种植。

栽培技术要点：早稻6叶移栽（抛秧为5叶），晚稻秧龄不超过25d。插基本苗120.0万 ~ 135.0万/hm^2。基追肥比例以7 ：3为宜，大田施纯氮180kg/hm^2，氮、磷、钾比例为1 ：0.8 ：1，后期不宜断水过早。综合防治病虫害。

丰优207（Fengyou 207）

品种来源：广西钟山县种子公司利用丰源A与恢复系207配组育成。2001年通过广西壮族自治区农作物品种审定委员会审定，审定编号为桂审稻2001005号。

形态特征和生物学特性：籼型三系杂交稻感温中熟早、晚稻品种。株叶型集散适中，分蘖力中等，叶片厚直。桂中地区种植，全生育期早稻122d左右，晚稻105d左右。株高早稻100.0cm左右，晚稻85.0cm左右。有效穗数270.0万～300.0万/hm^2，穗粒数130.0粒左右，结实率85.0%左右，千粒重27.0g。

品质特性：外观米质较好。

抗性：抗稻瘟病。

产量及适宜地区：2000年参加钟山县品比试验，早、晚稻平均单产分别为7 537.5kg/hm^2和6 420.0kg/hm^2；同年早稻参加广西水稻新品种筛选试验，武鸣、北流、荔浦、灵川4个试点平均单产6 934.5kg/hm^2；晚稻参加广西区试，桂中、桂北7个试点平均单产6 601.5kg/hm^2。适宜桂中、桂北作早、晚稻推广种植。

栽培技术要点：早稻5叶移栽（抛秧为3.5～4叶），晚稻秧龄20d左右。插基本苗120.0万～150.0万/hm^2，或抛栽33.0万穴/hm^2为宜。施肥采取前重、中控、后补方式，施纯氮150～180kg/hm^2，氮、磷、钾比例为1∶0.6∶1。加强病虫害防治。

丰优328（Fengyou 328）

品种来源：广西钟山县种子公司利用丰源A与恢复系328配组育成。2001年通过广西壮族自治区农作物品种审定委员会审定，审定编号为桂审稻2001004号。

形态特征和生物学特性：籼型三系杂交稻感温迟熟早、晚稻品种。株叶型集散适中，分蘖力强，叶色淡绿，叶鞘、叶耳为紫色，后期熟色好。桂中地区种植，全生育期早稻130d左右，晚稻115d。株高早稻105.0cm左右，晚稻95.0cm左右。有效穗数300.0万～330.0万/hm^2，穗粒数140.0粒，结实率85.0%左右，千粒重28.0g。

品质特性：外观米质较优。

抗性：中抗稻瘟病和白叶枯病。

产量及适宜地区：1999—2000年参加钟山县品比试验，其中早稻单产分别为7 921.5kg/hm^2、8 248.5kg/hm^2，晚稻单产分别为7 300.5kg/hm^2、7 035.0kg/hm^2；同期钟山、富川等地进行生产试验、试种，一般单产6 750.0～8 250.0kg/hm^2。适宜桂中作早、晚稻推广种植。

栽培技术要点：早稻6叶移栽（抛秧为5叶），晚稻秧龄不超过25d。插基本苗120.0万～150.0万/hm^2。宜中上肥力水平管理，氮、磷、钾比例为1∶0.8∶1，施纯氮180kg/hm^2，最高苗525.0万/hm^2左右晒田控制无效分蘖。综合防治病虫害。

丰优63（Fengyou 63）

品种来源：广西钟山县种子公司利用丰源A与明恢63配组育成。2001年通过广西壮族自治区农作物品种审定委员会审定，审定编号为桂审稻2001007号。

形态特征和生物学特性：籼型三系杂交稻感温迟熟早、晚稻品种。株叶型集散适中，分蘖力中等，茎秆粗壮，穗大粒多。桂中地区中稻种植，全生育期140d左右。株高110.0～115.0cm，有效穗数270.0万～300.0万/hm^2，穗粒数150.0粒左右，结实率85.0%左右，千粒重28.0g。

品质特性：外观米质较好。

抗性：抗稻瘟病。

产量及适宜地区：1999—2000年中稻参加钟山县品比试验，平均单产为7 837.5kg/hm^2和8 271.0kg/hm^2；同期面上进行试种，一般单产为8 250.0kg/hm^2左右。适宜桂南作早、晚稻推广种植，也可在中稻地区推广种植。

栽培技术要点：单株插植，插植规格26.7cm×13.3cm，插基本苗90.0万～120.0万/hm^2，抛植24.0万～27.0万穴/hm^2。施足基肥，增施农家肥和磷钾肥。施纯氮180～220kg/hm^2，氮、磷、钾比例为1∶0.6∶1。注意防治纹枯病、稻飞虱等病虫害。

丰优838（Fengyou 838）

品种来源：广西钟山县种子公司利用丰源A与辐恢838配组育成。2001年通过广西壮族自治区农作物品种审定委员会审定，审定编号为桂审稻2001002号。

形态特征和生物学特性：籼型三系杂交稻感温迟熟早、晚稻品种。株型适中，分蘖力强，茎秆粗壮，叶色淡绿，叶鞘、叶耳为浅紫色，后期青枝蜡秆，熟色好。桂中地区种植，全生育期早稻130d左右，晚稻117d左右。株高早稻105.0cm左右，晚稻95.0cm左右，有效穗数300.0万～330.0万/hm^2，穗粒数140.0粒左右，结实率85.0%左右，千粒重28.0g。

品质特性：糙米率80.4%，精米率71.4%，整精米率34.2%。外观米质较优。

抗性：抗稻瘟病。耐寒，抗倒伏。

产量及适宜地区：1999—2000年两年四造参加钟山县品比试验，平均单产为6 925.5～8 418.0kg/hm^2；2000年早稻参加广西水稻新品种筛选试验，平均单产为8 269.5kg/hm^2。同时，面上进行生产试种，早稻单产7 500.0～8 250.0kg/hm^2，晚稻单产7 050.0～7 800.0kg/hm^2。1999—2000年钟山县累计试种面积5 000.0hm^2。适宜桂南、桂中作早、晚稻，桂北作晚稻推广种植。

栽培技术要点：早稻6叶移栽（抛秧为5叶），晚稻秧龄不超过25d。插基本苗105.0万～135.0万/hm^2，抛栽早稻抛27.0万穴/hm^2、晚稻抛30.0万穴/hm^2。宜中上肥力水平管理，施足基肥，氮、磷、钾比例为1：0.8：1，施纯氮180kg/hm^2，最高苗525万/hm^2左右晒田控苗。注意重点防治稻瘿蚊、稻飞虱和纹枯病。

丰优86（Fengyou 86）

品种来源：广西钟山县种子公司利用丰源A与明恢86配组育成。2001年通过广西壮族自治区农作物品种审定委员会审定，审定编号为桂审稻2001006号。

形态特征和生物学特性：籼型三系杂交稻感温迟熟中稻品种。株叶型集散适中，分蘖力强，茎秆粗壮。中稻全生育期138d左右。株高115.0 ～ 118.0cm，有效穗数300.0万/hm^2左右，穗粒数150.0粒左右，结实率82.0%～ 85.0%，千粒重28.0g。

品质特性：外观米质好。

抗性：中抗稻瘟病。

产量及适宜地区：1999—2000年中稻参加钟山县品比试验，平均单产分别为7 920.0kg/hm^2和7 893.0kg/hm^2；同期面上进行试种，一般单产为7 500.0 ～ 8 250.0kg/hm^2。适宜桂南作早稻、桂中作中稻推广种植。

栽培技术要点：单株插植，插植规格26.7cm×13.3cm，插基本苗90.0万～ 120.0万/hm^2。施足基肥，增施农家肥和磷钾肥。施纯氮180 ～ 210kg/hm^2，氮、磷、钾比例为1 ∶ 0.6 ∶ 1，施肥以前促、中控、后补为原则。注意防治纹枯病、稻飞虱等病虫害。

丰优桂99（Fengyougui 99）

品种来源：广西钟山县种子公司利用丰源A与桂99配组育成。2001年通过广西壮族自治区农作物品种审定委员会审定，审定编号为桂审稻2001008号。

形态特征和生物学特性：籼型三系杂交稻感温迟熟早、晚稻品种。株型集散适中，分蘖力较强，叶色淡绿，叶鞘、叶耳均为紫色，后期青枝蜡秆，熟色好。桂中地区种植，全生育期早稻125 ~ 130d，晚稻115d左右。株高100.0cm左右，有效穗数300.0万 ~ 330.0万/hm^2，穗粒数135.0粒左右，结实率85.0%左右，千粒重28g。

品质特性：糙米率79.1%，糙米长宽比3.2，精米率71.5%，整精米率49.8%，垩白粒率56%，垩白度9%，胶稠度62mm，直链淀粉含量20.0%，胶稠度62mm。

抗性：抗稻瘟病。

产量及适宜地区：1999—2000年两年四造参加钟山县品比试验，平均单产为7 029.0 ~ 8 155.5kg/hm^2；2000年早稻参加广西水稻新品种筛选试验，平均单产为7 428.0kg/hm^2；晚稻参加广西区试，7个试点平均单产6 235.5kg/hm^2。1999—2000年钟山县累计种植面积0.25万hm^2，早稻一般单产7 200.0 ~ 7 950.0kg/hm^2，晚稻一般单产6 750.0 ~ 7 500.0kg/hm^2。适宜桂南、桂中作早、晚稻，桂北作晚稻推广种植。

栽培技术要点：早稻5.5 ~ 6叶移栽（抛秧为4.5叶），晚稻秧龄20d左右，插基本苗120.0万 ~ 150.0万/hm^2。适量增施磷钾肥，施纯氮180kg/hm^2，氮、磷、钾比例以1 ： 0.8 ： 1为宜，基、蘖肥应占总量的75%。综合防治病虫害。

福优402（Fuyou 402）

品种来源：广西桂林市种子公司于1995年利用福伊A与恢复系402配组育成。2001年通过广西壮族自治区农作物品种审定委员会审定，审定编号为桂审稻2001060号。

形态特征和生物学特性：籼型三系杂交稻感温早熟早稻品种。株型集散适中，分蘖力中等，叶色深绿，抽穗整齐。全生育期早稻108 ～ 115d。株高90.0 ～ 100.0cm，有效穗数285.0万/hm^2左右，穗粒数90 ～ 120粒，结实率85.0%左右，千粒重25.0 ～ 27.0g。

品质特性：米质一般。

抗性：抗稻瘟病、白叶枯病，苗期感恶苗病。耐肥，抗倒伏。

产量及适宜地区：1996年参加桂林市水稻新品种筛选试验，平均单产为7 137.0kg/hm^2；1997—1998年参加桂林市水稻品种比较试验，平均单产分别为6 811.5kg/hm^2和7 308.0kg/hm^2；1996—1999年在全州、灵川、临桂、永福等地进行试种示范，一般单产6 750.0kg/hm^2左右。1996—2001年桂林市累计种植面积2 000.0hm^2。适宜桂中、桂北作早稻推广种植。

栽培技术要点：注意种子消毒，预防恶苗病，其他参照一般籼型三系杂交稻感温早熟品种。

福优974（Fuyou 974）

品种来源：广西桂林市种子公司于1995年利用福伊A和恢复系974配组育成。2001年通过广西壮族自治区农作物品种审定委员会审定，审定编号为桂审稻2001061号。

形态特征和生物学特性：籼型三系杂交稻感温早熟早稻品种。株型集散适中，分蘖力较强，叶色深绿，剑叶窄挺，谷粒稍短，淡黄色。桂中、桂北种植，全生育期早稻110d左右。株高88.0cm左右，有效穗数315.0万～345.0万/hm^2，穗粒数90～110粒，结实率82.0%左右，千粒重24.0～27.0g。

品质特性：米质一般。

抗性：高抗稻瘟病、白叶枯病，苗期易感恶苗病。

产量及适宜地区：1997—1998年参加桂林市水稻品种比较试验，平均单产分别为6 337.5kg/hm^2和7 308.0kg/hm^2；1997—1998年在永福、灵川、灌阳等稻瘟病区进行试种示范，平均单产6 600.0～7 050.0kg/hm^2。1996—2001年桂林市累计种植面积3 333.3hm^2。适宜桂中、桂北作早稻推广种植。

栽培技术要点：注意种子消毒，预防恶苗病，其他参照一般籼型三系杂交稻感温早熟品种。

冈优607（Gangyou 607）

品种来源：四川华丰种业有限公司利用冈46A和华恢007（绵恢725/密阳46）配组育成。2007年通过广西壮族自治区农作物品种审定委员会审定，审定编号为桂审稻2007012号。

形态特征和生物学特性：籼型三系杂交稻感温迟熟早稻品种。株型紧束，叶姿挺直，叶色浓绿，穗大粒重，熟期转色好。桂南早稻种植，全生育期125d左右。株高116.8cm，穗长22.6cm，有效穗数249.0万/hm^2，穗粒数151.5粒，结实率81.9%，千粒重28.8g。

品质特性：谷粒长宽比2.4，糙米率81.7%，糙米长宽比2.1，整精米率61.1%，垩白粒率98%，垩白度23.3%，胶稠度68mm，直链淀粉含量24.3%。

抗性：苗叶瘟4.3～4.5级，穗瘟9级；白叶枯病Ⅳ型5级，Ⅴ型5级。

产量及适宜地区：2005年参加桂南稻作区早稻迟熟组试验，4个试点平均单产7 647.0kg/hm^2；2006年早稻续试，5个试点平均单产8 461.5kg/hm^2；两年试验平均单产8 055.0kg/hm^2。2006年早稻生产试验平均单产7 704.0kg/hm^2。适宜桂南稻作区作早稻、高寒山区稻作区作中稻或习惯种植中稻的地区种植。

栽培技术要点：根据当地种植习惯掌握适时播种。移栽叶龄5.5～6.5叶，一般插植规格26.4cm×16.5cm或29.7cm×13.2cm，每穴插2粒谷苗，保证基本苗120.0万/hm^{2}以上。施纯氮165.0～195.0kg/hm^2，基肥：返青分蘖肥：穗肥为5.5：4.0：0.5。基肥宜用复合肥加尿素或碳酸氢铵，追肥宜用尿素。注意防治稻曲病等病虫害。

谷优18（Guyou 18）

品种来源：福建省南平市农业科学研究所利用单产谷丰A和南恢18配组育成。2009年通过广西壮族自治区农作物品种审定委员会审定，审定编号为桂审稻2009016号。

形态特征和生物学特性：籼型三系杂交稻感温迟熟早稻品种。株型集散适中，叶色淡绿，剑叶宽中、竖直，叶鞘紫色；谷壳淡黄，稃尖紫色，有少量紫色短芒。桂南早稻种植，全生育期130d左右。株高117.3cm，穗长25.6cm，有效穗数244.5万/hm^2，穗粒数138.7粒，结实率84.9%，千粒重29.5g。

品质特性：糙米率81.1%，糙米长宽比2.6，整精米率53.8%，垩白粒率100%，垩白度24.8%，胶稠度78mm，直链淀粉含量20.5%。

抗性：苗叶瘟5级，穗瘟7级；白叶枯病致病Ⅳ型7级，Ⅴ型7～9级。

产量及适宜地区：2007年参加桂南稻作区早稻迟熟组初试，5个试点平均单产7 893.0kg/hm^2；2008年续试，6个试点平均单产7 639.5kg/hm^2；两年试验平均单产7 765.5kg/hm^2。2008年生产试验平均单产7 972.5kg/hm^2。适宜桂南稻作区作早稻或其他稻作区中稻因地制宜种植。

栽培技术要点：根据当地习惯适时播种，一般大田用种量22.5kg/hm^2，秧龄30d左右。插植规格17.0cm×24.0cm，每穴插2粒谷秧，插足基本苗120.0万～150.0万/hm^2。施肥应重施底肥，早施追肥，注意氮、磷、钾肥配合施用，后期防止偏施氮肥。注意防治病虫害。

谷优3119（Guyou 3119）

品种来源：福建省农业科学院农业遗传工程重点实验室利用谷丰A和闽恢3119（多系1号/明恢86）选育而成。2006年通过广西壮族自治区农作物品种审定委员会审定，审定编号为桂审稻2006020号。

形态特征和生物学特性：籼型三系杂交稻感温迟熟早稻品种。植株较高，茎秆粗大，分蘖力一般，叶鞘、叶耳、稃尖紫色。桂南早稻种植，全生育期130d左右。株高121.7cm，穗长24.2cm，有效穗数244.5万/hm^2，穗粒数143.2粒，结实率81.9%，千粒重27.7g。

品质特性：糙米率82.6%，糙米长宽比2.4，整精米率40.3%，垩白粒率99%，垩白度34.2%，胶稠度36mm，直链淀粉含量19.8%。

抗性：苗叶瘟4级，穗瘟4级。

产量及适宜地区：2004年参加桂南稻作区早稻迟熟组筛选试验，5个试点平均单产7 894.5kg/hm^2；2005年早稻区域试验，5个试点平均单产7 389.0kg/hm^2。2005年生产试验平均单产7 066.5kg/hm^2。适宜桂南稻作区作早稻和中稻地区种植。

栽培技术要点：根据当地种植习惯与特优63同期播种，秧龄30d左右。早稻插植规格23.0cm×13.0cm，中稻26.0cm×16.0cm，每穴插2粒谷苗，保证基本苗105.0万～135.0万/hm^2。施纯氮150～180kg/hm^2，氮、磷、钾配合施用。注意防治病虫害。

广信优5113（Guangxinyou 5113）

品种来源：广西兆和种业有限公司利用广信A和R5113（广恢998×明恢63）培育而成。2011年通过广西壮族自治区农作物品种审定委员会审定，审定编号为桂审稻2011020号。

形态特征和生物学特性：籼型三系杂交稻感温中熟晚稻品种。桂中、桂北晚稻种植全生育期108d左右。株型适中，苗期长势一般，中后期长势繁茂，分蘖较强，叶色淡绿，穗型一般，着粒密，颖尖无色无芒，谷壳淡黄。有效穗数285万/hm^2，株高109.0cm，穗长23.8cm，每穗总粒数155.0粒，结实率72.2%，千粒重24.0g。

品质特性：糙米率80.9%，整精米率57.2%，粒长7.0mm，长宽比3.2，垩白粒率26%，垩白度3.4%，胶稠度61mm，直链淀粉含量20.4%。

抗性：苗叶瘟5级，穗瘟5～9级，稻瘟病抗性水平为中感—高感；白叶枯病Ⅳ型5～9级，Ⅴ型9级，白叶枯抗性评价为中感—高感。

产量及适宜地区：2009年参加桂中、桂北稻作区晚稻中熟组初试，5个试点平均单产7 531.5kg/hm^2；2010年续试，6个试点平均单产7 038.0kg/hm^2；两年平均单产7 420.5kg/hm^2。2010年生产试验平均单产6 159.0kg/hm^2。适宜桂中稻作区作早、晚稻，桂北稻作区作晚稻或桂南稻作区早稻因地制宜种植。

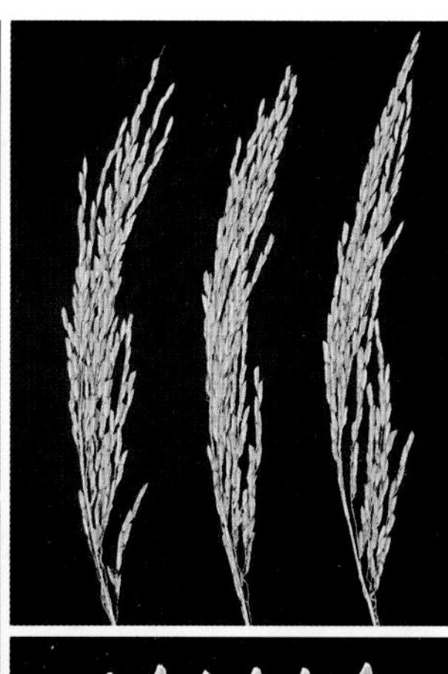

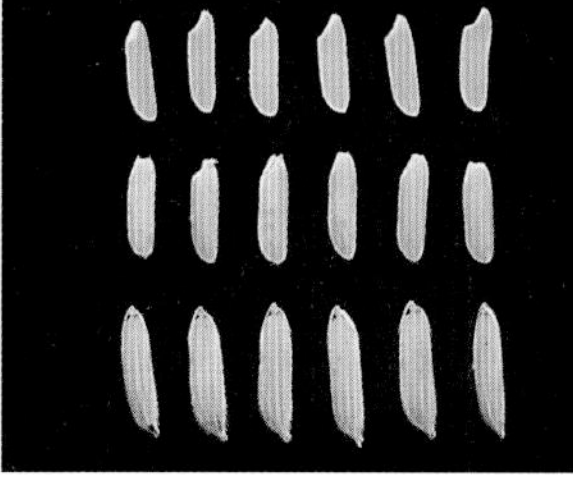

栽培技术要点：早稻3月中下旬、晚稻6月底7月初播种，大田用种量22.5kg/hm^2，秧田播种225.0～300.0kg/hm^2。基肥占总施肥量（复合肥525kg/hm^2，尿素225kg/hm^2，钾肥45kg/hm^2）的75%，返青肥占25%。早稻秧龄30d以内，晚稻20～25d，株行距13.0cm×20.0cm，每穴插2粒谷苗。注意病虫防治。

华优107（Huayou 107）

品种来源：广西藤县种子公司于1999年利用Y华农A和R107配组育成。2003年通过广西壮族自治区农作物品种审定委员会审定，审定编号为桂审稻2003009号。

形态特征和生物学特性：籼型三系杂交稻感温早、晚稻品种。群体生长整齐，株型适中，叶色青绿，叶姿一般，长势繁茂，熟期转色好，落粒性中。全生育期早稻122d左右（手插秧）；晚稻全生育期115d左右（手插秧）。株高105.0cm左右，有效穗数285.0万/hm^{2}左右，穗粒数120 ~ 135粒，结实率82.6%左右，千粒重21.9g。

品质特性：糙米率81.1%，精米率74.1%，整精米率48.7%，粒长5.9mm，长宽比2.6，垩白粒率40%，垩白度8.4%，透明度3级，碱消值5.7级，胶稠度58mm，直链淀粉含量26.5%，蛋白质含量8.7%。

抗性：中级穗颈瘟，苗叶瘟5级，穗瘟5 ~ 9级，白叶枯病5 ~ 7级，褐稻虱8.6 ~ 9.0级。抗倒伏性强，耐寒性较强。

产量及适宜地区：2001年晚稻参加广西水稻品种迟熟组区试初试，6个试点（南宁、玉林、钦州、合浦、百色、藤县）平均单产6 760.5kg/hm^2。2002年早稻参加中熟组区试续试，5个试点（贺州、柳州、荔浦、宜州、桂林）平均单产7 747.5kg/hm^2；生产试验两试点（贺州、河池）平均单产7 594.5kg/hm^2。同期在试点面上多点试种，平均单产7 500.0kg/hm^{2}左右。适宜桂南、桂中稻作区作早、晚稻，桂北稻作区作晚稻种植。

栽培技术要点：在广东、广西中南稻作区一般早稻3月上旬播种，25 ~ 30d秧龄，秧苗6叶前后移植。采用抛秧技术的，以抛秧时秧苗3.0叶左右决定播种时间。插秧移植的插22.5万 ~ 30.0万穴/hm^2，每穴插2粒种子苗；抛秧的抛675盘/hm^2（用561孔秧盘）左右。注意防穗颈瘟和白叶枯病。

华优122（Huayou 122）

品种来源：广西藤县种子公司、华南农业大学农学系、广东饶平县种子公司利用Y华农A和R122配组育成。2005年通过广西壮族自治区农作物品种审定委员会审定，审定编号为桂审稻2005016号。

形态特征和生物学特性：籼型三系杂交稻感温迟熟早、晚稻品种。群体生长整齐、繁茂，株型适中，叶色青绿，叶姿稍披，熟期转色较好。桂南种植，全生育期早稻122 ～ 127d。株高113.6cm，穗长22.2cm，有效穗数309.0万/hm^2，穗粒数139.8粒，结实率86.5%，千粒重23.6g。

品质特性：糙米率81.2%，糙米长宽比2.6，整精米率65.4%，垩白粒率32%，垩白度5.4%，胶稠度50mm，直链淀粉含量21.0%。

抗性：穗瘟5级，白叶枯病3级。抗倒伏性较弱。

产量及适宜地区：2003年早稻参加桂南迟熟组筛选试验，5个试点平均单产7 780.5kg/hm^2。2004年早稻参加桂南迟熟组区试，5个试点平均单产9 085.0kg/hm^2。生产试验平均单产7 174.5kg/hm^2。适宜桂南稻作区作早、晚稻种植。

栽培技术要点：桂南早稻在3月5日前后播种，秧龄5.5 ～ 6叶插秧。晚稻7月10日前播种，秧龄25d插秧。插植规格13.3cm × 20.0cm或13.3cm × 23.3cm或13.3cm × 26.6cm，插基本苗120.0万～ 150.0万/hm^2。综合防治病虫害。

华优128（Huayou 128）

品种来源：广西藤县种子公司、华南农业大学农学系、广东饶平县种子公司利用华农A和R128配组而成。2001年通过广西壮族自治区农作物品种审定委员会审定，审定编号为桂审稻2001036号。

形态特征和生物学特性：籼型三系杂交稻感温迟熟早、晚稻品种。株型紧凑，分蘖力强，茎秆粗壮，抽穗整齐，株高109～125cm，后期青枝蜡秆、熟色好。桂南种植，全生育期早稻126～135d，晚稻118～122d，有效穗数285.0万/hm^2左右，穗粒数140粒左右，结实率85.0%左右，千粒重23.0～25.0g。

品质特性：糙米率80.0%，糙米长宽比2.6，精米率72.0%，整精米率41.0%，垩白粒率38%，垩白度11.6%，透明度2级，碱消值4.9级，胶稠度74mm，直链淀粉含量23.8%，蛋白质含量7.7%。外观米质较好，米饭偏硬。

抗性：中抗稻瘟病和白叶枯病，稻瘟病全群抗性频率为83.3%，其中对中B、中C群的抗性频率分别为89.0%和58.0%。

产量及适宜地区：1999年参加藤县水稻新品种比较试验，早、晚稻平均单产为8 782.5kg/hm^2和7 762.5kg/hm^2；2000年续试，平均单产为6 772.5kg/hm^2和6 427.5kg/hm^2。2000年早稻参加广西级水稻新品种筛选试验，平均单产为8 122.5kg/hm^2。1999—2001年藤县累计种植面积达2 000.0hm^2，平均单产6 750.0～8 250.0kg/hm^2。适宜桂南、桂中稻作区作早稻种植。

栽培技术要点：参照一般籼型三系杂交稻感温迟熟品种。注意稻瘟病等病虫害的防治。

华优229（Huayou 229）

品种来源：广东省肇庆市农业科学研究所利用华农A和R229配组而成。2001年通过广西壮族自治区农作物品种审定委员会审定，审定编号为桂审稻2001035号。

形态特征和生物学特性：籼型三系杂交稻感温迟熟早、晚稻品种。株叶型集散适中，分蘖力中等，叶色青秀，后期熟色好，茎秆偏软。桂南种植，全生育期早稻125d，晚稻120d左右。株高106.0～115.0cm，有效穗数270.0万～300.0万/hm^2，穗粒数125～140粒，结实率78.0%～90.0%，千粒重24.5～25.5g。

品质特性：糙米率80.3%，糙米长宽比2.6，精米率72.0%，整精米率50.7%，垩白粒率47%，垩白度9.4%，透明度2级，碱消值3.6级，胶稠度58mm，直链淀粉含量20.3%，蛋白质含量9.4%。米质较好。

抗性：抗稻瘟病，全群抗性频率83.3%，对中B、中C群抗性频率分别为75.0%和90.0%。白叶枯病7级。耐寒力中等，抗倒伏性稍差。

产量及适宜地区：2000年参加藤县水稻新品种比较试验，早、晚稻平均单产为8 190.0kg/hm^2和6 997.5kg/hm^2。同期进行试种示范，平均单产7 200.0～8 250.0kg/hm^2。适宜桂南、桂中稻瘟病区推广种植。

栽培技术要点：注意施足基肥，早追肥和增施磷钾肥，中期控制氮肥施用量。其他参照一般籼型三系杂交稻感温迟熟品种进行。

华优336（Huayou 336）

品种来源：华南农业大学农学院利用Y华农A和华恢336配组育成。2009年通过广西壮族自治区、广东省农作物品种审定委员会审定，审定编号为桂审稻2009005号、粤审稻2009010号。

形态特征和生物学特性：籼型三系杂交稻感温中熟早稻品种。桂中、桂北早稻种植，全生育期125d左右。株高110.3cm，穗长22.1cm，有效穗数271.5万/hm^2，穗粒数180.7粒，结实率84.0%，千粒重20.7g。

品质特性：糙米率81.4%，糙米长宽比2.8，整精米率63.7%，垩白粒率36%，垩白度4.7%，胶稠度68mm，直链淀粉含量27.0%。

抗性：苗叶瘟5～6级，穗瘟5～9级；白叶枯病致病Ⅳ型7级。

产量及适宜地区：2007年参加桂中、桂北稻作区早稻中熟组初试，4个试点平均单产8 767.5kg/hm^2；2008年续试，5个试点平均单产7 602.0kg/hm^2；两年试验平均单产8 185.5kg/hm^2。2008年晚稻生产试验平均单产7 033.5kg/hm^2。适宜桂中、桂北稻作区作早、晚稻或桂南稻作区早稻因地制宜种植。

栽培技术要点：早稻桂中、桂北3月中下旬播种，25～28d秧期，秧苗长至6叶前后移植，抛秧时秧苗3.0叶左右抛植。晚稻6月下旬至7月上旬播种，秧龄不宜太长，以16～18d为宜，以防早穗影响产量。双苗插植，插基本苗90.0万～120.0万/hm^2，抛秧的抛27.0万穴/hm^2左右。其他管理措施参照中熟杂交水稻品种。

华优838（Huayou 838）

品种来源：广西藤县种子公司利用华农A和辐恢838配组育成。2001年通过广西壮族自治区农作物品种审定委员会审定，审定编号为桂审稻2001034号。

形态特征和生物学特性：籼型三系杂交稻感温迟熟早、晚稻品种。株型紧凑，分蘖力强，叶色青秀，后期熟色好，茎秆偏软。桂南种植，全生育期早稻122 ~ 125d，晚稻118d左右。株高107.0 ~ 120.0cm，有效穗数270.0万~ 315.0万/hm^2，穗粒数135粒左右，结实率85.0%左右，千粒重25.0 ~ 27.0g。

品质特性：糙米率78.2%，精米率70.4%，整精米率50.4%，糙米长宽比2.6，垩白粒率49%，垩白度4.2%，透明度1级，碱消值5.5级，胶稠度49mm，直链淀粉含量20.6%，蛋白质含量7.8%。

抗性：中抗稻瘟病。抗倒伏、抗寒性稍差。

产量及适宜地区：1999年参加藤县水稻新品种比较试验，早、晚稻单产分别为9 577.5kg/hm^2和8 400.0kg/hm^2；2000年早稻续试，平均单产8 400.0kg/hm^2；同期参加广西级水稻新品种筛选试验，平均单产为7 848.0kg/hm^2。2001年早稻参加广西区试，桂南6个试点平均单产7 363.5kg/hm^2。1999—2001年藤县进行试种示范，累计面积666.7hm^2，平均单产7 500.0 ~ 8 250.0kg/hm^2。适宜桂南作早、晚稻，桂中作晚稻推广种植。

栽培技术要点：注意施足基肥，早追肥和增施磷钾肥，中期控制氮肥施用量。其他参照一般籼型三系杂交稻感温迟熟品种。

华优86（Huayou 86）

品种来源：华南农业大学农学系、广西藤县种子公司、广东饶平县种子公司利用华农A与明恢86配组育成。2001年、2000年分别通过国家和广西壮族自治区农作物品种审定委员会审定，审定编号分别为国审稻2001025和桂审稻2000052号。

形态特征和生物学特性：籼型三系杂交稻感温迟熟早稻品种。株型集散适中，分蘖力中等，茎秆粗壮，后期青枝蜡秆，熟色好。全生育期桂南早稻130 ~ 135d，晚稻120d左右。株高110.0 ~ 115.0cm，有效穗数270.0万/hm^2左右，穗粒数140.0 ~ 150.0粒，结实率75.0% ~ 90.0%，千粒重25.0 ~ 27.0g。

品质特性：糙米率79.9%，糙米长宽比2.6，精米率72.1%，整精米率59.5%，垩白粒率67%，垩白度28.1%，透明度3级，碱消值4.8级，胶稠度49mm，直链淀粉含量19.8%。

抗性：抗稻瘟HR，白叶枯病7级。高抗稻瘟病，耐肥，抗倒伏。

产量及适宜地区：1998年晚稻参加藤县品比试验，平均单产8 550.0kg/hm^2；1999年早稻续试，平均单产8 835.0kg/hm^2，同期参加广西水稻新品种筛选试验，平均单产7 978.5kg/hm^2。2000年藤县试种面积2 666.7hm^2。1999—2000年在蒙山、苍梧、上思、河池、玉林等县（市）试种示范，一般单产7 500.0 ~ 8 250.0kg/hm^2。适宜桂南早、晚稻，桂中晚稻和中稻地区推广种植。

栽培技术要点：早、中、晚季栽培均可参照汕优63的播植期，早播、早管，确保安全齐穗。秧田播种量控制在150.0kg/hm^2，疏播、匀播，培育多蘖壮秧。本田播植基本苗90.0万/hm^2。本田在施足基肥的基础上早施、重施分蘖肥，增施磷钾肥。本田前期浅水回青，薄水分蘖，够苗晒田；中期勤露轻晒；后期浅水出穗、灌浆，湿润成熟，防止过早断水影响充实度。及时施药，以防为主，综合防治。

华优8813（Huayou 8813）

品种来源：华南农业大学农学系利用华农A和R8813配组而成。2000年通过广西壮族自治区农作物品种审定委员会审定，审定编号为桂审稻2001032号。

形态特征和生物学特性：籼型三系杂交稻感温中熟早、晚稻品种。株型稍散，分蘖力中等，叶片较细长，后期熟色好。全生育期早稻120d左右。株高95.0～100.0cm，有效穗数270.0万～300.0万/hm^2，穗粒数140粒左右，结实率87.0%，千粒重23.0～24.0g。

品质特性：糙米长宽比2.5，整精米率69.1%，直链淀粉含量19.6%，垩白粒率28%，垩白度2.0%，胶稠度37mm。

抗性：稻瘟病高抗，白叶枯病5级。抗倒伏性较强。

产量及适宜地区：2000年早稻参加藤县水稻新品种比较试验，平均单产为8 272.5kg/hm^2；2001年早稻参加广西桂中、桂北中熟组区试，平均单产为7 656.0kg/hm^2。2000年晚稻和2001年早稻进行试种示范，平均单产为7 200.0～8 700.0kg/hm^2。适宜桂中、桂北作早、晚稻，桂南山区作早稻推广种植。

栽培技术要点：参照一般籼型三系杂交稻感温中熟品种进行。

华优8830（Huayou 8830）

品种来源：华南农业大学农学系利用华农A和R8830配组育成。广西藤县种子公司于1998年引进。2001年通过广西壮族自治区农作物品种审定委员会审定，审定编号为桂审稻2001033号。

形态特征和生物学特性：籼型三系杂交稻感温中熟早、晚稻品种。株型集散适中，植株整齐，分蘖力强，后期熟色好，茎秆偏软。桂中地区种植，全生育期早稻118d左右，晚稻98～105d。株高100.0～109.0cm，有效穗数300.0万～345.0万/hm^2，穗粒数120粒左右，结实率85.0%左右，千粒重23.0～24.0g。

品质特性：外观米质中等。广东试区稻米外观品质鉴定为早稻二级，整精米率68.4%，长宽比2.7，垩白粒率20%，垩白度1.5%，直链淀粉含量19.1%，胶稠度38mm。

抗性：高抗稻瘟病，白叶枯病9级，易倒伏。

产量及适宜地区：1998年晚稻参加藤县水稻新品种比较试验，单产7 402.5kg/hm^2；1999—2000年连续两年四造进行试种示范，平均单产为6 750.0～8 700.0kg/hm^2。2001年早稻参加广西桂中、桂北中熟组区试，平均单产7 510.5kg/hm^2。2001年藤县试种面积达1 400.0hm^2，平均单产6 750.0～8 250.0kg/hm^2。适宜桂中、桂北作早、晚稻，桂南山区作早稻推广种植。

栽培技术要点：参照一般籼型三系杂交稻感温中熟品种。

华优928（Huayou 928）

品种来源：广西藤县种子公司1999年利用Y华农A和R928配组而成。2003年通过广西壮族自治区农作物品种审定委员会审定，审定编号为桂审稻2003010号。

形态特征和生物学特性：籼型三系杂交稻感温迟熟早、晚稻品种。群体生长整齐，株型适中，叶色青绿，叶姿和长势一般，熟期转色较好，落粒性中。全生育期早稻123d左右（手插秧）；晚稻118d左右（手插秧）。株高110.0cm左右，有效穗数270.0万/hm^{2}左右，穗粒数130～150粒，结实率75.0%以上，千粒重24.1g。

品质特性：糙米率78.9%，糙米粒长6.0mm，糙米长宽比2.6，精米率70.1%，整精米率60.5%，垩白粒率22%，垩白度6.2%，透明度3级，碱消值4.9级，胶稠度39mm，直链淀粉含量22.2%，蛋白质含量10.7%。

抗性：苗叶瘟5～7级，穗瘟7级，白叶枯病9级，褐稻虱7.2级。耐寒性较强，抗倒伏性中。

产量及适宜地区：2001年晚稻参加广西水稻品种迟熟组区试初试，6个试点（南宁、玉林、钦州、合浦、百色、藤县）平均单产6 742.5kg/hm^2。2002年早稻续试，平均单产7 333.5kg/hm^2；生产试验两试点（玉林、藤县）平均单产7 669.5kg/hm^2。同期在试点面上多点试种，平均单产7 500.0kg/hm^{2}左右。适宜桂南、桂中稻作区作早、晚稻种植。

栽培技术要点：参照一般籼型三系杂交稻感温迟熟品种。

华优桂99（Huayougui 99）

品种来源：广西藤县种子公司、华南农业大学农学系、广东省饶平县种子公司利用华农A与桂99配组育成。2001年、2000年分别通过国家和广西壮族自治区农作物品种审定委员会审定，审定编号分别为国审稻2001027和桂审稻2000051号。

形态特征和生物学特性：籼型三系杂交稻感温迟熟早、晚稻品种。株型紧凑，分蘖力强，叶色淡绿，茎秆稍偏软。全生育期桂南早稻126d左右，晚稻112～116d。株高105.0cm，有效穗数270.0万～300.0万/hm^2，穗粒数140.0粒左右，结实率85.0%左右，千粒重23.0～26.0g。

品质特性：糙米率80.6%，糙米长宽比2.9，精米率73.1%，整精米率58.6%，垩白粒率19%，垩白度6.4%，透明度2级，碱消值5.1级，胶稠度51mm，直链淀粉含量20.1%，蛋白质含量9.9%。

抗性：抗稻瘟HR，白叶枯病5级，易倒伏。

产量及适宜地区：1998年晚稻参加藤县品比试验，平均单产6 990.0kg/hm^2；1999年早稻续试，平均单产8 377.5kg/hm^2，同期参加广西水稻新品种筛选试验，平均单产7 266.0kg/hm^2。1999年晚稻在河池、蒙山、金秀等地、县试种，一般单产6 750.0～7 500.0kg/hm^2。适宜桂南、桂中作早、晚稻，桂北作晚稻推广种植。

栽培技术要点：适时早播、早插：早、中、晚季均可参照汕优63的播植期。双苗插植，基本苗90.0万～120.0万/hm^2。施足基肥，早施重施前期肥，增施磷钾肥，中期控氮，后期看苗适施壮尾肥，由于该组合茎秆较细软，中后期切忌过多施用氮肥。够苗及早晒田，浅水孕穗、出穗，成熟后干湿交替，不宜过早断水。

吉香3号（Jixiang 3）

品种来源：四川农业大学高科农业有限责任公司利用吉香1A和蜀恢527配组育成。2005年通过广西壮族自治区农作物品种审定委员会审定，审定编号为桂审稻2005015号。

形态特征和生物学特性：籼型三系杂交稻感温迟熟早、晚稻品种。株型适中，长势繁茂，整齐度一般，叶色青绿，叶姿稍披，较难落粒。桂南种植，全生育期早稻122 ~ 128d。株高116.5cm，穗长23.7cm，有效穗数261.0万/hm^2，穗粒数119.5粒，结实率83.8%，千粒重29.5g。

品质特性：糙米率81.4%，糙米长宽比3.1，整精米率54.2%，垩白粒率78%，垩白度25.9%，胶稠度73mm，直链淀粉含量19.9%。

抗性：穗瘟7级，白叶枯病5级。抗倒伏性较差。

产量及适宜地区：2003年早稻参加桂南迟熟组筛选试验，5个试点平均单产7 342.5kg/hm^2。2004年早稻参加桂南迟熟组区试，5个试点平均单产8 322.0kg/hm^2。生产试验平均单产7 354.5kg/hm^2。适宜桂南稻作区作早、晚稻种植。

栽培技术要点：根据当地种植习惯与特优63同期播种，秧龄30d左右。栽植规格为20.0cm × 13.0cm，每穴栽2粒谷苗。施纯氮150 ~ 180kg/hm^2，后期控制氮肥，注意防倒伏；注意稻瘟病等病虫害的防治。

吉优7号（Jiyou 7）

品种来源：四川农业大学水稻研究所、湖南川农高科种业有限责任公司利用吉2A和蜀恢007［(蜀恢361/To463）F_1/To463］配组育成。2009年通过广西壮族自治区农作物品种审定委员会审定，审定编号为桂审稻2009004号。

形态特征和生物学特性：籼型三系杂交稻感温早熟早稻品种。桂中、桂北早稻种植，全生育期112d左右。株高102.0cm，穗长22.1cm，有效穗数289.5万/hm^2，穗粒数121.2粒，结实率78.8%，千粒重26.9g。

品质特性：糙米率82.5%，糙米长宽比3.1，整精米率56.6%，垩白粒率34%，垩白度6.3%，胶稠度44mm，直链淀粉含量22.4%。

抗性：苗叶瘟5～6级，穗瘟9级；白叶枯病致病Ⅳ型9级，Ⅴ型9级。

产量及适宜地区：2007年参加桂中、桂北稻作区早稻早熟组初试，5个试点平均单产7 101.0kg/hm^2；2008年续试，5个试点平均单产6 723.0kg/hm^2；两年试验平均单产6 912.0kg/hm^2。2008年生产试验平均单产6 213.0kg/hm^2。适宜桂中、桂北稻作区作早、晚稻种植。

栽培技术要点：在桂中、桂北作早稻栽培，宜在3月下旬播种，秧田播种150.0～225.0kg/hm^2，大田用种30.0kg/hm^2左右，1叶1心期喷施多效唑，2叶1心期及时追施“断奶肥”。插（抛栽）基本苗150.0万～180.0万/hm^2。其他管理措施参照金优463等早熟杂交品种。

佳优1972（Jiayou 1972）

品种来源：广西南宁市沃德农作物研究所利用佳A和R1972（广恢998/R273）配组育成。2009年通过广西壮族自治区农作物品种审定委员会审定，审定编号为桂审稻2009009号。

形态特征和生物学特性：籼型三系杂交稻感温中熟晚稻品种。桂中、桂北种植，全生育期早稻127d左右；晚稻111d左右。株高101.8cm，穗长23.4cm，有效穗数262.5万/hm^2，穗粒数153.8粒，结实率84.4%，千粒重24.1g。

品质特性：糙米率81.7%，糙米长宽比2.9，整精米率69.6%，垩白粒率16%，垩白度2.6%，胶稠度78mm，直链淀粉含量14.8%。

抗性：苗叶瘟7级，穗瘟9级；白叶枯病Ⅳ型7级，Ⅴ型9级。

产量及适宜地区：2006年参加桂中、桂北稻作区晚稻中熟组初试，5个试点平均单产7 707.0kg/hm^2；2007年续试，4个试点平均单产7 752.0kg/hm^2；两年试验平均单产7 728.0kg/hm^2。2008年早稻生产试验平均单产7 363.5kg/hm^2。适宜桂中稻作区早、晚稻，桂南稻作区作早稻和桂北稻作区除兴安、全州、灌阳之外的区域作晚稻种植。

栽培技术要点：桂中早稻3月中下旬播种，晚稻宜7月上旬播种，桂北6月下旬播种。移栽秧龄5.0 ~ 5.5叶，抛栽秧龄2.5 ~ 3.5叶。插植规格24.0cm × 16.0cm，双株植或抛栽25.5万 ~ 30.0万穴/hm^2。施纯氮量172.5 ~ 187.5kg/hm^2，氮、磷、钾比例为1 : 0.6 : 1。其他参照籼型三系杂交稻感温中熟品种。

金谷202（Jingu 202）

品种来源：四川农业大学高科农业有限责任公司、四川省农业生物技术工程研究中心利用金谷A和蜀恢202（蜀恢881//蜀恢881/Lemont）配组育成。2006年通过广西壮族自治区农作物品种审定委员会审定，审定编号为桂审稻2006031号。

形态特征和生物学特性：籼型三系杂交稻感温迟熟早稻品种。株型适中，叶姿稍挺，穗大粒重，谷壳淡黄色，长粒型。桂南早稻种植，全生育期128d左右。株高117.2cm，穗长25.8cm，有效穗数268.5万/hm^2，穗粒数132.0粒，结实率79.9%，千粒重30.4g。

品质特性：谷粒长宽比3.1，糙米率82.5%，糙米长宽比3.3，整精米率35.5%，垩白粒率94%，垩白度13.6%，胶稠度42mm，直链淀粉含量19.9%。

抗性：苗叶瘟3级，穗瘟5级。

产量及适宜地区：2004年参加桂南稻作区早稻迟熟组筛选试验，5个试点平均单产8 541.0kg/hm^2；2005年早稻区域试验，4个试点平均单产7 326.0kg/hm^2。2005年生产试验平均单产6 846.0kg/hm^2。适宜桂南稻作区作早稻和中稻地区种植。

栽培技术要点：根据当地种植习惯与特优63同期播种，秧龄30d左右。早稻插植规格23.0cm × 13.0cm，中稻26.0cm × 16.0cm，每穴插2粒谷苗，保证基本苗105.0万～135.0万/hm^2。重基肥早追肥，基肥占60%，蘖肥占30%，穗肥占10%。注意防治稻蓟马、螟虫、稻纵卷叶螟及稻瘟病等病虫害。

金梅优167（Jinmeiyou 167）

品种来源：广西壮族自治区博白县农业科学研究所利用金梅A和R167（R01/测64-7）配组育成。2006年通过广西壮族自治区农作物品种审定委员会审定，审定编号为桂审稻2006006号。

形态特征和生物学特性：籼型三系杂交稻感温中熟早、晚稻品种。群体生长整齐，株型适中，穗型较小。桂中北早稻种植，全生育期116d左右。株高107.2cm，穗长21.9cm，有效穗数295.5万/hm^2，穗粒数130.9粒，结实率76.8%，千粒重25.0g。

品质特性：糙米率79.8%，糙米长宽比2.8，整精米率55.3%，垩白粒率74%，垩白度26.3%，胶稠度87mm，直链淀粉含量19.5%。

抗性：苗叶瘟5级，穗瘟5级，稻瘟病的抗性评价中感；白叶枯病5级。

产量及适宜地区：2004年参加桂中北稻作区早稻中熟组区域试验，5个试点平均单产7 743.0kg/hm^2；2005年早稻续试，5个试点平均单产7 021.5kg/hm^2。2005年晚稻生产试验平均单产6 771.0kg/hm^2。适宜桂中、桂北稻作区作早、晚稻种植。

栽培技术要点：早稻桂中北3月中下旬播种，晚稻6月底至7月初播种。插秧叶龄5.0～6.0叶，抛秧叶龄3.0～3.5叶，插秧规格（20.0～23.0）cm×（13.0～16.0）cm或抛栽31.5万穴/hm^2。施纯氮150～180kg/hm^2，氮、磷、钾比例为1∶0.6∶1；及时露晒田，后期干干湿湿至成熟。

金优1202（Jinyou 1202）

品种来源：广西南宁市沃德农作物研究所利用金23A和R1202（测1018/测64-7）配组育成。2006年通过广西壮族自治区农作物品种审定委员会审定，审定编号为桂审稻2006015号。

形态特征和生物学特性：籼型三系杂交稻感温中熟晚稻品种。株型适中，剑叶挺直，穗长粒多，后期转色好，谷色淡黄，稃尖紫色，无芒。桂中北晚稻种植，全生育期111d左右。株高107.5cm，穗长24.5cm，有效穗数280.5万/hm^2，穗粒数146.5粒，结实率73.4%，千粒重26.6g。

品质特性：糙米率81.6%，糙米长宽比3.2，整精米率67.8%，垩白粒率46%，垩白度4.4%，胶稠度82mm，直链淀粉含量19.3%。

抗性：苗叶瘟6级，穗瘟9级，稻瘟病的抗性评价为高感；白叶枯病5级。

产量及适宜地区：2004年参加桂中桂北稻作区晚稻中熟组区域试验，5个试点平均单产7 240.5kg/hm^2；2005年晚稻续试，5个试点平均单产7 722.0kg/hm^2。2005年早稻生产试验平均单产6 592.5kg/hm^2。适宜桂中稻作区作早、晚稻，桂北稻作区作晚稻种植。

栽培技术要点：早稻桂中3月中、下旬播种，晚稻桂中7月上旬至中旬，桂北6月底至7月初播种；插秧叶龄5.0 ~ 6.0叶，抛秧叶龄3.0 ~ 4.0叶。插植规格（20.0 ~ 23.0）cm×（13.0 ~ 16.0）cm，每穴插2粒谷苗，或抛31.5万~ 37.5万穴/hm^2。施纯氮165.0 ~ 187.5kg/hm^2，氮、磷、钾比例为1 ： 0.6 ： 1。综合防治纹枯病和稻瘟病。

金优191（Jinyou 191）

品种来源：广西桂林市种子公司利用金23A和恢复系191配组育成。2001年通过广西壮族自治区农作物品种审定委员会审定，审定编号为桂审稻2001092号。

形态特征和生物学特性：籼型三系杂交稻感温中熟早、晚稻品种。株型适中，分蘖力中等，生长势强，叶片挺直，叶色绿，叶鞘、叶舌、叶耳均为浅紫色，后期熟色好。桂北种植全生育期早稻120d左右，晚稻105d左右。株高106.0cm左右，有效穗数255.0万～300.0万/hm^2，穗粒数110～145粒，结实率75.0%左右，千粒重27.0g。

品质特性：外观米质中等。

抗性：抗稻瘟病一般。

产量及适宜地区：1998—1999年参加桂林市区试，其中1998年早、晚稻平均单产分别为6 951.0kg/hm^2和6 765.0kg/hm^2；1999年早稻平均单产6 375.0kg/hm^2。1998—2001年桂林市累计种植面积5 333.3hm^2左右，平均单产6 750.0～7 500.0kg/hm^2。

栽培技术要点：不宜偏施氮肥和后期断水过早，注意防治稻瘟病。其他参照一般籼型三系杂交稻感温早熟品种。

金优253（Jinyou 253）

品种来源：广西大学支农开发中心利用金23 A与测253配组而成。2000年通过广西壮族自治区农作物品种审定委员会审定，审定编号为桂审稻2000020号。

形态特征和生物学特性：籼型三系杂交稻感温中熟早、晚稻品种。株型较松散，叶片较长，长势旺，分蘖力中等，茎秆稍软。全生育期早稻118d，晚稻107d。株高119.0cm，有效穗数255.0万～285.0万/hm^2，穗长26.0cm，穗粒数140.0粒左右，结实率85.0%以上，千粒重25.0g。

品质特性：米质较优。糙米率82.2%，糙米长宽比3.1，精米率75.1%，整精米率61.4%，垩白粒率68%，垩白度13.7%，透明度2级，碱消值3.6级，胶稠度60mm，直链淀粉含量20.1%，蛋白质含量12.8%。

抗性：抗倒伏性稍差。

产量及适宜地区：1998年晚稻参加育成单位品比试验，平均单产6 508.5kg/hm^2；1999年早稻参加广西水稻新品种筛选试验，平均单产6 807.0kg/hm^2；2000年早稻参加广西区试。1998—2000年在来宾、柳江、武宣、隆安等地进行试种1.1万hm^2，一般单产6 750.0kg/hm^{2}左右。适宜桂南、桂中作早、晚稻，桂北作晚稻推广种植。2001—2008年累计种植面积25.0万hm^2。

栽培技术要点：注意及时露晒田，耐肥，不宜偏施氮肥，要多施磷、钾肥，以防倒伏。其他参照一般感温型杂交水稻组合栽培。

金优315（Jinyou 315）

品种来源：广西大学利用金23A和T315（由测64-49/密阳46选育而成）配组育成。2004年通过广西壮族自治区农作物品种审定委员会审定，审定编号为桂审稻2004012号。

形态特征和生物学特性：籼型三系杂交稻感温中熟早、晚稻品种。株型适中，较易落粒。在桂中、桂北种植全生育期早稻113～120d；晚稻102～113d。株高113.1cm，穗长24.1cm，有效穗数277.5万/hm^2，穗粒数144粒，结实率76.7%，千粒重25.4g。

品质特性：糙米长宽比3.0，整精米率49.6%，垩白粒率87%，垩白度20.4%，胶稠度65mm，直链淀粉含量25.5%。

抗性：叶瘟8级，穗瘟9级，白叶枯病7级，褐飞虱9级。抗倒伏性稍差。

产量及适宜地区：2003年早稻参加桂中北稻作区中熟组区域试验，平均单产8 071.5kg/hm^2；晚稻继续参加桂中北稻作区中熟组区域试验，平均单产6 822.0kg/hm^2。生产试验平均单产6 957.0kg/hm^2。可在种植汕优64、金优207的非稻瘟病区种植。

栽培技术要点：早稻3月中旬播种，晚稻6月底7月上旬播种，旱育秧4.1叶移栽，水育秧5.1叶左右移栽。插植规格13.2cm×23.1cm，每穴插2粒谷或抛栽密度30穴/m^2。施纯氮135.0kg/hm^2左右。注意防治稻瘟病、白叶枯病等。

金优356（Jinyou 356）

品种来源：广西南宁市沃德农作物研究所利用金23A和R356(R402/明恢82）配组育成。2005年通过广西壮族自治区农作物品种审定委员会审定，审定编号为桂审稻2005004号。

形态特征和生物学特性：籼型三系杂交稻感温中熟早稻品种。株型适中，叶姿较挺，叶鞘、叶耳、稃尖紫色，熟期转色好。桂中北早稻种植，全生育期114 ~ 121d。株高114.9cm，穗长23.2cm，有效穗数280.5万/hm^2，穗粒数134.6粒，结实率77.0%，千粒重28.2g。

品质特性：糙米率81.9%，糙米长宽比2.9，整精米率64.9%，垩白粒率86%，垩白度32.2%，胶稠度72mm，直链淀粉含量22.6%。

抗性：穗瘟9级，白叶枯病7级。

产量及适宜地区：2003年早稻参加桂中北中熟组筛选试验，3个试点平均单产7 461.0kg/hm^2。2004年早稻参加桂中北中熟组区试，5个试点平均单产7 917.5kg/hm^2。生产试验平均单产6 582.0kg/hm^2。适宜桂中稻作区作早、晚稻和桂北稻作区作晚稻种植。

栽培技术要点：早稻桂中3月中下旬播种，桂北3月底4月初播种，秧龄4.5 ~ 5.0叶；晚稻桂中、桂北7月上旬至中旬播种，秧龄16 ~ 20d，抛秧秧龄3.0 ~ 3.5叶。插37.5万穴/hm^2或抛栽34.5万~ 37.5万穴/hm^2。采用前促、中稳、后补的施肥方法，适当增施磷、钾肥并适时适度晒田，增强抗倒伏能力。注意防治稻瘟病。

金优404（Jinyou 404）

品种来源：广西桂林地区种子公司1994年利用金23A和R404配组育成。2001年通过广西壮族自治区农作物品种审定委员会审定，审定编号为桂审稻2001075号。

形态特征和生物学特性：籼型三系杂交稻感温早熟早稻品种。分蘖力较强，生长旺盛，后期落色好。桂北种植全生育期早稻108d左右。株高88.0cm，穗长21.2cm，有效穗数285.0万/hm^2左右，穗粒数110粒左右，结实率约81.0%，千粒重25.0～26.0g。

品质特性：外观米质较好。

抗性：较抗稻瘟病、白叶枯病。

产量及适宜地区：1995—1996年早稻参加桂林地区区试，平均单产分别为7 689.0kg/hm^2和7 281.0kg/hm^2。1995—2001年桂林市累计种植面积2.7万hm^2，平均单产6 750.0～7 500.0kg/hm^2。适宜桂中、桂北作早稻推广种植。

栽培技术要点：参照一般籼型三系杂交稻感温早熟品种进行。

金优408（Jinyou 408）

品种来源：广西李昌发利用金23A和测408（IR2081//测402/株系08，株系08为R207变异株）配组育成。2008年通过广西壮族自治区农作物品种审定委员会审定，审定编号为桂审稻2008004号。

形态特征和生物学特性：籼型三系杂交稻感温中熟早稻品种。株型适中，剑叶长、大、披。桂中、桂北早稻种植，全生育期120d左右。株高109.6cm，穗长22.7cm，有效穗数264.0万/hm^2，穗粒数140.0粒，结实率80.6%，千粒重27.8g。

品质特性：糙米率82.9%，糙米长宽比3.1，整精米率54.2%，垩白粒率80%，垩白度13.0%，胶稠度83mm，直链淀粉含量28.6%。

抗性：苗叶瘟6级，穗瘟9级；白叶枯病致病Ⅳ型7级，Ⅴ型9级。

产量及适宜地区：2006年参加桂中、桂北稻作区早稻中熟组初试，5个试点平均单产6 679.5kg/hm^2；2007年续试，4个试点平均单产8 708.4kg/hm^2；两年试验平均单产7 694.3kg/hm^2。2007年生产试验平均单产6 895.2kg/hm^2。

栽培技术要点：移栽秧龄早稻20 ~ 25d，晚稻15 ~ 20d，叶龄4.0叶左右。插植规格20.0cm × 13.0cm或20.0cm × 16.5cm，栽基本苗90.0万/hm^{2}左右，每穴2 ~ 3苗。插后回青即可追肥，主攻分蘖肥，氮：磷：钾比例为1 ：0.6 ：1，占总施肥量的80%以上。注意防治病虫害。

金优4480（Jinyou 4480）

品种来源：广西桂林市种子公司于1995年利用金23A和恢复系4480组配育成。2001年通过广西壮族自治区农作物品种审定委员会审定，审定编号为桂审稻2001050号。

形态特征和生物学特性：籼型三系杂交稻感温中熟早、晚稻品种。桂中北种植，全生育期早稻118～120d，晚稻104d左右，株叶型集散适中，剑叶窄挺，分蘖力中等，抽穗整齐，繁茂性好。株高90.0cm左右，有效穗数300.0万～330.0万/hm^2，每穗总粒数110～130粒，结实率81.0%左右，千粒重27.0g。

品质特性：谷粒长型，外观米质较优。

产量及适宜地区：1997—1998年连续两年早稻参加桂林市水稻品种比较试验，平均单产分别为6 958.5kg/hm^2和7 141.5kg/hm^2；同期在临桂、恭城、平乐、灵川、全州等地进行生产试验和试种示范，平均单产分别为6 766.5kg/hm^2和6 945.0kg/hm^2。至2001年，桂林、柳州等地累计种植面积达1.3万hm^2，平均单产6 750.0kg/hm^2左右。

栽培技术要点：不宜偏施氮肥，多施磷、钾肥，以防倒伏。其他参照一般籼型三系杂交稻感温中熟品种。

金优463（Jinyou 463）

品种来源：湖南衡阳市农业科学研究所用金23A和T0463配组育成。2001年通过广西壮族自治区农作物品种审定委员会审定，审定编号为桂审稻2001074号。

形态特征和生物学特性：籼型三系杂交稻感温早熟早稻品种。株型集散适中，分蘖力中等，茎秆偏细，叶稍宽不披垂。桂北种植全生育期早稻110d左右。株高95.0cm，穗长22.3cm，有效穗数270.0万/hm^{2}左右，穗粒数125粒左右，结实率78.0%左右，千粒重25.1g。

品质特性：外观米质较好。

抗性：较抗稻瘟病、白叶枯病。

产量及适宜地区：1999—2000年早稻参加桂林市区试，平均单产分别为7 750.5kg/hm^{2}和7 269.0kg/hm^2。1998—2001年桂林市累计种植面积3 333.3hm^2，平均单产6 750.0 ~ 7 500.0kg/hm^2。适宜桂中、桂北作早稻推广种植。

栽培技术要点：栽培过程中不宜偏施氮肥，增施磷、钾肥。其他参照一般籼型三系杂交稻感温早熟品种进行。

金优64（Jinyou 64）

品种来源：广西桂林地区种子公司于1994年利用金23A和测64-7配组育成。2001年通过广西壮族自治区农作物品种审定委员会审定，审定编号为桂审稻2001095号。

形态特征和生物学特性：籼型三系杂交稻感温中熟早、晚稻品种。株型适中，分蘖力中等，叶片较薄，叶色青绿。桂北种植，全生育期早稻120d左右，晚稻108d左右。株高98.0cm左右，有效穗数300万/hm^2左右，穗粒数110粒左右，结实率75.0%左右，千粒重24.0g。

品质特性：外观米质较好。

抗性：较抗稻瘟病。

产量及适宜地区：1995—1996年参加桂林地区区试，平均单产分别为7 263.0kg/hm^2和7 419.0kg/hm^2。1995—2001年桂林市累计种植面积3.3万hm^2左右，平均单产6 750.0 ~ 7 500.0kg/hm^2。适宜桂北作早、晚稻推广种植。

栽培技术要点：参照一般籼型三系杂交稻感温中熟品种进行。

金优647（Jinyou 647）

品种来源：湖南杂交水稻研究中心利用金23A和恢复系647配组育成。2001年通过广西壮族自治区农作物品种审定委员会审定，审定编号为桂审稻2001085号。

形态特征和生物学特性：籼型三系杂交稻感温中熟晚稻品种。株叶型集散适中，分蘖力较强，生长势强，叶片细长挺直，叶色淡绿，抽穗整齐，熟色好。桂北种植全生育期早稻122d左右，晚稻107d左。株高105.0～110.0cm，有效穗数270.0万～300.0万/hm^2，穗粒数115～130粒，结实率80.0%左右，千粒重27.0g。

品质特性：外观米质好。

抗性：抗稻瘟病一般。

产量及适宜地区：1994—1995年晚稻参加桂林地区区试，平均单产分别为6 774.0kg/hm^2和7 519.5kg/hm^2。1994—2001年桂林市累计种植面积2.0万hm^2，平均单产6 600.0～7 500.0kg/hm^2。适宜桂中、桂北作早、晚稻推广种植。

栽培技术要点：不宜偏施氮肥和后期断水过早，注意防治稻瘟病。其他参照籼型三系杂交稻感温中熟品种进行。

金优66（Jinyou 66）

品种来源：广西桂林市种子公司于1995年利用金23A和恢复系66配组育成。2001年通过广西壮族自治区农作物品种审定委员会审定，审定编号为桂审稻2001051号。

形态特征和生物学特性：籼型三系杂交稻感温早熟早稻品种。株叶型较紧凑，分蘖力中等，叶色浅绿，剑叶较挺，抽穗整齐，繁茂性好，谷粒细长，淡黄。桂北早稻种植全生育期106d左右。株高95.0cm左右，有效穗数270.0万～345.0万/hm^2，穗粒数100～120粒，结实率82.0%，千粒重23.0～25.0g。

品质特性：外观米质较优。

抗性：抗白叶枯病、细菌性条斑病，感稻瘟病。

产量及适宜地区：1997—1998年连续两年早稻参加桂林市水稻品种比较试验，平均单产分别为6 858.0kg/hm^2和6 690.0kg/hm^2；同期在永福、临桂、灵川等地进行试种示范，平均单产6 450.0～7 200.0kg/hm^2。至2001年，桂林市累计种植面积达6 666.7hm^2。适宜桂中、桂北非稻瘟病区中等以下肥力稻田作早稻推广种植。

栽培技术要点：不宜偏施氮肥和防治稻瘟病等病虫害。其他参照一般籼型三系杂交稻感温早熟品种进行。

金优6601（Jinyou 6601）

品种来源：广西桂穗种业有限公司利用金23A和R601［(IR661/田东野生稻）/IR36］配组而成。2005年通过广西壮族自治区农作物品种审定委员会审定，审定编号为桂审稻2005007号。

形态特征和生物学特性：籼型三系杂交稻感温中熟早、晚稻品种。群体生长较整齐，株型适中，叶姿稍披，叶鞘、稃尖紫色，熟期转色中，较易落粒。桂中北早稻种植，全生育期126d左右；桂中北晚稻种植，全生育期113d左右。株高112.8cm，穗长25.6cm，有效穗数294.0万/hm^2，穗粒数157.3粒，结实率66.0%，千粒重26.1g。

品质特性：谷粒长0.9cm，谷粒宽0.3cm，谷粒长宽比3.36，糙米率81.9%，糙米长宽比3.0，整精米率54.0%，垩白粒率84%，垩白度30.4%，胶稠度70mm，直链淀粉含量19.5%。

抗性：穗瘟9级，白叶枯病5级。

产量及适宜地区：2004年早稻参加桂中北中熟组筛选试验，4个试点平均单产7 249.5kg/hm^2；2004年晚稻参加桂中北中熟组区试，5个试点平均单产7 246.5kg/hm^2。生产试验平均单产6 079.5kg/hm^2。适宜桂南、桂中稻作区作早、晚稻和桂北稻作区作晚稻种植。

栽培技术要点：按当地种植习惯与金优桂99同期播种，秧龄25～30d。4.0～5.0叶期移栽，栽基本苗105.0万～120.0万/hm^2，或抛秧27.0万穴/hm^2左右。施纯氮105～120kg/hm^2，氮、磷、钾合理搭配，氮、磷、钾比例为1∶0.5∶1.1，切忌施攻胎肥和壮尾肥，以免后期贪青倒伏。注意防治稻瘟病等病虫害。

金优782（Jinyou 782）

品种来源：广西壮族自治区种子公司利用金23A和测782（桂99//IR661/明恢63）配组育成。2007年通过广西壮族自治区农作物品种审定委员会审定，审定编号为桂审稻2007004号。

形态特征和生物学特性：籼型三系杂交稻感温中熟早稻品种。株型适中，穗长粒多，结实差。桂中、桂北早稻种植，全生育期124d左右，株高109.1cm，穗长23.8cm，有效穗数280.5万/hm^2，穗粒数158.3粒，结实率70.2%，千粒重24.2g。

品质特性：糙米率82.7%，糙米长宽比3.0，整精米率62.6%，垩白粒率74%，垩白度8.5%，胶稠度70mm，直链淀粉含量25.9%。

抗性：苗叶瘟4.5～4.7级，穗瘟9级；白叶枯病Ⅳ型7级，Ⅴ型9级。

产量及适宜地区：2005年早稻参加桂中、桂北稻作区中熟组试验，4个试点平均单产6 826.5kg/hm^2；2006年早稻续试，5个试点平均单产7 152.0kg/hm^2；两年试验平均单产6 990.0kg/hm^2。2006年晚稻生产试验平均单产6 193.5kg/hm^2。适宜桂中、桂北稻作区作早、晚稻种植。

栽培技术要点：早稻3月中下旬、晚稻7月上旬播种，大田用种量19.5～22.5kg/hm^2。插植叶龄4.0～5.0叶，抛秧叶龄3.0～4.0叶，在秧苗1叶1心时秧田用多效唑900.0～1 200.0g/hm^{2}喷施1次，促进分蘖。插植规格20.0cm×13.0cm，每穴插2粒谷。基肥为主，追肥为辅，早施分蘖肥，后期看苗施肥；及时晒田控苗，后期宜采用干湿交替灌溉，不宜脱水过早。注意防治稻瘟病等病虫害。

金优80（Jinyou 80）

品种来源：广西桂林市种子公司于1998年从湖南杂交水稻研究中心引进的品种。2001年通过广西壮族自治区农作物品种审定委员会审定，审定编号为桂审稻2001052号。

形态特征和生物学特性：籼型三系杂交稻感温中熟早、晚稻品种。株型集散适中，分蘖力中等，叶色浅绿，剑叶较窄，繁茂性好，谷粒长形。桂中北种植，全生育期早稻120d，晚稻105d。株高108.0cm左右，有效穗数270.0万～300.0万/hm^2，穗粒数110～130粒，结实率85.0%左右，千粒重25.0～27.0g。

品质特性：外观米质较优。

抗性：抗稻瘟病，抗白叶枯病、细菌性条斑病。耐肥，抗倒伏稍差。

产量及适宜地区：1998年参加桂林市水稻新品种筛选试验，5个试点平均单产7 444.5kg/hm^2；1999—2000年连续两年早稻参加桂林市水稻品种比较试验，平均单产分别为7 297.5kg/hm^2和7 951.5kg/hm^2。同期在临桂、阳朔、永福、灵川、全州等地进行试种示范，平均单产6 600.0～7 500.0kg/hm^2。1998—2001年桂林市累计种植面积6 666.7hm^2。适宜桂中、桂北作早、晚稻推广种植。

栽培技术要点：不宜偏施氮肥，多施磷、钾肥，以防倒伏。其他参照一般籼型三系杂交稻感温中熟品种进行。

金优804（Jinyou 804）

品种来源：湖南安江农校利用金23A和恢复系804配组育成。2001年通过广西壮族自治区农作物品种审定委员会审定，审定编号为桂审稻2001070号。

形态特征和生物学特性：籼型三系杂交稻感温早熟早稻品种。分蘖力中等。桂北种植全生育期早稻100d左右。株高85.0cm左右，穗长18.0 ～ 20.0cm，有效穗数270.0万～ 300.0万/hm^2，穗粒数110粒左右，结实率78.3%，千粒重25.0g左右。

品质特性：外观米质较好。

抗性：抗稻瘟病一般。

产量及适宜地区：1998年试种观察，平均单产6 834.0kg/hm^2；1999—2000年早稻参加桂林市区试，平均单产分别为6 679.5kg/hm^2和7 017.0kg/hm^2。桂林市1998—2001年累计种植2 000.0hm^2，平均单产6 300.0 ～ 6 900.0kg/hm^2。适宜桂北作早稻推广种植。

栽培技术要点：注意插植适龄秧，并插足基本苗，及时追施速效性氮肥，其他参照籼型三系杂交稻感温早熟品种进行。

金优808（Jinyou 808）

品种来源：广西柳州地区农业科学研究所1998年利用金23A和T80配组育成。2003年通过广西壮族自治区农作物品种审定委员会审定，审定编号为桂审稻2003002号。

形态特征和生物学特性：籼型三系杂交稻感温中熟早稻品种。株型集散适中、生长整齐，分蘖力中等，叶色青绿，叶姿和长势一般，熟期转色好，较难落粒，谷壳黄色，稃尖紫色，谷粒长形、无芒。桂中种植全生育期早稻115～121d（手插秧）。株高100.0cm左右，穗长23.0cm左右，有效穗数300.0万/hm^2左右，穗粒数130～140粒，结实率74.6%～83.2%，千粒重26.3～26.8g。

品质特性：谷粒长宽比3.5，糙米率81.3%，糙米粒长6.8mm，糙米长宽比3.2，精米率73.5%，整精米率49.2%，垩白粒率62%，垩白度5.9%，透明度2级，碱消值5.8级，胶稠度49mm，直链淀粉含量23.8%，蛋白质含量9.0%。

抗性：苗叶瘟5级，穗瘟5～9级，中等抗白叶枯病（病级5～7级），中感褐飞虱（病级6.7～9.0级）。耐寒，抗倒伏。

产量及适宜地区：2001—2002年早稻参加广西水稻品种中熟组区试，5个试点平均单产分别为7 527.0kg/hm^2和7 573.5kg/hm^2；生产试验两试点（贺州、宜州）平均单产7 063.5kg/hm^2；在柳州、贺州、宜州、桂林等地试种，平均单产为6 450.0～7 500.0kg/hm^2。适宜桂中、桂北稻作区作早、晚稻，桂南稻作区作早稻种植。

栽培技术要点：早稻3月中、下旬播种，稀播足肥，培育25～30d适龄壮秧。晚稻7月15日左右播，秧龄12～20d。一般田或中等施肥水平，行株距20cm×17cm、13cm×23cm。肥田或高肥水管理，插26cm×13cm，双粒谷秧或抛27.0万～30.0万穴/hm^2。基肥施优质农家肥15 000～22 500kg/hm^2，插后15d内分两次施尿素、氯化钾各225.0～300.0kg/hm^2，齐穗适施穗粒肥。适时露晒田，控蘖壮秆。插后20d左右露晒田，注意防治病虫害。

金优82（Jinyou 82）

品种来源：广西贺州市种子公司于1998年利用金23A和明恢82配组育成。2001年通过广西壮族自治区农作物品种审定委员会审定，审定编号为桂审稻2001031号。

形态特征和生物学特性：籼型三系杂交稻感温中熟早、晚稻品种。株叶型稍散，分蘖力中等，叶片较长。桂中地区种植，全生育期早稻115 ~ 118d，晚稻105 ~ 108d。株高100.0 ~ 105.0cm，有效穗数270.0万 ~ 285.0万/hm^2，穗粒数110 ~ 140粒，结实率80.0% ~ 85.0%，千粒重23.5 ~ 24.5g。

抗性：中抗稻瘟病。

产量及适宜地区：1999年晚稻参加贺州市水稻新品种品比试验，平均单产7 156.5kg/hm^2；2000年早、晚稻续试，平均单产分别为7 393.5kg/hm^2和7 171.5kg/hm^2。1999—2000年进行试种示范，平均单产6 750.0 ~ 7 200.0kg/hm^2。2001年贺州市试种面积达2 400.0hm^2。适宜桂中、桂北作早、晚稻推广种植。

栽培技术要点：参照一般籼型三系杂交稻感温中熟品种进行。

金优96（Jinyou 96）

品种来源：广西桂林地区种子公司于1994年利用金23A和恢复系96配组育成。2001年通过广西壮族自治区农作物品种审定委员会审定，审定编号为桂审稻2001097号。

形态特征和生物学特性：籼型三系杂交稻感温中熟早稻品种。株型适中，分蘖力中等，生长势强，叶片细长，叶色淡绿，后期熟色好。桂北种植全生育期早稻121d左右，晚稻107d左右。株高100.0cm左右，有效穗数270.0万～300.0万/hm^2，穗粒数115粒左右，结实率75.0%左右，千粒重26.0g。

品质特性：米质一般。

抗性：抗稻瘟病。

产量及适宜地区：1995—1996年早稻参加桂林地区区试，平均单产分别为7 344.0kg/hm^2和6 751.5kg/hm^2。1995—2001年桂林市累计种植面积1.2万hm^2，平均单产6 600.0～7 500.0kg/hm^2。适宜桂北作早、晚稻推广种植。

栽培技术要点：不宜偏施氮肥和后期断水过早。其他参照一般籼型三系杂交稻感温中熟品种进行。

金优966（Jinyou 966）

品种来源：四川省南充市嘉陵农作物品种研究中心、四川中正科技种业有限公司利用金23A和恢复系96-6（由R1318//R6078/R21选育而成）配组而成。2004年通过广西壮族自治区农作物品种审定委员会审定，审定编号为桂审稻2004016号。

形态特征和生物学特性：籼型三系杂交稻感温迟熟早稻品种。株型较紧束，叶姿挺直，熟期转色较好，较易落粒。在桂南作早稻种植全生育期120d左右，株高112.4cm，穗长24.7cm，有效穗数270.0万/hm^2，穗粒数127.7粒，结实率79.3%，千粒重29.9g。

品质特性：糙米长宽比3.3，整精米率41.5%，垩白粒率59%，垩白度16.5%，胶稠度51mm，直链淀粉含量22.2%。

抗性：苗叶瘟5级，穗瘟7级，白叶枯病9级，褐飞虱9.0级。抗倒伏性稍差。

产量及适宜地区：2002年早稻参加桂南稻作区迟熟组区域试验，平均单产7 531.5kg/hm^2；2003年早稻续试，平均单产8 316.0kg/hm^2。2003年生产试验平均单产8 007.0kg/hm^2。可在种植特优63、金优桂99的稻瘟病轻发区种植。

栽培技术要点：早稻3月上旬播种，旱育秧4.1叶移栽，水育秧5.1叶左右移栽；晚稻7月上旬播种，秧龄20d左右。插植规格13.2cm×23.1cm，每穴插2粒谷或抛栽密度30穴/m^2。注意防治稻瘟病和白叶枯病。

金优R12（Jinyou R 12）

品种来源：广西来宾市农业科学研究所利用金23A和R12配组育成。2006年通过广西壮族自治区农作物品种审定委员会审定，审定编号为桂审稻2006016号。

形态特征和生物学特性：籼型三系杂交稻感温中熟早、晚稻品种。株型适中，分蘖力较弱，剑叶挺直，叶鞘、稃尖紫色，谷粒淡黄色。桂中北早稻种植，全生育期119d左右；晚稻种植，全生育期104d左右。株高109.5cm，穗长24.0cm，有效穗数261.0万/hm^2，穗粒数151.0粒，结实率76.0%，千粒重25.1g。

品质特性：谷粒长9.1mm，谷粒长宽比3.64，糙米率81.4%，糙米长宽比3.4，整精米率70.4%，垩白粒率33%，垩白度3.1%，胶稠度54mm，直链淀粉含量20.4%。

抗性：苗叶瘟6级，穗瘟9级，稻瘟病的抗性评价为高感；白叶枯病5级。

产量及适宜地区：2005年参加桂中桂北稻作区早稻中熟组筛选试验，4个试点平均单产6 598.5kg/hm^2；2005年晚稻区域试验，5个试点平均单产7 512.0kg/hm^2。2005年早稻生产试验平均单产6 403.5kg/hm^2。适宜桂中、桂北稻作区作早、晚稻种植。

栽培技术要点：早稻3月中、下旬播种，秧龄25d左右；晚稻7月10～15日播种，培育15～20d的多蘖壮秧。中等施肥水平插植规格20.0cm×17.0cm或23.0cm×13.0cm，每穴插2粒谷秧，或抛秧27.0万～30.0万穴/hm^2。注意防治稻瘟病等病虫害。

京福优270（Jingfuyou 270）

品种来源：福建超大现代种业有限公司利用京福2A和明恢70配组育成。2006年通过广西壮族自治区农作物品种审定委员会审定，审定编号为桂审稻2006026号。

形态特征和生物学特性：籼型三系杂交稻感温迟熟早稻品种。株型适中，分蘖力中等，叶鞘、稃尖紫色，谷粒淡黄色。桂南早稻种植，全生育期129d左右。株高121.3cm，穗长24.2cm，有效穗数247.5万/hm^2，穗粒数137.0粒，结实率80.7%，千粒重29.4g。

品质特性：谷粒长8.0mm，谷粒长宽比2.7，糙米率82.6%，糙米长宽比2.9，整精米率38.3%，垩白粒率61%，垩白度13.1%，胶稠度46mm，直链淀粉含量19.8%。

抗性：苗叶瘟2级，穗瘟7级，稻瘟病的抗性评价为中感；白叶枯病7级。

产量及适宜地区：2004年参加桂南稻作区早稻迟熟组筛选试验，5个试点平均单产8 134.5kg/hm^2；2005年早稻区域试验，5个试点平均单产7 225.5kg/hm^2。2005年生产试验平均单产7 168.5kg/hm^2。适宜桂南稻作区作早稻和中稻地区种植。

栽培技术要点：根据当地种植习惯与特优63同期播种，秧龄30d左右。早稻插植规格23.0cm × 13.0cm，中稻26.0cm × 16.0cm，每穴插2粒谷苗，保证基本苗120万/hm^2。施纯氮165kg左右，氮、磷、钾比例为1 ： 0.5 ： 1，基肥、追肥、穗肥所占比例分别为50%、40%、10%。注意防治病虫害。

科德优红33（Kedeyouhong 33）

品种来源：广西象州黄氏水稻研究所利用科德186A和红香恢SR33M［农浦红/红香粳//R372（自选）/香占］配组育成。2008年通过广西壮族自治区农作物品种审定委员会审定，审定编号为桂审稻2008019号。

形态特征和生物学特性：籼型三系杂交稻感温早、晚稻品种。米皮赤红色，米饭有香味。在桂南、桂中作早稻种植全生育期120d左右；作晚稻种植全生育期105d左右。株高116.1cm，穗长24.8cm，有效穗数256.5万/hm^2，穗粒数126.4粒，结实率81.2%，千粒重26.6g。

品质特性：糙米率81.2%，糙米长宽比3.1，整精米率67.6%，垩白粒率10%，垩白度1.2%，胶稠度61mm，直链淀粉含量12.2%。

抗性：苗叶瘟5～8级，穗瘟7～9级；白叶枯病Ⅳ型5级，Ⅴ型7级。抗倒伏性较差。

产量及适宜地区：2005年参加桂南、桂中北稻作区早稻优质组试验，5个试点平均单产5 199.0kg/hm^2；2006年晚稻续试，5个试点平均单产7 060.5kg/hm^2。2006年早稻生产试验平均单产5 865.0kg/hm^2。适宜桂南、桂中稻作区作早、晚稻种植。

栽培技术要点：早稻桂南3月上旬、桂中3月中旬、桂北3月下旬播种，秧龄25d左右；晚稻桂南7月上旬、桂中北6月下旬至7月初播种，秧龄控制在23d以内。施纯氮150kg/hm^2左右，增施磷、钾肥，氮、磷、钾比例为1 ∶ 0.6 ∶ 1.2。注意综合防治病虫害。

里优6601（Liyou 6601）

品种来源：广西桂穗种业有限公司利用里A和R6601配组育成。2007年通过广西壮族自治区农作物品种审定委员会审定，审定编号为桂审稻2007009号。

形态特征和生物学特性：籼型三系杂交稻感温早、晚稻品种。株型适中，叶姿挺直。在桂南、桂中作早稻种植全生育期124d左右；作晚稻种植全生育期104d左右。株高103.7cm，穗长22.1cm，有效穗数273.0万/hm^2，穗粒数155.2粒，结实率80.7%，千粒重21.5g。

品质特性：谷粒长8.5mm，谷粒长宽比3.3，糙米率81.0%，糙米长宽比3.0，整精米率62.6%，垩白粒率21%，垩白度4.3%，胶稠度68mm，直链淀粉含量20.0%。

抗性：苗叶瘟4～5.3级，穗瘟9级；白叶枯病Ⅳ型5级，Ⅴ型9级。

产量及适宜地区：2005年参加晚稻优质组试验，5个试点平均单产6 754.5kg/hm^2；2006年早稻续试，5个试点平均单产6 412.5kg/hm^2；2005年参加晚稻优质组试验，5个试点平均单产6 754.5kg/hm^2；2006年早稻续试，5个试点平均单产6 412.5kg/hm^2。2006年早稻生产试验平均单产5 884.5kg/hm^2。适宜桂南、桂中稻作区作早、晚稻，桂北稻作区作晚稻种植。

栽培技术要点：4.0～5.0叶龄移栽浅插，插足基本苗105.0万～120.0万/hm^2，抛秧的在3.0叶左右时抛栽，抛27.0万穴/hm^2左右。施纯氮150.0～180.0kg/hm^2，氮、磷、钾肥要合理搭配，氮、磷、钾比例以1∶0.5∶1.1较好，增施农家肥，后期不施或少施攻胎肥和壮尾肥，以防后期贪青倒伏。够苗及时露晒田，抽穗后不宜断水过早。注意综合防治病虫害。

里优6602（Liyou 6602）

品种来源：广西桂穗种业有限公司利用里A和R6602（R01/广恢4480）配组育成。2007年通过广西壮族自治区农作物品种审定委员会审定，审定编号为桂审稻2007010号。

形态特征和生物学特性：籼型三系杂交稻感温早、晚稻品种。株型适中，叶色浓绿，谷壳褐色。在桂南、桂中、桂北作晚稻种植全生育期105d左右。株高95.1cm，穗长22.6cm，有效穗数288.0万/hm^2，穗粒数160.5粒，结实率82.9%，千粒重20.7g。

品质特性：糙米率81.4%，糙米长宽比3.1，整精米率68.6%，垩白粒率12%，垩白度0.9%，胶稠度80mm，直链淀粉含量20.8%。

抗性：苗叶瘟5～9级，穗瘟9级。

产量及适宜地区：2005年参加晚稻优质组试验，5个试点平均单产7 497.0kg/hm^2；2006年晚稻续试，5个试点平均单产8 034.0kg/hm^2；两年平均单产7 765.5kg/hm^2。2006年晚稻生产试验平均单产7 164.0kg/hm^2。适宜桂南、桂中稻作区作早、晚稻，桂北稻作区作晚稻种植。

栽培技术要点：4.0～5.0叶龄移栽浅插，插足基本苗105.0万～120.0万/hm^2，抛秧的在3.0叶左右时抛栽，抛27.0万穴/hm^2左右。施纯氮150～180kg/hm^2，氮、磷、钾肥要合理搭配，氮、磷、钾比例以1：0.5：1较好，中后期看苗施肥，以增强抽穗后劲，增加有效穗。注意综合防治病虫害。

力丰优5059（Lifengyou 5059）

品种来源：广西兆和种业有限公司力利用丰A和R 5059（广恢128//广12/明恢63）配组育成。2010年通过广西壮族自治区农作物品种审定委员会审定，审定编号为桂审稻2010009号。

形态特征和生物学特性：籼型三系杂交稻感温迟熟早稻品种。株叶型适中，叶鞘绿色，主茎叶片数18叶，谷壳淡黄，着粒密度密，颖尖无色，无芒。桂南早稻种植，全生育期125d左右。株高125.4cm，穗长23.9cm，有效穗数249.0万/hm^2，穗粒数147.2粒，结实率84.4%，千粒重27.9g。

品质特性：谷粒长6.2mm，谷粒长宽比2.4，糙米率82.1%，糙米长宽比2.4，整精米率61.9%，垩白粒率91%，垩白度23.5%，胶稠度40mm，直链淀粉含量24.5%。

抗性：苗叶瘟5～7级，穗瘟5～7级，最高级9级；白叶枯病致病Ⅳ型7级，Ⅴ型7～9级。

产量及适宜地区：2007年参加桂南稻作区早稻迟熟组初试，6个试点平均单产8 053.5kg/hm^2；2008年复试，6个试点平均单产8 041.5kg/hm^2；两年试验平均单产8 047.5kg/hm^2。2009年生产试验平均单产8 045.0kg/hm^2。适宜桂南稻作区作早稻，其他稻作区因地制宜作早稻或中稻种植。

栽培技术要点：根据当地种植习惯播种。秧龄30d左右，移栽叶龄5.0～6.0叶，抛秧叶龄3.0～4.0叶。插植规格23.0cm×13.0cm，每穴插2粒谷苗，或抛栽27.0万～30.0万穴/hm^2。施纯氮172.5～187.5kg/hm^2，氮、磷、钾比例为1∶0.6∶1。综合防治病虫害。

连优3189（Lianyou 3189）

品种来源：福建省农业科学院生物技术研究所、福建省农业科学院水稻研究所利用连丰A和闽恢3189配组育成。2009年通过广西壮族自治区农作物品种审定委员会审定，审定编号为桂审稻2009007号。

形态特征和生物学特性：籼型三系杂交稻感温中熟晚稻品种。桂中、桂北种植，全生育期早稻127d左右；晚稻113d左右。株高106.2cm，穗长22.2cm，有效穗数259.5万/hm^2，穗粒数154.8粒，结实率81.1%，千粒重25.1g。

品质特性：糙米率81.8%，糙米长宽比2.8，整精米率52.0%，垩白粒率34%，垩白度6.5%，胶稠度64mm，直链淀粉含量22.2%。

抗性：苗叶瘟6级，穗瘟9级；白叶枯病Ⅳ型5级，Ⅴ型9级。

产量及适宜地区：2006年参加桂中、桂北稻作区晚稻中熟组初试，5个试点平均单产7 918.5kg/hm^2；2007年续试，4个试点平均单产7 842.0kg/hm^2；两年试验平均单产7 878.0kg/hm^2。2008年早稻生产试验平均单产7 659.0kg/hm^2。适宜桂中稻作区早、晚稻，桂南稻作区作早稻和桂北稻作区除兴安、全州、灌阳之外的地区作晚稻种植。

栽培技术要点：桂中早稻3月中下旬播种，晚稻宜7月上旬播种；桂北6月下旬播种。秧田播种量225.0kg/hm^{2}左右，大田用种量19.5～22.5kg/hm^2。大田插植规格17.0cm×20.0cm，丛插2粒谷，插基本苗105.0万～120.0万/hm^2。施纯氮150kg/hm^2，氮、磷、钾比例1：0.5：0.7，基肥、蘖肥、穗肥、粒肥分别占55%、35%、7%、3%。加强病虫害防治，氮肥过多或肥田，要注意防纹枯病。

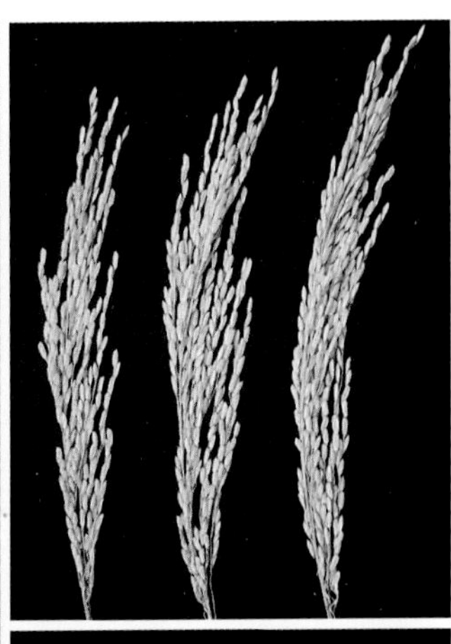

连优6118（Lianyou 6118）

品种来源：福建省农业科学院生物技术研究所、福建省农业科学院水稻研究所利用连丰A和闽恢6118（IR36/明恢77）配组育成。2007年通过广西壮族自治区农作物品种审定委员会审定，审定编号为桂审稻2007005号。

形态特征和生物学特性：籼型三系杂交稻感温中熟早稻品种。株型适中、长势繁茂、穗型中等。桂中北早稻种植，全生育期118d左右。株高108.7cm，穗长22.3cm，有效穗数285.0万/hm^2，穗粒数129.5粒，结实率82.0%，千粒重25.1g。

品质特性：糙米率81.5%，糙米长宽比2.7，整精米率54.2%，垩白粒率86%，垩白度15.9%，胶稠度50mm，直链淀粉含量20.0%。

抗性：苗叶瘟4.5 ~ 6.0级，穗瘟9级；白叶枯病Ⅳ型7级，Ⅴ型9级。

产量及适宜地区：2005年早稻参加桂中、桂北稻作区中熟组试验，4个试点平均单产7 053.0kg/hm^2；2006年早稻续试，5个试点平均单产7 057.5kg/hm^2；两年试验平均单产7 057.5kg/hm^2。2006年晚稻生产试验平均单产6 213.0kg/hm^2。适宜桂中、桂北稻作区作早、晚稻种植。

栽培技术要点：注意稀播匀播，秧龄不超过25d。株行距20.0cm × 20.0cm，插足24.0万穴/hm^2，每穴插2苗，注意浅插、匀插。施足基肥早施追肥，中等肥力田块施纯氮180kg/hm^2，其中基肥占60% ~ 70%，追肥占20% ~ 30%，穗肥占10%，注意配合施用有机肥和磷钾肥。注意防治稻瘟病和螟虫。

良丰优339（Liangfengyou 339）

品种来源：广西壮族自治区农业科学院水稻研究所利用良丰A和桂339（桂339是利用辐恢838与明恢63杂交系选育而成）配组而成。2011年通过广西壮族自治区农作物品种审定委员会审定，审定编号为桂审稻2011007号。

形态特征和生物学特性：籼型三系杂交稻感温迟熟早稻品种。在桂南早稻种植全生育期125d左右；桂中北晚稻种植全生育期111d左右。叶鞘紫色，叶片绿色，长宽适中，直立，穗型松散下垂，谷壳、颖尖紫色，后期青枝蜡秆。有效穗数253.5万/hm^2，株高117.0cm，穗长24.3cm，每穗总粒数147.0粒，结实率79.5%，千粒重28.0g。

品质特性：粒长9mm，长宽比3.0，糙米率81.5%，整精米率58.0%，长宽比2.9，垩白粒率56%，垩白度15.4%，胶稠度76mm，直链淀粉含量11.9%。

抗性：苗叶瘟6级，稻瘟病抗性水平为感病—高感；白叶枯病致病Ⅳ型5级，Ⅴ型7级，白叶枯抗性评价为中感—感病。

产量表现：2009年参加桂南稻作区早稻迟熟组初试，5个试点平均单产8 562.0kg/hm^2；2010年复试，6个试点平均单产7 345.5kg/hm^2；两年试验平均单产7 954.5kg/hm^2。2010年早稻桂南迟熟组生产试验平均单产8 487.0kg/hm^2；桂中北晚稻中熟组生产试验平均单产6 091.5kg/hm^2。适宜桂南稻作区作早稻，桂中稻作区作早、晚稻种植。

栽培技术要点：播种桂南早稻2月底3月初，晚稻7月15日前。桂中早稻3月中下旬，晚稻7月初。移栽用种量15.0 ~ 22.5kg/hm^2，双株植或抛秧，抛栽30.0万穴/hm^2。本田基肥施农家肥15 000 ~ 22 500kg/hm^2、磷肥600 ~ 750kg/hm^2；回青肥施尿素75 ~ 105kg/hm^2；分蘖肥施尿素150 ~ 187.5kg/hm^2、钾肥150 ~ 225.0kg/hm^2；穗肥施尿素45 ~ 60kg/hm^2、钾肥60 ~ 75kg/hm^2。早稻移栽后30d，晚稻20d要及时露晒田，幼穗分化开始时回水，并视苗情补肥。后期保持干干湿湿到黄熟，以提高结实率及谷粒饱满度，提高产量和品质。

灵优6602（Lingyou 6602）

品种来源：广西桂穗种业有限公司利用灵红A和R602（R01/4480）配组而成。2005年通过广西壮族自治区农作物品种审定委员会审定，审定编号为桂审稻2005006号。

形态特征和生物学特性：籼型三系杂交稻感温早、晚稻品种。群体生长整齐，株型适中，叶姿稍披，叶鞘、稃尖紫色，熟期转色好，较易落粒。桂南、桂中早稻种植，全生育期124d左右；桂中北晚稻种植，全生育期114d左右。株高102.1cm，穗长22.9cm，有效穗数312.0万/hm^2，穗粒数141.5粒，结实率75.5%，千粒重23.9g。

品质特性：谷粒长0.9cm，谷粒宽0.25cm，谷粒长宽比3.64，糙米率80.0%，糙米长宽比3.1，整精米率64.5%，垩白粒率6%，垩白度1.6%，胶稠度74mm，直链淀粉含量12.1%。

抗性：穗瘟抗性9级，白叶枯病5级。

产量及适宜地区：2004年早稻参加优质组区试，5个试点平均单产7 030.5kg/hm^2；2004年晚稻参加桂中北中熟组区试，5个试点平均单产7 158.0kg/hm^2。生产试验平均单产6 001.5kg/hm^2。适宜桂南、桂中稻作区作早、晚稻和桂北稻作区作晚稻种植。

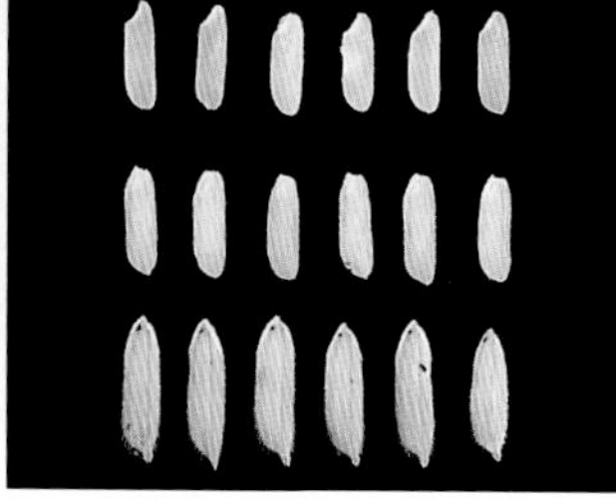

栽培技术要点：按当地种植习惯与金优桂99同期播种，秧龄25～30d。4.0～5.0叶期移栽，栽基本苗105.0万～120.0万/hm^2，或抛秧27万穴/hm^2。本田以农家肥为主，重施基肥，早施追肥，施纯氮105～120kg/hm^2，氮、磷、钾合理搭配，切忌施攻胎肥和壮尾肥，以免后期贪青倒伏；注意防治稻瘟病等病虫害。

六优1025（Liuyou 1025）

品种来源：广西壮族自治区农业科学院水稻研究所利用六A和恢复系1025配组而成。2001年通过广西壮族自治区农作物品种审定委员会审定，审定编号为桂审稻2001038号。

形态特征和生物学特性：籼型三系杂交稻感温迟熟早、晚稻品种。株型集散适中，分蘖力强，后期熟色好，谷粒细长。桂南种植，全生育期早稻125d左右，株高110cm；晚稻110d左右，株高105.0cm。有效穗数300.0万/hm^2左右，穗粒数170粒左右，结实率80.0%，千粒重21.0g。

品质特性：糙米率81.1%，糙米长宽比3.0，精米率74.4%，整精米率66.4%，垩白粒率26%，垩白度8.7%，透明度2级，碱消值6.0级，胶稠度44mm，直链淀粉含量21.8%，蛋白质含量8.9%。米质较优。

抗性：耐肥力稍差。

产量及适宜地区：1999年晚稻参加选育单位水稻新品种对比试验，平均单产7 510.5kg/hm^2；2001年早稻参加广西区试，桂南6个试点平均单产6 876.0kg/hm^2，同期在南宁、藤县、合浦、北流等地进行生产试验和试种示范，平均单产6 750.0 ～ 8 250.0kg/hm^2。适宜桂南早、晚稻和桂中晚稻中低产田推广种植。

栽培技术要点：注意控制中期氮肥的施用，适时重晒田。其他参照一般籼型三系杂交稻感温迟熟品种进行。

泸优578（Luyou 578）

品种来源：四川川种种业有限责任公司、四川省农业科学院水稻高粱研究所利用LF308A和川种恢578配组育成。2007年通过广西壮族自治区农作物品种审定委员会审定，审定编号为桂审稻2007023号。

形态特征和生物学特性：籼型三系杂交稻感温迟熟早稻品种。株型适中，叶片挺直，抽穗整齐，后期转色好，部分穗顶有芒，不易落粒。桂南早稻种植，全生育期126d左右。株高126.3cm，穗长23.3cm，有效穗数262.5万/hm^2，穗粒数132.8粒，结实率82.8%，千粒重29.1g。

品质特性：谷粒长度7.1mm，谷粒长宽比3.0，糙米率80.7%，糙米长宽比3.0，整精米率37.8%，垩白粒率76%，垩白度12.3%，胶稠度54mm，直链淀粉含量19.8%。

抗性：苗叶瘟4.0～5.0级，穗瘟9级；白叶枯病Ⅳ型7级，Ⅴ型9级。抗倒伏性稍差。

产量及适宜地区：2005年参加桂南稻作区早稻迟熟组试验，5个试点平均单产7 075.5kg/hm^2；2006年早稻续试，5个试点平均单产8 721.0kg/hm^2；两年试验平均单产7 899.0kg/hm^2。2006年早稻生产试验平均单产7 482.0kg/hm^2。适宜桂南稻作区作早稻种植。

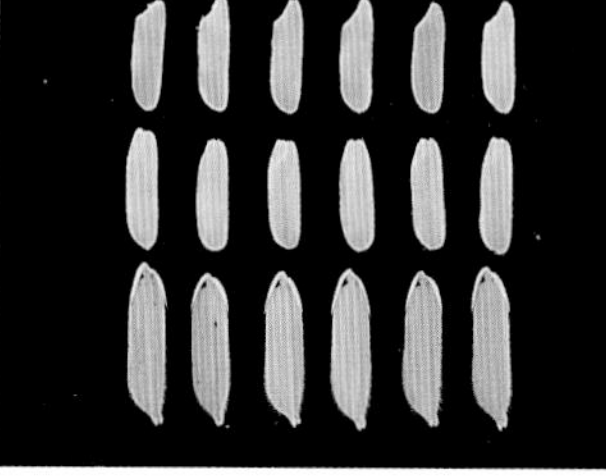

栽培技术要点：本田用种量15.0～22.5kg/hm^2。采用湿润或保温育秧，培育多蘖壮秧，秧龄35d以内。本田采用16.5cm×26.5cm规格栽插，每穴插2粒谷带蘖秧，基本苗120.0万～150.0万/hm^2。施氮肥总用量控制在120～150kg/hm^2，并配施磷、钾肥。注意防治病虫害。

绮优08（Qiyou 08）

品种来源：广西壮族自治区农业科学院水稻研究所利用绮A和恢复系08（油占8号/七桂占）育成，2006年通过广西壮族自治区农作物品种审定委员会审定，审定编号为桂审稻2006039号。

形态特征和生物学特性：籼型三系杂交稻感温早、晚稻品种。株型适中，群体整齐，穗长粒多粒小。在桂南、桂中作种植，全生育期早稻121d左右；晚稻101d左右。株高98.8cm，穗长22.3cm，有效穗数289.5万/hm^2，穗粒数168.1粒，结实率80.1%，千粒重19.8g。

品质特性：糙米率81.1%，糙米长宽比2.9，整精米率65.6%，垩白粒率30%，垩白度8.8%，胶稠度54mm，直链淀粉含量22.6%。

抗性：苗叶瘟5级，穗瘟9级，稻瘟病的抗性评价为高感；白叶枯病5级。

产量及适宜地区：2004年参加桂中桂南稻作区早稻优质组区域试验，5个试点平均单产7 432.5kg/hm^2；2005年晚稻续试，5个试点平均单产6 558.0kg/hm^2。2005年晚稻生产试验平均单产5 790.0kg/hm^2。适宜桂南、桂中稻作区作早、晚稻种植。

栽培技术要点：早稻桂南3月上旬、桂中3月中旬播种，晚稻桂南7月上旬、桂中6月下旬播种，插秧叶龄5.0～6.0叶，抛秧叶龄3.0～4.0叶。插植规格23.0cm×13.0cm，每穴插2粒谷，或抛秧30.0万～33.0万穴/hm^2。注意防治稻瘟病、白叶枯病等病虫的危害。

绮优1025（Qiyou 1025）

品种来源：广西壮族自治区农业科学院水稻研究所利用不育系绮A与恢复系1025配组而成。2001年通过广西壮族自治区农作物品种审定委员会审定，审定编号为桂审稻2001020号。

形态特征和生物学特性：籼型三系杂交稻感温迟熟早、晚稻品种。株型集散适中，分蘖力强，繁茂性好，叶片略大而挺直，穗多，穗大，粒小，粒密，后期熟色好。桂南种植，早稻全生育期130d左右，株高105.0～110.0cm；晚稻112d左右，株高100.0cm左右。有效穗数300.0万/hm^2左右，穗粒数180.0粒左右，结实率85.0%以上，千粒重19.0g。

品质特性：糙米率79.5%，糙米长宽比3.0，精米率71.7%，整精米率52.1%，垩白粒率54%，垩白度15.0%，透明度2级，碱消值5.6级，胶稠度41mm，直链淀粉含量21.2%，蛋白质含量8.6%。米质较优。

抗性：叶瘟5级，穗瘟7级。

产量及适宜地区：2000年晚稻参加选育单位品比试验，单产7 449.0kg/hm^2；2001年早稻大田实收单产5 794.5kg/hm^2；苍梧点实测单产为8 385.0kg/hm^2、合浦点为6 982.5kg/hm^2、北流点为7 182.0kg/hm^2、田阳点为7 479.0kg/hm^2。2001年晚稻扩大种植单产在6 300.0～7 500.0kg/hm^2。适宜桂南作早、晚稻，桂中作晚稻推广种植。

栽培技术要点：桂南作早稻种植，2月底至3月初播种，晚稻7月初播种。插30.0万～37.5万穴/hm^2，基本苗90.0万～105.0万/hm^2，抛秧大田不少于750盘/hm^2。施足基肥，早施分蘖肥。注意控制中期氮肥施用量。

绮优293（Qiyou 293）

品种来源：广西壮族自治区农业科学院水稻研究所利用绮A和恢复系293（由泰国引进的优质中间材料与桂99杂交选育而成）配组而成，2005年通过广西壮族自治区农作物品种审定委员会审定，审定编号为桂审稻2005009号。

形态特征和生物学特性：籼型三系杂交稻感温早、晚稻品种。株型适中，植株较矮，叶片稍薄，熟期转色好。在桂南、桂中作早稻种植全生育期118 ~ 124d；作晚稻种植全生育期97 ~ 111d。株高102.1cm，穗长21.8cm，有效穗数309.0万/hm^2，穗粒数154.8粒，结实率79.2%，千粒重19.2g。

品质特性：谷粒长7.0mm，谷粒长宽比3.0，糙米长宽比3.0，整精米率70.9%，垩白粒率33%，垩白度7.8%，胶稠度39mm，直链淀粉含量20.0%。

抗性：苗叶瘟7级，穗瘟9级，白叶枯病9级，褐飞虱9级。

产量及适宜地区：2003年早稻参加优质组区域试验，平均单产7 482.0kg/hm^2；晚稻续试，平均单产6 744.0kg/hm^2。生产试验平均单产6 477.1kg/hm^2。适宜桂中稻作区作早、晚稻种植。

栽培技术要点：早稻桂南3月上旬、桂中3月中旬播种，旱育秧4.1叶移栽，水育秧5.1叶左右移栽；晚稻6月底7月初播种，秧龄20d左右。插植规格13.3cm×23.3cm，每穴插2粒谷或抛栽密度30穴/m^2。注意防治稻瘟病、白叶枯病等病虫害。

绮优926（Qiyou 926）

品种来源：广西壮族自治区农业科学院植物保护研究所利用绮A和桂926（桂99//42R413/植联）配组育成。2006年通过广西壮族自治区农作物品种审定委员会审定，审定编号为桂审稻2006027号。

形态特征和生物学特性：籼型三系杂交稻感温迟熟早稻品种。株型适中，有效穗较多，穗大、粒小。桂南早稻种植，全生育期132d左右。株高111.2cm，穗长23.5cm，有效穗数289.5万/hm^2，穗粒数172.4粒，结实率75.2%，千粒重21.0g。

品质特性：糙米率82.0%，糙米长宽比2.8，整精米率49.0%，垩白粒率31%，垩白度8.5%，胶稠度38mm，直链淀粉含量25.1%。

抗性：苗叶瘟4级，穗瘟4级。

产量及适宜地区：2004年参加桂南稻作区早稻迟熟组筛选试验，5个试点平均单产7 902.0kg/hm^2；2005年早稻区域试验，5个试点平均单产7 036.5kg/hm^2。2005年生产试验平均单产6 483.0kg/hm^2。适宜桂南稻作区作早稻和中稻地区种植。

栽培技术要点：根据当地种植习惯比特优63早播3 ~ 4d，秧龄30 ~ 35d。早稻插植规格23.0cm × 13.0cm，中稻26.0cm × 16.0cm，每穴插2粒谷苗，保证基本苗105.0万 ~ 135.0万/hm^2。注意防治纹枯病等病虫害。

绮优桂99（Qiyougui 99）

品种来源：广西壮族自治区农业科学院水稻研究所1999年利用不育系绮A和桂99配组而成。2003年通过广西壮族自治区农作物品种审定委员会审定，审定编号为桂审稻2003013号。

形态特征和生物学特性：籼型三系杂交稻感温迟熟品种。群体整齐度一般，株型紧束，叶色较浓绿，叶姿挺直，剑叶窄直，长势一般，熟期转色中，较易落粒。桂南种植全生育期早稻128d左右（手插秧）；桂中晚稻种植全生育期118d左右（手插秧）。株高100.0cm左右，穗长23.0cm左右，有效穗数285.0万/hm^{2}左右，穗粒数140 ~ 160粒，结实率71.2%~ 80.0%，千粒重21.9g，谷粒细小。

品质特性：谷粒长8mm，谷粒长宽比3.0，糙米率76.5%，糙米粒长6.1mm，糙米长宽比3.0，精米率65.8%，整精米率56.9%，垩白粒率7%，垩白度1.8%，透明度3级，碱消值5.2级，胶稠度45mm，直链淀粉含量21.3%，蛋白质含量9.9%。

抗性：苗瘟5.5级，穗瘟8级，白叶枯5级。耐寒性中，抗倒伏性较强。

产量及适宜地区：2002年早稻参加广西水稻品种迟熟组区试，5个试点（南宁、玉林、钦州、百色、藤县）平均单产6 537.5kg/hm^2；晚稻参加中熟组区试续试，6个试点（贺州、柳州、荔浦、宜州、桂林、融安）平均单产6 271.5kg/hm^2。同期在试点面上多点试种，平均单产6 450.0 ~ 7 500.0kg/hm^2。适宜桂南稻作区作早、晚稻，桂中稻作区作晚稻种植。

栽培技术要点：在桂南宜在2月下旬至3月上旬播种。及早晒田，控制无效分蘖。高水肥条件才能发挥产量优势，但高肥条件易造成倒3叶过大，故中期应严格控制水肥，晒足田。注意预防稻瘟病。灌浆后期不能断水过早。

青优119（Qingyou 119）

品种来源：广西壮族自治区农业科学院水稻研究所利用青A和119（测49/P4070F3-3-RH3-IBA）配组育成。2007年通过广西壮族自治区农作物品种审定委员会审定，审定编号为桂审稻2007002号。

形态特征和生物学特性：籼型三系杂交稻感温早熟早稻品种。株型适中，分蘖力强，叶色淡绿，穗大粒小，较易落粒。桂中、桂北早稻种植，全生育期113d左右。株高102.3cm，穗长21.2cm，有效穗数333.0万/hm^2，穗粒数141.0粒，结实率72.8%，千粒重22.1g。

品质特性：糙米率82.0%，糙米长宽比2.8，整精米率61.3%，垩白粒率38%，垩白度5.0%，胶稠度78mm，直链淀粉含量25.0%。

抗性：苗叶瘟4级，穗瘟6级，中感稻瘟病；白叶枯病5级。

产量及适宜地区：2004年参加桂中、桂北稻作区早稻早熟组试验，4个试点平均单产7 213.5kg/hm^2；2005年早稻续试，4个试点平均单产6 979.5kg/hm^2。2005年生产试验平均单产7424.3kg/hm^2。适宜桂中、桂北稻作区作早、晚稻，桂南稻作区晚稻秧田或低水田地区早稻种植。

栽培技术要点：早稻3月中下旬、4月初播种，晚稻7月上旬播种；大田用种量15.0 ~ 22.5kg/hm^2；插植叶龄4.0 ~ 5.0叶，抛秧叶龄3.0 ~ 4.0叶。插植规格20.0cm × 13.0cm，每穴插2粒谷苗，或抛秧30.0万 ~ 33.0万穴/hm^2。早施重施分蘖肥，注意防治稻瘟病。

青优998（Qingyou 998）

品种来源：广西壮族自治区农业科学院水稻研究所利用青A和广恢998配组育成。2007年通过广西壮族自治区农作物品种审定委员会审定，审定编号为桂审稻2007018号。

形态特征和生物学特性：籼型三系杂交稻感温迟熟早稻品种。植株较矮，株型紧束，分蘖力强，叶姿挺直，成穗率高，穗型大粒小，熟期转色好，较易落粒。桂南早稻种植，全生育期126d左右。株高112.2cm，穗长22.7cm，有效穗数321.0万/hm^2，穗粒数142.5粒，结实率85.0%，千粒重20.2g。

品质特性：糙米率80.8%，糙米长宽比2.9，整精米率57.8%，垩白粒率14%，垩白度2.4%，胶稠度62mm，直链淀粉含量18.8%。米质优。

抗性：苗叶瘟5.0级，穗瘟9级；白叶枯病Ⅳ型5级，Ⅴ型5级。

产量及适宜地区：2005年参加桂南稻作区早稻迟熟组试验，5个试点平均单产6 801.0kg/hm^2；2006年早稻续试，5个试点平均单产8 032.5kg/hm^2；两年试验平均单产7 417.5kg/hm^2。2006年早稻生产试验平均单产8 139.0kg/hm^2。适宜桂南稻作区作早稻种植。

栽培技术要点：桂南早稻3月上旬到中旬播种，疏播、匀播，培育壮秧。4.5 ~ 5.0叶移栽，插植规格20.0cm×16.5cm，双株植。早施重施分蘖肥，做到前促、中控、后补。注意防治病虫害。

全优1号（Quanyou 1）

品种来源：福建省农业科学院水稻研究所利用全丰A与R402配组育成。2006年通过广西壮族自治区农作物品种审定委员会审定，审定编号为桂审稻2006008号。

形态特征和生物学特性：籼型三系杂交稻感温中熟早、晚稻品种。株型适中，长势较繁茂，剑叶稍长而挺直，叶鞘、稃尖紫色。桂中北早稻种植，全生育期120d左右。株高106.7cm，穗长22.5cm，有效穗数313.5万/hm^2，穗粒数120.6粒，结实率71.9%，千粒重27.1g。

品质特性：糙米率81.9%，糙米长宽比2.6，整精米率53.3%，垩白粒率98%，垩白度37.2%，胶稠度76mm，直链淀粉含量26.4%。

抗性：苗叶瘟4级，穗瘟6级，中感稻瘟病；白叶枯病7级。

产量及适宜地区：2004年参加桂中桂北稻作区早稻中熟组区域试验，5个试点平均单产7 627.5kg/hm^2；2005年早稻续试，5个试点平均单产6 843.0kg/hm^2。2005年晚稻生产试验平均单产6 634.5kg/hm^2。适宜桂中、桂北稻作区作早、晚稻种植。

栽培技术要点：早稻3月中下旬、晚稻7月上旬播种，大田用种量19.5 ~ 22.5kg/hm^2，插植叶龄4.0 ~ 5.0叶，抛秧叶龄3.0 ~ 4.0叶。插植规格23.0cm × 13.0cm，基本苗120.0万/hm^2左右，或抛秧30.0万~ 33.0万穴/hm^2。注意防治病虫害，氮肥过多时还要注意纹枯病的防治。

瑞优68（Ruiyou 68）

品种来源：四川科瑞种业有限公司利用瑞1A和瑞恢68（蜀恢527/多恢1号）配组而成。2008年通过广西壮族自治区农作物品种审定委员会审定，审定编号为桂审稻2008016号。

形态特征和生物学特性：籼型三系杂交稻感温迟熟早稻品种。株型适中，长势繁茂，穗长粒大，剑叶较长、披垂。桂南早稻种植，全生育期128d左右。株高119.0cm，穗长25.4cm，有效穗数250.5万/hm^2，穗粒数136.0粒，结实率82.4%，千粒重29.0g。

品质特性：糙米率81.5%，糙米长宽比3.3，整精米率60.1%，垩白粒率28%，垩白度2.2%，胶稠度81mm，直链淀粉含量20.8%。米质优。

抗性：苗叶瘟4.0 ~ 4.7级，穗瘟9级；白叶枯病Ⅳ型5级，Ⅴ型9级。抗倒伏性稍差。

产量及适宜地区：2005年参加桂南稻作区早稻迟熟组试验，5个试点平均单产7 293.0kg/hm^2；2006年早稻续试，5个试点平均单产8 128.5kg/hm^2；两年试验平均单产7 711.5kg/hm^2。2006年早稻生产试验平均单产7 389.0kg/hm^2。适宜桂南稻作区作早稻种植。

栽培技术要点：根据当地种植习惯与特优63同期播种，秧龄30d左右。早稻插植规格23.1cm × 13.2cm，每穴插2粒谷苗，保证基本苗105.0万 ~ 135.0万/hm^2。施纯氮150.0kg/hm^{2}左右，氮、磷、钾比例为1 : 0.6 : 1.2。实行浅水灌溉，总苗数达345.0万 ~ 375.0万/hm^{2}时晒田。及时防治病虫害。

汕优18（Shanyou 18）

品种来源：广西玉林地区农业科学研究所于1989年利用汕A与玉18配组育成。1998年通过广西壮族自治区农作物品种审定委员会审定，审定编号为桂审证字第132号。

形态特征和生物学特性：籼型三系杂交稻感温迟熟早稻品种。株型紧凑，茎秆粗壮，分蘖中等，群体结构好，抽穗整齐集中，后期转色好。早稻全生育期134d，晚稻120d。株高114.0cm，有效穗数280.5万/hm^2，成穗率61.5%，穗粒数139.0粒，结实率为69.8%，千粒重28.0g。

品质特性：糙米率80.0%，精米率69.6%，整精米率24.2%，胶稠度56mm，碱消值中等偏低，直链淀粉含量19.0%，蛋白质含量8.3%。

抗性：稻瘟病5～7级，白叶枯病5级。耐肥，抗倒伏。

产量及适宜地区：1991—1992年早稻参加玉林地区区试，平均单产分别为6 756.0kg/hm^2和7 753.5kg/hm^2；1992—1993年早稻参加广西桂南稻区区试，平均单产分别为7 038.0kg/hm^2和6 468.0kg/hm^2。1993年早稻在玉林地区设5个试点进行生产试验，面积6.2hm^2，验收0.6hm^2，平均单产6 885.0～9 916.5kg/hm^2；当年早稻桂平市白沙镇试种376.0hm^2，平均单产9 916.5kg/hm^2。适宜在桂南稻作区中等肥田早稻种植。

栽培技术要点：培育多蘖壮秧，早稻在3月上旬、晚稻在7月上旬播种，秧田播种量150.0～187.5kg/hm^2，早稻秧龄25～30d，晚稻20～25d。早稻采取肥床旱育或温室假植两段育秧最好。插植规格一般采用23cm×13cm，双本插植，插基本苗120.0万～150.0万/hm^2。施纯氮187.5～225kg/hm^2，氮、磷、钾按1：0.7：1.0比例配合使用，注意增施有机肥和硅钙肥。

汕优207（Shanyou 207）

品种来源：湖南杂交水稻研究中心利用珍汕97A和207R配组育成。2001年通过广西壮族自治区农作物品种审定委员会审定，审定编号为桂审稻2001101号。

形态特征和生物学特性：籼型三系杂交稻感温中熟早、晚稻品种。株型集散适中，分蘖力中等，叶片挺直，后期青枝蜡秆，熟色好。桂北种植，全生育期早稻125d左右，晚稻110～113d。株高100.0cm左右，有效穗数262.5万～300.0万/hm^2，穗粒数125粒左右，结实率80.0%左右，千粒重27.0g。

抗性：抗稻瘟病。

产量及适宜地区：1997—1998年参加桂林市区试，其中1997年早稻平均单产6 934.5kg/hm^2，1998年早、晚稻平均单产分别为6 306.0kg/hm^2和6 616.5kg/hm^2。1997—2001年桂林市累计种植面积5 333.3hm^2左右，平均单产7 050.0kg/hm^2左右。适宜桂中、桂北作早、晚稻推广种植。

栽培技术要点：参照一般籼型三系杂交稻感温中熟品种进行。

汕优253（Shanyou 253）

品种来源：广西贺州市种子公司于1996年利用珍汕97A与恢复系测253配组育成。2001年通过广西壮族自治区农作物品种审定委员会审定，审定编号为桂审稻2001011号。

形态特征和生物学特性：籼型三系杂交稻感温迟熟晚稻品种。株叶型集散适中，分蘖力强，茎秆粗壮，叶片宽、厚、直立，叶色深绿，后期熟色好。桂中地区种植，全生育期早稻130d左右，晚稻120d左右。株高110.0～115.0cm，有效穗数270.0万～300.0万/hm^2，穗粒数120.0～140.0粒，结实率80.0%～85.0%，千粒重27.0g。

品质特性：外观米质较优。

抗性：耐寒，抗倒伏性较强。

产量及适宜地区：1997—2000年早稻参加贺州市水稻新品种品比试验，4年四季平均单产为7 708.5kg/hm^2；同时1997年早稻进行生产试验，平均单产为7 437.0kg/hm^2。1998—2000年贺州市累计种植面积1.2万hm^2，一般单产7 200.0～7 500.0kg/hm^2。适宜桂中、桂北作晚稻推广种植。

栽培技术要点：注意早追肥，早中耕管理，加强纹枯病、穗颈瘟病防治。

汕优36（Shanyou 36）

品种来源：广西壮族自治区平南县农业科学研究所1976年利用珍汕97A与IR36测交配组而成。1983年通过广西壮族自治区农作物品种审定委员会审定，审定编号为桂审证字第002号。

形态特征和生物学特性：籼型三系杂交稻感温早、晚稻品种。株型集散适中，分蘖力强，稍薄，繁茂性好。在桂南地区种植，全生育期早稻115 ~ 120d，晚稻105d左右；桂中地区种植，早稻生育期125d，晚稻110d左右。株高90.0 ~ 110.0cm，穗长中等，有效穗多，穗粒数120.0粒左右，结实率80.0%以上，千粒重27.1g。

品质特性：糙米率80.3%，淀粉含量77.12%，蛋白质含量9.3%，脂肪含量2.6%。米质好。

抗性：高抗稻瘟病，中抗稻飞虱和白叶枯病，高感纹枯病。耐旱力强，适应性广。

产量及适宜地区：1978年晚稻，在平南县农业科学研究所、平南县同和、城厢、镇隆等公社多点试种0.5hm^2，平均单产6 591.0kg/hm^2。1978—1982年同和公社进行了七造小区对比试验，平均单产7 927.5kg/hm^2。1979—1983年平南县种子公司布置的多点小区对比试验，平均单产7 384.5 ~ 8 565.0kg/hm^2。适宜桂南、桂中地区早、晚稻推广种植。

栽培技术要点：桂南、桂中地区早、晚稻均可栽培。早稻在3月上、中旬播种，4月上旬插秧；晚稻7月上、中旬播种，7月底、8月初插秧，可安全抽穗，避过寒露风。要注意疏播培育多蘖壮秧，铲秧浅插，插植规格19.8cm × 13.2cm、23.1cm × 13.2cm，施足基肥，增施磷、钾肥，实行前促、中控、后稳的肥水管理方法，防止3张功能叶过长和早衰出现。注意防治纹枯病、稻纵卷叶螟、三化螟等危害。

汕优402（Shanyou 402）

品种来源：湖南耒阳市种子公司利用珍汕97A和R402配组育成。2001年通过广西壮族自治区农作物品种审定委员会审定，审定编号为桂审稻2001071号。

形态特征和生物学特性：籼型三系杂交稻感温早熟早稻品种。株型集散适中，分蘖力较强，剑叶短直，繁茂性好。桂北种植全生育期早稻112～115d。株高90.0cm左右，有效穗数270.0万～300.0万/hm^2，穗粒数110～130粒，结实率80.0%左右，千粒重28.0g。

抗性：抗稻瘟病，适应性广。耐肥，抗倒伏。

产量及适宜地区：1994—1995年早稻参加桂林地区区试，平均单产分别为7 312.5kg/hm^{2}和7 359.0kg/hm^2。1994—2001年桂林市累计种植面积1.1万hm^2，平均单产6 750.0～7 500.0kg/hm^2。适宜桂中、桂北作早稻推广种植。

栽培技术要点：参照籼型三系杂交稻感温早熟品种进行。

汕优49（Shanyou 49）

品种来源：广西桂林地区种子公司1984年利用汕A与测64-49配组育成。1993年通过广西壮族自治区农作物品种审定委员会审定，审定编号为桂审证字第085号。

形态特征和生物学特性：籼型三系杂交稻早、晚稻品种。分蘖力强，茎秆粗壮，繁茂性好，后期熟色好。具有早熟、高产、适应性广的特点。生育期较短。株高75.0cm左右，穗粒数102.0粒左右，结实率75.0%～80.0%，千粒重27.7g。

抗性：抗倒伏。

产量及适宜地区：1985—1986年桂林地区在8个县的农业科学研究所进行威优49的早稻区域试验，第一年平均单产6 492.0kg/hm^2，第二年平均单产6 750.0kg/hm^2。1989年进行汕优49的区试，平均单产7 057.5kg/hm^2。1988—1992年两个组合广西试种面积累计20.4万hm^2。适宜在桂中、桂北稻作区作早、晚稻种植。

栽培技术要点：插秧规格19.8cm×13.2cm，双苗插植，插足基本苗180.0万/hm^2。施足基肥，早追分蘖肥，适当增施磷、钾肥。对水的管理，前期宜浅灌，够苗露晒田，后期湿润到成熟。及时防治病虫害。

汕优61选-1（Shanyou 61 xuan-1）

品种来源：广西壮族自治区农业学校于1978年利用珍汕97与从IR661中选出的一个株系作恢复系配组育成。1987年通过广西壮族自治区农作物品种审定委员会审定，审定编号为桂审证字第050号。

形态特征和生物学特性：籼型三系杂交稻早熟早稻品种。株型紧凑，分蘖中等，叶色浓绿，叶片厚而直立，植株清秀，成穗率较高，谷粒细长。全生育期120d左右。株高95.0cm左右，穗粒数140.0粒，结实率80.0%左右，千粒重26.5 ~ 27.5g。

品质特性：米质中上。

抗性：抗苗瘟、叶瘟，轻感穗瘟。

产量及适宜地区：1979—1980年进行品比试验，平均单产7 612.5kg/hm^2。1979—1981年连续3年参加广西杂交稻区试，平均单产7 152.0kg/hm^2。1980—1981年平均单产7 020kg/hm^2，3年平均单产7 089kg/hm^2。适宜桂中、桂西北非稻瘟病区推广种植。

栽培技术要点：早稻以6叶左右移植为好，秧田追肥要着重攻断奶肥，促进低位分蘖和育成壮秧。本田插植采用23.1cm × 11.6cm或23.1cm × 13.2cm规格，4 ~ 5个分蘖苗为好。早追肥耘田，促进早生快发，增加有效穗数。追肥要注意氮、磷、钾配合，后期不宜多施肥，注意防治穗颈瘟。

汕优905（Shanyou 905）

品种来源：广西壮族自治区农业科学院水稻研究所利用珍汕97A与恢复系905配组育成。2000年通过广西壮族自治区农作物品种审定委员会审定，审定编号为桂审稻200011号。

形态特征和生物学特性：籼型三系杂交稻感温中熟早、晚稻品种。株型好，分蘖力中等，后期熟色好。全生育期早稻120～125d，晚稻115d。株高105.0cm左右，有效穗数8～12穗/株，穗粒数165～187.0粒，结实率83.0%左右，千粒重28.3g。

品质特性：糙米粒长5.7mm，糙米率82.9%，糙米长宽比2.1，精米率75.1%，整精米率59.7%，垩白粒率9%，垩白度20.6%，透明度2级，碱消值5.3级，胶稠度41mm，直链淀粉含量21.5%，蛋白质含量9.3%。

抗性：白叶枯病中等（5级），穗瘟中感（7级）。耐肥，抗倒伏。

产量及适宜地区：1998—1999年育成单位进行品比试验，其中早稻单产分别为7 569.0kg/hm^2、7 369.5kg/hm^2，晚稻单产分别为7 030.5kg/hm^2、7 069.5kg/hm^2。1997年在北流进行生产试验，单产6 937.5kg/hm^2；1997—1999年在北流、武鸣、田东、田阳、百色、天等等地进行多点试种，一般单产为6 750.0～8 250.0kg/hm^2。适宜广西各地作早、晚稻推广种植。

栽培技术要点：桂南地区，早稻2月底至3月初播种，晚稻7月12日前播种。秧田播种量为150.0～187.5kg/hm^2。早稻应插足27.0万～33万穴/hm^2，基本苗75.0万～90.0万/hm^2，插秧规格13.2cm×19.8cm；晚稻抛足30.0万～37.5万穴/hm^2，基本苗105.0万～120.0万/hm^2，一般需抛675.0～750.0盘/hm^2。抛插后5～7d施回青肥，施尿素150～187.5kg/hm^2，晒田回水后施纯氮120～150kg/hm^2。防治病、虫、鼠害。

汕优974（Shanyou 974）

品种来源：广西桂林地区种子公司1993年利用珍汕97A和T0974配组育成。2001年通过广西壮族自治区农作物品种审定委员会审定，审定编号为桂审稻2001087号。

形态特征和生物学特性：籼型三系杂交稻感温早熟早稻品种。桂北种植全生育期早稻108d左右。株叶型集散适中，分蘖力中等，后期熟色好。株高90.0cm左右，穗长21.0cm，有效穗数285.0万/hm^2左右，穗粒数90 ～ 110粒，结实率80.0%左右，千粒重约28.5g。

抗性：较抗稻瘟病、白叶枯病。

产量及适宜地区：1995—1996年早稻参加桂林地区区试，平均单产分别为6 852.0kg/hm^2和7 191.0kg/hm^2。1994—2001年桂林市累计种植面积1.0万hm^2，平均单产6 600.0 ～ 7 050.0kg/hm^2。适宜桂北作早稻推广种植。

栽培技术要点：参照一般籼型三系杂交稻感温早熟品种进行。

汕优广12（Shanyouguang 12）

品种来源：广西农学院利用珍汕97A与广12配组育成。1991年通过广西壮族自治区农作物品种审定委员会审定，审定编号为桂审证字第076号。

形态特征和生物学特性：籼型三系杂交稻早稻品种。株型紧凑，分蘖力中等，根系发达，苗期叶色浓绿，主茎总叶片数早稻16张，晚稻15张，叶片厚，叶片开张角度小，整个生育期叶色浓绿，茎秆粗壮，不早衰，青枝蜡秆，谷粒椭圆形。全生育期早稻125d左右，晚稻110d左右。株高110.0cm左右，穗长25.0cm左右，穗粒数150.0粒左右，结实率85.0%，千粒重30.0g左右。

品质特性：糙米率80.0%，精米率72.0%～74.0%，整精米率69.2%，总淀粉70.0%，直链淀粉含量23.0%左右，蛋白质含量8.4%，粗脂肪含量0.53%。

抗性：抗稻瘟病。抗寒，耐肥，抗倒伏。

产量及适宜地区：1987年、1988年、1990年早稻在广西农学院进行品比试验，单产分别为5 788.5kg/hm^2、8 100.0kg/hm^2、8 190.0kg/hm^2。1987年早稻上林县品比，单产6 867.0kg/hm^2；1988年早稻横县品比，单产9 315.0kg/hm^2；同年四川省梁平县进行品比，单产9 819.0kg/hm^2。1990年早稻华南协作组联合鉴定，湛江点单产8 035.5kg/hm^2。适宜桂南稻作区作早晚稻种植，桂中、桂北或高寒山区作中、晚稻种植。以肥田、中上肥田产量较高。

栽培技术要点：桂南作早稻宜在2月下旬至3月上旬播种，晚稻7月中旬播种；桂中、桂北作中稻宜在4月中旬播种，作晚稻在6月下旬播种。秧田期早稻30d，晚稻20d。秧田播种量225.0kg/hm^2。插植采用23.1cm×16.5cm或19.8cm×13.2cm规格。基本苗120.0万～150.0万kg/hm^2，最高分蘖450.0万/hm^2，有效穗达300.0万/hm^{2}为宜。深水回青，浅水分蘖，够苗晒田，干干湿湿保籽粒饱满。防治纹枯病、细菌性条斑病和稻瘿蚊。施氮肥150kg/hm^{2}为宜，氮、磷、钾比例为1 ∶ 0.5 ∶ 1.2。

汕优桂32（Shanyougui 32）

品种来源：广西壮族自治区农业科学院水稻研究所1981年利用珍汕97不育系与恢复系桂32配组育成。1987年通过广西壮族自治区农作物品种审定委员会审定，审定编号为桂审证字第046号。

形态特征和生物学特性：籼型三系杂交稻迟熟早稻、晚稻品种，与汕优桂33同为姐妹系。株型集散适中，分蘖力强，繁茂性好，叶片稍宽但挺直。全生育期早稻128d左右，晚稻120d左右。株高111.1cm，在每公顷插植90万基本苗情况下，有效穗数264.0万/hm^2，成穗率54.2%，穗粒数145.9粒，实粒数121.4粒，结实率83.2%，千粒重27.6g。

品质特性：糙米率为79.1%，淀粉含量75.61%，蛋白质含量8.19%，脂肪含量2.93%。

产量及适宜地区：1981年晚稻参加组合比较试验，单产7 623.0kg/hm^2。1982年继续比产，早稻单产9 300.0kg/hm^2，晚稻单产7 582.5kg/hm^2。1983—1985年参加广西杂交稻区试，1983年早稻9个试点平均单产7 179.0kg/hm^2，晚稻12个试点平均单产6 510kg/hm^2。1984年在顺昌县试种1.33hm^2，1985年示范266.7hm^2，单产6 000.0 ~ 7 500.0kg/hm^2，高的达9 900.0kg/hm^2。适宜桂南作双季杂交稻，桂中、桂北作杂交晚稻或一季中稻种植。

栽培技术要点：插30.0万穴/hm^2左右，采用19.8cm × 16.5cm或23.1cm × 13.2cm规格，保证返青成活后基本苗有90.0万 ~ 120.0万穴/hm^2。多施农家肥做基肥，注意氮、磷、钾合理搭配。追肥以前重、中补、后轻为原则。插后20 ~ 25d，总苗数达300.0万/hm^2，即可露晒田，灌浆至成熟保持田土干干湿湿。

汕优桂33（Shanyougui 33）

品种来源：广西壮族自治区农业科学院水稻研究所1981年利用珍汕7不育系与恢复系桂33配组育成。1985年通过广西壮族自治区农作物品种审定委员会审定，审定编号为桂审证字第036号。

形态特征和生物学特性：籼型三系杂交稻感温迟熟早稻品种。株型集散适中，分蘖力强，叶片窄长挺直，繁茂性好，分蘖速度较快。株高107cm，有效穗数246.0万/hm^2，穗粒数147.5粒，实粒数125.9粒，结实率85.4%，千粒重27.4g。

品质特性：糙米率80%，精米率73%，整精米率61.8%，蛋白质含量8.3%，脂肪3.08%，胶稠度29mm。

抗性：中抗稻瘟病和白叶枯病，抗褐飞虱。

产量及适宜地区：1981—1982年在广西壮族自治区农业科学院水稻研究所组合比较试验，早稻单产7 515.0 ~ 9 300.0kg/hm^2，晚稻单产6 970.5 ~ 7 098.0kg/hm^2。1982—1984年参加广西壮族自治区区试，早稻平均单产7 587.0 ~ 7 767.0kg/hm^2，中稻平均单产9 375.0kg/hm^2，晚稻平均单产6 346.5 ~ 6 513.0kg/hm^2。1982—1983年参加南方杂交晚稻区试，平均单产6 298.5 ~ 6 403.5kg/hm^2。适宜南方稻区华南南部作双季早稻，在其他地方作中稻或晚稻。

栽培技术要点：插植30万穴/hm^2，保证返青成活基本苗有90.0万～120.0万/hm^2。施纯氮187.5kg/hm^{2}左右，可获7 500.0kg/hm^{2}产量。适时露晒田，灌浆后保持田土干干湿湿，不要断水太早。注意病虫害的防治。

汕优桂34（Shanyougui 34）

品种来源：广西壮族自治区农业科学院水稻研究所1982年利用珍汕97与桂34配组育成。1987年通过广西壮族自治区农作物品种审定委员会审定，审定编号为桂审证字第047号。1991年获广西科技进步奖二等奖。

形态特征和生物学特性：籼型三系杂交稻迟熟早稻、晚稻品种。株型集散适中，叶片挺直略呈瓦形。全生育期早稻127d左右，晚稻117d左右。株高105.7cm，有效穗数270万/hm^2，成穗率54.7%，穗粒数155.7粒，结实数123.3粒，结实率79.2%，千粒重25.9g。

品质特性：糙米率80.3%，蛋白质含量9.01%，脂肪含量3.3%。适口性较好。

抗性：中抗稻瘟病和白叶枯病。

产量及适宜地区：1982年参加组合比较试验，早稻单产8 850.0kg/hm^2，晚稻单产6 997.5kg/hm^2。1983—1985年参加广西杂交稻区试，其中1983年早稻10个试点平均单产7 558.5kg/hm^2，晚稻6个试点平均单产6 108.0kg/hm^2。1984年早稻9个试点平均单产7 810.5kg/hm^2，晚稻14个试点平均单产6 468.0kg/hm^2。1984年广西玉林地区早、晚两季多点试种共200.0hm^2，一般单产7 500.0kg/hm^2左右。1985年广西推广试种约3 000hm^2，一般单产7 500kg/hm^2左右，高的达9 750.0kg/hm^2。1984—1990年在广西推广93.6万hm^2。适宜桂南地区作早稻双季杂交稻，桂中、桂北作杂交晚稻，一季稻区作中稻种植。

栽培技术要点：培育带蘖壮秧，采用19.8cm × 13.2cm或23.1cm × 13.2cm规格，基本苗120.0万～150.0万/hm^2。及早追肥耘田，争取早分蘖，提高成穗率。施肥宜前重、中补、后轻，注意氮、磷、钾配合。插后20～25d总苗数达300.0万/hm^2左右即逐步露晒田，生育后期要维持土壤润湿状态，不可断水过早。

汕优桂8（Shanyougui 8）

品种来源：广西壮族自治区农业科学院水稻研究所1980年利用珍汕97与桂8配组育成。1985年通过广西壮族自治区农作物品种审定委员会审定，审定编号为桂审证字第037号。

形态特征和生物学特性：籼型三系杂交稻早熟早稻品种。株型集散适中，分蘖中等，叶片挺直稍宽，后期熟色好。全生育期早稻125d左右。株高99.8cm，成穗率65.8%，有效穗数240万/hm^2，穗粒数139.2粒，实粒数119.1粒，结实率85.6%，千粒重26.7%。

品质特性：糙米粒长6.1mm，糙米率78.5%，糙米长宽比2.5，精米率73.8%，整精米率62.2%，胶稠度27.5mm。米质较优，腹白小，色泽好。

抗性：轻感叶瘟、穗颈瘟、纹枯病，中抗白叶枯病。抗褐飞虱，高感黄矮病和普矮病。苗期耐寒。

产量及适宜地区：1980年晚稻参加广西壮族自治区农业科学院水稻研究所比产试验，单产8 263.5kg/hm^2；1981年早稻参加广西杂优协作组新组合统一比产，单产7 603.5kg/hm^2。1982—1983年参加广西和南方早稻杂优区试，在广西区试中，单产6 387.0 ~ 7 099.5kg/hm^2；在南方早稻杂优区试中，单产6 984.0kg/hm^2和7 123.5kg/hm^2；1983—1984年两年南方稻区杂交晚稻区试，平均单产6 739.5kg/hm^2。适宜广西桂中以北及华南北部双季稻区作早稻，长江流域双季稻区作晚稻以及淮南、陕南、云贵等地作一季稻区种植。

栽培技术要点：秧龄5 ~ 6叶。采用19.8cm × 13.2cm和23.1cm × 13.2cm规格，每穴插2粒谷的秧，保证基本苗150.0万/hm^2左右。插后20d总苗数达到300.0万/hm^2左右，开始露晒田，抽穗时保证有适当水层，灌浆期维持田土干干湿湿，不要断水太早，防止高温干旱逼熟。

汕优桂99（Shanyougui 99）

品种来源：广西壮族自治区农业科学院水稻研究所1986年利用珍汕97 A与桂99配组育成。1989年通过广西壮族自治区农作物品种审定委员会审定，审定编号为桂审证字第062号。1992年度获广西科学技术进步奖一等奖，1993年度获国家科学技术进步奖三等奖，1995年广西重奖研制推广科技成果有功人员一等奖。

形态特征和生物学特性：籼型三系杂交稻感温早晚兼用品种。株型集散适中，分蘖力较强，繁茂性较好，叶色青绿，熟色好，成穗率较高。生育期似汕优桂33，在桂南种植早稻130d，晚稻115d左右；桂中、北作晚稻，全生育期121 ~ 122d，高寒山区作中稻，全生育期132d。株高100.0 ~ 115.0cm，有效穗数270.0万 ~ 300.0万/hm^2，结实率77.0% ~ 82.0%，千粒重26.5g。

品质特性：糙米率80.0%，精米率70.0%，腹白小，米质较优。

抗性：适应性广，抗稻瘟病5级，苗期耐寒，耐肥性差。

产量及适宜地区：1988年参加水稻研究所杂交早、晚稻组合比较试验，早稻平均单产7 143.0kg/hm^2。1988—1989年参加广西杂交早稻区试，桂南10个试点平均单产6 525.0 ~ 7 450.5kg/hm^2。在桂南可作双季杂交稻种植，在桂中、桂北作杂交晚稻或一季中稻种植。1989—1991年全国应用推广770.3万hm^2，广西推广34.5万hm^2，“九五”期间在广西、湖南、广东等地累计种植面积122.8万hm^2。

栽培技术要点：苗期较耐寒，早稻可适当早播，加强秧田管理，培育带蘖嫩壮秧。插秧规格19.8cm × 16.5cm或23.1cm × 13.2cm，每穴插双本秧，基本苗150.0万/hm^2左右。以农家肥为主，注意氮、磷、钾肥合理搭配，掌握“前适、中补、后轻”的原则，防止偏施氮肥引起倒伏。注意灌浆后不要断水过早。

汕优玉83（Shanyouyu 83）

品种来源：广西玉林地区农业科学研究所1985年用珍汕97 A与玉83配组育成。1989年通过广西壮族自治区农作物品种审定委员会审定，审定编号为桂审证字第063号。

形态特征和生物学特性：籼型三系杂交稻中熟早稻品种。前期早生快发，繁茂性好，叶片中等，群体结构好，抽穗整齐集中，后期青枝蜡秆，熟色好，结实率高，穗大粒多，适应性广，稳产性能好。全生育期早稻120d，晚稻105 ~ 108d。株高100.0cm左右，穗粒数149.0粒，实粒数133.0粒，结实率89.0%，千粒重27.0g。

品质特性：精米率70.0%左右，米质较好。

抗性：苗期耐寒。

产量及适宜地区：1987—1988年参加玉林地区杂交早稻区试，平均单产分别为5 968.5kg/hm^{2}和5 836.5kg/hm^2；1988年参加广西区试，在桂中稻作区7个试点平均单产6 207.0kg/hm^2，1989年继续在桂中稻作区复试，6个试点平均单产7 176.0kg/hm^2。适宜稻瘟病区、山区、中低产地区作主栽组合种植，高产地区作搭配组合种植。

栽培技术要点：培育多蘖壮秧，密植，增加插植基本苗。施足基肥，早攻分蘖肥。前期防治纹枯病，后期注意稻飞虱危害。

深优9583（Shenyou 9583）

品种来源：国家杂交水稻工程技术研究中心清华深圳龙岗研究所利用深95A和R7183（轮回422/蜀恢527//R468）配组而成。2011年通过广西壮族自治区农作物品种审定委员会审定，审定编号为桂审稻2011018号。

形态特征和生物学特性：籼型三系杂交稻感温迟熟早稻品种。桂中、桂北晚稻种植全生育期110d左右。株叶型适中，主茎叶数13叶左右，叶色绿，叶型宽窄适中，叶鞘紫色；穗型一般，着粒较密，颖色淡黄，稃尖紫色，有时短芒、芒色白，谷粒长度7.3mm左右、长宽比2.9左右。有效穗数244.5万/hm^2，株高111.3cm，穗长25.0cm，每穗总粒数189.7粒，结实率68.0%，千粒重24.5g。

品质特性：糙米率81.4%，整精米率65.8%，长宽比2.7，垩白粒率7%，垩白度1.4%，胶稠度76mm，直链淀粉含量12.7%。

抗性：苗叶瘟5～7级，穗瘟7～9级，稻瘟病抗性水平为感病—高感；白叶枯病Ⅳ型5～7级，Ⅴ型9级，白叶枯抗性评价为中感—高感。

产量及适宜地区：2009年参加桂中、桂北稻作区晚稻中熟组初试，5个试点平均单产7 617.0kg/hm^2；2010年续试，6个试点平均单产6 975.0kg/hm^2；两年平均单产7 296.0kg/hm^2。2010年生产试验平均单产6 469.5kg/hm^2。适宜桂中稻作区作早、晚稻或桂南稻作区早稻种植。

栽培技术要点：适合于中等偏上的肥力水平下栽培。大田用种22.5kg/hm^{2}左右。移栽密度20.0cm×20.0cm或18.0cm×25.0cm，插足基本苗90.0万～120.0万/hm^2。施肥以基肥和有机肥为主，前期重施，早施追肥，后期看苗施肥。后期采用干干湿湿灌溉，不要脱水过早。其他栽培措施与同类型普通杂交籼稻相同。

深优9723（Shenyou 9723）

品种来源：广西百色兆农两系杂交水稻研发中心利用深97A和R4023配组育成。2007年通过广西壮族自治区农作物品种审定委员会审定，审定编号为桂审稻2007008号。

形态特征和生物学特性：籼型三系杂交稻感温早、晚稻品种。株型适中，叶色浓绿，剑叶长直。在桂南、桂中作早稻种植全生育期125d左右；作晚稻种植全生育期107d左右。株高100.6cm，穗长23.3cm，有效穗数240.0万/hm^2，穗粒数135.5粒，结实率86.0%，千粒重26.2g。

品质特性：糙米率79.5%，糙米长宽比2.8，整精米率63.3%，垩白粒率8%，垩白度0.6%，胶稠度84mm，直链淀粉含量13.2%。

抗性：苗叶瘟3～5级，穗瘟9级；白叶枯病Ⅳ型5～7级，Ⅴ型7～9级。

产量及适宜地区：2006年参加早稻优质组试验，5个试点平均单产6 363.0kg/hm^2；晚稻续试，5个试点平均单产7 111.5kg/hm^2。2006年晚稻生产试验平均单产6 454.5kg/hm^2。适宜桂南、桂中稻作区作早、晚稻，桂北稻作区作晚稻种植。

栽培技术要点：早稻桂南3月上旬、桂中3月中旬播种，秧龄25d左右；晚稻桂南7月上旬，桂中、桂北6月下旬播种，秧龄控制在20d以内。栽30.0万穴/hm^2。重底肥早追肥，氮、磷、钾肥配合施用，不偏施氮肥。干湿交替，够苗晒田，后期切忌断水过早。注意稻瘟病等病虫害的防治。

神农糯1号（Shennongnuo 1）

品种来源：海南神农大丰种业科技股份有限公司利用糯龙特A与糯恢1号配组育成。2005年通过广西壮族自治区农作物品种审定委员会审定，审定编号为桂审稻2005035号。

形态特征和生物学特性：籼型三系杂交稻感温迟熟糯稻品种。株型紧凑，群体整齐，主茎叶片数15.5叶，剑叶长37.2cm左右，宽1.6cm，叶色绿，叶鞘、稃尖紫色，无芒。全生育期128d左右，株高115.0cm左右。有效穗数273.0万/hm^2，穗粒数125.6粒，结实率85.2%，千粒重28.6g。

品质特性：谷粒长8.4mm，谷粒宽2.7mm，糙米长宽比2.5，整精米率56.2%，胶稠度100mm，直链淀粉含量2.9%。

抗性：穗瘟5级，白叶枯病9级。

产量及适宜地区：2003—2004年在南宁、玉林、贺州、钦州4个试点进行区域试验，平均单产分别为8 189.3kg/hm^2、8 097.0kg/hm^2。2003年分别在合浦、柳州、龙州进行生产试验，其中合浦点早稻单产6 112.5kg/hm^2，柳州点晚稻单产5 769.0kg/hm^2，龙州点晚稻单产6 801.0kg/hm^2。2004年早稻在武鸣进行生产示范，验收单产6 420.0kg/hm^2。适宜桂南稻作区作早、晚稻，其他地区作中稻种植。

栽培技术要点：根据当地种植习惯安排适宜播种期，用种量22.5kg/hm^2，秧田播种量150.0kg/hm^2。早稻秧龄控制在30d左右，中晚稻秧龄控制在20d，栽基本苗120.0万/hm^2左右。施纯氮150 ~ 180kg/hm^2，重底肥早追肥，增施磷、钾肥。注意稻瘟病等病虫害的防治。

十优1025（Shiyou 1025）

品种来源：广西壮族自治区农业科学院水稻研究所利用十优A和桂1025育成。2007年通过广西壮族自治区农作物品种审定委员会审定，审定编号为桂审稻2007011号。

形态特征和生物学特性：籼型三系杂交稻感温早、晚稻品种。株型适中，叶色淡绿，熟期转色好，谷粒细长。在桂南、桂中作种植，全生育期早稻125d左右；晚稻106d左右。株高103.8cm，穗长22.9cm，有效穗数276.0万/hm^2，穗粒数162.2粒，结实率72.6%，千粒重21.7g。

品质特性：谷粒长8.8mm，谷粒长宽比3.6，糙米率82.3%，糙米长宽比3.3，整精米率66.3%，垩白粒率26%，垩白度3.0%，胶稠度50mm，直链淀粉含量17.1%。

抗性：苗叶瘟4～7级，穗瘟8～9级；白叶枯病Ⅳ型5级，Ⅴ型9级。

产量及适宜地区：2005年参加早稻优质组试验，5个试点平均单产6 024.0kg/hm^2；2006年晚稻续试，5个试点平均单产6 931.5kg/hm^2。2006年早稻生产试验平均单产6 261.0kg/hm^2。适宜桂南、桂中稻作区作早、晚稻，桂北稻作区除兴安、全州、灌阳之外的区域作晚稻种植。

栽培技术要点：早稻桂南3月上旬、桂中3月中旬播种，秧龄25d左右；晚稻桂南7月上旬，桂中、桂北6月下旬至7月初播种。本田基肥施农家肥15 000～22 500kg/hm^2，磷肥600～750kg/hm^2；回青肥尿素75kg/hm^2；分蘖肥尿素150kg/hm^2、钾肥150～225kg/hm^2。该组合着粒密，后期应保持干干湿湿，以提高结实率及谷粒饱满度，提高产量和品质。

十优521（Shiyou 521）

品种来源：广西壮族自治区农业科学院水稻研究所利用十优A和桂521（明恢63//广恢128/桂99）配组育成。2007年通过广西壮族自治区农作物品种审定委员会审定，审定编号为桂审稻2007022号。

形态特征和生物学特性：籼型三系杂交稻感温迟熟早稻品种。植株较高，株型适中，叶姿披垂，穗长粒多。桂南早稻种植，全生育期127d左右。株高121.9cm，穗长25.3cm，有效穗数264.0万/hm^2，穗粒数147.0粒，结实率76.8%，千粒重26.4g。

品质特性：谷粒长宽比3.2，糙米率81.0%，糙米长宽比3.0，整精米率62.9%，垩白粒率14%，垩白度1.5%，胶稠度80mm，直链淀粉含量12.2%。

抗性：苗叶瘟4.0～5.0级，穗瘟9级；白叶枯病Ⅳ型7级，Ⅴ型9级。抗倒伏性稍差。

产量及适宜地区：2005年参加桂南稻作区早稻迟熟组试验，5个试点平均单产6 792.0kg/hm^2；2006年早稻续试，5个试点平均单产8 088.0kg/hm^2；两年试验平均单产7 440.0kg/hm^2。2006年早稻生产试验平均单产7 291.5kg/hm^2。适宜桂南稻作区作种植，高寒山区稻作区海拔800m以下地区或其他稻作区因地制宜作中稻种植。

栽培技术要点：用种量22.5kg/hm^2，双株植。本田基肥施农家肥15 000～22 500kg/hm、磷肥600～750kg/hm^2；回青肥施尿素75～105kg/hm^2；分蘖肥施尿素150～187.5kg/hm^2、钾肥150～225kg/hm^2；穗肥施尿素45～60kg/hm^2、钾肥60～75kg/hm^2。后期应保持足够的水、肥，以提高结实率及谷粒饱满度，提高产量和品质。

十优838（Shiyou 838）

品种来源：广西壮族自治区农业科学院水稻研究所利用十优A和辐恢838配组育成。2006年通过广西壮族自治区农作物品种审定委员会审定，审定编号为桂审稻2006012号。

形态特征和生物学特性：籼型三系杂交稻感温中熟早、晚稻品种。群体生长整齐，株型适中，叶色青绿，剑叶挺直，穗粒协调，后期转色好。桂中桂北早稻种植，全生育期125d左右；晚稻种植，全生育期109d左右。株高114.9cm，穗长24.9cm，有效穗数270.0万/hm^2，穗粒数147.3粒，结实率72.9%，千粒重26.6g。

品质特性：糙米率81.6%，糙米长宽比3.1，整精米率66.3%，垩白粒率22%，垩白度3.8%，胶稠度58mm，直链淀粉含量19.6%。

抗性：苗叶瘟6级，穗瘟9级，稻瘟病的抗性评价为高感；白叶枯病7级。不耐肥，抗倒伏性较差。

产量及适宜地区：2005年参加桂中桂北稻作区早稻中熟组筛选试验，4个试点平均单产6 595.5kg/hm^2；2005年晚稻区域试验，5个试点平均单产8 004.0kg/hm^2。2005年早稻生产试验平均单产6 669.0kg/hm^2。适宜桂中稻作区作早、晚稻，桂北稻作区除兴安、全州、灌阳之外的区域作晚稻种植。

栽培技术要点：早稻3月中下旬、4月初播种，晚稻7月上旬播种；插植叶龄4.0 ~ 5.0叶，抛秧叶龄3.0 ~ 4.0叶。插植规格23.0cm×13.0cm，每穴插2粒谷苗；或抛秧30.0万~ 33.0万穴/hm^2。施纯氮150.0kg/hm^2左右，氮、磷、钾比例为1 ： 0.5 ： 1。注意防治稻瘟病和白叶枯病等病虫害。

十优玉1号（Shiyouyu 1）

品种来源：广西原玉林市第二种子公司利用十优A和玉恢1号（由桂99变异株系选）配组育成。2007年通过广西壮族自治区农作物品种审定委员会审定，审定编号为桂审稻2007006号。

形态特征和生物学特性：籼型三系杂交稻感温中熟早稻品种。株型适中，叶色青绿，剑叶直立，穗长粒多，熟期转色好。桂南、桂中早稻种植，全生育期125d左右；桂中、桂北晚稻种植，全生育期113d左右。株高114.5cm，穗长24.8cm，有效穗数279.0万/hm^2，穗粒数148.6粒，结实率73.1%，千粒重26.4g。

品质特性：糙米率79.4%，糙米长宽比3.3，整精米率51.5%，垩白粒率20%，垩白度1.6%，胶稠度50mm，直链淀粉含量19.9%。

抗性：苗叶瘟4～5级，穗瘟9级；白叶枯病Ⅳ型5级，Ⅴ型9级。抗倒伏性稍差。

产量及适宜地区：2005年早稻参加优质组试验，5个试点平均单产6 409.5kg/hm^2；2006年参加桂中、桂北晚稻中熟组试验，5个试点平均单产7 560.0kg/hm^2；两年试验平均单产6 985.5kg/hm^2。2006年早稻生产试验平均单产6 139.5kg/hm^2。适宜桂南、桂中稻作区作早、晚稻种植，桂北稻作区作晚稻种植。

栽培技术要点：早稻桂南2月底至3月初，桂中3月中下旬播种；晚稻桂南7月15日前，桂中、桂北6月底至7月初播种。秧田播种量105.0～150.0kg/hm^2，大田用种量19.5～22.5kg/hm^2，早稻秧龄25～30d，晚稻15～18d。插植规格20.0cm×13.2cm或20.0cm×16.5cm；如用秧盘，大田675～750个/hm^2，4.0～4.5叶抛栽。

顺优109（Shunyou 109）

品种来源：广西大学利用顺A和R109配组而成。2009年通过广西壮族自治区农作物品种审定委员会审定，审定编号为桂审稻2009001号。

形态特征和生物学特性：籼型三系杂交稻感温早熟早稻品种。桂中、桂北早稻种植，全生育期113d左右。株叶型中，叶色绿，叶形细长，剑叶竖直，叶鞘紫，穗型和着粒密度一般，颖色黄，稃尖紫色，无芒。株高99.8cm，有效穗数300.0万/hm^2，穗长20.5cm，每穗总粒数119.1粒，结实率82.7%，千粒重26.7g。

品质特性：谷粒长7.0mm，谷粒长宽比2.7，糙米率82.0%，整精米率58.8%，糙米长宽比2.6，垩白粒率14%，垩白度3.2%，胶稠度38mm，直链淀粉含量21.9%。

抗性：苗叶瘟5级，穗瘟9级；白叶枯病致病Ⅳ型7级，Ⅴ型7级。

产量及适宜地区：2007年参加桂中、桂北稻作区早稻早熟组初试，5个试点平均单产7 653.0kg/hm^2；2008年续试，5个试点平均单产7 005.0kg/hm^2；两年试验平均单产7 329.0kg/hm^2。2008年生产试验平均单产5 994.0kg/hm^2。适宜桂中、桂北稻作区作早、晚稻或桂南稻作区低水位田作早稻种植。

栽培技术要点：插秧规格为20.0cm × 13.2cm或17.0cm × 13.2cm，双株植，抛秧苗1 050盘/hm^{2}左右；大田要及早追肥，争取插田后15d内施完分蘖肥。其他管理参照金优463等同熟期的杂交品种。

太优228（Taiyou 228）

品种来源：广西博白县作物品种资源研究所太A和R228（香恢1号/广恢128）配组育成。2006年通过广西壮族自治区农作物品种审定委员会审定，审定编号为桂审稻2006023号。

形态特征和生物学特性：籼型三系杂交稻感温迟熟早稻品种。株型适中，叶片较宽大，叶鞘、稃尖紫色，有效穗较多，谷粒淡黄色，有短芒。桂南种植，全生育期早稻128d左右。株高119.6cm，穗长23.8cm，有效穗数277.5万/hm^2，穗粒数142.6粒，结实率79.0%，千粒重28.1g。

品质特性：谷粒长10.3mm，谷粒长宽比3.1，糙米率81.9%，糙米长宽比3.2，整精米率13.1%，垩白粒率38%，垩白度4.4%，胶稠度70mm，直链淀粉含量10.7%。

抗性：苗叶瘟8级，穗瘟8级，稻瘟病的抗性评价为高感；白叶枯病3级。

产量及适宜地区：2004年参加桂南稻作区早稻迟熟组筛选试验，5个试点平均单产7 914.0kg/hm^2；2005年早稻区域试验，5个试点平均单产7 239.0kg/hm^2；2005年生产试验平均单产6 808.5kg/hm^2。适宜桂南稻作区作早稻种植。

栽培技术要点：根据当地种植习惯与特优63同期播种，秧龄30d左右。插植规格23.0cm×13.0cm或26.0cm×13.0cm，每穴栽2粒谷苗，或抛秧27.0万～31.5万穴/hm^2。施纯氮150.0～180.0kg/hm^2，氮、磷、钾配合施用。注意稻瘟病等病虫害的防治。

特优1012（Teyou 1012）

品种来源：广西大学支农开发中心利用龙特甫A与恢复系测1012配组育成。2001年通过广西壮族自治区农作物品种审定委员会审定，审定编号为桂审稻2001015号。

形态特征和生物学特性：籼型三系杂交稻感温迟熟早、晚稻品种。株型紧凑，分蘖力中等，茎秆粗壮，后期有早衰现象。桂南种植，全生育期早稻125d左右，晚稻115d，株高110.0cm左右，有效穗数270.0万/hm^2左右，穗粒数140 ~ 160粒，结实率85.0%左右，千粒重27.0g。

品质特性：米质一般。

抗性：叶瘟4级，穗瘟7级，白叶枯病3 ~ 7级。耐肥性强，抗倒伏性强。

产量及适宜地区：1998年早稻参加广西水稻新品种筛选试验，平均单产7 300.5kg/hm^2；1999—2000年参加广西区试，平均单产分别为6 567.9kg/hm^2和7 174.5kg/hm^2。1998—2000年广西累计种植面积达1.0万hm^2，平均单产7 500.0 ~ 8 250.0kg/hm^2。适宜桂南作早、晚稻推广种植，也可在中稻地区推广种植。

栽培技术要点：参照特优63进行。

特优1025（Teyou 1025）

品种来源：广西壮族自治区农业科学院杂交水稻研究中心利用龙特甫A与1025配组育成。2000年通过广西壮族自治区农作物品种审定委员会审定，审定编号为桂审稻2000013号。

形态特征和生物学特性：籼型三系杂交稻感温迟熟早稻品种。株型集散适中，分蘖力中等，叶片挺直，叶色浓绿。全生育期桂南早稻124 ～ 128d，晚稻110d左右。株高90.0 ～ 100.0cm，有效穗数270.0万～ 300.0万/hm^2，穗粒数150.0粒左右，结实率85.0%以上，千粒重24.5g。

品质特性：糙米率82.6%，糙米长宽比2.6，精米率75.4%，整精米率64.6%，垩白粒率56%，垩白度13.3%，透明度2级，碱消值7.0级，胶稠度48mm，直链淀粉含量23.1%，蛋白质含量9.3%。

抗性：叶瘟中等（5级），穗瘟高感（7 ～ 9级），白叶枯病中等（5级）。

产量及适宜地区：1999年早稻参加广西水稻新品种筛选试验，平均单产7 948.5kg/hm^2；同期参加广西区试，早稻桂南稻作区6个试点平均单产6 868.5kg/hm^2。1998—2000年在上林、北流、田阳等地进行生产试验和试种示范，一般单产8 250.0kg/hm^{2}左右。适宜桂南早、晚稻，桂中、桂北晚稻推广种植。

栽培技术要点：采用旱育稀植和旱育秧小苗抛栽技术。大田应插够30.0万～ 37.5万穴/hm^2，基本苗90.0万 ～ 105.0万/hm^2；抛秧不少于750盘/hm^2。施足基肥，早施分蘖肥。适时防治病虫害。

特优1102（Teyou 1102）

品种来源：湖南隆平种业有限公司利用龙特甫A和R1102［蜀恢527/AG（香稻AP1/玉米稻GER）］配组育成。2008年通过广西壮族自治区农作物品种审定委员会审定，审定编号为桂审稻2008012号。

形态特征和生物学特性：籼型三系杂交稻感温迟熟早稻品种。株型适中，熟期转色好，结实率高。桂南早稻种植，全生育期130d左右。株高116.2cm，穗长23.5cm，有效穗数265.5万/hm^2，穗粒数120.4粒，结实率87.4%，千粒重30.7g。

品质特性：糙米率81.5%，糙米长宽比2.6，整精米率48.6%，垩白粒率100%，垩白度20.8%，胶稠度69mm，直链淀粉含量24.0%。

抗性：苗叶瘟7级，穗瘟9级；白叶枯病致病Ⅳ型9级。

产量及适宜地区：2006年参加桂南稻作区早稻迟熟组初试，5个试点平均单产7 909.5kg/hm^2；2007年续试，5个试点平均单产8 019.0kg/hm^2；两年试验平均单产7 963.5kg/hm^2。2007年生产试验平均单产8 124.0kg/hm^2。适宜桂南稻作区作早稻种植。

栽培技术要点：大田用种量22.5kg/hm^2，秧田播种量180.0kg/hm^2。移栽秧龄30d以内，插植密度16.5cm×20.0cm，插基本苗120.0万～150.0万/hm^2。注意防治病虫害。

特优1202（Teyou 1202）

品种来源：广西南宁市沃德农作物研究所利用龙特甫A和R1202（测1018/测64-7）配组育成。2006年通过广西壮族自治区农作物品种审定委员会审定，审定编号为桂审稻2006030号。

形态特征和生物学特性：籼型三系杂交稻感温迟熟早稻品种。株型适中，叶姿稍披，叶鞘、稃尖紫色，无芒，穗粒重协调。桂南早稻种植，全生育期126d左右。株高117.2cm，穗长23.5cm，有效穗数270.0万/hm^2，穗粒数130.6粒，结实率83.3%，千粒重27.7g。

品质特性：糙米率83.4%，糙米长宽比2.6，整精米率52.3%，垩白粒率98%，垩白度27.6%，胶稠度38mm，直链淀粉含量18.0%。

抗性：苗叶瘟8级，穗瘟8级，稻瘟病的抗性评价为高感；白叶枯病3级。

产量及适宜地区：2004年参加桂南稻作区早稻迟熟组筛选试验，5个试点平均单产7 999.5kg/hm^2；2005年早稻区域试验，4个试点平均单产7 363.5kg/hm^2。2005年生产试验平均单产6 948kg/hm^2。适宜桂南、桂中稻作区作早、晚稻种植。

栽培技术要点：根据当地种植习惯与特优63、金优253同期播种。移栽叶龄5.0～6.0叶，抛栽叶龄3.0～4.0叶。插植规格23.0cm×16.0cm，每穴插2粒谷苗，或抛栽27.0万～30.0万穴/hm^2。施纯氮量172.5～187.5kg/hm^2，氮、磷、钾比例为1∶0.6∶1。综合防治稻瘟病等病虫害。

特优1259（Teyou 1259）

品种来源：福建省三明市农业科学研究所、福建六三种业有限责任公司以龙特甫A和明恢1259（明恢86//K59/K1729）配组育成。2008年通过广西壮族自治区农作物品种审定委员会审定，审定编号为桂审稻2008009号。

形态特征和生物学特性：籼型三系杂交稻感温迟熟早稻品种。株型适中，叶片宽大稍内卷。桂南早稻种植，全生育期128d左右。株高116.9cm，穗长24.3cm，有效穗数252.0万/hm^2，穗粒数131.8粒，结实率84.7%，千粒重30.1g。

品质特性：糙米率81.9%，糙米长宽比2.3，整精米率62.0%，垩白粒率100%，垩白度27.5%，胶稠度68mm，直链淀粉含量24.1%。

抗性：苗叶瘟6级，穗瘟9级；白叶枯病致病Ⅳ型9级，Ⅴ型7级。

产量及适宜地区：2006年参加桂南稻作区早稻迟熟组初试，5个试点平均单产8 125.5kg/hm^2；2007年续试，5个试点平均单产8 046.0kg/hm^2；两年试验平均单产8 086.5kg/hm^2。2007年生产试验平均单产7 948.5kg/hm^2。适宜桂南稻作区作早稻种植。

栽培技术要点：按各地的种植习惯确定播种时期。移栽秧龄以30d为宜；插植规格20cm×20cm，穴插2苗。施纯氮150～180kg/hm^2，氮、磷、钾比例为1：0.5：0.7。基肥、分蘖肥、穗肥的比例为5：3：2。重点抓好对螟虫和稻飞虱的防治工作，并注意防治稻瘟病。

特优128（Teyou 128）

品种来源：广西藤县种子公司、岑溪市种子公司利用龙特甫A和R128配组育成。2001年通过广西壮族自治区农作物品种审定委员会审定，审定编号为桂审稻2001037号。

形态特征和生物学特性：籼型三系杂交稻感温迟熟早、晚稻品种。株叶型紧凑，分蘖力中等，茎秆粗壮，后期青枝蜡秆、熟色好。桂南种植，全生育期早稻130d左右，晚稻125d。株高110.0cm左右，有效穗数255.0万～300.0万/hm^2，穗粒数150粒左右，结实率80.0%左右，千粒重24.0～27.0g。

品质特性：米质一般。

抗性：稻瘟病抗性与Ⅱ优128（CK）相当，白叶枯病抗性优于Ⅱ优128（CK），抗稻瘟病。

产量及适宜地区：1999—2000年参加藤县水稻新品种比较试验，其中1999年早、晚稻平均单产分别为8 527.5kg/hm^2和7 387.5kg/hm^2，2000年早、晚稻平均单产分别为7 050.0kg/hm^2和6 352.5kg/hm^2。2000—2001年早稻参加岑溪市杂交水稻新组合品比试验，平均单产分别为8 629.5kg/hm^2和8 422.5kg/hm^2。1999—2001年藤县、岑溪市累计种植面积达2 666.7hm^2，平均单产6 750.0～8 250.0kg/hm^2。适宜桂南作早、晚稻，桂中作晚稻推广种植，也可在中稻地区推广种植。

栽培技术要点：早稻秧龄25～30d左右，晚稻秧龄18～20d。插植规格16.5cm×19.8cm，每穴插2粒谷苗。一般施纯氮135kg/hm^2左右，氮、磷、钾比例为1∶0.5∶0.6。注意防治三化螟、稻蓟马等危害。

特优136（Teyou 136）

品种来源：广西壮族自治区农业科学院水稻研究所利用龙特甫A与R136配组育成。2006年通过广西壮族自治区农作物品种审定委员会审定，审定编号为桂审稻2006007号。

形态特征和生物学特性：籼型三系杂交稻感温中熟早、晚稻品种。株型适中，穗粒协调，结实率较高。桂中北早稻种植，全生育期121 ~ 123d。株高106.4cm，穗长22.5cm，有效穗数279.0万/hm^2，穗粒数147.6粒，结实率76.0%，千粒重24.5g。

品质特性：糙米率81.8%，糙米长宽比2.5，整精米率68.4%，垩白粒率93%，垩白度24.2%，胶稠度68mm，直链淀粉含量22.3%。

抗性：苗叶瘟7级，穗瘟8级，稻瘟病的抗性评价为高感；白叶枯病7级。抗倒伏性较弱。

产量及适宜地区：2004年参加桂中北稻作区早稻中熟组区域试验，5个试点平均单产7 767.0kg/hm^2；2005年早稻续试，5个试点平均单产6 847.5kg/hm^2。2005年晚稻生产试验平均单产6 757.5kg/hm^2。适宜桂中稻作区作早、晚稻，桂北稻作区作晚稻种植。

栽培技术要点：早稻桂中3月中下旬播种，晚稻6月底至7月初播种；插秧叶龄5.0 ~ 6.0叶，抛秧叶龄3.0 ~ 3.5叶。插植规格23.0cm × 13.0cm，每穴插2粒谷苗，或抛栽30.0万 ~ 33.0万穴/hm^2。施纯氮150 ~ 180kg/hm^2，氮、磷、钾比例为1 ∶ 0.6 ∶ 1。注意防治稻瘟病、白叶枯病等病虫的危害。

特优165（Teyou 165）

品种来源：广西壮族自治区农业科学院水稻研究所利用龙特甫A和桂165配组育成。2010年通过广西壮族自治区农作物品种审定委员会审定，审定编号为桂审稻2010007号。

形态特征和生物学特性：籼型三系杂交稻感温中熟早稻品种。桂中、桂北早稻种植，全生育期122d左右。株高110.3cm，穗长23.4cm，有效穗数259.5万/hm^2，穗粒数144.6粒，结实率82.8%，千粒重28.4g。

品质特性：糙米率82.7%，糙米长宽比2.2，整精米率66.5%，垩白粒率96%，垩白度19.4%，胶稠度42mm，直链淀粉含量20.3%。

抗性：苗叶瘟6～7级，穗瘟5～9级；白叶枯致病Ⅳ型7～9级，Ⅴ型7～9级。

产量及适宜地区：2008年参加桂中、桂北稻作区早稻中熟组初试，5个试点平均单产7 837.5kg/hm^2；2009年续试，5个试点平均单产7 872.0kg/hm^2；两年试验平均单产7 855.5kg/hm^2。2009年生产试验平均单产6 960.0kg/hm^2。适宜桂中、桂北稻作区作早、晚稻种植，桂南稻作区早稻因地制宜种植。

栽培技术要点：早稻3月中下旬播种，适宜移栽秧龄以4.5～5.0叶为宜，抛秧叶龄3.5～4.0叶为宜；晚稻6月下旬至7月上旬播种，适宜移栽秧龄18～25d，抛秧叶龄3.0～3.5叶为宜；插（抛）27.0万～30.0万穴/hm^2，每穴插2～3粒谷苗。前期施肥量占总施肥量的85%～95%。加强病虫害的综合防治工作。

特优1683（Teyou 1683）

品种来源：广西瑞特种子有限责任公司利用龙特甫A和R1683配组而成。2012年通过广西壮族自治区农作物品种审定委员会审定，审定编号为桂审稻2012011号。

形态特征和生物学特性：籼型三系杂交稻感温迟熟早稻品种。桂南早稻种植全生育期127d左右。株型集散适中，分蘖力强，茎秆粗壮、叶片挺直、叶色绿，叶鞘、稃尖为紫色；穗型中，着粒密，谷粒淡黄色，无芒。有效穗数240.0万/hm^2，株高122.4cm，穗长25.0cm，每穗总粒数159.4粒，结实率79.6%，千粒重27.8g。

品质特性：谷粒长8mm，糙米率81.0%，整精米率58.1%，长宽比2.5，垩白粒率84%，垩白度17.5%，胶稠度61mm，直链淀粉含量21.6%。

抗性：苗叶瘟6～7级，穗瘟9级；白叶枯病7～9级。感稻瘟病、感—高感白叶枯病。

产量及适宜地区：2010年参加桂南稻作区早稻迟熟组初试，6个试点平均单产7 453.5kg/hm^2；2011年复试，6个试点平均单产8 316.0kg/hm^2；两年试验平均单产7 885.5kg/hm^2。2011年生产试验平均单产8 826.0kg/hm^2。适宜桂南、桂中稻作区作早稻种植。

栽培技术要点：根据当地种植习惯与特优63同期播种，桂南早稻种植宜在3月上旬播种。早稻5.0～6.0叶期移栽，插植规格23.0cm×13.0cm，每穴插栽2粒谷苗，或抛秧30.0万～33.0万穴/hm^2。施纯氮150.0～180.0kg/hm^2，氮、磷、钾按1.0∶0.5∶1.0比例配合施用，中后期注意控氮肥和防倒伏；前期浅灌，够苗晒田，后期干湿交替至成熟，避免断水过早。注意防治各种病、虫、鼠害。

特优172（Teyou 172）

品种来源：广西容县农业科学研究所利用龙特甫A和172（玉恢175//广12/桂玉50）配组育成。2006年通过广西壮族自治区农作物品种审定委员会审定，审定编号为桂审稻2006032号。

形态特征和生物学特性：籼型三系杂交稻感温迟熟早稻品种。株型适中，穗型较小，千粒重较高。桂南早稻种植，全生育期127d左右。株高115.6cm，穗长22.1cm，有效穗数255.0万/hm^2，穗粒数132.0粒，结实率82.7%，千粒重28.6g。

品质特性：糙米率81.4%，糙米长宽比2.4，整精米率45.2%，垩白粒率100%，垩白度30.8%，胶稠度31mm，直链淀粉含量19.8%。

抗性：苗叶瘟8级，穗瘟8级，稻瘟病的抗性评价为高感；白叶枯病9级。

产量及适宜地区：2004年参加桂南稻作区早稻迟熟组筛选试验，5个试点平均单产8 179.5kg/hm^2；2005年早稻区域试验，4个试点平均单产7 239.0kg/hm^2。2005年生产试验平均单产7 113.0kg/hm^2。适宜桂南稻作区作早稻种植。

栽培技术要点：根据当地种植习惯与特优63同期播种，秧龄30d左右。移栽规格23.0cm×13.0cm，每穴栽2粒谷苗，或抛秧30.0万～33.0万穴/hm^2。施纯氮150～180kg/hm^2。注意稻瘟病等病虫害的防治。

特优18（Teyou 18）

品种来源：广西玉林地区农业科学研究所利用龙特甫A与玉18于1990年选育而成。1998年通过广西壮族自治区农作物品种审定委员会审定，审定编号为桂审证字第133号和国审稻990023号。

形态特征和生物学特性：籼型三系杂交稻感温迟熟早稻品种。株型紧凑，分蘖力中等，茎秆粗壮，叶片细长厚直，繁茂性好，后期青枝蜡秆，熟色好。全生育期早稻为135d，晚稻为117d。株高113.0cm，成穗率61.2%，有效穗数279.0万/hm^2，穗粒数131粒，实粒101粒，结实率77.1%，千粒重28.0g。

品质特性：糙米粒长6 ~ 7mm，糙米率80.2%，糙米长宽比2.6，精米率71.6%，整精米率32.2%，垩白粒率96.0%，垩白度17.3%，透明度3级，碱消值3.9级，胶稠度40mm，直链淀粉含量19.3%。米质中等，饭软熟可口。

抗性：白叶枯4.5级，稻瘟病7级，稻飞虱8级。耐肥，抗倒伏，苗期耐寒。

产量及适宜地区：1994—1995年早稻参加玉林地区区试，平均单产6 772.5kg/hm^{2}和7 078.5kg/hm^2。1995—1996年早稻参加广西区试，桂南6个试点平均单产6 475.5kg/hm^{2}和6 538.5kg/hm^2。1993年北流市试种0.7hm^2，验收平均单产8 032.5kg/hm^2，最高单产11 037.0kg/hm^2；1994—1996年平南种植1万hm^2，平均单产6 075.0 ~ 10 360.5kg/hm^2。适宜在桂南作早、晚稻，桂中作晚稻种植。

栽培技术要点：早稻在3月上旬播种，晚稻在7月上旬播种。秧田播种量控制在150.0kg/hm^{2}之内，秧龄早稻25 ~ 30d，晚稻在25d之内移栽完。一般采取23.0cm×13.0cm规格，双本插植，基本苗120.0万 ~ 150.0万/hm^2。本田采用前重、中稳、后补的方法，施纯氮187.5 ~ 225kg/hm^2，氮、磷、钾按1 ：0.7 ：1.1比例配合使用，注意增施有机肥和硅钙磷肥。水分管理，采取浅水回青、分蘖，中期露晒田，抽穗保水层，齐穗后干湿交替到黄熟。加强病虫害的综合防治工作。

特优21（Teyou 21）

品种来源：四川省嘉陵农作物品种研究中心利用龙特甫A和R21配组育成。2006年通过广西壮族自治区农作物品种审定委员会审定，审定编号为桂审稻2006021号。

形态特征和生物学特性：籼型三系杂交稻感温迟熟早稻品种。株型适中，叶姿挺直，叶鞘、稃尖紫色，穗型较小，无芒，千粒重高。桂南种植，全生育期早稻130d左右。株高118.0cm，穗长21.3cm，有效穗数270.0万/hm^2，穗粒数115.5粒，结实率85.9%，千粒重30.0g。

品质特性：谷粒长7.8mm，谷粒长宽比2.4，糙米率82.5%，糙米长宽比2.2，整精米率43.5%，垩白粒率100%，垩白度33.2%，胶稠度32mm，直链淀粉含量21.2%。

抗性：苗叶瘟8级，穗瘟8级，稻瘟病的抗性评价为高感；白叶枯病5级。

产量及适宜地区：2004年参加桂南稻作区早稻迟熟组筛选试验，5个试点平均单产8 091.0kg/hm^2；2005年早稻区域试验，5个试点平均单产7 320.0kg/hm^2。2005年生产试验平均单产7 269kg/hm^2。适宜桂南稻作区作早稻种植。

栽培技术要点：根据当地种植习惯与特优63同期播种，秧龄30d左右。插植规格23.0cm×13.0cm，每穴栽2粒谷苗，或抛秧30.0万～33.0万穴/hm^2。施纯氮150～180kg/hm^2，氮、磷、钾配合施用。注意稻瘟病等病虫害的防治。

特优2155（Teyou 2155）

品种来源：福建省三明市农业科学研究所、福建六三种业有限责任公司利用龙特甫A和明恢2155配组育成。2008年通过广西壮族自治区农作物品种审定委员会审定，审定编号为桂审稻2008003号。

形态特征和生物学特性：籼型三系杂交稻感温中熟早稻品种。植株较高，株型适中，熟期转色好。桂中、桂北早稻种植，全生育期122d左右，株高119.0cm，穗长23.4cm，有效穗数253.5万/hm^2，穗粒数136.6粒，结实率85.0%，千粒重28.3g。

品质特性：糙米率82.2%，糙米长宽比2.5，整精米率64.6%，垩白粒率100%，垩白度21.0%，胶稠度61mm，直链淀粉含量20.9%。

抗性：苗叶瘟6级，穗瘟7级；白叶枯病致病Ⅳ型9级，Ⅴ型9级。

产量及适宜地区：2005年参加桂中、桂北稻作区早稻中熟组初试，4个试点平均单产7 181.3kg/hm^2；2007年续试，4个试点平均单产9 086.1kg/hm^2；两年试验平均单产8 133.8kg/hm^2。2007年生产试验平均单产7 103.4kg/hm^2。

栽培技术要点：按当地的种植习惯与气候因素，确定适宜的播种时期；作早稻栽培，移栽秧龄以30～35d为宜；插植规格20.0cm×20.0cm，每穴插2粒谷苗。施纯氮150～180kg/hm^2，氮、磷、钾比例为1∶0.5∶0.5。基肥、蘖肥、穗肥、粒肥的比例为5∶2∶2∶1。重点抓好对螟虫和稻飞虱的防治工作，并注意防治稻瘟病。

特优216（Teyou 216）

品种来源：广西玉林市农业科学研究所利用龙特甫A与玉216配组育成。2000年通过广西壮族自治区农作物品种审定委员会审定，审定编号为桂审稻2000026号。

形态特征和生物学特性：籼型三系杂交稻感温迟熟早稻品种。株型集散适中，分蘖力中等，叶片细而厚直。全生育期桂南早稻128d左右。株高105cm，穗长25.1cm，有效穗数255.0万～270.0万/hm^2，穗粒数170.0粒左右，结实率85.0%以上，千粒重24.3g。

品质特性：糙米率81.6%，糙米长宽比2.4，精米率74.8%，整精米率66.8%，垩白粒率94%，垩白度24.9%，透明度3级，碱消值6.8级，胶稠度47mm，直链淀粉含量26.0%，蛋白质含量10.9%。

抗性：叶瘟中感（6级），穗瘟高感（9级），白叶枯病中抗（3级），稻飞虱高感（9级）。

产量及适宜地区：1998年早稻参加广西水稻新品种筛选试验，平均单产为7 327.5kg/hm^2；1999年早稻参加广西区试，平均单产6 810.0kg/hm^2。1998—1999年在玉林、北流、平南、桂平等地进行试种，一般单产7 500.0 ～ 82 500.0kg/hm^2。适宜桂南早、晚稻，桂中晚稻推广种植。

栽培技术要点：早稻3月上旬播种，晚稻7月上旬播种，一般秧田播种量为150.0 ～ 187.5kg/hm^2。早稻秧龄30 ～ 35d，叶龄5片叶左右；晚稻20 ～ 25d。分蘖力中等，适宜采用宽窄行双本插植。宽行29.7cm，窄行16.5cm，株距13.2cm。或采用小苗抛栽技术，抛秧不少于750盘/hm^2。施足基肥，重施分蘖肥。施纯氮187.5 ～ 225kg/hm^2，氮、磷、钾按1 ：0.7 ：1比例配合使用。浅水插秧、分蘖，中期及时露晒田，抽穗灌水，后期干湿交替到成熟。加强对病虫害的综合防治。

特优227（Teyou 227）

品种来源：广西壮族自治区农业科学院水稻研究所于1999年利用龙特甫A和恢复系227（七丝占/桂引901）配组育成。2003年通过广西壮族自治区农作物品种审定委员会审定，审定编号为桂审稻2003012号。

形态特征和生物学特性：籼型三系杂交稻感温迟熟早、晚稻品种。群体整齐度一般，株型紧凑，叶色青绿，叶姿挺直，长势繁茂，熟期转色好，落粒性中。桂中、桂北全生育期早稻123d左右（手插秧）；晚稻全生育期112d左右（手插秧）。株高108.0cm左右，穗长23.0cm左右，有效穗数270.0万/hm^2左右，穗粒数130～145粒，结实率78.8%左右，千粒重24.4g。

品质特性：糙米率81.2%，糙米粒长6.1mm，糙米长宽比2.6，精米率73.7%，整精米率65.7%，垩白粒率95%，垩白度12.8%，透明度3级，碱消值7.0级，胶稠度40mm，直链淀粉含量20.8%，蛋白质含量8.3%。

抗性：中级穗颈瘟，苗叶瘟7级，穗瘟7级，中感白叶枯病（病级7级），高感褐飞虱（病级8.6级）。抗倒伏能力强。

产量及适宜地区：2002年早稻参加广西水稻品种中熟组筛选试验，2个试点（河池、荔浦）平均单产8 320.5kg/hm^2；晚稻参加中熟组区试，6个试点（贺州、柳州、荔浦、宜州、桂林、融安）平均单产6 730.5kg/hm^2。同期在试点面上多点试种，平均单产6 750.0～7 950.0kg/hm^2。适宜桂南、桂中稻作区作早、晚稻种植。

栽培技术要点：早稻3月上旬到中旬播种。晚稻，桂中在6月30日前播种，桂南在7月10日前播种。一般秧龄早稻30d左右，晚稻20d。双本插植，规格19.8cm×16.5cm。做到基肥足，追肥速，中期控，尾肥穗。注意防治病虫害。

特优233（Teyou 233）

品种来源：广西玉林市农业科学研究所利用龙特甫A与玉223配组育成。2000年通过广西壮族自治区农作物品种审定委员会审定，审定编号为桂审稻2000036号。

形态特征和生物学特性：籼型三系杂交稻感温迟熟早、晚稻品种。株型集散适中，分蘖力中等，茎秆粗壮，叶片厚直。全生育期桂南早稻128d左右，晚稻115d，株高108.0cm，有效穗数255.0万/hm^{2}左右，穗粒数135.0粒左右，结实率85.0%以上，千粒重31.1g。

品质特性：糙米率81.6%，糙米长宽比2.6，精米率73.9%，整精米率39.2%，垩白粒率96%，垩白度28.3%，透明度3级，碱消值5.3级，胶稠度38mm，直链淀粉含量19.0%，蛋白质含量10.1%。

抗性：稻瘟病苗叶瘟5～6级，穗瘟轻，纹枯病轻；苗期耐寒；耐肥，抗倒伏。

产量及适宜地区：1999—2000年早稻参加玉林市区试，平均单产分别为7 471.5kg/hm^{2}和7 837.5kg/hm^2；1999年早稻参加广西水稻新品种筛选试验，平均单产为8 490.0kg/hm^2。同期在玉林市各县（市）试种示范，一般单产7 500.0kg/hm^2。适宜桂南早、晚稻，桂中晚稻推广种植。

栽培技术要点：在桂东南种植可在3月5～10日播种，晚稻7月5～10日播种。2～3叶期，根据苗情酌情喷施叶面肥、浇水。抛栽27.0万～30.0万/hm^2。抛栽前施足基肥，以农家肥为主，施沤制腐熟的猪牛粪15 000kg/hm^2，碳酸氢铵、普通过磷酸钙各450kg/hm^2，氯化钾75kg/hm^2。抛秧5～7d后施尿素、氯化钾各105kg/hm^2。幼穗分化第3～4期时，施尿素45kg/hm^2、复合肥75kg/hm^2。水的管理要做到寸水回青、浅水分蘖、够苗晒田、干湿交替。抽穗扬花期田间保持水分处于饱和状态，灌浆后湿润到成熟。苗期防治稻瘿蚊、稻纵卷叶螟、三化螟等，中后期防治稻飞虱、稻纵卷叶螟、三化螟、椿象、纹枯病等。

特优253（Teyou 253）

品种来源：广西壮族自治区种子公司、岑溪市种子公司、广西大学支农开发中心利用龙特甫A与测253配组育成。2001年通过广西壮族自治区农作物品种审定委员会审定，审定编号为桂审稻2001030号。

形态特征和生物学特性：籼型三系杂交稻感温迟熟早、晚稻品种。株型集散适中，分蘖力中等，茎秆粗壮，后期青枝蜡秆，熟色好，主蘖穗有差异，欠整齐。桂南种植，全生育期早稻128d左右，晚稻118d，株高114.0cm左右，有效穗数240.0万～270.0万/hm^2，穗粒数125.0～135.0粒，结实率85.0%～90.0%，千粒重27.0～28.0g。

品质特性：米质中等，外观及米饭软度、味道较特优63好。

抗性：抗稻瘟病，耐肥，抗倒伏。

产量及适宜地区：1999年晚稻、2000—2001年早稻连续三造参加岑溪市杂交水稻新组合品比试验，单产分别为6 066.0kg/hm^2、8 550.0kg/hm^{2}和7 542.0kg/hm^2。同期在岑溪、罗城、龙州等地进行试种示范，一般单产6 750.0～8 250.0kg/hm^2。1999—2001年广西累计种植面积7 333.3hm^2。适宜桂南作早、晚稻推广种植，也可在中稻地区推广种植。

栽培技术要点：播种量225.0kg/hm^{2}左右，秧龄在闽南早季40～50d，晚季18～20d。每穴栽2粒谷苗，栽插规格16.5cm×23.5cm或16.5cm×20cm。施纯氮187.5kg/hm^2、磷肥127.5kg/hm^2、钾肥172.5kg/hm^2，茎蘖肥占70.0%～80.0%，穗肥占20.0%～30.0%。

特优258（Teyou 258）

品种来源：广西大学支农开发中心利用龙特甫A和测258［(IR661/田东野生稻）F_1/IR36］配组育成。2006年通过广西壮族自治区农作物品种审定委员会审定，审定编号为桂审稻2006034号。

形态特征和生物学特性：籼型三系杂交稻感温迟熟早稻品种。群体整齐度一般，株型适中，主茎叶片数早季16叶，晚季15叶，剑叶长35.0cm，宽1.9cm，叶色青绿，叶姿稍披，后期熟色好，着粒较密，颖色淡黄色，稃尖紫色，无芒。桂南早稻种植，全生育期122～128d。株高113.9cm，穗长23.3cm，有效穗数264.0万/hm^2，穗粒数124.5粒，结实率88.0%，千粒重27.7g。

品质特性：糙米率82.4%，糙米长宽比2.5，整精米率68.9%，垩白粒率88%，垩白度21.8%，胶稠度43mm，直链淀粉含量20.1%。

抗性：穗瘟9级，白叶枯病3级。

产量及适宜地区：2003年参加桂南稻作区早稻迟熟组筛选试验，5个试点平均单产7 371.0kg/hm^2。2004年早稻区试，5个试点平均单产8 872.5kg/hm^2。生产试验平均单产6 873.0kg/hm^2。适宜桂南、桂中稻作区作早稻种植。

栽培技术要点：根据当地种植习惯与特优63同期播种，秧龄30d左右。栽植规格23.0cm×13.0cm或20.0cm×17.0cm，每穴栽2粒谷苗。施纯氮150～180kg/hm^2，氮、磷、钾比例为1∶0.6∶1，前期施肥量（基肥+分蘖肥）占总施肥量的90%左右，中后期占10%左右，以钾肥为主；前期浅灌，够苗晒田，后期干湿交替。注意稻瘟病等病虫害的防治。

特优269（Teyou 269）

品种来源：广西玉林市农业科学研究所和广西壮族自治区农业科学院桂东南分院利用龙特甫A和玉269配组而成。2012年通过广西壮族自治区农作物品种审定委员会审定，审定编号为桂审稻2012009号。

形态特征和生物学特性：籼型三系杂交稻感温迟熟早稻品种。桂南早稻种植，全生育期132d左右。苗期耐寒性较强，株型适中，分蘖力中等，茎秆粗壮，剑叶厚直，叶色绿，叶鞘、稃尖紫色，熟色好，抗倒伏性强，前期早生快发，后期青枝蜡秆，熟色好。穗大密粒，谷粒黄色，粒长8.5mm，粒宽3.1mm，长宽比2.7。有效穗数256.5万/hm^2，株高122.2cm，穗长22.9cm，每穗总粒数150.9粒，结实率78.8%，千粒重26.6g。

品质特性：糙米率81.4%，整精米率64.3%，糙米长宽比2.2，垩白粒率96%，垩白度24.5%，胶稠度48mm，直链淀粉含量26.0%。

抗性：苗叶瘟6级，穗瘟7～9级；白叶枯病5～7级。中抗—中感稻瘟病，中感—感白叶枯病。

产量及适宜地区：2009年参加桂南稻作区早稻迟熟组初试，5个试点平均单产8 208.0kg/hm^2；2010年复试，6个试点平均单产7 590.0kg/hm^2；两年试验平均单产7 899.0kg/hm^2。2011年生产试验平均单产8 550.0kg/hm^2。适宜桂南稻作区作早稻种植，其他稻作区作一季早稻或中稻种植。

栽培技术要点：桂南作早稻种植宜在2月底至3月5日前播种。大田用种22.5kg/hm^2，秧龄控制在4叶左右抛秧。品种耐肥，抗倒伏能力强，施用纯氮240～270kg/hm^2，氮、磷、钾按1：0.5：1.1比例搭配。前期占总施纯氮量的60%，中期占总施纯氮量的30%，后期占总施纯氮量的10%。抽穗扬花期灌浅水，后期不要断水过早，干干湿湿到成熟。在生育期间，注意防治螟虫、稻纵卷叶螟、稻飞虱和纹枯病、稻瘟病等。

特优3301（Teyou 3301）

品种来源：福建省农业科学院生物技术研究所利用单产龙特甫A和闽恢3301（绵恢43/明恢86）配组育成。2010年通过广西壮族自治区农作物品种审定委员会审定，审定编号为桂审稻2010010号。

形态特征和生物学特性：籼型三系杂交稻感温迟熟早稻品种。株型集散适中，分蘖力强，叶耳、叶枕、柱头紫色，叶鞘绿色，主茎叶片数16 ~ 17叶，颖尖紫色，穗粒无芒，落粒性中，谷壳黄色。桂南早稻种植，全生育期129d左右。株高120.8cm，穗长24.6cm，有效穗数261.0万/hm^2，穗粒数146.0粒，结实率77.7%，千粒重30.3g。

品质特性：糙米率82.2%，糙米长宽比2.5，整精米率62.7%，垩白粒率95%，垩白度20.7%，胶稠度71mm，直链淀粉含量22.4%。

抗性：苗叶瘟5级，穗瘟3 ~ 7级，最高级9级；白叶枯病致病Ⅳ型7级，Ⅴ型9级。

产量及适宜地区：2008年参加桂南稻作区早稻迟熟组初试，6个试点平均单产8 187.0kg/hm^2；2009年复试，5个试点平均单产8 575.5kg/hm^2；两年试验平均单产8 382.0kg/hm^2。2009年生产试验平均单产8 407.5kg/hm^2。适宜桂南稻作区作早稻，其他稻作区因地制宜作早稻或中稻种植。

栽培技术要点：桂南早稻种植宜2月下旬至3月上旬播种，秧龄30 ~ 35d。秧田播种量225.0kg/hm^{2}左右，大田用种量19.5 ~ 22.5kg/hm^2。插植规格17.0cm × 20.0cm，插30.0万穴/hm^2，穴插2粒谷，插基本苗90.0万 ~ 105.0万/hm^2。施纯氮225.0kg/hm^2，氮、磷、钾比例为1 ： 0.5 ： 0.7，基肥、蘖肥、穗肥比例分别为55%、35%、10%。氮肥过多或肥田，要注意防治纹枯病。

特优3550选（Teyou 3550 xuan）

品种来源：广西容县种子公司利用龙特甫A与3550恢复系中自选的株系89-9配组育成。2000年通过广西壮族自治区农作物品种审定委员会审定，审定编号为桂审稻2000025号。

形态特征和生物学特性：籼型三系杂交稻感温迟熟早、晚稻品种。茎秆粗壮，叶片短窄，分蘖力中等。全生育期桂南早稻135d左右，株高110cm；晚稻121d，株高105.0cm。有效穗数285.0万～300.0万/hm^2，穗粒数170.0粒左右，结实率73.0%～85.7%，千粒重25.6～26.5g。

品质特性：糙米率81.4%，一般精米率78.5%，碱消值3.0级，直链淀粉含量21.5%，粗蛋白质含量7.9%。米质中等。

抗性：抗稻瘟病和白叶枯病。耐肥，抗倒伏，抗寒力强。

产量及适宜地区：1998—1999年参加玉林市区试，其中1998年晚稻平均单产为8 563.5kg/hm^2，1999年早稻平均单产为7 662.0kg/hm^2、晚稻平均单产为7 812.0kg/hm^2。1992—1999年在容县等地累计种植1.0万hm^2，一般单产8 250.0kg/hm^{2}左右。适宜桂南早、晚稻和中稻地区推广种植。

栽培技术要点：播种量225.0kg/hm^{2}左右，秧龄在闽南早季40～50d，晚季18～20d。每穴栽2粒谷苗，插植规格16.5cm×23.5cm或16.5cm×20cm。施纯氮187.5kg/hm^2、磷肥127.5kg/hm^2、钾肥172.5kg/hm^2，茎蘖肥占70%～80%，穗肥占20%～30%。

特优359（Teyou 359）

品种来源：广西支农种业有限公司利用龙特甫A和测359配组育成。2009年通过广西壮族自治区农作物品种审定委员会审定，审定编号为桂审稻2009011号。

形态特征和生物学特性：籼型三系杂交稻感温迟熟早稻品种。着粒密，谷壳淡黄，稃尖紫色，无芒。桂南早稻种植，全生育期127d左右。株高121.0cm，穗长24.1cm，有效穗数238.5万/hm^2，穗粒数163.4粒，结实率81.8%，千粒重26.4g，谷粒长8.4mm，谷粒长宽比2.8。

品质特性：糙米率81.8%，糙米长宽比2.3，整精米率65.1%，垩白粒率94%，垩白度22.4%，胶稠度45mm，直链淀粉含量19.9%。

抗性：苗叶瘟6级，穗瘟7～9级；白叶枯病致病Ⅳ型9级，Ⅴ型9级。

产量及适宜地区：2006年参加桂南稻作区早稻迟熟组筛选试验，5个试点平均单产7 764.0kg/hm^2；2007年参加桂南稻作区早稻迟熟组区试，5个试点平均单产7 824.0kg/hm^2；2008年续试，6个试点平均单产7 654.5kg/hm^2；两年区试平均单产7 738.5kg/hm^2。2008年生产试验平均单产8 215.5kg/hm^2。适宜桂南稻作区作早稻或桂中稻作区早稻因地制宜种植。

栽培技术要点：插秧规格采用23.0cm×13.0cm或者20.0cm×17.0cm，肥田稀植，瘦田密植，插基本苗75.0万～90.0万/hm^2。氮、磷、钾比例为1∶0.6∶1，基肥和分蘖肥占总施肥量的90%左右；中后期肥占10%左右，中后期肥以钾肥为主。够苗及时晒田，后期不宜断水过早。注意防治纹枯病、稻纵卷叶螟以及稻飞虱等病虫害。

特优363（Teyou 363）

品种来源：广西瑞恒种业有限公司利用龙特甫A和R6（IR36×明恢63）配组而成。2011年通过广西壮族自治区农作物品种审定委员会审定，审定编号为桂审稻2011011号。

形态特征和生物学特性：籼型三系杂交稻感温迟熟早稻品种。桂南早稻种植全生育期125d左右。株叶型适中，分蘖力较强，茎秆粗壮，抗倒伏能力强，后期熟色好；主茎叶片数16叶左右，叶色浓绿，叶型宽窄适中，剑叶斜，叶鞘紫色；颖色淡黄，稃尖紫色，无芒。有效穗数238.5万/hm^2，株高113.5cm，穗长23.3cm，每穗总粒数155.9粒，结实率79.6%，千粒重28.3g。

品质特性：糙米率82.3%，整精米率61.8%，长宽比2.4，垩白粒率100%，垩白度26.8%，胶稠度53mm，直链淀粉含量20.9%。

抗性：苗叶瘟5～6级，穗瘟3级，稻瘟病抗性水平为中感；白叶枯病致病Ⅳ型5～7级，Ⅴ型7～9级，白叶枯抗性评价为中感—高感。

产量及适宜地区：2009年参加桂南稻作区早稻迟熟组初试，5个试点平均单产8 271.0kg/hm^2；2010年复试，6个试点平均单产7 336.5kg/hm^2；两年试验平均单产7 803.0kg/hm^2。2010年早稻生产试验平均单产8 418.0kg/hm^2。适宜桂南稻作区作早稻或桂中稻作区早稻因地制宜种植。

栽培技术要点：桂南早稻宜在3月上旬前后播种。插（抛）30.0万穴/hm^2左右。施纯氮187.5kg/hm^2左右，氮、磷、钾比例为1：0.5：1。施足基肥，早追肥，氮、磷、钾肥合理搭配，注意补施花肥和粒肥，中后期增施钾肥。够苗晒田，孕穗期、抽穗扬花期浅水灌溉，扬花后干湿交替到成熟。注意防治病虫害。

特优3813（Teyou 3813）

品种来源：广西民乐种业有限公司利用龙特甫A和R3813［(桂99×IR30)×皖恢9号］配组而成。2012年通过广西壮族自治区农作物品种审定委员会审定，审定编号为桂审稻2012012号。

形态特征和生物学特性：籼型三系杂交稻迟熟早稻品种。桂南早稻种植全生育期127d。株型适中，群体整齐，穗粒协调，分蘖力中上，剑叶长直，叶色绿，叶鞘紫色，后期耐寒性强，抗倒伏性较强，长势繁茂，熟期转色好，谷壳淡黄色，稃尖紫色，谷粒长椭圆形。株高120.0cm，有效穗数240.0万/hm^2，穗长24.7cm，每穗总粒数145.0粒，结实率84.7%，千粒重30.2g。

抗性：苗叶瘟5～6级，穗瘟9级；白叶枯病5～7级。中感—感稻瘟病、白叶枯病。

品质特性：粒长7.5mm，谷粒长宽比2.6，糙米率81.2%，整精米率55.6%，垩白粒率96%，垩白度21.8%，胶稠度44mm，直链淀粉含量21.3%。

产量及适宜地区：2010年参加桂南稻作区早稻迟熟组初试，6个试点平均单产7 737.0kg/hm^2；2011年复试，6个试点平均单产8 698.5kg/hm^2；两年试验平均单产8 218.5kg/hm^2。2011年生产试验平均单产8 955.0kg/hm^2。适宜桂南、桂中稻作区作早稻种植。

栽培技术要点：宜选用中高水肥田块种植。桂南早稻宜在3月上旬播种，秧田播种量150.0kg/hm^2，大田用种量22.5kg/hm^2。早稻移栽叶龄4.5～5.0叶，抛秧叶龄3.5～4.0叶为宜，插（抛）27.0万～30.0万穴/hm^2，每穴插2粒谷苗。总施纯氮187.5kg/hm^{2}左右，氮、磷、钾比例为1.0∶0.6∶1.0，基肥与追肥的比例为7∶3，避免过量过迟施用氮肥。生长前期浅水灌溉促分蘖，移栽后20～25d争取总苗数达到预期有效穗的80.0%～85.0%，即可露晒田，抽穗保水层，齐穗后干湿交替到黄熟。根据当地病虫预测预报，注意及时防治稻瘟病等病虫害。

特优399（Teyou 399）

品种来源：湖南隆平高科农平种业有限公司利用龙特甫A和AG（先恢207/湖南农业大学选育的玉米稻GER）杂交育成。2006年通过广西壮族自治区农作物品种审定委员会审定，审定编号为桂审稻2006033号。

形态特征和生物学特性：籼型三系杂交稻感温迟熟早稻品种。群体生长整齐，株型适中，长势繁茂，叶色青绿，叶姿一般，熟期转色中，较易落粒。桂南早稻种植，全生育期124～129d。株高117.0cm，穗长23.5cm，有效穗数255.0万/hm^2，穗粒数128.0粒，结实率89.7%，千粒重29.2g。

品质特性：糙米率80.2%，糙米长宽比2.4，整精米率68.2%，垩白粒率98%，垩白度33.3%，胶稠度45mm，直链淀粉含量22.5%。

抗性：穗瘟9级，白叶枯病5级。

产量及适宜地区：2003年参加桂南稻作区早稻迟熟组筛选试验，5个试点平均单产7 798.5kg/hm^2。2004年早稻区试，5个试点平均单产8 482.5kg/hm^2。生产试验单产7 224.0kg/hm^2。适宜桂南、桂中稻作区作早稻种植。

栽培技术要点：根据当地种植习惯与特优63同期播种。栽植规格20.0cm×16.5cm或抛栽31.5万穴/hm^2。本田以有机肥为主施足底肥，早施追肥，注意氮、磷、钾的合理搭配；后期防早衰。注意稻瘟病等病虫害的防治。

特优4480（Teyou 4480）

品种来源：广西桂林市种子公司、荔浦县种子公司于1995年利用龙特甫A和恢复系4480配组育成。2001年通过广西壮族自治区农作物品种审定委员会审定，审定编号为桂审稻2001059号。

形态特征和生物学特性：籼型三系杂交稻感温中熟早、晚稻品种。株型集散适中，分蘖力中等，繁茂性好，茎秆粗壮。全生育期早稻128d左右，晚稻114d左右。株高103.0cm左右，有效穗数270.0万～330.0万/hm^2，穗粒数120～130粒，结实率81.7%，千粒重25.0～27.0g。

品质特性：米质中等。

抗性：中抗稻瘟病。耐肥，抗倒伏性强。

产量及适宜地区：1996年参加桂林市水稻新品种筛选试验，平均单产为7 152.0kg/hm^2，1997—1998年参加桂林市水稻品种比较试验，平均单产分别为7 017.0kg/hm^2和7 069.5kg/hm^2；1996—1998年在荔浦、恭城、灵川等地进行试种示范，平均单产为6 750.0～7 500.0kg/hm^2。1996—2001年桂林市累计种植面积4 666.7hm^2。适宜桂南作早、晚稻，桂中、桂北作晚稻推广种植。

栽培技术要点：参照一般籼型三系杂交稻感温中熟品种进行。

特优5号（Teyou 5）

品种来源：广西象州县多胚水稻研究所于1994年利用龙特甫A与象恢94-5配组育成。1999年通过广西壮族自治区农作物品种审定委员会审定，审定编号为桂审证字第147号。

形态特征和生物学特性：籼型三系杂交稻感温迟熟早、晚稻品种。株型好，分蘖力中上，根系发达，茎秆粗壮，叶片稍大，氮过多易徒长，后期熟色较好。全生育期125d。株高102.3cm，有效穗数283.5万/hm^2，穗粒数110.5粒，结实率75.5%，千粒重26.5g。

品质特性：米质与特优63相仿。

抗性：稻瘟病7级，白叶枯病2级，褐稻虱9级。

产量及适宜地区：1997—1998年参加广西区试，6个试点平均单产分别为6 601.5kg/hm^2和6 138.0kg/hm^2。1996年早稻象州县试种22.7hm^2，平均单产7 725.0kg/hm^2，1997年象州县试种292.4hm^2，早、晚两造平均单产分别为8 811.0kg/hm^2和7 924.5kg/hm^2。适宜桂南早稻，桂中、桂北中、晚稻推广种植。

栽培技术要点：适当早播，培育多蘖壮秧。早稻要求3月上旬播种，秧期30d左右为宜；晚稻翻秋掌握在6月下旬至7月初播种为好。适当稀植，增施磷、钾肥。插27.0万穴/hm^2左右为宜，施纯氮为180kg/hm^2，氮、磷、钾比例为1 ∶ 0.5 ∶ 1.2。抓好时机，合理晒好田，注意防治病虫害。

特优5058（Teyou 5058）

品种来源：广西南繁种业有限公司利用龙特甫A和R5058（桂99/多系1号//广12/明恢63）配组育成。2007年通过广西壮族自治区农作物品种审定委员会审定，审定编号为桂审稻2007020号。

形态特征和生物学特性：籼型三系杂交稻感温迟熟早稻品种。株型适中，穗粒协调，熟期转色好，结实率高。桂南早稻种植，全生育期125d左右，株高116.7cm，穗长22.9cm，有效穗数265.5万/hm^2，穗粒数129.3粒，结实率85.5%，千粒重29.0g。

品质特性：糙米率81.5%，糙米长宽比2.9，整精米率66.1%，垩白粒率96%，垩白度19.7%，胶稠度44mm，直链淀粉含量20.1%。

抗性：苗叶瘟4.0 ~ 4.7级，穗瘟9级；白叶枯病Ⅳ型5级，Ⅴ型9级。

产量及适宜地区：2005年参加桂南稻作区早稻迟熟组试验，5个试点平均单产7 533.0kg/hm^2；2006年早稻续试，5个试点平均单产8 314.5kg/hm^2；两年试验平均单产7 924.5kg/hm^2。2006年早稻生产试验平均单产8 250kg/hm^2。适宜桂南稻作区作早稻种植。

栽培技术要点：根据当地种植习惯与特优63同期播种。移栽叶龄5.0 ~ 6.0叶，抛秧叶龄3.0 ~ 4.0叶。插植规格23.0cm×13.0cm，每穴插2粒谷苗，或抛栽27.0万~ 30.0万穴/hm^2。施纯氮172.5 ~ 187.5kg/hm^2，氮、磷、钾比例为1 ∶ 0.6 ∶ 1，以有机肥为主，重施基肥，避免过量过迟施用氮肥。综合防治稻瘟病等病虫害。

特优582（Teyou 582）

品种来源：广西壮族自治区农业科学院水稻研究所利用龙特甫A和桂582配组育成。2009年通过广西壮族自治区农作物品种审定委员会审定，审定编号为桂审稻2009010号，2011年被农业部认定为超级稻品种。

形态特征和生物学特性：籼型三系杂交稻感温迟熟早稻品种。株叶型紧凑，叶片浓绿，叶鞘、柱头、稃尖无色，剑叶挺直。桂南早稻种植，全生育期124d左右。株高108.0cm，穗长23.2cm，有效穗数247.5万/hm^2，穗粒数167.4粒，结实率82.6%，千粒重24.9g。

品质特性：糙米率82.3%，糙米长宽比2.2，整精米率70.9%，垩白粒率96%，垩白度23.8%，胶稠度38mm，直链淀粉含量21.6%。

抗性：苗叶瘟5级，穗瘟9级；白叶枯病致病Ⅳ型7级，Ⅴ型9级。

产量及适宜地区：2007年参加桂南稻作区早稻迟熟组初试，6个试点平均单产7 653.0kg/hm^2；2008年复试，6个试点平均单产8 277.0kg/hm^2；两年试验平均单产7 965.0kg/hm^2。2007—2008年在北流、平南、钦州等地试种展示，平均单产8 470.5kg/hm^2。适宜桂南稻作区作早稻，桂中、桂北稻作区作一季早稻或中稻种植。

栽培技术要点：早稻3月上旬播种，移栽叶龄4.5～5.0叶，抛秧叶龄3.5～4.0叶；插（抛）27.0万～30.0万穴/hm^2，每穴插2～3粒谷苗。肥水管理、病虫害防治等措施参照特优63等迟熟品种。

特优590（Teyou 590）

品种来源：广西容县种子公司利用龙特甫A和容恢590（广恢128//桂99/明恢77）配组育成。2010年通过广西壮族自治区农作物品种审定委员会审定，审定编号为桂审稻2010011号。

形态特征和生物学特性：籼型三系杂交稻感温迟熟早稻品种。株叶型适中，分蘖力强，叶色淡绿，叶鞘紫色，主茎叶片数14叶，粒色淡黄，着粒密度一般，颖尖紫色，无芒。桂南早稻种植，全生育期123d左右。株高106.9cm，穗长22.4cm，有效穗数271.5万/hm^2，穗粒数148.5粒，结实率85.1%，千粒重24.9g。

品质特性：谷粒长8.1mm，谷粒长宽比3.0，糙米率81.4%，糙米长宽比2.4，整精米率64.6%，垩白粒率98%，垩白度27.2%，胶稠度55mm，直链淀粉含量20.6%。

抗性：苗叶瘟5级，穗瘟3～7级，最高级9级；白叶枯病致病Ⅳ型7级，Ⅴ型7级。

产量及适宜地区：2008年参加桂南稻作区早稻迟熟组初试，6个试点平均单产7 904.5kg/hm^2；2009年复试，5个试点平均单产8 413.5kg/hm^2；两年试验平均单产8 158.5kg/hm^2。2009年生产试验平均单产8 004.0kg/hm^2。适宜桂南稻作区作早稻，其他稻作区因地制宜作早稻或中稻种植。

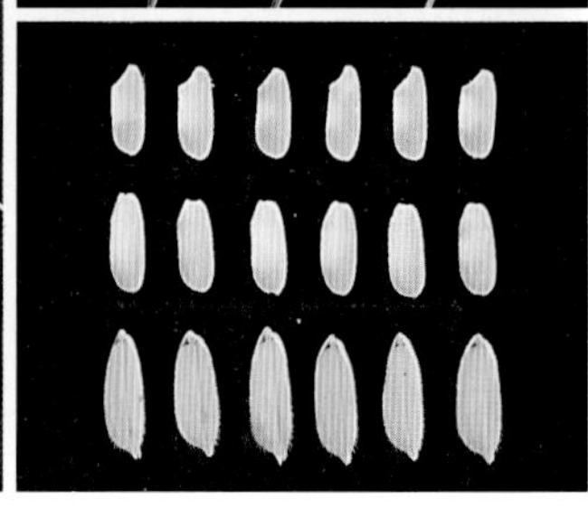

栽培技术要点：桂南早稻3月上旬播种，移栽叶龄4.5～5.0叶，抛秧叶龄3.5～4.0叶；插（抛）27.0万～30.0万穴/hm^2，每穴插2～3粒谷苗。肥水管理、病虫害防治等措施参照特优63等迟熟品种。

特优63-1（Teyou 63-1）

品种来源：广西容县种子公司于1992年利用龙特甫A与恢复系63-1（从四川引进）配组育成。1999年通过广西壮族自治区农作物品种审定委员会审定，审定编号为桂审证字第148号。

形态特征和生物学特性：籼型三系杂交稻感温中迟熟早、晚稻品种。分蘖中等，根系发达，茎秆粗壮。全生育期125d，株高110.0cm，有效穗数285.0kg/hm^2，穗粒数103.5粒，结实率77.2%，千粒重28.8g。

品质特性：糙米率81.9%，精米率78.0%，碱消值3.0级，直链淀粉20.0%。外观米质3级。

抗性：稻瘟病抗性中等（5级），白叶枯病中抗（4级），褐稻虱高感（9级）。抗倒伏，苗期较耐寒。

产量及适宜地区：1996年早稻参加玉林地区区试，6个试点平均单产7 107.0kg/hm^2。1997年早稻广西区试，桂南6个试点平均单产6 184.5kg/hm^2。1998年早稻复试，6个试点平均单产6 348.0kg/hm^2。1996年早稻容县试种5 000hm^2，经农业局、科技局组织验收，9个点平均单产8 107.5kg/hm^2。适宜桂南稻作区早、晚稻，桂中、桂北稻作区中、晚稻推广种植。

栽培技术要点：播种量225.0kg/hm^{2}左右，秧龄在闽南早季40～50d，晚季18～20d。每穴插2粒谷苗，插植规格16.5cm×23.5cm或16.5cm×20cm。施纯氮187.5kg/hm^2，茎蘖肥占70%～80%，穗肥占20%～30%。

特优649（Teyou 649）

品种来源：广西壮族自治区农业科学院水稻研究所利用龙特甫A和恢复系649（由含粳稻血缘的501/桂99选育而成）配组而成。2004年通过广西壮族自治区农作物品种审定委员会审定，审定编号为桂审稻2004017号。

形态特征和生物学特性：籼型三系杂交稻感温迟熟早稻品种。株型较紧束，熟期转色较好，谷粒白壳，椭圆形，无芒。在桂南种植全生育期早稻121d左右，株高113.2cm，穗长22.6cm，有效穗数241.5万/hm^2，穗粒数163.9粒，结实率78.1%，千粒重26.9g。

品质特性：糙米长宽比2.5，整精米率49.6%，垩白粒率84%，垩白度17.6%，胶稠度43mm，直链淀粉含量20.1%。

抗性：苗叶瘟7级，穗瘟9级，白叶枯病9级，褐飞虱9级。抗倒伏性稍差。

产量及适宜地区：2002年早稻参加桂南稻作区迟熟组区域试验，平均单产7 260.0kg/hm^2；2003年早稻续试，平均单产7 899.0kg/hm^2。2003年生产试验平均单产7 444.5kg/hm^2。可在种植特优63的非稻瘟病区种植。

栽培技术要点：早稻3月上旬播种，旱育秧4.1 ~ 5.1叶移栽，水育秧6.1叶左右移栽；晚稻7月上旬播种，秧龄25d左右。插植规格13.2cm × 23.1cm，每穴插2粒谷苗或抛栽密度28穴/m^2。注意防治稻瘟病和白叶枯病。

特优6603（Teyou 6603）

品种来源：广西桂穗种业有限公司利用龙特甫A和R6603（测253/辐恢838）配组育成。2010年通过广西壮族自治区农作物品种审定委员会审定，审定编号为桂审稻2010008号。

形态特征和生物学特性：籼型三系杂交稻感温迟熟早稻品种。株型适中，分蘖力中等，谷壳淡黄色，稃尖紫色，无芒。桂南早稻种植，全生育期126d左右。株高115.6cm，穗长22.3cm，有效穗数241.5万/hm^2，穗粒数135.5粒，结实率85.3%，千粒重29.5g。

品质特性：糙米率81.1%，糙米长宽比2.0，整精米率63.2%，垩白粒率100%，垩白度40.2%，胶稠度62mm，直链淀粉含量25.1%。

抗性：苗叶瘟5级，穗瘟1～5级，最高级7级；白叶枯病致病Ⅳ型9级，Ⅴ型9级。

产量及适宜地区：2007年参加桂南稻作区早稻迟熟组初试，5个试点平均单产7 840.0kg/hm^2；2008年复试，6个试点平均单产7 860.0kg/hm^2；两年试验平均单产7 849.5kg/hm^2。2009年生产试验平均单产8 038.5kg/hm^2。适宜桂南稻作区作早稻，其他稻作区因地制宜作早稻或中稻种植。

栽培技术要点：4.0～5.0叶龄插秧，插足基本苗105.0万～120.0万/hm^2，抛秧的在3.5叶龄抛栽，抛25.5万～27.0万穴/hm^2。施纯氮150～180kg/hm^2，氮、磷、钾合理搭配，不偏施氮肥，后期看苗早施壮尾肥，合理排灌。注意综合防治稻瘟病等病虫害。

特优679（Teyou 679）

品种来源：广西博士园种业有限公司利用龙特甫A和测679配组育成。2009通过广西壮族自治区农作物品种审定委员会审定，审定编号为桂审稻2009012号。

形态特征和生物学特性：籼型三系杂交稻感温迟熟早稻品种。叶绿色，叶鞘紫色，穗型和着粒密度一般，谷壳淡黄，稃尖紫色，无芒。桂南早稻种植，全生育期126d左右。株高117.9cm，穗长24.3cm，有效穗数250.5万/hm^2，穗粒数146.3粒，结实率84.6%，千粒重27.3g。

品质特性：谷粒长8mm，谷粒长宽比2.6。糙米率82.1%，糙米长宽比2.3，整精米率61.4%，垩白粒率96%，垩白度19.2%，胶稠度45mm，直链淀粉含量20.7%。

抗性：苗叶瘟5～6级，穗瘟7级；白叶枯病致病Ⅳ型9级，Ⅴ型9级。

产量及适宜地区：2007年参加桂南稻作区早稻迟熟组初试，5个试点平均单产7 863.0kg/hm^2；2008年续试，6个试点平均单产7 963.5kg/hm^2；两年试验平均单产7 914.0kg/hm^2。2008年生产试验平均单产8 023.5kg/hm^2。适宜桂南稻作区作早稻或桂中稻作区早稻因地制宜种植。

栽培技术要点：桂南早稻3月上旬播种，秧龄5叶移栽，秧田播种量150.0kg/hm^2，做到疏播培育多蘖壮秧。插（抛栽）基本苗150.0万/hm^2。水肥管理及病虫害防治参照迟熟杂交稻品种特优63。

特优6811（Teyou 6811）

品种来源：广西壮族自治区农业科学院水稻研究所利用龙特甫A和R6811配组育成。2010年通过广西壮族自治区农作物品种审定委员会审定，审定编号为桂审稻2010015号。

形态特征和生物学特性：籼型三系杂交稻感温迟熟早稻品种。株型紧凑，分蘖力中等，叶片浓绿，叶鞘、柱头、稃尖均为紫色，剑叶挺直，穗型大、着粒密。桂南早稻种植，全生育期120d左右，株高108.6cm，穗长21.6cm，有效穗数240.0万/hm^2，穗粒数164.0粒，结实率83.9%，千粒重25.3g。

品质特性：糙米率81.1%，糙米长宽比2.2，整精米率56.5%，垩白粒率100%，垩白度27.2%，胶稠度73mm，直链淀粉含量24.9%。

抗性：苗叶瘟5～6级，穗瘟3～9级；白叶枯病致病Ⅳ型9级，Ⅴ型9级。

产量及适宜地区：2008年参加桂南稻作区早稻迟熟组初试，6个试点平均单产7 824kg/hm^2；2009年复试，5个试点平均单产8 229kg/hm^2；两年试验平均单产8 026.5kg/hm^2。2009年生产试验平均单产7 962.0kg/hm^2。适宜桂南、桂中稻作区作早稻种植。

栽培技术要点：桂南早稻3月上旬播种，移栽叶龄4.5～5.0叶，抛秧叶龄3.5～4.0叶；插（抛）27.0万～30万穴/hm^2，每穴插2～3粒谷苗。肥水管理、病虫害防治等措施可参照籼型三系杂交稻感温迟熟品种。

特优7118（Teyou 7118）

品种来源：广西绿丰种业有限责任公司、广西农业职业技术学院利用龙特甫A和R7118（R7118是用辐恢838与R273杂交系选育成）配组而成，2013年通过广西壮族自治区农作物品种审定委员会审定，审定编号为桂审稻2013009号。

形态特征和生物学特性：籼型三系杂交稻迟熟早稻品种。桂南早稻种植全生育期123d左右。叶深绿色，叶鞘、柱头、稃尖均为紫色，谷粒秆黄色，谷壳紫色，无芒。有效穗数243.0万/hm^2，株高115.5cm，穗长24.0cm，每穗总粒数133.2粒，结实率87.6%，千粒重31.1g。

品质特性：糙米率80.7%，整精米率60.3%，糙米长宽比2.4，垩白粒率84%，垩白度16.1%，胶稠度50mm，直链淀粉含量21.2%。

抗性：穗瘟9级；白叶枯病5 ~ 9级；感稻瘟病，中感—高感白叶枯病。

产量及适宜地区：2010年参加桂南稻作区早稻迟熟组筛选试验，平均单产7 993.5kg/hm^2；2011年区域试验，平均单产8 679.0kg/hm^2；两年试验平均单产8 335.5kg/hm^2。2012年生产试验平均单产8 619.0kg/hm^2。适宜桂南稻作区作早稻、其他稻作区作中稻种植。

栽培技术要点：早稻3月上旬播种，中稻4月中、下旬播种，叶龄4.0 ~ 4.5叶抛栽。抛28.5万 ~ 31.5万穴/hm^2。本田施纯氮225.0 ~ 277.5kg/hm^2、氮、磷、钾比例为1 : 0.5 : (0.8 ~ 1.0)，基肥和分蘖肥占总施肥量的80% ~ 90%。适时补施粒肥。在幼穗分化4 ~ 5期施尿素60kg/hm^{2}作保花肥。齐穗后第3天和第15天，各用7.5kg/hm^{2}尿素加3.0kg/hm^{2}磷酸二氢钾，兑水750kg/hm^{2}叶面追施1次。加强病虫害的综合防治。

特优7571（Teyou 7571）

品种来源：广西壮族自治区农业科学院水稻研究所利用龙特甫A和桂7571配组而成。2013年通过广西壮族自治区农作物品种审定委员会审定，审定编号为桂审稻2013006号。

形态特征和生物学特性：籼型三系杂交稻迟熟早稻品种。桂南早稻种植全生育期123d左右。株型集散适中，茎秆粗壮，叶色深绿色，叶鞘、柱头、稃尖紫色，谷壳黄色，无芒。有效穗数241.5万/hm^2，株高125.3cm，穗长24.3cm，每穗总粒数163.1粒，结实率82.1%，千粒重27.5g。

品质特性：糙米率80.6%，整精米率60.6%，糙米长宽比2.5，垩白粒率98%，垩白度15.2%，胶稠度55mm，直链淀粉含量21.9%。

抗性：穗瘟9级；白叶枯病5～9级；感稻瘟病，中感—高感白叶枯病。

产量及适宜地区：2011年参加桂南稻作区早稻迟熟组区域试验，平均单产8 647.5kg/hm^2；2012年续试，平均单产8 491.5kg/hm^2；两年试验平均单产8 569.5kg/hm^2。2012年生产试验平均单产8 742.0kg/hm^2。适宜桂南稻作区作早稻、其他稻作区作中稻种植。

栽培技术要点：适合于中高水肥田块种植，早稻2月下旬至3月上旬初播种，中稻4月中、下旬播种。适宜插栽秧龄4.5～5.0叶，抛秧叶龄3.5～4.0叶。插（抛）23.0万～30.0万穴/hm^2，每穴插2～3粒谷苗。该品种分蘖力中等，应重视早施重施分蘖肥，适时补施穗粒肥。本田基肥施农家肥15 000～22 500kg/hm^2，氮、磷、钾比例为1∶0.8∶1.1，施纯氮277.5kg/hm^2、五氧化二磷222kg/hm^2、氧化钾306kg/hm^2。前期施肥量占总施肥量的85%～95%。生长前期浅水灌溉促分蘖，移栽后20～25d争取总苗达到预期最后有效穗的80.0%～85.0%即可露晒田，抽穗保水层，齐穗后干湿交替到黄熟。加强病虫害的综合防治。

特优837（Teyou 837）

品种来源：广西壮族自治区种子公司利用龙特甫A和R837（从蜀恢527变异株系选）配组育成。2007年通过广西壮族自治区农作物品种审定委员会审定，审定编号为桂审稻2007016号。

形态特征和生物学特性：籼型三系杂交稻感温迟熟早稻品种。株型适中，穗长粒少粒重，结实好。桂南早稻种植，全生育期125d左右。株高119.5cm，穗长23.6cm，有效穗数253.5万/hm^2，穗粒数121.0粒，结实率86.7%，千粒重30.7g。

品质特性：糙米率81.4%，糙米长宽比2.6，整精米率52.6%，垩白粒率100%，垩白度22.2%，胶稠度52mm，直链淀粉含量20.6%。

抗性：苗叶瘟4.3 ～ 5.0级，穗瘟9级；白叶枯病Ⅳ型7级，Ⅴ型9级。

产量及适宜地区：2005年参加桂南稻作区早稻迟熟组试验，5个试点平均单产7 327.5kg/hm^2；2006年早稻续试，5个试点平均单产7 933.5kg/hm^2；两年试验平均单产7 630.5kg/hm^2。2006年早稻生产试验平均单产7 701.0kg/hm^2。适宜桂南稻作区作早稻种植。

栽培技术要点：根据当地种植习惯与特优63同期播种，秧龄30d左右。早稻插植规格23.0cm × 13.0cm，每穴插2粒谷苗，保证基本苗120.0万/hm^2。重基肥早追肥，基肥占60%，分蘖肥占30%，穗肥占10%。注意防治稻瘟病等病虫害。

特优838（Teyou 838）

品种来源：广西容县种子公司、平南县种子公司利用龙特甫A与辐恢838配组而成，2000年通过广西壮族自治区农作物品种审定委员会审定，审定编号为桂审稻2000034号。

形态特征和生物学特性：籼型三系杂交稻感温迟熟早、晚稻品种，全生育期桂南早稻126d左右，晚稻110d，株叶型紧凑，茎秆粗壮，叶片厚直，根系发达，耐肥，抗倒伏，分蘖力中等，后期青枝蜡秆，熟色好。有效穗285.0万～300.0万/hm^2，每穗总粒数120.0～132.0粒，结实率90.0%左右，千粒重29.0～30.0克。

品质特性：米质中等。

抗性：抗稻瘟病能力强。

产量及适宜地区：1998年参加玉林市区试，早、晚稻平均单产7 086.0kg/hm^{2}和7 791.0kg/hm^2。1997—2000年早稻玉林市累计种植2.4万hm^2，一般单产7 500.0～8 250.0kg/hm^2。适宜桂南早、晚稻，桂中晚稻推广种植。

栽培技术要点：播种量225.0kg/hm^{2}左右，秧龄在闽南早季40～50d，晚季18～20d。每穴栽2粒谷苗，插植规格16.5cm×23.5cm或16.5cm×20cm。施纯氮187.5kg/hm^2、磷肥127.5kg/hm^2、钾肥172.5kg/hm^2，茎蘖肥占70%～80%，穗肥占20%～30%。

特优85（Teyou 85）

品种来源：江苏神农大丰种业科技有限公司利用龙特甫A和抗85选育而成。2006年通过广西壮族自治区农作物品种审定委员会审定，审定编号为桂审稻2006019号。

形态特征和生物学特性：籼型三系杂交稻感温迟熟早稻品种。株型适中，剑叶长约32.0cm，宽1.8cm，叶鞘、稃尖紫色，分蘖力较弱，谷粒偶有顶芒。桂南早稻种植，全生育期130d左右。株高118.1cm，穗长22.2cm，有效穗数250.5万/hm^2，穗粒数140.3粒，结实率82.4%，千粒重28.6g。

品质特性：谷粒长8.2mm，谷粒长宽比3.0，糙米率82.6%，糙米长宽比2.5，整精米率43.9%，垩白粒率99%，垩白度35.4%，胶稠度40mm，直链淀粉含量19.6%。

抗性：苗叶瘟8级，穗瘟9级，稻瘟病的抗性评价为高感；白叶枯病3级。

产量及适宜地区：2004年参加桂南稻作区早稻迟熟组筛选试验，4个试点平均单产7 947.0kg/hm^2，2005年早稻区域试验，5个试点平均单产7 464.0kg/hm^2。2005年生产试验平均单产7 330.5kg/hm^2。适宜桂南稻作区作早稻种植。

栽培技术要点：根据当地种植习惯与特优63同期播种，秧龄30d左右。栽植规格23.0cm×13.0cm，每穴栽2粒谷苗，或抛秧30.0万～33.0万穴/hm^2。施纯氮150～180kg/hm^2，氮、磷、钾配合施用。注意稻瘟病等病虫害的防治。

特优858（Teyou 858）

品种来源：广西南宁三益新品农业有限公司、广西兆和种业有限公司利用龙特甫A和测858(明恢63/密阳46）配组育成。2008年通过广西壮族自治区农作物品种审定委员会审定，审定编号为桂审稻2008015号。

形态特征和生物学特性：籼型三系杂交稻感温迟熟早稻品种。群体整齐，熟期转色好。桂南早稻种植，全生育期127d左右。株高115.9cm，穗长22.0cm，有效穗数271.5万/hm^2，穗粒数126.2粒，结实率88.0%，千粒重28.4g。

品质特性：糙米率82.4%，糙米长宽比2.6，整精米率49.4%，垩白粒率100%，垩白度22.5%，胶稠度61mm，直链淀粉含量23.0%。

抗性：苗叶瘟6级，穗瘟7级；白叶枯病致病Ⅳ型9级，Ⅴ型9级。

产量及适宜地区：2006年参加桂南稻作区早稻迟熟组初试，5个试点平均单产7 720.5kg/hm^2；2007年续试，5个试点平均单产8 086.5kg/hm^2；两年试验平均单产7 903.5kg/hm^2。2007年生产试验平均单产8 527.5kg/hm^2。适宜桂南稻作区作早稻种植。

栽培技术要点：插植规格26.5cm×13.0cm。在分蘖达到300.0万苗/hm^2时排水晒田，晒田要轻晒、多次晒。磷肥全部作基肥施入；施纯氮150～165kg/hm^2，70%在返青后施下，之后可视苗情适量追施；施氯化钾112.5kg/hm^2，在分蘖始期和孕穗期施为宜。注意防治病、虫、鼠害。

特优86（Teyou 86）

品种来源：广西岑溪市种子公司利用龙特甫A与明恢86配组而成。2000年通过广西壮族自治区农作物品种审定委员会审定，审定编号为桂审稻200057号。

形态特征和生物学特性：籼型三系杂交稻感温迟熟早稻品种。株型集散适中，茎秆粗壮，剑叶挺直，分蘖力中下。全生育期桂南早稻135d左右，晚稻120d左右。株高115.0cm，有效穗数240.0万/hm^2左右，穗粒数125.0粒左右，结实率85.0%左右，千粒重28.0g。

品质特性：米质一般。

抗性：抗稻瘟病。

产量及适宜地区：1997年早稻在岑溪市进行品比试验，平均单产6 621.0kg/hm^2；1999年续试，平均单产7 806.0kg/hm^2。1997—1999年岑溪市累计种植面积3 733.3hm^2，一般单产6 750.0 ~ 9 000.0kg/hm^2。2000—2008年累计种植面积14.0万hm^2。适宜桂南早、晚稻和中稻地区推广种植。

栽培技术要点：播种量225.0kg/hm^2左右，秧龄早季40 ~ 50d，晚季18 ~ 20d。每穴插2粒谷苗，插植规格16.5cm × 23.5cm或16.5cm × 20cm。施纯氮187.5kg/hm^2、磷肥127.5kg/hm^2、钾肥172.5kg/hm^2，茎蘖肥占70% ~ 80%，穗肥占20% ~ 30%。

特优9089（Teyou 9089）

品种来源：广西兆和种业有限公司利用龙特甫A和R9089（桂99/蜀恢527//镇恢084）配组而成。2012年通过广西壮族自治区农作物品种审定委员会审定，审定编号为桂审稻2012013号。

形态特征和生物学特性：籼型三系杂交稻迟熟早稻品种。桂南早稻种植全生育期125d左右。株型适中，分蘖力中上，剑叶长直，叶色绿，叶鞘紫色，谷壳淡黄色，稃尖紫色，无芒。株高117.3cm，有效穗数247.5万/hm^2，穗长25.4cm，每穗总粒数143.1粒，结实率84.4%，千粒重28.1g。

品质特性：谷粒长8.7mm，长宽比2.6，糙米率80.9%，整精米率54.6%，长宽比2.5，垩白粒率96%，垩白度22.3%，胶稠度43mm，直链淀粉含量20.1%。

抗性：苗叶瘟5级，穗瘟9级；白叶枯病5～9级。中感稻瘟病、中感—高感白叶枯病。

产量及适宜地区：2010年参加桂南稻作区早稻迟熟组初试，6个试点平均单产7 753.5kg/hm^2；2011年复试，6个试点平均单产8 646.0kg/hm^2；两年试验平均单产8 199.0kg/hm^2。2011年生产试验平均单产9 025.5kg/hm^2。适宜桂南、桂中稻作区作早稻种植。

栽培技术要点：根据当地种植习惯与特优63同期播种，移栽叶龄5～6叶，抛秧叶龄3～4叶。插植规格23.0cm×13.0cm，每穴插2粒谷苗或抛栽27.0万～30.0万穴/hm^2。施纯氮172.5～187.5kg/hm^2，氮、磷、钾比例为1.0：0.6：1.0。以有机肥为主，重施基肥。综合防治稻瘟病等病虫害。

特优922（Teyou 922）

品种来源：广西兆和种业有限公司利用龙特甫A和R922（广恢128×明恢86）配组而成。2011年通过广西壮族自治区农作物品种审定委员会审定，审定编号为桂审稻2011010号。

形态特征和生物学特性：籼型三系杂交稻感温迟熟早稻品种。桂南早稻种植全生育期126d左右。株型适中，分蘖力较强，主茎叶片数16～17片，叶片绿色，叶鞘红色，颖尖紫色、无芒，单穗着粒密，谷壳淡黄。株高112.1cm，有效穗数238.5万/hm^2，穗长23.6cm，每穗总粒数142.2粒，结实率85.9%，千粒重29.8g。

品质特性：糙米率80.7%，整精米率59.1%，长宽比2.2，垩白粒率100%，垩白度35.8%，胶稠度59mm，直链淀粉含量23.9%。

抗性：苗叶瘟5～6级，穗瘟5～9级，稻瘟病抗性水平为感病—高感；白叶枯病致病Ⅳ型7～9级，Ⅴ型7～9级，白叶枯抗性评价为感病—高感。

产量及适宜地区：2009年参加桂南稻作区早稻迟熟组初试，5个试点平均单产8 731.5kg/hm^2；2010年复试，6个试点平均单产7 654.5kg/hm^2；两年试验平均单产8 193.0kg/hm^2。2010年早稻生产试验平均单产8 685.0kg/hm^2。适宜桂南稻作区作早稻或桂中稻作区早稻因地制宜种植。

栽培技术要点：根据当地种植习惯与特优63同期播种。秧龄30d左右，移栽叶龄5～6叶，抛秧叶龄3～4叶。插秧规格23.0cm×13.0cm，每穴插2粒谷苗，或抛栽27.0万～30.0万穴/hm^2。施肥采用前促、中稳、后补的施肥方法，适当增施磷钾肥。一般施纯氮172.5～187.5kg/hm^2，氮、磷、钾比例为1∶0.6∶1。浅灌勤露，干湿交替，中期适度晒田，后期干干湿湿成熟，不宜断水过早。综合防治稻瘟病等病虫害。

特优969（Teyou 969）

品种来源：福建兴禾种业科技有限公司用龙特甫A和兴恢969（明恢86/N175）配组而成。2008年通过广西壮族自治区农作物品种审定委员会审定，审定编号为桂审稻2008010号。

形态特征和生物学特性：籼型三系杂交稻感温迟熟早稻品种。株型适中，茎秆粗壮，熟期转色好，结实好，桂南早稻种植，全生育期129d左右。株高119.9cm，穗长23.7cm，有效穗数267.0万/hm^2，穗粒数121.6粒，结实率87.4%，千粒重29.7g。

品质特性：糙米率81.6%，糙米长宽比2.5，整精米率52.8%，垩白粒率100%，垩白度25.2%，胶稠度66mm，直链淀粉含量21.8%。

抗性：苗叶瘟6级，穗瘟7级；白叶枯病致病Ⅳ型9级，Ⅴ型9级。

产量及适宜地区：2006年参加桂南稻作区早稻迟熟组初试，5个试点平均单产7 569.0kg/hm^2；2007年续试，5个试点平均单产7 855.5kg/hm^2；两年试验平均单产7 711.5kg/hm^2。2007年生产试验平均单产7 849.5kg/hm^2。适宜桂南稻作区作早稻种植。

栽培技术要点：3月上旬播种，秧龄25～30d，秧田播种量225.0kg/hm^{2}左右，秧田应施足基肥，培育带蘖壮秧。插植规格20.0cm×23.0cm，插（抛）足基本苗150.0万～180.0万/hm^2。大田以基肥为主，分蘖肥用量约占总量的40.0%～45.0%，穗肥以钾肥为重；追肥在插后15d内结束，适当增施磷、钾肥；中等肥力水平田施纯氮150kg/hm^2，氮、磷、钾比例为1.0：0.5：1.0。重视螟虫、稻飞虱和稻纵卷叶螟的防治，稻瘟病重病区还应加强喷药保护。

特优9846（Teyou 9846）

品种来源：广西容县种子公司利用龙特甫A和容恢9846（多恢1号//明恢63/桂33）选育而成。2007年通过广西壮族自治区农作物品种审定委员会审定，审定编号为桂审稻2007024号。

形态特征和生物学特性：籼型三系杂交稻感温迟熟早稻品种。株型适中，穗长粒重，后期转色好。桂南早稻种植，全生育期126d左右。株高117.7cm，穗长24.2cm，有效穗数246.0万/hm^2，穗粒数136.7粒，结实率87.1%，千粒重31.1g。

品质特性：谷粒长宽比2.6，糙米率81.5%，糙米长宽比2.6，整精米率51.1%，垩白米率90%，垩白度13.7%，胶稠度59mm，直链淀粉含量20.9%。

抗性：穗瘟7级；白叶枯病9级；褐飞虱9级；白背飞虱7级。

产量及适宜地区：2005年参加桂南稻作区早稻迟熟组试验，5个试点平均单产8 352.0kg/hm^2；2006年早稻续试，5个试点平均单产8 542.5kg/hm^2；两年试验平均单产8 448.0kg/hm^2。2006年早稻生产试验平均单产7 863.0kg/hm^2。适宜桂南稻作区作早稻种植。

栽培技术要点：根据当地种植习惯与特优63同期播种，早稻秧龄30d以内，晚稻秧龄25d以内；抛栽的，秧龄可适当缩短5 ~ 7d。栽植规格26.0cm × 13.0cm，每穴栽2粒谷苗。促前控中，配方施肥。注意稻瘟病等病虫害的综合防治。

特优986（Teyou 986）

品种来源：广西博白县作物品种资源研究所利用龙特甫A和R986［(密阳46/3550）和玉恢212］配组育成。2005年通过广西壮族自治区农作物品种审定委员会审定，审定编号为桂审稻2005020号。

形态特征和生物学特性：籼型三系杂交稻感温迟熟早、晚稻品种。群体整齐度一般，长势繁茂，株型适中，叶色青绿，叶姿稍挺，熟期转色好。桂南种植，全生育期早稻125d左右。株高108.9cm，穗长22.4cm，有效穗数262.5万/hm^2，穗粒数144.2粒，结实率80.9%，千粒重28.7g。

品质特性：糙米率82.2%，糙米粒长宽比2.1，整精米率70.5%，垩白粒率100%，垩白度29.2%，胶稠度36mm，直链淀粉含量20.4%。

抗性：穗瘟9级，白叶枯病9级。抗倒伏性较强。

产量及适宜地区：2003年早稻参加玉林市筛选试验，3个试点平均单产7 499.0kg/hm^2。2004年早稻参加桂南迟熟组区试，5个试点平均单产8 925.0kg/hm^2。生产试验平均单产7 534.5kg/hm^2。适宜桂南稻作区作早、晚稻种植。

栽培技术要点：根据当地种植习惯与特优63同期播种，秧龄30d左右。栽植规格23.0cm×13.0cm，每穴栽2粒谷苗。施纯氮150.0～180.0kg/hm^2，氮、磷、钾配合施用；注意稻瘟病等病虫害的防治。

特优998（Teyou 998）

品种来源：广西容县种子公司利用龙特甫A和广恢998配组育成。2006年通过广西壮族自治区农作物品种审定委员会审定，审定编号为桂审稻2006029号。

形态特征和生物学特性：籼型三系杂交稻感温迟熟早稻品种。桂南早稻种植，全生育期127d左右，株型适中，剑叶长30.0cm，宽1.5cm，叶鞘、稃尖紫色，谷壳淡黄色。有效穗数274.5万/hm^2，株高114.0cm，穗长22.8cm，每穗总粒数137.2粒，结实率87.8%，千粒重26.0g。

品质特性：谷粒长8.8mm，谷粒长宽比2.9，糙米率83.0%，糙米长宽比2.6，整精米率38.5%，垩白粒率100%，垩白度26.0%，胶稠度38mm，直链淀粉含量18.9%。

抗性：苗叶瘟8级，穗瘟8级，稻瘟病的抗性评价为高感；白叶枯病5级。

产量及适宜地区：2004年参加桂南稻作区早稻迟熟组筛选试验，5个试点平均单产7 878.0kg/hm^2；2005年早稻区域试验，4个试点平均单产7 389.0kg/hm^2。2005年生产试验平均单产7 032.0kg/hm^2。适宜桂南、桂中稻作区早、晚稻种植。

栽培技术要点：桂南早稻3月上旬播种，桂中晚稻6月30日前播种；早稻秧龄30d以内，晚稻秧龄25d以内；抛栽秧龄可适当缩短5～7d。施足基肥，早追早耘，注意氮、磷、钾结合，配方施肥，中期控肥，以达成穗率高，争粒增重，获得高产。注意防治稻瘟病、纹枯病等病虫害。

特优丰13（Teyoufeng 13）

品种来源：四川蜀都种业有限责任公司利用龙特甫A和壹恢13配组育成，壹恢13来源于（IR24//圭630/IR8）F_6/IR2588-5-1-2。2006年通过广西壮族自治区农作物品种审定委员会审定，审定编号为桂审稻2006017号。

形态特征和生物学特性：籼型三系杂交稻感温迟熟早稻品种。株型适中，穗粒协调，千粒重高，后期熟色较好，叶鞘、稃尖紫色，谷粒淡黄色，有短顶芒。桂南早稻种植，全生育期128d左右。株高119.6cm，穗长24.0cm，有效穗数256.5万/hm^2，穗粒数124.9粒，结实率84.5%，千粒重31.2g。

品质特性：谷粒长7.5mm，谷粒长宽比2.5，糙米率82.5%，糙米长宽比2.7，整精米率39.7%，垩白粒率94%，垩白度17.1%，胶稠度42mm，直链淀粉含量19.2%。

抗性：苗叶瘟4级，穗瘟4级，稻瘟病的抗性评价为中感；白叶枯病7级。

产量及适宜地区：2004年参加桂南稻作区早稻迟熟组筛选试验，5个试点平均单产8 277.0kg/hm^2；2005年早稻区域试验，5个试点平均单产7 549.5kg/hm^2。2005年生产试验平均单产7 204.5kg/hm^2。适宜桂南稻作区作早稻和中稻地区种植。

栽培技术要点：根据当地种植习惯与特优63同期播种，秧龄30d左右。早稻插植规格23.0cm×13.0cm，中稻26.0cm×16.0cm，每穴插2粒谷苗，保证基本苗105.0万～135.0万/hm^2。本田（一般肥力水平稻田）施纯氮195.0～225.0kg/hm^2，配合施氯化钾300.0kg/hm^2、磷肥450～750kg/hm^2，重底早追。适时控水晒田，最高苗不超过525.0万/hm^2。注意稻瘟病、纹枯病和白叶枯病以及各种螟虫、稻飞虱等病虫害的防治。

特优广12（Teyouguang 12）

品种来源：广西壮族自治区容县种子公司利用龙特甫A与广12配组育成。2000年通过广西壮族自治区农作物品种审定委员会审定，审定编号为桂审稻2000032号。

形态特征和生物学特性：籼型三系杂交稻感温迟熟早、晚稻品种。株型紧凑，分蘖力中等，茎秆粗硬。全生育期桂南早稻125d左右，晚稻114d。有效穗数255万/hm^2左右，穗粒数150粒左右，结实率82.0%，千粒重26.4g。

品质特性：米质一般。

抗性：高抗稻瘟病。耐肥，抗倒伏。

产量及适宜地区：1991—1993年参加容县品比试验，其中1991年早、晚稻平均单产为7 575.0kg/hm^2和7 999.5kg/hm^2，1992年早、晚稻平均单产为8 493.0kg/hm^2和8 334.0kg/hm^2，1993年早稻平均单产为7 500.0kg/hm^2。1991—1999年玉林市累计种植3.4万hm^2，一般单产7 500.0 ～ 8 250.0kg/hm^2。适宜桂南早、晚稻，桂中晚稻推广种植。

栽培技术要点：播种量225.0kg/hm^2，秧龄在闽南早季40 ～ 50d，晚季18 ～ 20d。每穴插2粒谷苗，插秧规格16.5cm×23.5cm或16.5cm×20cm。施纯氮187.5kg/hm^2、磷肥127.5kg/hm^2、钾肥172.5kg/hm^2，茎蘖肥占70%～80%，穗肥占20%～30%。

特优桂33（Teyougui 33）

品种来源：广西百色地区种子公司利用龙特甫A与桂33配组育成。2000年通过广西壮族自治区农作物品种审定委员会审定，审定编号为桂审稻2000061号。

形态特征和生物学特性：籼型三系杂交稻感温迟熟早稻品种，适合高寒山区、冷水田种植。株叶型紧凑，分蘖力强。在山区作中稻种植，全生育期138d左右。株高113.0cm，有效穗数297.0万/hm^2，穗粒数125.0粒左右，结实率80.0%～85.0%，千粒重27.5g。

品质特性：米质中等。

抗性：较抗细菌性条斑病，轻感纹枯病。

产量及适宜地区：1996年在凌云、田林、隆林、那坡等县试种，表现良好，单产7 500.0～9 000.0kg/hm^2。1998年早稻参加广西水稻新品种筛选试验，平均单产7 243.5kg/hm^2。1997—1999年百色地区累计种植面积7 666.7hm^2，一般单产6 750.0～9 000.0kg/hm^2。适宜中稻地区和桂南早、晚稻推广种植。

栽培技术要点：播种量225.0kg/hm^2左右，秧龄在早季40～50d，晚季18～20d。每穴插2粒谷苗，插植规格16.5cm×23.5cm或16.5cm×20cm。施纯氮187.5kg/hm^2、磷肥127.5kg/hm^2、钾肥172.5kg/hm^2，茎蘖肥占70%～80%，穗肥占20%～30%。

特优桂99（Teyougui 99）

品种来源：广西容县种子公司1990年利用龙特甫A与桂99配组育成。1998年通过广西壮族自治区农作物品种审定委员会审定，审定编号为桂审证字第128号。

形态特征和生物学特性：籼型三系杂交稻感温迟熟早稻品种。株型紧凑，分蘖力强，叶片较大，有效穗较少，整齐，后期熟色好，谷粒长形，谷壳黄色，颖尖无色或间带紫褐色，无芒。全生育期131d，株高105.5cm，穗粒数117.0粒，结实率77.3%，千粒重24.5g。

品质特性：糙米率81.0%，精米率71.6%。米质较好。

产量及适宜地区：1995—1996年早稻参加玉林地区区试，7个试点平均单产6 862.5kg/hm^2和6 342.0kg/hm^2。在玉林地区区试的同时，田林、隆林、那坡、靖西、德保等县试种验收49个点，面积4.0hm^2，平均单产7 911.0kg/hm^2。该组合1991—1996年累计种植面积达5.0万hm^2，一般单产6 750.0kg/hm^2左右。适宜桂南稻作区早稻推广，桂中北稻作区中、晚稻推广。

栽培技术要点：早稻可早播，采用插足基本苗，采用19.8cm×16.5cm或23.1cm×13.2cm规格，双苗插植，基本苗150.0万/hm^2。以农家肥为主，注意氮、磷、钾肥合理搭配，掌握前适、中补、后轻的原则。注意灌浆后不要过早断水。

特优航3号（Teyouhang 3）

品种来源：福建省农业科学院水稻研究所利用龙特甫A和航3号（明恢63/台农67）选育而成。2006年通过广西壮族自治区农作物品种审定委员会审定，审定编号为桂审稻2006024号。

形态特征和生物学特性：籼型三系杂交稻感温迟熟早稻品种。株型适中，叶片披垂，剑叶长32～43cm，宽1.7～2.2cm，叶鞘、稃尖紫色，分蘖力中等，谷粒淡黄色，无芒。桂南种植，全生育期早稻130d左右。株高126.1cm，穗长24.5cm，有效穗数249.0万/hm^2，穗粒数135.0粒，结实率81.4%，千粒重29.9g。

品质特性：谷粒长宽比2.7，糙米率82.2%，糙米长宽比2.5，整精米率31.3%，垩白粒率100%，垩白度31.5%，胶稠度43mm，直链淀粉含量19.2%。

抗性：苗叶瘟4级，穗瘟2级，稻瘟病的抗性评价为中抗；白叶枯病5级。

产量及适宜地区：2004年参加桂南稻作区早稻迟熟组筛选试验，5个试点平均单产7 920.0kg/hm^2；2005年早稻区域试验，5个试点平均单产7 189.5kg/hm^2。2005年生产试验平均单产7 216.5kg/hm^2。适宜桂南稻作区作早稻和中稻地区种植。

栽培技术要点：根据当地种植习惯与特优63同期播种，秧龄30d左右。早稻插植规格23.0cm×13.0cm，中稻26.0cm×16.0cm，每穴插2粒谷苗，保证基本苗105.0万～135.0万/hm^2。中等肥力水平施纯氮150kg/hm^2，氮、磷、钾比例为1.0 : 0.5 : 1.0；注意对螟虫、稻飞虱和稻纵卷叶螟的防治，稻瘟病重病区还应加强喷药保护。

特优晚三（Teyouwansan）

品种来源：广西容县种子公司利用龙特甫A与晚三配组育成。2000年通过广西壮族自治区农作物品种审定委员会审定，审定编号为桂审稻2000033号。

形态特征和生物学特性：籼型三系杂交稻感温中熟早稻品种。株型紧凑，分蘖力强，茎秆粗壮，叶短。全生育期桂南早稻120d，晚稻110d。有效穗数270万/hm^{2}左右，穗粒数120粒左右，结实率86.0%左右，千粒重28.5g。

品质特性：米质一般。

抗性：耐肥，抗倒伏。

产量及适宜地区：1995年早稻参加玉林市区试，平均单产为6 328.5kg/hm^2；1996年早稻贺州地区昭平县引进试种，平均单产7 440.0kg/hm^2。1995—1999年玉林市累计种植2.7万hm^2，一般单产7 500.0kg/hm^{2}左右。适宜广西各地推广种植。

栽培技术要点：播种量225.0kg/hm^{2}左右，秧龄在闽南早季40～50d，晚季18～20d。每穴插2粒谷苗，插植规格16.5cm×23.5cm或16.5cm×20cm。施纯氮187.5kg/hm^2、磷肥127.5kg/hm^2、钾肥172.5kg/hm^2，茎蘖肥占70%～80%，穗肥占20%～30%。

特优玉1号（Teyouyu 1）

品种来源：广西玉林市玉穗种业有限责任公司利用龙特甫A和玉恢1号（从桂99自然变异株系选而成）配组育成。2008年通过广西壮族自治区农作物品种审定委员会审定，审定编号为桂审稻2008011号。

形态特征和生物学特性：籼型三系杂交稻感温迟熟早稻品种。株型适中，熟期转色好。桂南早稻种植，全生育期126d左右。株高113.8cm，穗长23.0cm，有效穗数259.5万/hm^2，穗粒数116.4粒，结实率89.0%，千粒重30.1g。

品质特性：糙米率81.6%，糙米长宽比2.6，整精米率56.5%，垩白粒率100%，垩白度19.5%，胶稠度63mm，直链淀粉含量21.5%。

抗性：苗叶瘟5级，穗瘟9级；白叶枯病致病Ⅳ型9级。

产量及适宜地区：2006年参加桂南稻作区早稻迟熟组初试，5个试点平均单产7 279.5kg/hm^2；2007年续试，5个试点平均单产7 834.5kg/hm^2；两年试验平均单产7 560.0kg/hm^2。2007年生产试验平均单产8 188.5kg/hm^2。适宜桂南稻作区作早稻种植。

栽培技术要点：早稻2月底至3月初播种育秧。秧田播种量105.0 ~ 150.0kg/hm^2，大田用种量22.5 ~ 27.0kg/hm^2，早稻秧龄25 ~ 30d。插植规格20.0cm × 13.0cm或20.0cm × 16.5cm；如用秧盘，大田秧盘675 ~ 750盘/hm^2，4.0 ~ 4.5叶时抛秧。

特优玉3号（Teyouyu 3）

品种来源：广西玉穗种业有限公司利用龙特甫A和玉恢3号（玉恢1号×明恢63）配组而成。2011年通过广西壮族自治区农作物品种审定委员会审定，审定编号为桂审稻2011012号。

形态特征和生物学特性：籼型三系杂交稻感温迟熟早稻品种，桂南早稻种植全生育期126d左右。植株高大，分蘖一般，苗期长势一般，中后期长势繁茂，叶色浅绿，叶片较长，叶鞘绿色，谷壳淡黄，无芒，谷粒椭圆。有效穗数246.0万/hm^2，株高117.7cm，穗长24.1cm，每穗总粒数132.1粒，结实率85.4%，千粒重30.2g。

品质特性：糙米率81.5%，整精米率60.7%，糙米长宽比2.4，垩白粒率100%，垩白度29.0%，胶稠度56mm，直链淀粉含量20.4%。

抗性：苗叶瘟5级，穗瘟3级，稻瘟病抗性水平为中感；白叶枯病致病Ⅳ型5级，Ⅴ型5～7级，白叶枯抗性评价为中感—感病。

产量及适宜地区：2009年参加桂南稻作区早稻迟熟组初试，5个试点平均单产8 476.5kg/hm^2；2010年复试，6个试点平均单产7 507.5kg/hm^2；两年试验平均单产7 992.0kg/hm^2。2010年早稻生产试验平均单产8 584.5kg/hm^2。适宜桂南稻作区作早稻或桂中稻作区早稻因地制宜种植。

栽培技术要点：适时移栽，移栽秧龄30～35d，栽30.0万穴/hm^{2}左右，每穴栽2粒谷苗。施纯氮180～210kg/hm^2，氮、磷、钾合理搭配。深水返青，浅水分蘖，够苗晒田，控制无效分蘖，增强抗逆力。加强稻蓟马、螟虫、稻飞虱和纹枯病等病虫害的防治。

天丰优290（Tianfengyou 290）

品种来源：广东省农业科学院水稻研究所利用天丰A和广恢290（广恢452/R462）配组育成。2006年通过广西壮族自治区农作物品种审定委员会审定，审定编号为桂审稻2006028号。

形态特征和生物学特性：籼型三系杂交稻感温迟熟早稻品种。株型适中，叶鞘、稃尖紫色，有效穗较多，谷粒淡黄色，无芒。桂南早稻种植，全生育期125d左右。株高104.7cm，穗长21.0cm，有效穗数589.5万/hm^2，穗粒数142.1粒，结实率80.0%，千粒重24.7g。

品质特性：谷粒长9.1mm，谷粒长宽比3.4，糙米率83.0%，糙米长宽比3.1，整精米率40.8%，垩白粒率63%，垩白度10.6%，胶稠度40mm，直链淀粉含量18.3%。

抗性：苗叶瘟4级，穗瘟7级，稻瘟病的抗性评价为中感；白叶枯病7级。

产量及适宜地区：2004年参加桂南稻作区早稻迟熟组筛选试验，5个试点平均单产8 058.0kg/hm^2；2005年早稻区域试验，4个试点平均单产7 632.0kg/hm^2。2005年生产试验平均单产7 455.0kg/hm^2。适宜桂南稻作区作早稻，桂中稻作区作早、晚稻种植。

栽培技术要点：根据当地种植习惯参照特优63、金优253同期播种，早稻秧龄25～30d（抛秧12～20d），晚稻秧龄15～18d（抛秧7～10d）。一般栽27.0万～30.0万穴/hm^2，插基本苗90.0万～120.0万/hm^2；抛秧27.0万～30.0万穴/hm^2。注意防治病虫害。

天丰优880（Tianfengyou 880）

品种来源：广东省农业科学院水稻研究所利用天丰A和广恢880（R1830/R1860）配组育成。2006年通过广西壮族自治区农作物品种审定委员会审定，审定编号为桂审稻2006014号。

形态特征和生物学特性：籼型三系杂交稻感温迟熟早稻品种。株型适中，分蘖较强，叶剑挺直，穗短，着粒密，后期转色好，结实率高。桂南早稻种植，全生育期122d左右；桂中北晚稻种植，全生育期108d左右。株高99.2cm，穗长21.4cm，有效穗数279.0万/hm^2，穗粒数138.6粒，结实率81.3%，千粒重26.5g。

品质特性：糙米率82.4%，糙米长宽比3.0，整精米率63.9%，垩白粒率22%，垩白度2.3%，胶稠度68mm，直链淀粉含量21.6%。

抗性：苗叶瘟4级，穗瘟5级，稻瘟病的抗性评价为中感；白叶枯病7级。

产量及适宜地区：2004年参加桂南稻作区早稻迟熟组筛选试验，5个试点平均单产7 743.0kg/hm^2；2005年参加桂中桂北稻作区晚稻中熟组区域试验，5个试点平均单产7 909.5kg/hm^2。2005年早稻生产试验平均单产6 763.5kg/hm^2。适宜桂南稻作区作早稻，桂中稻作区作早、晚稻，桂北稻作区作晚稻种植。

栽培技术要点：早稻桂南3月上旬、桂中3月中下旬播种，桂中晚稻7月上旬初播种；插植叶龄4.0 ~ 5.0叶，抛秧叶龄3.0 ~ 4.0叶。插植规格23.0cm × 13.0cm，每穴插2粒谷苗，或抛秧30.0万 ~ 31.5万穴/hm^2。苗期要注意防治稻蓟马，分蘖成穗期注意防治螟虫、稻纵卷叶螟和稻飞虱。

天龙5优629（Tianlong 5 you 629）

品种来源：中国种子集团公司三亚分公司利用天龙5A（原名4050A）和中种恢629配组育成。2009年通过广西壮族自治区农作物品种审定委员会审定，审定编号为桂审稻2009008号。

形态特征和生物学特性：籼型三系杂交稻感温中熟晚稻品种。桂中、桂北早稻种植，全生育期127d左右；晚稻种植，全生育期111d左右。株高112.6cm，穗长23.5cm，有效穗数232.5万/hm^2，穗粒数159.6粒，结实率81.6%，千粒重25.6g。

品质特性：糙米率80.4%，糙米长宽比2.8，整精米率69.2%，垩白粒率12%，垩白度3.4%，胶稠度56mm，直链淀粉含量28.3%。

抗性：苗叶瘟6～7级，穗瘟9级；白叶枯病Ⅳ型5～7级，Ⅴ型7～9级。

产量及适宜地区：2007年参加桂中、桂北稻作区晚稻中熟组初试，4个试点平均单产7 657.5kg/hm^2，2008年续试，6个试点平均单产6 922.5kg/hm^2；两年平均单产7 288.5kg/hm^2。2008年早稻生产试验平均单产7 522.5kg/hm^2。适宜桂中稻作区作早、晚稻，桂北稻作区作晚稻或桂南稻作区早稻因地制宜种植。

栽培技术要点：根据当地种植习惯与中优838同期播种，秧龄30d左右。插植规格23.0cm×13.0cm，每穴插2粒谷苗，保证基本苗105.0万～135.0万/hm^2。肥水管理、病虫害防治等措施参照中熟品种。

天龙8优629（Tianlong 8 you 629）

品种来源：中国种子集团公司三亚分公司利用天龙8A（原名4378A）和中种恢629配组而成。2008年通过广西壮族自治区农作物品种委员会审定，审定编号为桂审稻2008008号。

形态特征和生物学特性：籼型三系杂交稻感温迟熟早稻品种。株型适中，熟期转色好。桂南早稻种植，全生育期126d左右。株高112.5cm，穗长24.0cm，有效穗数273.0万/hm^2，穗粒数158.7粒，结实率81.3%，千粒重24.1g。

品质特性：糙米率82.7%，糙米长宽比3.1，整精米率56.8%，垩白粒率72%，垩白度8.3%，胶稠度68mm，直链淀粉含量26.7%。

抗性：苗叶瘟6级，穗瘟9级；白叶枯病致病Ⅳ型9级，Ⅴ型7级。

产量及适宜地区：2006年参加桂南稻作区早稻迟熟组初试，5个试点平均单产8 043.0kg/hm^2；2007年续试，5个试点平均单产7 933.5kg/hm^2；两年试验平均单产7 987.5kg/hm^2。2007年生产试验平均单产7 839.0kg/hm^2。适宜桂南稻作区作早稻种植。

栽培技术要点：根据当地种植习惯与特优63同期播种，秧龄30d左右。插植规格23.0cm×13.0cm，每穴插2粒谷苗，保证基本苗105.0万～135.0万/hm^2。施纯氮150～180kg/hm^2，氮、磷、钾配合施用，中后期注意增施磷钾肥。注意对螟虫、稻飞虱和稻纵卷叶螟的防治，稻瘟病重病区还应加强喷药保护。

天优1025（Tianyou 1025）

品种来源：广西科泰种业有限公司利用天A和桂1025配组育成。2005年通过广西壮族自治区农作物品种审定委员会审定，审定编号为桂审稻2005012号。

形态特征和生物学特性：籼型三系杂交稻感温迟熟早、晚稻品种。群体生长整齐，长势一般，株型适中，叶色青绿，叶姿挺直，熟期转色好。桂南早稻种植，全生育期120～127d。株高107.6cm，穗长20.5cm，有效穗数286.5万/hm^2，穗粒数130.5粒，结实率81.8%，千粒重25.1g。

品质特性：糙米率82.9%，糙米长宽比3.0，整精米率60.2%，垩白粒率78%，垩白度16.2%，胶稠度64mm，直链淀粉含量21.3%。

抗性：穗瘟9级，白叶枯病7级。抗倒伏性较弱。

产量及适宜地区：2002年早稻参加桂南迟熟组筛选试验，5个试点平均单产7 114.5kg/hm^2。2004年早稻参加桂南迟熟组区试，5个试点平均单产8 694.0kg/hm^2。生产试验平均单产7 344.0kg/hm^2。适宜桂南稻作区作早、晚稻种植。

栽培技术要点：桂南早稻3月5～10日播种，晚稻7月10～15日播种；栽30.0万～34.5万穴/hm^2，每穴栽2粒谷苗；施纯氮150kg/hm^2左右，氮、磷、钾比例为1 ∶ 0.5 ∶ 0.6，早露轻晒提高成穗率。注意稻瘟病等病虫害的防治。

天优96（Tianyou 96）

品种来源：广西科泰种业有限公司用天A和R科96配组而成。2008年通过广西壮族自治区农作物品种审定委员会审定，审定编号为桂审稻2008005号。

形态特征和生物学特性：籼型三系杂交稻感温中熟品种。桂中、桂北晚稻种植，全生育期111d左右。株高107.9cm，穗长23.5cm，有效穗数240.0万/hm^2，穗粒数146.4粒，结实率83.7%，千粒重29.0g。

品质特性：糙米率82.8%，糙米长宽比3.1，整精米率38.5%，垩白粒率86%，垩白度17.0%，胶稠度78mm，直链淀粉含量22.0%。

抗性：抗苗叶瘟7级，穗瘟9级；白叶枯病Ⅳ型7级，Ⅴ型9级。

产量及适宜地区：2006年参加桂中、桂北稻作区晚稻中熟组初试，5个试点平均单产7 642.5kg/hm^2；2007年续试，4个试点平均单产7 764.0kg/hm^2；两年试验平均单产7 704.0kg/hm^2。2007年生产试验平均单产7 594.5kg/hm^2。适宜桂南、桂中稻作区作早稻，桂中、桂北稻作区作晚稻种植。

栽培技术要点：早稻桂南2月底至3月初、桂中3月中下旬、桂北3月下旬播种；晚稻桂南7月15日前，桂中、桂北6月底至7月初播种。早稻秧龄25 ～ 30d，或4.0 ～ 4.5叶抛栽，晚稻15 ～ 18d。插植规格20.0cm × 16.5cm，双株植，注意浅插、匀插。中等肥力田块施纯氮180kg/hm^2，其中基肥占60.0% ～ 70.0%，追肥占20.0% ～ 30.0%，穗肥占10.0%，注意配合施用有机肥和磷钾肥。注意防治稻瘟病等病虫害。

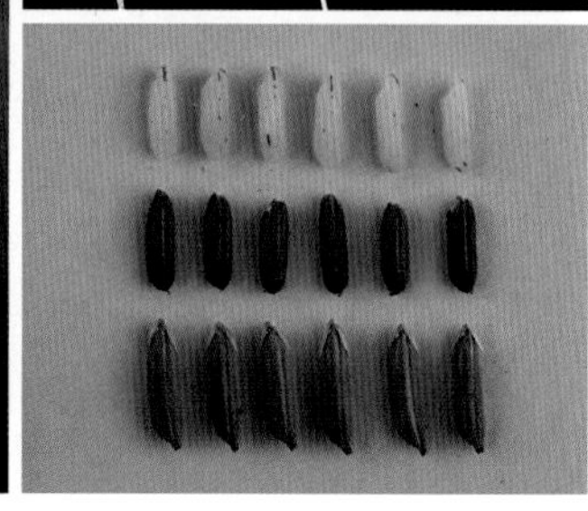

威优16（Weiyou 16）

品种来源：广西桂林市种子公司利用V20A和R160（T0974/R402）配组育成。2005年通过广西壮族自治区农作物品种审定委员会审定，审定编号为桂审稻2005001号。

形态特征和生物学特性：籼型三系杂交稻感温早熟早稻品种。群体生长整齐，长势较繁茂，株型较紧凑，分蘖力强，叶色浓绿，叶鞘紫色，后期不早衰，剑叶直立，剑叶长26.7cm，宽1.3cm，稃尖紫色。桂中北早稻种植，全生育期108d左右。株高90.9cm，穗长20.2cm，有效穗数312.0万/hm^2，穗粒数106.0粒，结实率85.1%，千粒重30.0g。

品质特性：糙米率81.4%，糙米长宽比2.7，整精米率54.8%，垩白粒率95%，垩白度26.6%，胶稠度76mm，直链淀粉含量22.6%。

抗性：穗瘟5级，白叶枯病9级。抗倒伏性较强。

产量及适宜地区：2003年早稻参加桂中北早熟组筛选试验，3个试点平均单产6 871.5kg/hm^2。2004年早稻参加桂中北早熟组区试，5个试点平均单产7 629.0kg/hm^2。生产试验平均单产6 505.5kg/hm^2。适宜桂中、桂北稻作区作早、晚稻种植。

栽培技术要点：3月中下旬，4月初播种，稀播均播，秧龄控制在25d左右（半水育秧），抛秧秧龄15d。大田用种量22.5～30.0kg/hm^2。移栽规格20.0cm×16.7cm，基本苗90.0万～120万/hm^2。施纯氮150.0kg/hm^2左右，氮、磷、钾比例为1.0 ：0.6 ：0.9。注意防治白叶枯病。

威优191（Weiyou 191）

品种来源：湖南安江农校利用V20A和恢复系191配组育成。2001年通过广西壮族自治区农作物品种审定委员会审定，审定编号为桂审稻2001094号。

形态特征和生物学特性：籼型三系杂交稻感温中熟早、晚稻品种。株型适中，分蘖力中等，生长势强，叶片挺直，叶色淡绿，后期熟色好。桂北种植，全生育期早稻122d左右，晚稻107d左右。株高103.0cm左右，有效穗数270.0万～315.0万/hm^2，穗粒数100～140粒，结实率75.0%左右，千粒重30.0g。

品质特性：外观米质中等。

抗性：抗稻瘟病。耐肥，抗倒伏。

产量及适宜地区：1997—1998年参加桂林市区试，其中1997年早稻平均单产8 160.0kg/hm^2，1998年早、晚稻平均单产分别为7 089.0kg/hm^2和7 437.0kg/hm^2。1997—2001年桂林市累计种植面积4 000.0hm^2左右，平均单产6 750.0 ～ 7 500.0kg/hm^2。适宜桂北作早、晚稻推广种植。

栽培技术要点：注意种子消毒，防治秧苗恶苗病。其他参照籼型三系杂交稻感温中熟品种进行。

威优298（Weiyou 298）

品种来源：湖南安江农校利用V20A和恢复系298配组育成。2001年通过广西壮族自治区农作物品种审定委员会审定，审定编号为桂审稻2001088号。

形态特征和生物学特性：籼型三系杂交稻感温早熟早稻品种。株型略显松散，分蘖力强，繁茂性好，茎秆粗壮，后期熟色好。桂北种植全生育期早稻113d左右。株高约100.0cm，穗长22.5cm左右，穗粒数110～130粒，结实率81.0%左右，千粒重30.0g左右。

品质特性：米质一般。

抗性：较抗稻瘟病。耐肥，抗倒伏较强。

产量及适宜地区：1996—1997年早稻参加桂林地区区试，平均单产分别为7 554.0kg/hm^{2}和7 812.0kg/hm^2。1996—2001年桂林市累计种植面积1.0万hm^2，平均单产6 750.0～7 500.0kg/hm^2。适宜桂北作早稻推广种植。

栽培技术要点：苗期注意防治恶苗病，其他参照籼型三系杂交稻感温早熟品种进行。

威优4480（Weiyou 4480）

品种来源：广西桂林市种子公司于1995年利用V20A和恢复系4480配组育成。2001年通过广西壮族自治区农作物品种审定委员会审定，审定编号为桂审稻2001058号。

形态特征和生物学特性：籼型三系杂交稻感温中熟早、晚稻品种。株型集散适中，分蘖力强，叶色较绿，剑叶中等大。全生育期早稻124d左右，晚稻108d左右。株高103.0cm左右，有效穗数300.0万～330.0万/hm^2，穗粒数120粒，结实率80.0%左右，千粒重27.0～30.0g。

品质特性：米质中等。

抗性：中抗稻瘟病。

产量及适宜地区：1997—1998年参加桂林市水稻品种比较试验，平均单产分别为7 098.0kg/hm^{2}和7 033.5kg/hm^2；1996—1999年在临桂、阳朔、全州、灌阳等地进行试种示范，平均单产为7 200.0kg/hm^{2}左右。1997—2001年桂林市累计种植面积6 000.0hm^2。适宜桂中、桂北作早、晚稻推广种植。

栽培技术要点：参照一般籼型三系杂交稻感温中熟品种进行。

威优463（Weiyou 463）

品种来源：湖南衡阳市农业科学研究所1998年利用V20A和T0463配组育成。桂林市种子公司于1999年引进。2001年通过广西壮族自治区农作物品种审定委员会审定，审定编号为桂审稻2001079号。

形态特征和生物学特性：籼型三系杂交稻感温早熟早稻品种。株型紧凑，分蘖力中等，剑叶稍长不披。桂北种植全生育期早稻111d左右。株高100.0cm左右，穗长21.1cm，有效穗数300.0万～370.0万/hm^2，穗粒数为115粒左右，结实率77.3%，千粒重29.0g。

抗性：较抗稻瘟病、白叶枯病。

产量及适宜地区：1999—2000年早稻参加桂林市区试，平均单产分别为7 690.5kg/hm^2和7 596.0kg/hm^2。1999—2001年桂林市累计种植面积4 000.0hm^2，平均单产6 750.0～7 500.0kg/hm^2。适宜桂北作早稻推广种植。

栽培技术要点：用300～500倍强氯精进行浸种消毒，中后期控制氮肥用量，多施磷钾肥。

威优608（Weiyou 608）

品种来源：广西中农种业有限公司利用威20A和中恢608（T0974/R191）配组育成。2008年通过广西壮族自治区农作物品种审定委员会审定，审定编号为桂审稻2008002号。

形态特征和生物学特性：籼型三系杂交稻感温早熟早稻品种。株型适中，叶片较大。桂中、桂北早稻种植，全生育期112d左右。株高87.4cm，穗长20.3cm，有效穗数318.0万/hm^2，穗粒数97.3粒，结实率84.6%，千粒重29.2g。

品质特性：糙米率80.7%，糙米长宽比2.7，整精米率35.6%，垩白粒率90%，垩白度15.8%，胶稠度86mm，直链淀粉含量22.6%。

抗性：苗叶瘟6级，穗瘟9级；白叶枯病致病Ⅳ型9级，Ⅴ型9级。抗倒伏性稍差。

产量及适宜地区：2006年参加桂中、桂北稻作区早稻早熟组筛选试验，5个试点平均单产6 658.5kg/hm^2；2007年参加桂中、桂北稻作区早稻早熟组区试，5个试点平均单产7 168.5kg/hm^2；两年试验平均单产6 913.5kg/hm^2。2007年生产试验平均单产6 768.0kg/hm^2。适宜桂中、桂北稻作区作早稻或桂南稻作区低水位田作早稻种植。

栽培技术要点：早稻桂中3月中下旬，桂北3月底至4月初播种，薄膜覆盖，秧田播种300.0kg/hm^2，大田用种22.5kg/hm^2，秧龄控制在28d以内。大用插植壮苗37.5万穴/hm^2，每穴插2粒谷苗。一般4.0 ~ 4.5叶移栽，双株植，规格20.0cm × 16.5cm。施纯氮135kg/hm^2、五氧化二磷120kg/hm^2、氯化钾150kg/hm^2，前期浅水干湿交替，促分蘖早发，中期适时晒田控苗，后期不宜脱水过早。

威优804（Weiyou 804）

品种来源：湖南安江农校利用V20A和恢复系804配组育成。2001年通过广西壮族自治区农作物品种审定委员会审定，审定编号为桂审稻2001069号。

形态特征和生物学特性：籼型三系杂交稻感温早熟早稻品种。株型较紧凑，分蘖力强，后期熟色好。桂北种植全生育期早稻102 ~ 104d。株高90.0cm左右，穗长18.0 ~ 20.0cm，有效穗数300.0万~ 330.0万/hm^2，穗粒数100 ~ 120粒，结实率80.0%左右，千粒重29.2g。

品质特性：米质一般。

抗性：抗稻瘟病。耐肥，抗倒伏。

产量及适宜地区：1998年种植观察，平均单产6 997.5kg/hm^2。1999—2000年早稻参加桂林市区域试验，平均单产分别为7 056.0kg/hm^{2}和7 279.0kg/hm^2。1999—2001年桂林市累计种植3 333.3hm^2，平均单产6 600.0 ~ 7 200.0kg/hm^2。适宜桂北作早稻推广种植

栽培技术要点：苗期注意防治恶苗病，其他参照籼型三系杂交稻感温早熟品种进行。

威优96（Weiyou 96）

品种来源：广西桂林市种子公司于1995年利用V20A和恢复系96配组育成。2001年通过广西壮族自治区农作物品种审定委员会审定，审定编号为桂审稻2001057号。

形态特征和生物学特性：籼型三系杂交稻感温中熟早、晚稻品种。株叶型好，分蘖力强，叶色深绿，剑叶窄挺。全生育期早稻120d左右，晚稻104d左右。株高102cm左右，有效穗数315.0万～330.0万/hm^2，穗粒数92粒，结实率80.0%左右，千粒重28.0～30.0g。

品质特性：米质较差。

抗性：中抗稻瘟病。

产量及适宜地区：1997—1998年参加桂林市水稻品种比较试验，平均单产分别为7 152kg/hm^2和7 180.5kg/hm^2；1996—1998年在临桂、全州、永福等地进行试种示范，平均单产为6 750.0～7 500.0kg/hm^2。1996—2001年桂林市累计种植面积5 333.0hm^2左右。适宜桂中、桂北作早、晚稻推广种植。

栽培技术要点：参照一般籼型三系杂交稻感温中熟品种进行。

五丰优823（Wufengyou 823）

品种来源：广西万禾种业有限公司利用五丰A和R823配组而成。2013年通过广西壮族自治区农作物品种审定委员会审定，审定编号为桂审稻2013001号。

形态特征和生物学特性：籼型三系杂交稻早熟早稻品种。桂中、桂北早稻种植，全生育期108d左右。主茎叶数13～14叶，叶深绿色，叶鞘紫色，颖壳黄色，稃尖紫色。有效穗数295.5万/hm^2，株高90.6cm，穗长19.4cm，每穗总粒数116.3粒，结实率78.8%，千粒重25.7g。

品质特性：长宽比2.7，糙米率81.2%，整精米率66.9%，垩白粒率13%，垩白度1.5%，胶稠度89mm，直链淀粉含量14.5%。

抗性：穗瘟9级；白叶枯病7～9级；感稻瘟病，感—高感白叶枯病。

产量及适宜地区：2011年参加桂中、桂北稻作区早稻早熟组区域试验，平均单产6 948.0kg/hm^2；2012年续试，平均单产6 345.0kg/hm^2；两年试验平均单产6 646.5kg/hm^2。2012年生产试验，平均单产6 232.5kg/hm^2。适宜桂中、桂北稻作区作早、晚稻种植，作晚稻种植应严格按照早熟品种栽培管理进行。

栽培技术要点：早稻桂中3月中下旬播种，桂北4月上旬播种，晚稻7月上旬播种。大田用种量22.5～30.0kg/hm^2。早稻秧龄20～25d，晚稻秧龄15d左右，最长不超过20d秧龄。插（抛）秧30.0万～37.5万穴/hm^2，每穴栽插2粒谷苗。需肥水平中等偏上，施纯氮150～180kg/hm^2，氮、磷、钾比例为1.0：0.5：1.0。施25%水稻专用复合肥750kg/hm^2作基肥，移栽后6～8d结合化学除草追施尿素75～112.5kg/hm^2、氯化钾75kg/hm^2促蘖，幼穗分化期追施尿素75kg/hm^2、氯化钾112.5kg/hm^2作穗肥，促壮秆大穗。根据当地病虫预测预报及时防治病虫害。

香二优253（Xiang'eryou 253）

品种来源：广西壮族自治区种子公司利用香二A与测253配组育成。2001年通过广西壮族自治区农作物品种审定委员会审定，审定编号为桂审稻2001029号。

形态特征和生物学特性：籼型三系杂交稻感温早稻品种。全生育期早稻125d左右，晚稻112d左右；株型稍散，叶片较长，株高110.0 ~ 115.0cm，茎秆稍软，抗倒伏性稍差，分蘖力较强，有效穗数270.0万~ 300.0万/hm^2，穗长24.2cm，穗总粒数148.0粒，结实率80.0%~ 90.0%，千粒重25.0 ~ 26.0g。

品质特性：糙米率79.2%，精米率71.7%，整精米率28.7%，长宽比3.2，垩白粒率70%，垩白度14.4%，透明度2级，碱消值3.9级，胶稠度80mm，直链淀粉含量20.1%，蛋白质含量7.0%。

产量及适宜地区：2000—2001年早稻参加配组单位的品种比较试验，其中2000年单产为7 531.5kg/hm^2，2001年单产为7 167.0kg/hm^2。2000年早稻参加广西水稻新品种筛选试验，北流、武鸣、荔浦3个试点平均单产7 620.0kg/hm^2。2001年早稻钦北、苍梧、武鸣、罗城、大化、浦北等地试种示范，一般单产6 750.0 ~ 7 500.0kg/hm^2。适宜桂南作早、晚稻，桂中作晚稻推广种植。

栽培技术要点：注意控制氮肥施用量和增施磷钾肥，其他参照一般籼型三系杂交稻感温品种进行。

香二优781（Xiang'eryou 781）

品种来源：广西壮族自治区种子公司利用不育系香二A与恢复系781配组而成。2001年通过广西壮族自治区农作物品种审定委员会审定，审定编号为桂审稻2001028号。

形态特征和生物学特性：籼型三系杂交稻感温早稻品种。株型稍散，叶片较长，剑叶较短、直，茎秆稍软，分蘖力较强。全生育期早稻125d左右，晚稻112d左右。株高约110.0cm，穗长24.0cm左右，有效穗数270.0万～300.0万/hm^2，穗粒数145.0粒，结实率81.0%～95.0%，千粒重24.0～26.0g。

品质特性：糙米率80.2%，糙米长宽比3.2，精米率71.5%，整精米率23.9%，垩白粒率56%，垩白度12%，透明度2级，碱消值4.6级，胶稠度68mm，直链淀粉含量21.3%，蛋白质含量7.3%。

抗性：抗倒伏性稍差。

产量及适宜地区：2000—2001年早稻参加配组单位的品种比较试验，其中2000年单产为7 531.5kg/hm^2，2001年单产为7 987.5kg/hm^2。2000年早稻参加广西水稻新品种筛选试验，北流、武鸣、荔浦3个试点平均单产7 492.5kg/hm^2。2001年早稻钦北、大化等地试种示范，一般单产7 500.0kg/hm^2左右。适宜桂南作早、晚稻，桂中作晚稻推广种植。

栽培技术要点：其他参照一般籼型三系杂交稻感温品种进行。

湘优207（Xiangyou 207）

品种来源：湖南杂交水稻研究中心利用湘八A和R207配组育成。桂林市种子公司于1998年引进。2001年通过广西壮族自治区农作物品种审定委员会审定，审定编号为桂审稻2001062号。

形态特征和生物学特性：籼型三系杂交稻感温中熟早、晚稻品种。株型紧凑，分蘖力稍弱，叶色浅绿，后期熟色好。全生育期早稻122d左右，晚稻108d左右。株高105.0～110.0cm，有效穗数255.0万～300.0万/hm^2，穗粒数140粒左右，结实率76.0%～82.0%，千粒重28.0g。

品质特性：米质较好。

抗性：中抗稻瘟病。

产量及适宜地区：1998年参加桂林市水稻新品种筛选试验，平均单产为7 264.5kg/hm^2；1999—2000年参加桂林市水稻品种比较试验，平均单产分别为7 686.0kg/hm^2和7 242.0kg/hm^2；1998—2000年在灵川、临桂、永福、荔浦、兴安等地进行试种示范，累计种植面积2 000.0hm^2，平均单产为7 500.0kg/hm^2左右。适宜桂中、桂北作早、晚稻推广种植。

栽培技术要点：参照一般籼型三系杂交稻感温中熟品种进行。

湘优24（Xiangyou 24）

品种来源：湖南科裕隆种业有限公司利用湘8A和湘恢24（TO974/先恢207）配组育成。2006年通过广西壮族自治区农作物品种审定委员会审定，审定编号为桂审稻2006010号。

形态特征和生物学特性：籼型三系杂交稻感温中熟早、晚稻品种。株型适中，叶姿稍披，叶鞘、稃尖紫红色，谷尖短芒。桂中北种植，全生育期早稻122d左右。株高106.8cm，穗长23.0cm，有效穗数259.5万/hm^2，穗粒数155.1粒，结实率74.5%，千粒重25.4g。

品质特性：谷粒长宽比3.3，糙米率81.7%，糙米长宽比3.1，整精米率67.3%，垩白粒率22%，垩白度5.4%，胶稠度81mm，直链淀粉含量10.6%。

抗性：苗叶瘟3级，穗瘟5级，稻瘟病的抗性评价为中感，白叶枯病7级。

产量及适宜地区：2004年参加桂中北稻作区早稻中熟组区域试验，5个试点平均单产7 809.0kg/hm^2；2005年早稻续试，5个试点平均单产6 691.5kg/hm^2。2005年晚稻生产试验平均单产6 507.0kg/hm^2。适宜桂中、桂北稻作区作早、晚稻种植。

栽培技术要点：早稻3月中下旬、晚稻7月上旬播种，大田用种量19.5～22.5kg/hm^2。插植叶龄4.0～5.0叶，抛秧叶龄3.0～4.0叶，在秧苗1叶1心时，秧田用多效唑900.0～1 200.0g/hm^2喷施1次，促进分蘖。插植规格20.0cm×13.0cm，每穴插2粒谷苗，或抛秧30.0万～33.0万穴/hm^2。注意防治病虫害。

湘优2号（Xiangyou 2）

品种来源：湖南科裕隆种业有限公司利用湘8A和湘恢121（163/R402）选育而成。2006年通过广西壮族自治区农作物品种审定委员会审定，审定编号为桂审稻2006002号。

形态特征和生物学特性：籼型三系杂交稻感温早熟早、晚稻品种。株型适中，叶鞘、稃尖紫色，穗大粒重，结实率较低，谷粒淡黄，无芒。桂中北种植，全生育期早稻112d左右。株高97.7cm，穗长22.3cm，有效穗数292.5万/hm^2，穗粒数123.6粒，结实率75.2%，千粒重26.9g。

品质特性：糙米率81.9%，糙米长宽比3.1，整精米率60.4%，垩白粒率39%，垩白度4.0%，胶稠度68mm，直链淀粉含量18.2%。米质较优。

抗性：苗叶瘟2级，穗瘟4级，稻瘟病的抗性评价为中抗；白叶枯病7级。

产量及适宜地区：2004年参加桂中北稻作区早稻早熟组筛选试验，4个试点平均单产7 093.5kg/hm^2；2005年早稻区域试验，4个试点平均单产6 804.0kg/hm^2。2005年生产试验平均单产6 391.5kg/hm^2。适宜桂中、桂北稻作区作早、晚稻种植。

栽培技术要点：早稻3月中下旬、晚稻7月上旬播种，插植叶龄4.0 ~ 5.0叶，抛秧叶龄3.0 ~ 4.0叶。移栽规格20.0cm×（13.0 ~ 15.0）cm，每穴插2粒谷苗，基本苗120.0万/hm^2，或抛秧33.0万 ~ 37.5万穴/hm^2。综合防治病虫鼠害。

湘优402（Xiangyou 402）

品种来源：湖南省洪江先丰种业有限公司、桂林市种子公司利用湘8A和R402配组育成。2004年通过广西壮族自治区农作物品种审定委员会审定，审定编号为桂审稻2004003号。

形态特征和生物学特性：籼型三系杂交稻感温早熟早稻品种。株型适中，叶色淡绿，叶姿较挺，剑叶长30.8cm左右，宽约1.8cm，夹角小，熟期转色好。在桂中、桂北种植全生育期早稻107～117d。株高94.3cm，穗长20.5cm，有效穗数316.5万/hm^2，穗粒数114.7粒，结实率74.4%，千粒重28.8g。

品质特性：谷粒长10.0mm，谷粒长宽比3.6，糙米长宽比3.1，整精米率38.8%，垩白粒率59%，垩白度10.6%，胶稠度90mm，直链淀粉含量23.3%。

抗性：苗叶瘟5级，穗瘟5级，白叶枯病5级，褐稻虱9.0级。

产量及适宜地区：2002年参加桂中北稻作区早稻早熟组区域试验，平均单产6 715.5kg/hm^2；2003年续试，平均单产7 231.5kg/hm^2。2003年桂林市生产试验平均单产7 177.5kg/hm^2。可在种植金优402、金优463的地区种植。

栽培技术要点：桂中北早稻3月中、下旬播种，4.5～5.0叶移栽，秧龄25～30d。插植规格13.2cm×18cm或15cm×18cm，每穴插2粒谷苗或抛栽密度28穴/m^2。采取施足基肥、早施追肥、巧施穗肥的施肥方法，需纯氮120～150kg/hm^2、五氧化二磷75kg/hm^2、氧化钾75kg/hm^2。注意防治病虫害。

湘优8817（Xiangyou 8817）

品种来源：湖南科裕隆种业有限公司利用湘菲A和湘恢8817（TO974/自选的恢复系中间材料358号）配组育成。2010年通过广西壮族自治区农作物品种审定委员会审定，审定编号为桂审稻2010002号。

形态特征和生物学特性：籼型三系杂交稻感温早熟早稻品种。株型紧散适中，分蘖能力强，主茎叶片数15，叶色浅绿，剑叶直立，叶鞘紫色，穗型小，着粒密度一般，颖色淡黄，稃尖紫色，谷尖无芒。桂中、桂北早稻种植，全生育期113d左右。株高90.6cm，穗长20.3cm，有效穗数322.5万/hm^2，穗粒数108.8粒，结实率80.1%，千粒重27.7g。

品质特性：谷粒长宽比3.0，糙米率81.1%，糙米长宽比3.0，整精米率62.2%，垩白粒率85%，垩白度20.2%，胶稠度72mm，直链淀粉含量20.8%。

抗性：苗叶瘟4～5级，穗瘟9级；白叶枯病致病Ⅳ型7～9级，Ⅴ型7～9级。

产量及适宜地区：2008年参加桂中、桂北稻作区早稻早熟组初试，5个试点平均单产6 586.5kg/hm^2；2009年续试，6个试点平均单产7 575.0kg/hm^2；两年试验平均单产7 081.5kg/hm^2。2009生产试验平均单产7 129.5kg/hm^2。适宜桂中、桂北稻作区作早、晚稻种植。

栽培技术要点：早稻种植宜在3月底播种，秧田播种量150.0～187.5kg/hm^2（水秧），大田用种量22.5～30.0kg/hm^2，秧龄控制在28d以内或主茎叶片达5叶时移栽为宜。插植规格16.5cm×16.5cm，每穴插2粒谷苗，基本苗120.0万/hm^2，抛秧28穴/m^2。基肥为主，追肥为辅，早施分蘖肥，后期看苗补施肥。注意病虫防治，稻瘟病重发区不宜种植。

新香优207（Xinxiangyou 207）

品种来源：湖南杂交水稻研究中心利用新香A和207R配组育成。2001年通过广西壮族自治区农作物品种审定委员会审定，审定编号为桂审稻2001104号。

形态特征和生物学特性：籼型三系杂交稻感温中熟早稻品种。株型集散适中，分蘖力较强，叶片挺直，后期青枝蜡秆，熟色好。全生育期早稻122d左右，晚稻105 ~ 108d。株高106.0cm左右，有效穗数270.0万~ 300.0万/hm^2，穗粒数125粒左右，结实率86.0%左右，千粒重26.0g。

品质特性：外观米质较好。

抗性：较抗稻瘟病，耐肥，抗倒伏。

产量及适宜地区：2000—2001年早稻参加桂林市区试，平均单产分别为7 357.5kg/hm^{2}和7 575.0kg/hm^2。1999—2001年桂林市累计种植面积4 000.0hm^{2}左右，平均单产7 500.0kg/hm^{2}左右。适宜桂中、桂北作早、晚稻推广种植。

栽培技术要点：参照一般籼型三系杂交稻感温中熟品种进行。

新香优53（Xinxiangyou 53）

品种来源：广西象州县水稻研究所1996年利用新香A和恢复系95-53配组育成。2003年通过广西壮族自治区农作物品种审定委员会审定，审定编号为桂审稻2003005号。

形态特征和生物学特性：籼型三系杂交稻感温早、晚稻品种。前期株型较散，分蘖力强，叶细长斜立，中后期株型自然紧凑，倒3叶直立，叶片绿色，叶鞘紫色，后期青枝蜡秆，熟色好，作早稻种植或氮肥偏多时，叶片过长披露，结实率略低，穗型松散，谷粒淡黄色，稃尖紫色，个别粒有白色短芒。桂南全生育期早稻125d左右（手插秧）；晚稻生育期110～115d（手插秧）。桂中、桂北全生育期108d左右（手插秧）。株高105.0cm左右，有效穗数270.0万/hm^2左右，穗粒数130～180粒，结实率75.6%～85%，千粒重28.2g。

品质特性：糙米率80.7%，糙米粒长7.1mm，糙米长宽比3.3，精米率74.9%，整精米率72.0%，垩白粒率16%，垩白度1.7%，透明度2级，碱消值4.4级，胶稠度60mm，直链淀粉含量15.7%，蛋白质含量7.8%。

抗性：苗叶瘟7级，穗瘟5～7级，白叶枯病5级，褐稻虱和稻瘿蚊9级。抗寒性中，抗倒伏性较差。

产量及适宜地区：2000年晚稻参加广西水稻品种优质组初试，3个试点（南宁、玉林、柳州）平均单产8 353.5kg/hm^2；2001年晚稻参加中熟组区试，7个试点（象州、贺州、柳州、荔浦、宜州、桂林、融安）平均单产7 426.5kg/hm^2。1999—2001年晚稻在桂南、桂中稻作区多点试种，平均单产6 750.0～7 500.0kg/hm^2。适宜桂南稻作区作早、晚稻，桂中、桂北稻作区作晚稻种植。

栽培技术要点：早稻3月15～20日播种，秧龄25～30d，晚稻7月10日前播种，秧龄20d以内（抛秧秧龄15d以内）。要适当增加用肥量，特别是前期及壮尾肥的施用。及时防治病虫害。

信丰优008（Xinfengyou 008）

品种来源：广西壮族自治区罗敬昭利用信丰A和R008（明恢63/R9311）配组育成。2010年通过广西壮族自治区农作物品种审定委员会审定，审定编号为桂审稻2010012号。

形态特征和生物学特性：籼型三系杂交稻感温迟熟早稻品种。株型集散适中，叶鞘紫色，叶片绿色，稃尖紫色，谷壳黄色。桂南早稻种植，全生育期125d左右。株高106.6cm，穗长25.5cm，有效穗数271.5万/hm^2，穗粒数138.7粒，结实率79.9%，千粒重27.9g。

品质特性：糙米率80.8%，糙米长宽比3.3，整精米率59.9%，垩白粒率24%，垩白度5.0%，胶稠度75mm，直链淀粉含量15.0%。

抗性：苗叶瘟5级，穗瘟5～7级；白叶枯致病Ⅳ型7～9级，Ⅴ型5～9级。

产量及适宜地区：2008年参加桂南稻作区早稻迟熟组初试，6个试点平均单产7 872.0kg/hm^2；2009年复试，5个试点平均单产8 323.5kg/hm^2；两年试验平均单产8 097.0kg/hm^2。2009年生产试验平均单产7 978.5kg/hm^2。适宜桂南稻作区作早稻，其他稻作区因地制宜作早稻或中稻种植。

栽培技术要点：桂南早稻3月上旬播种。大田用种量19.5～22.5kg/hm^2，早稻秧龄25～30d。插植规格采用23.0cm×13.0cm或20.0cm×16.0cm；如用秧盘，大田栽秧盘825～975盘/hm^2，4.0～4.5叶时抛秧。施足基肥，早施分蘖肥，增施磷钾肥，后期控制氮肥。浅水移栽，浅水分蘖，够苗晒田，干干湿湿到黄熟。

野香优2998（Yexiangyou 2998）

品种来源：广西绿海种业有限公司利用野香A和R2998（蜀恢527×9311）组配而成，2011年通过广西壮族自治区农作物品种审定委员会审定，审定编号为桂审稻2011013号。

形态特征和生物学特性：籼型三系杂交稻感温迟熟早稻品种，桂南早稻种植全生育期130d左右。株型集散适中，叶鞘、叶片绿色，直立，谷粒黄色，长9.6mm，长宽比2.9，稃尖无色。有效穗数237.0万/hm^2，株高120.1cm，穗长24.3cm，每穗总粒数157.6粒，结实率73.9%，千粒重29.3g。

品质特性：糙米率81.4%，整精米率56.7%，长宽比2.6，垩白粒率26%，垩白度4.8%，胶稠度53mm，直链淀粉含量20.7%。

抗性：苗叶瘟5～6级，穗瘟5～7级，稻瘟病抗性水平为中感—感；白叶枯病致病Ⅳ型7级，Ⅴ型7～9级，白叶枯抗性评价为感病—高感。

产量及适宜地区：2009年参加桂南稻作区早稻迟熟组初试，5个试点平均单产8 140.5kg/hm^2；2010年复试，6个试点平均单产7 114.5kg/hm^2；两年试验平均单产7 627.5kg/hm^2。2010年早稻生产试验平均单产8 251.5kg/hm^2。适宜桂南稻作区作早稻种植，其他稻作区因地制宜作一季稻或中稻种植。

栽培技术要点：桂南早稻3月上旬播种。大田用种量19.5～22.5kg/hm^2，早稻秧龄25～30d。插植规格采用23.0cm×13.0cm或20.0cm×16cm；如用秧盘，大田栽825～975盘/hm^2，4.0～4.5叶时抛秧。施足基肥，早施分蘖肥，增施磷钾肥，后期控制氮肥；浅水移栽，浅水分蘖，够苗晒田，黄熟期干湿交替。综合防治病虫害。

野香优863（Yexiangyou 863）

品种来源：广西育种者罗敬昭利用野香A和R863（明恢63×桂99）配组而成。2011年通过广西壮族自治区农作物品种审定委员会审定，审定编号为桂审稻2011019号。

形态特征和生物学特性：籼型三系杂交稻感温中熟品种。桂中、桂北晚稻种植全生育期110d左右。株叶型适中，叶鞘、叶片绿色，直立，谷粒黄色，长9.2mm，长宽比3.3，稃尖无色。有效穗数246.0万/hm^2，株高114.7cm，穗长25.6cm，每穗总粒数153.8粒，结实率68.4%，粒重27.6g。

品质特性：糙米率78.3%，整精米率66.7%，粒长6.8mm，长宽比3.1，垩白粒率16%，垩白度3.4%，胶稠度84mm，直链淀粉含量13.2%。

抗性：苗叶瘟5～6级，穗瘟7～9级，稻瘟病抗性水平为感—高感；白叶枯病致病Ⅳ型7～9级，Ⅴ型9级，白叶枯病抗性评价为感—高感。

产量及适宜地区：2009年参加桂中、桂北稻作区晚稻中熟组初试，5个试点平均单产7 005.0kg/hm^2；2010年续试，6个试点平均单产6 403.5kg/hm^2；两年平均单产6 726.4kg/hm^2。2010年生产试验平均单产6 163.5kg/hm^2。适宜桂中稻作区作早、晚稻或桂南稻作区早稻种植。

栽培技术要点：早稻3月上旬，晚稻7月上旬；大田用种量19.5～22.5kg/hm^2，早稻秧龄25～30d，晚稻秧龄15～18d；插植规格19.8cm×13.2cm或19.8cm×16.5cm；如用秧盘，大田栽675～750盘/hm^2，4.0～4.5叶时抛秧；施足基肥，早施分蘖肥，增施磷钾肥，后期控制氮肥；浅水移栽，浅水分蘖，够苗晒田，干干湿湿到黄熟。综合防治病虫害。

宜香937（Yixiang 937）

品种来源：四川省绵阳市农业科学研究所利用宜香1A和绵恢9937（绵恢725/蜀恢527）配组育成。2006年通过广西壮族自治区农作物品种审定委员会审定，审定编号为桂审稻2006035号。

形态特征和生物学特性：籼型三系杂交稻感温迟熟早稻品种。株型适中，剑叶挺直，叶舌、叶耳、柱头、颖尖无色，穗长、着粒较稀，千粒重高，少数籽粒有短顶芒。桂南早稻种植，全生育期127d左右。株高117.6cm，穗长25.5cm，有效穗数261.0万/hm^2，穗粒数128.2粒，结实率74.2%，千粒重32.0g。

品质特性：糙米率81.2%，糙米长宽比3.3，整精米率16.7%，垩白粒率51%，垩白度21.8%，胶稠度79mm，直链淀粉含量10.8%。

抗性：苗叶瘟6级，穗瘟3级，稻瘟病的抗性评价为中感；白叶枯病7级。

产量及适宜地区：2004年参加桂南稻作区早稻迟熟组筛选试验，5个试点平均单产7 794.0kg/hm^2；2005年早稻区域试验，4个试点平均单产7 239.0kg/hm^2。2005年早稻生产试验平均单产7 072.5kg/hm^2。适宜桂南稻作区作早稻和中稻地区种植。

栽培技术要点：根据当地种植习惯与特优63同期播种，秧龄30d左右。早稻插植规格23.0cm×13.0cm，中稻26.0cm×16.0cm，每穴插2粒谷苗，保证基本苗105.0万～135.0万/hm^2。施纯氮150kg/hm^2左右，氮、磷、钾比例为1 ∶ 0.6 ∶ 1.2。实行浅水灌溉，总苗数达345.0万～375.0万/hm^2时晒田。注意防治病虫害。

毅优航1号（Yiyouhang 1）

品种来源：广西兆和种业有限公司利用毅A和航1号（从福建省农业科学院引进）配组育成。2010年通过广西壮族自治区农作物品种审定委员会审定，审定编号为桂审稻2010004号。

形态特征和生物学特性：籼型三系杂交稻感温中熟早稻品种。株叶型适中，叶鞘绿色，谷壳淡黄，穗型和着粒密度密，颖尖无色，无芒。桂中、桂北早稻种植，全生育期127d左右。株高118.3cm，穗长23.9cm，有效穗数247.5万/hm^2，穗粒数147.0粒，结实率86.8%，千粒重27.1g。

品质特性：谷粒长6.2mm，谷粒长宽比2.5，糙米率80.1%，糙米长宽比2.5，整精米率67.9%，垩白粒率32%，垩白度5.4%，胶稠度42mm，直链淀粉含量20.2%。

抗性：苗叶瘟5～7级，穗瘟9级；白叶枯病致病Ⅳ型5～7级，Ⅴ型7级。

产量及适宜地区：2007年参加桂中、桂北稻作区早稻中熟组初试，5个试点平均单产8 067.0kg/hm^2；2008年续试，5个试点平均单产7 750.5kg/hm^2；两年试验平均单产7 909.5kg/hm^2。2009年生产试验平均单产7 068.0kg/hm^2。适宜桂中、桂北稻作区作早、晚稻种植，桂南稻作区早稻因地制宜种植。

栽培技术要点：早稻3月中下旬、晚稻6月底7月初播种，大田用种量22.5kg/hm^2，秧田播种225.0～300.0kg/hm^2。稀播匀播，用多效唑控苗育壮秧。基肥占总施肥量的75%，返青肥占25%。秧龄30d以内，插植规格13.3cm×20.0cm，每穴插2粒谷苗。主要防治稻蓟马、螟虫、稻瘟病和白叶枯病。

优Ⅰ01（You Ⅰ01）

品种来源：广西博白县农业科学研究所利用优ⅠA与恢复系01（测64/桂34）配组育成。2001年通过广西壮族自治区农作物品种审定委员会审定，审定编号为桂审稻2001022号。

形态特征和生物学特性：籼型三系杂交稻感温中熟早、晚稻品种。株型集散适中，分蘖力强，叶片较短、细、挺直，后期熟色好。桂南种植全生育期早稻115～118d，晚稻105d。株高90～100cm，有效穗数300.0万～330.0万/hm^2，穗粒数130.0粒左右，结实率85.0%～90.0%，千粒重23.0～24.0g。

品质特性：米质中等。

抗性：抗性表现较强。

产量及适宜地区：一般单产为6 750.0kg/hm^{2}左右。据统计，1994—2001年广西累计种植面积达2.3万hm^2。适宜桂南土壤肥力中等以下的稻田种植。

栽培技术要点：参照一般籼型三系杂交稻感温早中熟品种进行。

优 I 1号（You I 1）

品种来源：广西钟山县种子公司利用优 I A与钟恢1号配组育成。2001年通过广西壮族自治区农作物品种审定委员会审定，审定编号为桂审稻2001001号。

形态特征和生物学特性：籼型三系杂交稻感温早熟早、晚稻品种。株型集散适中，分蘖力中等，长势旺，叶片挺直，叶色淡绿，叶鞘、叶耳为紫色，抽穗整齐，后期青枝蜡秆，熟色好。桂中北种植全生育期早稻110d左右，晚稻97d左右。株高98.0cm左右，有效穗数270.0万/hm^{2}左右，穗粒数130.0粒左右，结实率85.0%左右，千粒重26.0g。

品质特性：外观米质中等。

抗性：抗稻瘟病和白叶枯病。耐肥，抗倒伏。

产量及适宜地区：1998年晚稻参加钟山县品比试验，平均单产6 873.0kg/hm^2；1999—2000年早稻续试，平均单产分别为6 678.0kg/hm^{2}和7 681.5kg/hm^2。1998—2000年钟山、荔浦、富川、鹿寨等地累计种植面积0.47万hm^2，早稻一般单产6 750.0 ~ 7 500.0kg/hm^2，晚稻一般单产6 300.0 ~ 7 200.0kg/hm^2。适宜桂北、桂中作早、晚稻推广种植。

栽培技术要点：秧田播种量150.0/hm^{2}kg，早稻4.5 ~ 5叶移栽，晚稻秧龄15 ~ 18d为宜。双株植，插足基本苗150.0万/hm^{2}左右，抛栽宜抛975.0盘/hm^{2}的秧。本田施15.0 ~ 18.0t/hm^{2}腐熟有机肥做基肥，并用尿素150kg/hm^2、碳酸氢铵300kg/hm^2、过磷酸钙375kg/hm^{2}作面肥，移植后5d内追施尿素225kg/hm^2、氯化钾300kg/hm^2。注意后期不宜断水过早。综合防治病虫害。

优Ⅰ122（YouⅠ122）

品种来源：广东省农业科学院水稻研究所利用优ⅠA和广恢122［(明恢63/广恢3550) R863-1］配组育成。1998年经广东省农作物品种审定委员会审定通过。2001年通过广西壮族自治区农作物品种审定委员会审定，审定编号为桂审稻2001118号。

形态特征和生物学特性：籼型三系杂交稻感温中熟品种。株型紧凑，分蘖力中等，叶色浓绿，叶片窄直，茎秆坚韧，后期青枝蜡秆。桂南种植，全生育期早稻118d左右，晚稻105d左右。株高95.0～100.0cm，有效穗数270.0万～300.0万/hm^2，穗粒数125～145粒，结实率85.0%左右，千粒重23.0～25.0g。

品质特性：糙米率82.8%，糙米长宽比2.7，精米率75.3%，整精米率55.6%，垩白粒率37%，垩白度10.4%，透明度3级，碱消值4.9级，胶稠度48mm，直链淀粉含量19.4%。米质较优。

抗性：耐肥，抗倒伏。

产量及适宜地区：1998—2001年玉林市累计种植面积达8 000.0hm^2，平均单产6 750.0～8 250.0kg/hm^2。适宜桂南作早、晚稻，桂中、北作晚稻推广种植。

栽培技术要点：参照一般籼型三系杂交稻感温中熟品种进行。

优Ⅰ191（YouⅠ191）

品种来源：广西桂林市种子公司1996年利用优ⅠA和恢复系191配组育成。2001年通过广西壮族自治区农作物品种审定委员会审定，审定编号为桂审稻2001093号。

形态特征和生物学特性：籼型三系杂交稻感温中熟早稻品种。株型适中，分蘖力较强，叶片窄直，叶色淡绿，后期熟色好。桂北种植全生育期早稻121d左右，晚稻107d左右。株高100.0cm左右，有效穗数285.0万～315.0万/hm^2，穗粒数120～130粒，结实率85.0%左右，千粒重27.0g。

抗性：抗倒伏性较强。

产量及适宜地区：1997—1998年早稻参加桂林市区试，平均单产分别为7 344.0kg/hm^2和6 769.5kg/hm^2。1997—2001年桂林市累计种植面积3 333.3hm^2左右，平均单产6 600.0～7 500.0kg/hm^2。适宜桂北作早、晚稻推广种植。

栽培技术要点：参照一般籼型三系杂交稻感温中熟品种进行。

优Ⅰ253（You Ⅰ 253）

品种来源：广西大学支农开发中心利用优ⅠA与测253配组育成，2000年通过广西壮族自治区农作物品种审定委员会审定，审定编号为桂审稻2000022号。

形态特征和生物学特性：籼型三系杂交稻感温迟熟早、晚稻品种，株型集散适中，分蘖力中等，后期青枝蜡秆，熟色好。全生育期桂南早稻120～125d，晚稻110d左右。株高110cm，有效穗255.0万～285.0万/hm^2，穗长25.5cm，每穗总粒数150.0～180.0粒，结实率85.0%以上，千粒重25.6g。

品质特性：糙米长宽比2.7，糙米率30.9%，精米率73.9%，整精米率50.4%，垩白粒率38%，垩白度9.3%，透明度2级，碱消值4.8级，胶稠度55mm，直链淀粉含量19.8%，蛋白质含量7.6%。

抗性：抗倒伏性好。

产量及适宜地区：1998年晚稻参加广西壮族自治区武鸣点水稻新品种品比试验，单产8 193.0kg/hm^2；1999年晚稻育成单位品比试验，单产6 775.5kg/hm^2；2000年早稻育成单位品比试验，单产8 257.5kg/hm^2。1998—2000年在武鸣、扶绥、田阳、来宾、柳江、武宣、隆安等地进行生产试验和试种示范，一般单产7 500.0kg/hm^2。适宜桂南、桂中作早、晚稻，桂北作晚稻推广种植。

栽培技术要点：耐肥，注意早追肥，早中耕管理，加强纹枯病、穗颈瘟病防治。

优Ⅰ315（YouⅠ315）

品种来源：广西大学1998年利用优ⅠA和T315（测64-49/密阳46）配组育成。2003年通过广西壮族自治区农作物品种审定委员会审定，审定编号为桂审稻2003007号。

形态特征和生物学特性：籼型三系杂交稻感温中熟早、晚稻品种。群体生长整齐，株型适中，叶色青绿，叶姿披垂，长势繁茂，熟期转色较好，落粒性中。全生育期早稻119d左右（手插秧）；晚稻103d左右（手插秧）。株高113.0cm左右，穗长22.0cm左右，有效穗数255.0万/hm^2左右，穗粒数147粒左右，结实率81.8%左右，千粒重24.8g。

品质特性：糙米率82.4%，糙米粒长6.0mm，糙米长宽比2.6，精米率74.8%，整精米率33.6%，垩白粒率91%，垩白度35.5%，透明度4级，碱消值4.5级，胶稠度58mm，直链淀粉含量26.8%，蛋白质含量9.1%。

抗性：轻级穗颈瘟，苗叶瘟5级，穗瘟9级，白叶枯病7级，褐稻虱8.7级。耐寒性中，抗倒伏性较强。

产量及适宜地区：2001年晚稻参加广西壮族自治区水稻品种筛选试验，3个试点（武鸣、北流、荔浦）平均单产6 442.5kg/hm^2；2002年早稻参加中熟组区试，5个试点（贺州、柳州、荔浦、宜州、桂林）平均单产7 756.5kg/hm^2。同期在试点面上多点试种，平均单产6 750.0 ~ 7 950.0kg/hm^2。适宜桂南、桂中稻作区作早、晚稻种植。

栽培技术要点：桂南早稻一般在3月上旬播种，桂中3月中旬播种，农膜覆盖湿润育秧或塑盘育秧抛栽。大田用种量22.5 ~ 30.0kg/hm^2，塑盘育秧用足900盘/hm^2，在秧苗2叶1心期用15 ~ 20g的15%多效唑可湿性粉剂兑水100kg叶面喷施，促使秧苗矮生健壮。早稻移栽秧龄25 ~ 30d，抛栽叶龄为3.0 ~ 3.5叶。插足基本苗37.5万穴/hm^2。晚稻桂南7月上、中旬播种，秧龄18 ~ 25d；桂中、桂北晚稻6月底至7月上旬播种，秧龄以不超过20d为宜。基肥和分蘖肥占总施肥量的80%，穗粒肥占20%，不宜偏施氮肥，一般施纯氮195 ~ 225kg/hm^2，氮、磷、钾比例为1 ：0.7 ：1。前期浅水促分蘖，在茎蘖苗达300.0万/hm^2时开始露晒田，使最高苗控制在360.0万/hm^2以内。重点抓好稻瘟病、纹枯病、螟虫、稻飞虱的防治。

优 I 4480（You I 4480）

品种来源：广西钟山县种子公司于1997年利用优ⅠA与恢复系4480配组育成。2001年通过广西壮族自治区农作物品种审定委员会审定，审定编号为桂审稻2001010号。

形态特征和生物学特性：籼型三系杂交稻感温中熟早稻品种。株型集散适中，分蘖力中上，叶片挺直，抽穗整齐，后期青枝蜡秆，熟色好。桂中北种植全生育期早稻120～124d，晚稻104d左右。株高早稻97.0cm，晚稻85.0cm，有效穗数270.0万～300.0万/hm^2，穗粒数130.0粒，结实率83.0%左右，千粒重25.0g。

品质特性：外观米质中等。

抗性：中抗稻瘟病。不耐寒，耐肥，抗倒伏。

产量及适宜地区：1998年早稻参加钟山县品比试验，平均单产6 192.0kg/hm^2；1999年续试，平均单产分别为7 212.0kg/hm^2和6 450.0kg/hm^2。1998—2000年广西累计种植面积达3.3万hm^2，一般单产6 750.0～7 500.0kg/hm^2。适宜桂中、桂北作早、晚稻推广种植。

栽培技术要点：适龄移栽，早稻5～5.5叶移栽（4.5叶抛栽），晚稻秧龄20d或4叶抛栽。其他参照一般籼型三系杂交稻感温中熟品种进行。

优Ⅰ4635（YouⅠ4635）

品种来源：广西博白县作物品种资源研究所利用优ⅠA和恢复系4635（密阳46/广恢3550）配组育成。2001年通过广西壮族自治区农作物品种审定委员会审定，审定编号为桂审稻2001113号。

形态特征和生物学特性：籼型三系杂交稻感温迟熟早稻品种。株型紧凑，分蘖力较强，后期熟色好。桂南种植全生育期早稻125d左右，晚稻110d左右。株高105.0cm左右，有效穗数300.0万/hm^2左右，穗粒数130粒左右，结实率81.0%，千粒重25.8g。

品质特性：外观米质好。

抗性：抗稻瘟病。苗期耐寒、耐肥，抗倒伏。

产量及适宜地区：1998年参加玉林市区试，平均单产6 795.0kg/hm^2。1996—2001年在博白、浦北、玉州等地累计种植面积4 000.0hm^2，平均单产7 500.0kg/hm^2左右。适宜桂南作早稻推广种植。

栽培技术要点：参照特优63。

优Ⅰ5012（You Ⅰ5012）

品种来源：广西博白县农业科学研究所利用优ⅠA和恢复系5012（广恢3550/广12）配组育成。2001年通过广西壮族自治区农作物品种审定委员会审定，审定编号为桂审稻2001111号。

形态特征和生物学特性：籼型三系杂交稻感温迟熟早、晚稻品种。株型好，分蘖力中等，叶片细、厚、直，茎秆粗壮，后期熟色好。桂南种植全生育期早稻124d左右。株高98.0cm左右，有效穗数285.0万/hm^2左右，穗粒数145粒左右，结实率73.0%以上，千粒重25.0g。

品质特性：米质一般。

抗性：叶瘟6级，穗瘟7级，白叶枯病5级。耐寒，抗倒伏。

产量及适宜地区：1997—1998年参加玉林市区试，平均单产分别为7 456.5kg/hm^2和7 146.0kg/hm^2。1998—1999年参加广西区试，平均单产分别为6 234.0kg/hm^2和7 197.0kg/hm^2。1996—2001年广西累计种植面积7 333.3hm^2，平均单产6 750.0 ～ 7 500.0kg/hm^2。适宜桂南、桂中作早、晚稻推广种植。

栽培技术要点：参照特优63。

优Ⅰ54（You Ⅰ54）

品种来源：广西博白县农业科学研究所利用优ⅠA和T54配组育成。2001年通过广西壮族自治区农作物品种审定委员会审定，审定编号为桂审稻2001112号。

形态特征和生物学特性：籼型三系杂交稻感温迟熟早稻品种。株型集散适中，分蘖力中等，叶片细、厚、直，茎秆粗壮。桂南早稻种植全生育期126d左右。株高115.0cm左右，有效穗数270.0万/hm^2左右，穗粒数140粒左右，结实率78.0%左右，千粒重25.6g。

品质特性：外观米质中等。

抗性：较抗稻瘟病、纹枯病。耐肥，抗倒伏性强。

产量及适宜地区：1998—1999年早稻参加玉林市区试，平均单产分别为6 903.5kg/hm^2和4 303.5kg/hm^2；1998年早稻参加广西新品种筛选试验，平均单产7 140.0kg/hm^2。1996—1999年广西累计种植面积2 000.0hm^2，平均单产6 750.0 ～ 7 500.0kg/hm^2。适宜桂南作早、晚稻推广种植。

栽培技术要点：桂南在3月5日前，桂北在3月10日前播种。秧田播种育秧，一般不施底肥，在2叶1心期施用农家肥5 000 ～ 6 000kg/hm^2，移栽前7d施用尿素60kg/hm^2。抛秧密度750盘/hm^2为宜。秧田移栽插植规格24.0cm×17.6cm，每穴插1苗。干湿管理，以湿为主，齐穗后灌跑马水，保持湿润到黄熟。在分蘖期防治稻纵卷叶螟、螟虫、纹枯病、稻瘟病等。在始穗前防治稻纵卷叶螟、三化螟、穗颈瘟等。

优Ⅰ63（YouⅠ63）

品种来源：广西玉林市种子公司利用优ⅠA与明恢63配组而成。2001年通过广西壮族自治区农作物品种审定委员会审定，审定编号为桂审稻2001115号。

形态特征和生物学特性：籼型三系杂交稻感温迟熟晚稻品种。株型集散适中，分蘖力较强，茎秆粗壮，叶片厚直，后期青枝蜡秆，熟色好。桂南全生育期125d左右，株高106.0～110.0cm，有效穗数250.0万～315.0万/hm^2，穗粒数170～195粒，结实率84.0%～86.0%以上，千粒重22.3g。

品质特性：糙米率81.9%，糙米长宽比2.6，精米率75.8%，整精米率67.8%，垩白粒率72%，垩白度17.3%，透明度2级，碱消值6.2级，胶稠度88mm，直链淀粉含量22.1%，蛋白质含量7.9%。

抗性：叶瘟6级。耐肥，抗倒伏。

产量及适宜地区：2000年晚稻参加北流市种子站的品种比较试验，平均单产7 474.5kg/hm^2；2001年晚稻参加广西新品种筛选试验，北流点平均单产6 900.0kg/hm^2、武鸣点平均单产6 939.0kg/hm^2。2000—2001年玉林市累计试种面积1 400.0hm^2，平均单产7 500.0～8 400.0kg/hm^2。适宜桂南作晚稻推广种植。

栽培技术要点：参照博优桂99。

优Ⅰ647（You Ⅰ647）

品种来源：广西桂林地区种子公司于1994年利用优ⅠA和恢复系647配组育成。2001年通过广西壮族自治区农作物品种审定委员会审定，审定编号为桂审稻2001100号。

形态特征和生物学特性：籼型三系杂交稻感温中熟早、晚稻品种。株叶型适中，分蘖力中等，叶片窄直，叶色淡绿，后期熟色好。全生育期早稻123d左右，晚稻108d左右。株高95.0～105.0cm，有效穗数285.0万～315.0万/hm^2，穗粒数120～130粒，结实率85.0%左右，千粒重27.0g。

品质特性：米质一般。

抗性：抗稻瘟病，耐肥，抗倒伏较强。

产量及适宜地区：1995—1996年参加桂林地区区试，其中1995年早稻平均单产7 144.5kg/hm^2，1996年早、晚稻平均单产分别为7 059.0kg/hm^2和5 871.5kg/hm^2。1995—2001年桂林市累计种植面积7 333.3hm^2左右，平均单产6 750.0～7 500.0kg/hm^2。适宜桂林市作早、晚稻推广种植。

栽培技术要点：注意适当密植。其他参照一般籼型三系杂交稻感温中熟品种进行。

优Ⅰ6601（YouⅠ6601）

品种来源：广西桂穗种业有限公司利用优ⅠA和R601（IR36//IR661/田东野生稻）配组育成。2006年通过广西壮族自治区农作物品种审定委员会审定，审定编号为桂审稻2006013号。

形态特征和生物学特性：籼型三系杂交稻感温中熟早、晚稻品种。株型适中，分蘖力较弱，叶色青绿，叶鞘、稃尖紫色，有效穗较少，穗大粒多，后期转色好，谷粒淡黄色。桂中北早稻种植，全生育期126d左右；晚稻种植，全生育期111d左右。株高113.8cm，穗长24.0cm，有效穗数259.5万/hm^2，穗粒数155.9粒，结实率81.5%，千粒重26.1g。

品质特性：糙米率81.0%，糙米长宽比2.6，整精米率67.2%，垩白粒率28%，垩白度8.6%，胶稠度56mm，直链淀粉含量20.2%。

抗性：苗叶瘟5级，穗瘟9级，稻瘟病的抗性评价为高感；白叶枯病7级。

产量及适宜地区：2004年参加桂中桂南早稻优质组区域试验，5个试点平均单产8 310.0kg/hm^2；2005年参加桂中桂北稻作区晚稻中熟组区域试验，5个试点平均单产7 963.5kg/hm^2。2005年晚稻生产试验平均单产6 763.5kg/hm^2。适宜桂南稻作区作早稻，桂中稻作区作早、晚稻，桂北稻作区除兴安、全州、灌阳之外的区域作晚稻种植。

栽培技术要点：按当地种植习惯与金优桂99、中优838同期播种。4.0～5.0叶期移栽，栽基本苗105.0万～120.0万/hm^2，或3.0～4.0叶期抛栽，抛秧33.0万穴/hm^{2}左右。施纯氮150.0kg/hm^{2}左右，氮、磷、钾比例为1∶0.5∶1.1。注意防治稻瘟病等病虫害。

优Ⅰ679（You Ⅰ679）

品种来源：广西博士园种业有限公司利用优ⅠA与679（IR661//IR2061/合浦野生稻）选育而成。2006年通过广西壮族自治区农作物品种审定委员会审定，审定编号为桂审稻2006005号。

形态特征和生物学特性：籼型三系杂交稻感温中熟早、晚稻品种。群体生长整齐，株型适中，剑叶直立，剑叶长28.0cm，宽2.0cm，叶鞘、稃尖紫色，谷粒淡黄，无芒。桂中北早稻种植，全生育期126d左右。株高122.9cm，穗长24.6cm，有效穗数270.0万/hm^2，穗粒数152.2粒，结实率76.6%，千粒重25.8g。

品质特性：谷粒长8.8mm，谷粒长宽比3.02，糙米率81.8%，整精米率63.1%，长宽比2.6，垩白粒率72%，垩白度17.9%，胶稠度81mm，直链淀粉含量21.2%。

抗性：苗叶瘟7级，穗瘟8级，稻瘟病的抗性评价高感；白叶枯病7级。

产量及适宜地区：2004年参加桂中北稻作区早稻中熟组区域试验，5个试点平均单产7 911.0kg/hm^2；2005年早稻续试，5个试点平均单产7 251.0kg/hm^2。2005年晚稻生产试验平均单产6 744.0kg/hm^2。适宜桂南稻作区作早稻，桂中稻作区作早、晚稻，桂北稻作区除兴安、全州、灌阳之外的区域作晚稻种植。

栽培技术要点：早稻桂南2月底3月初，桂中3月中、下旬播种；晚稻桂南、桂中7月上旬至中旬初，桂北6月底至7月初播种。插植叶龄5.0～6.0叶，抛秧叶龄3.0～4.0叶，插植规格（20.0～23.0）cm×（13.0～16.0）cm或抛栽30.0万～37.5万穴/hm^2。施纯氮165～187.5kg/hm^2，氮、磷、钾比例为1∶0.6∶1。注意防治稻瘟病等病虫害。

优Ⅰ686（You Ⅰ686）

品种来源：广西博士园种业有限公司利用优ⅠA和R686（IR56//IR2061/R402）配组育成。2007年通过广西壮族自治区农作物品种审定委员会审定，审定编号为桂审稻2007001号。

形态特征和生物学特性：籼型三系杂交稻感温早熟早稻品种。株型适中，叶直长，穗颈长，叶上禾，叶姿挺直，较难落粒，稃尖紫色，无芒。桂中、桂北早稻种植，全生育期112d左右。株高96.1cm，穗长20.4cm，有效穗数297.0万/hm^2，穗粒数116.0粒，结实率80.5%，千粒重24.3g。

品质特性：糙米率80.8%，糙米长宽比2.5，整精米率63.3%，垩白粒率85%，垩白度17.7%，胶稠度82mm，直链淀粉含量25.9%。

抗性：苗叶瘟5.3～5.5级，穗瘟9级；白叶枯病Ⅳ型7级，Ⅴ型9级。

产量及适宜地区：2005年早稻参加桂中、桂北稻作区早熟组试验，5个试点平均单产6 414.0kg/hm^2；2006年早稻续试，5个试点平均单产6 129.0kg/hm^2；两年平均单产6 271.5kg/hm^2。2006年生产试验平均单产5 878.5kg/hm^2。适宜桂中、桂北稻作区作早、晚稻，桂南稻作区晚稻秧田或低水田地区早稻种植。

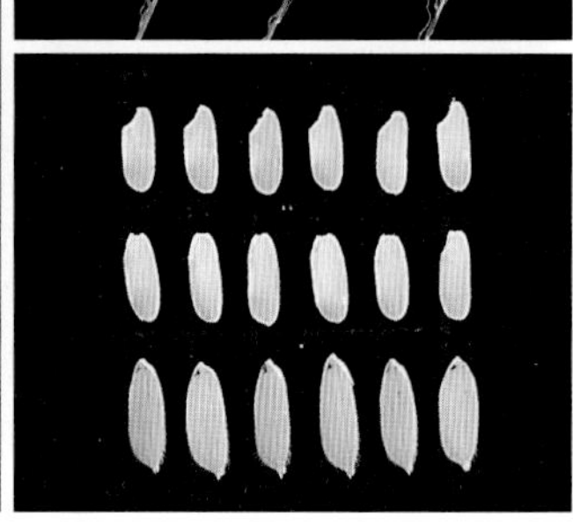

栽培技术要点：早稻3月中下旬、晚稻7月上旬播种，插植叶龄4.0～5.0叶，抛秧叶龄3.0～4.0叶。移栽规格20.0cm×（13.0～15.0）cm，每穴插2粒谷苗，基本苗120.0万/hm^2，或抛秧30.0万～33.0万穴/hm^2。综合防治病虫鼠害。

优Ⅰ96（YouⅠ96）

品种来源：广西桂林地区种子公司于1993年利用优ⅠA和恢复系96配组育成。2001年通过广西壮族自治区农作物品种审定委员会审定，审定编号为桂审稻2001099号。

形态特征和生物学特性：籼型三系杂交稻感温中熟早稻品种。株型适中，分蘖力一般，叶片窄直，叶色淡绿，后期熟色好。全生育期早稻120d左右，晚稻105d左右。株高100.0cm左右，有效穗数270.0万/hm^{2}左右，穗粒数120粒左右，结实率80.0%左右，千粒重26.5g。

品质特性：米质一般。

抗性：抗稻瘟病。耐肥，抗倒伏。

产量及适宜地区：1994—1995年早稻参加桂林地区区试，平均单产分别为7 299.0kg/hm^{2}和6 798.0kg/hm^2。1994—2001年桂林市累计种植面积1.0万hm^{2}左右，平均单产6 750.0 ~ 7 500.0kg/hm^2。适宜桂林市作早、晚稻推广种植。

栽培技术要点：注意适当密植。其他参照一般籼型三系杂交稻感温中熟品种进行。

优 I T80（You I T 80）

品种来源：广西柳州地区农业科学研究所利用优 I A与T80配组育成。2001年通过广西壮族自治区农作物品种审定委员会审定，审定编号为桂审稻2001014号。

形态特征和生物学特性：籼型三系杂交稻感温中熟早、晚稻品种。株型集散适中，分蘖力较强，叶片中大挺直，叶色浓绿，抽穗整齐，中后期转色顺调，成熟时青枝蜡秆。早稻全生育期115 ~ 120d。株高90.0 ~ 95.0cm，有效穗数315.0万 ~ 330.0万/hm^2，穗粒数110.0 ~ 120.0粒，结实率85.0%左右，千粒重25.0g。

品质特性：外观米质中等。

抗性：叶瘟4 ~ 7级，穗瘟7级，白叶枯病4级。耐肥，抗倒伏。

产量及适宜地区：1998—1999年早稻广西早籼中熟组区试，1998年平均单产5 727.0kg/hm^2；1999年平均单产7 032.0kg/hm^2。同期在三江、武宣、象州、来宾、昭平等地进行生产试验和试种示范，一般单产5 700.0 ~ 7 500.0kg/hm^2。适宜桂中、桂北及山区作早稻推广种植。

栽培技术要点：双本插植，插足基本苗150.0万/hm^2左右，如用秧盘，宜抛975盘/hm^2。本田施优质农家肥7 500 ~ 11 250kg/hm^2，碳酸氢铵和钙镁磷肥各450.0 ~ 600.0kg/hm^2、氯化钾90.0 ~ 120.0kg/hm^2；插后12d内分两次追施尿素225.0 ~ 300.0kg/hm^2、氯化钾112.5 ~ 150kg/hm^2；齐穗适施穗、粒肥。适时露晒控苗，注意防治病虫害。

优 I 桂99（You I gui 99）

品种来源：广西蒙山县种子公司（引进）利用优 I A与桂99配组育成。2000年通过广西壮族自治区农作物品种审定委员会审定，审定编号为桂审稻2000059号。

形态特征和生物学特性：籼型三系杂交稻感温迟熟早、晚稻品种。株型集散适中，分蘖力强，熟色好。全生育期桂中早稻125 ～ 128d，晚稻110 ～ 115d。株高100.0cm左右，有效穗数285.0万～ 330.0万/hm^2，穗粒数125.0粒左右，结实率85.0%左右，千粒重26.5g左右。

品质特性：糙米率80.4%，糙米长宽比2.8，精米率72.3%，整精米率53.0%，垩白粒率28%，垩白度3.2%，透明度1级，碱消值5.5级，胶稠度50mm，直链淀粉含量20.1%，蛋白质含量8.0%。

产量及适宜地区：1996—1997年在蒙山进行品比试验，其中1996年晚稻平均单产7 125.0kg/hm^2；1997年早、晚稻平均单产分别为7 935.0kg/hm^2和6 825.0kg/hm^2。1996—2000年蒙山县累计种植面积达6 666.7hm^2，一般单产6 750.0 ～ 8 250.0kg/hm^2。适宜桂南、桂中作早、晚稻；桂北作晚稻推广种植。

栽培技术要点：注意早追肥，早中耕管理，加强纹枯病、穗颈瘟的防治。

优Ⅰ红香优33（YouⅠhongxiangyou 33）

品种来源：广西象州黄氏水稻研究所利用优ⅠA和R36M配组育成。2006年通过广西壮族自治区农作物品种审定委员会审定，审定编号为桂审稻2006037号。

形态特征和生物学特性：籼型三系杂交稻感温早、晚稻品种。株型适中，分蘖较弱，长势一般，叶鞘、茎秆紫红色，穗长粒多，糙米赤红色，精米淡红色。在桂南、桂中作种植，全生育期早稻122d左右；晚稻104d左右。株高113.6cm，穗长23.3cm，有效穗数234.0万/hm^2，穗粒数165.9粒，结实率84.2%，千粒重24.4g。

品质特性：谷粒长10mm，谷粒长宽比3.3，糙米率80.6%，糙米长宽比2.5，整精米率66.5%，垩白粒率16%，垩白度4.6%，胶稠度58mm，直链淀粉含量22.1%。

抗性：苗叶瘟5级，穗瘟9级，稻瘟病的抗性评价为高感；白叶枯病7级。

产量及适宜地区：2004年参加桂中南稻作区早稻优质组区域试验，5个试点平均单产7 759.5kg/hm^2；2005年晚稻续试，5个试点平均单产6 742.5kg/hm^2。2005年晚稻生产试验平均单产6 142.5kg/hm^2。适宜桂南、桂中稻作区作早、晚稻种植。

栽培技术要点：早稻桂南3月上旬、桂中3月中旬播种，晚稻6月底7月初播种，插秧叶龄4.0～5.0叶，抛秧叶龄3.0～4.0叶。插植规格20.0cm×13.0cm，每穴插2粒谷苗，或抛秧33.0万～37.5万穴/hm^2。氮、磷、钾肥配合使用，氮、磷、钾比例为1∶0.6∶1.2。注意防治稻瘟病、白叶枯病等病虫危害。

岳优136（Yueyou 136）

品种来源：湖南衡阳市农业科学研究所利用岳4A和T136配组而成。2001年通过广西壮族自治区农作物品种审定委员会审定，审定编号为桂审稻2001066号。

形态特征和生物学特性：籼型三系杂交稻感温早熟早稻品种。株型集散适中，分蘖力强，叶色绿，剑叶窄直，谷粒细长，有二次灌浆现象。桂北种植，全生育期早稻112d左右，晚稻97d左右。株高85.0cm左右，有效穗数300.0万～360.0万/hm^2，穗粒数100～130粒，结实率82.0%左右，千粒重24.0～26.0g。

品质特性：外观米质较优。

抗性：中抗稻瘟病、白叶枯病。

产量及适宜地区：1998年在灵川、临桂两县进行品比试验，平均单产分别为6 952.5kg/hm^{2}和7 090.5kg/hm^2；1999—2000年参加桂林市水稻品种比较试验，平均单产分别为6 858.0kg/hm^{2}和6 700.5kg/hm^2；1999—2001年在临桂、兴安、灵川、全州等地进行试种示范，累计种植面积1 333.3hm^2，平均单产为6 750.0kg/hm^2。适宜桂中、桂北作早稻推广种植。

栽培技术要点：参照一般籼型三系杂交稻感温早熟品种进行。

粤优524（Yueyou 524）

品种来源：湖南隆平高科农平种业有限公司利用粤泰A和R524（R228/蜀恢527）配组育成。2007年通过广西壮族自治区农作物品种审定委员会审定，审定编号为桂审稻2007017号。

形态特征和生物学特性：籼型三系杂交稻感温迟熟早稻品种。株型适中，穗短粒多。桂南早稻种植，全生育期123d左右。株高113.6cm，穗长22.0cm，有效穗数265.5万/hm^2，穗粒数142.2粒，结实率80.3%，千粒重27.6g。

品质特性：糙米率81.8%，糙米长宽比3.0，整精米率54.0%，垩白粒率43%，垩白度4.4%，胶稠度75mm，直链淀粉含量19.2%。

抗性：苗叶瘟4.0～5.3级，穗瘟9级；白叶枯病Ⅳ型5级，Ⅴ型9级。抗倒伏性稍差。

产量及适宜地区：2005年参加桂南稻作区早稻迟熟组试验，5个试点平均单产7 246.5kg/hm^2；2006年早稻续试，5个试点平均单产8 310.0kg/hm^2；两年试验平均单产7 779.0kg/hm^2。2006年早稻生产试验平均单产7 473.0kg/hm^2。适宜桂南稻作区作早稻种植。

栽培技术要点：桂南早稻3月上旬播种，大田播种量22.5kg/hm^2，秧田播种量180.0kg/hm^2。移栽秧龄30d以内，插植规格26.5cm×20.0cm，每穴插2粒谷苗，插基本苗90.0万～120.0万/hm^2。注意防治病虫害。

粤优735（Yueyou 735）

品种来源：湖北荆楚种业股份有限公司利用粤泰A和R735（明恢63/蜀恢527）配组育成。2007年通过广西壮族自治区农作物品种审定委员会审定，审定编号为桂审稻2007025号。

形态特征和生物学特性：籼型三系杂交稻感温迟熟早稻品种。植株长势繁茂，分蘖力强，株型较紧凑，叶片挺直，不易落粒。桂南早稻种植，全生育期128d左右。株高116.6cm，穗长22.3cm，有效穗数274.5万/hm^2，穗粒数129.0粒，结实率81.7%，千粒重27.2g。

品质特性：糙米率80.3%，糙米长宽比3.0，整精米率37.7%，垩白粒率58%，垩白度13.6%，胶稠度82mm，直链淀粉含量19.2%。

抗性：苗叶瘟4.0～4.7级，穗瘟9级；白叶枯病Ⅳ型7级，Ⅴ型7级。

产量及适宜地区：2005年参加桂南稻作区早稻迟熟组试验，5个试点平均单产7 083.0kg/hm^2；2006年早稻续试，5个试点平均单产8 035.5kg/hm^2；两年试验平均单产7 560.0kg/hm^2。2006年早稻生产试验平均单产7 435.5kg/hm^2。适宜桂南稻作区作早稻，高寒山区稻作区作中稻或桂中稻作区作单季早稻种植。

栽培技术要点：根据当地的实际情况掌握适时播种，秧田播种量150.0～187.5kg/hm^2，本田用种量15.0kg/hm^2，稀播培育带蘖壮秧。移栽一般秧龄25～30d或5.0～5.5叶龄，插植规格16.7cm×20.0cm或20.0cm×20.0cm，栽插24.0万～30.0万穴/hm^2，基本苗90.0万～120.0万/hm^2。注意及时防治稻瘟病、白叶枯病、螟虫、稻纵卷叶螟和稻飞虱等。

早优11（Zaoyou 11）

品种来源：广西壮族自治区农业科学院水稻研究所利用早A和科11（845/IR72）配组育成。2006年通过广西壮族自治区农作物品种审定委员会审定，审定编号为桂审稻2006004号。

形态特征和生物学特性：籼型三系杂交稻感温早熟早、晚稻品种。株型较松散，叶姿稍披，穗大、粒小，结实率低。桂中北早稻种植，全生育期108d左右。株高106.1cm，穗长22.6cm，有效穗数258.0万/hm^2，穗粒数169.9粒，结实率72.9%，千粒重22.4g。

品质特性：糙米率80.8%，糙米长宽比3.2，整精米率64.5%，垩白粒率8%，垩白度0.7%，胶稠度68mm，直链淀粉含量18.5%。米质优。

抗性：苗叶瘟7级，穗瘟7级，稻瘟病的抗性评价为感；白叶枯病7级。抗倒伏性较弱。

产量及适宜地区：2004年参加桂中北稻作区早稻早熟组筛选试验，4个试点平均单产7 098.0kg/hm^2；2005年早稻区域试验，4个试点平均单产6 418.5kg/hm^2。2005年生产试验平均单产6 229.5kg/hm^2。适宜桂中、桂北稻作区作早、晚稻种植。

栽培技术要点：早稻3月中下旬、晚稻7月上旬播种；插植叶龄4.0 ~ 5.0叶，抛秧叶龄3.0 ~ 4.0叶。移栽规格20.0cm×13.0cm，基本苗120.0万/hm^2，或抛秧33.0万 ~ 37.5万穴/hm^2。注意防治稻瘟病和白叶枯病等病虫害。

枝优01（Zhiyou 01）

品种来源：广西博白农业科学研究所1986年利用自育的枝A/恢复系01（测64-7/桂34）配组而成。1999年通过广西壮族自治区农作物品种审定委员会审定，审定编号为桂审证字第146号。

形态特征和生物学特性：籼型三系杂交稻感温中熟早稻品种。株型略散，分蘖力强，茎秆较软，后期转色较好。全生育期桂南稻作区早稻115d，晚稻100 ～ 105d，桂中稻作区早稻117 ～ 120d。株高96.2cm，有效穗数291.0万/hm^2，穗粒数121.7粒，实粒为98.8粒，结实率81.2%，千粒重24.6g。

品质特性：糙米率80.4%，精米率71.3%。腹白较小，米质较优。

抗性：中抗稻瘟病。

产量及适宜地区：1989—1990年连续两年三造参加玉林地区区试。单产5 077.5 ～ 7 372.5kg/hm^2。1989年在博白县进行生产试验、试种，抽样验收平均单产为6 805.5kg/hm^2；1992年起在柳江、富川、贵港等地试种，抽样验收平均单产6 816.0kg/hm^2。一般单产6 000.0kg/hm^{2}左右。适应广西桂南稻作区早稻和桂中、北稻作区非稻瘟病区推广。

栽培技术要点：壮秧插植，秧期20 ～ 25d，叶龄5片左右移栽或采用小苗抛栽。采用宽行窄株方式双本插植最好，插植规格10cm×24cm，插基本苗180.0万/hm^{2}左右为宜。采取控氮增磷钾的施肥方法，一般施纯氮控制在165.0kg/hm^{2}之内，其氮、磷、钾比例为1 ： 0.5 ： （1 ～ 1.2） 为宜。注意中期晒好田。做好预防稻瘟病为主的病虫防害治工作。

枝优25（Zhiyou 25）

品种来源：广西大学农学院于1991年利用枝A与测25测配配组而成。1998年通过广西壮族自治区农作物品种审定委员会审定，审定编号为桂审证字第139号。

形态特征和生物学特性：籼型三系杂交水稻感温偏迟熟早、晚稻品种。株型适中，分蘖力较强，叶片挺直，剑叶略内卷，生长势旺，谷粒淡黄，籽粒饱满。全生育期早稻125d，晚稻翻秋110d。株高115.0cm，有效穗多，穗粒数178.0粒，结实率91%，千粒重25.5g。

品质特性：谷粒长6.6mm，谷粒宽2.6mm，糙米粒长6.0mm，糙米宽2.3mm，精米率71.0%，整米率59.0%。垩白粒率16%，垩白度17%，胶稠度48mm，碱硝值3.0级，碱消值低，直链淀粉含量24.3%，蛋白质含量9.1%。

抗性：苗瘟4级，穗瘟9级，白叶枯病3～3.5级，褐飞虱9级。

产量及适宜地区：1992—1993年参加广西农学院农场品种比较试验，单产分别为7 707.0kg/hm^{2}和7 249.5kg/hm^2。1994年早稻参加广西中熟组区试，桂中稻作区5个试点平均单产5 605.5kg/hm^2；1995年复试桂南中熟组6个试点平均单产6 706.5kg/hm^2；1996年桂南中熟组再复试，6个试点平均单产6 481.5kg/hm^2。1996年早稻平果县种植410.3hm^2，平均单产8 407.5kg/hm^2，晚稻种植277.2hm^2，平均单产6 379.5kg/hm^2。贵港市覃塘区1997年早稻种植266.67hm^2，平均单产7 500kg/hm^2，武鸣县1997年晚稻种植280.0hm^2，平均单产6 675kg/hm^2。桂南作早、晚稻；桂中、桂北作晚稻种植。稻瘟病区不宜种植。

栽培技术要点：秧田播种量严格控制在150.0kg/hm^{2}以内，早稻秧龄在20～25d（5.5片叶左右），晚稻翻秋20d之内移栽完。以基肥为主，追肥采用前稳、中控、后补的方法。浅灌，间歇露田，勤灌轻晒，干湿结合。注意防治稻瘟病。

枝优253（Zhiyou 253）

品种来源：广西大学支农开发中心利用枝A与测253配组而成。2000年通过广西壮族自治区农作物品种审定委员会审定，审定编号为桂审稻2000021号。

形态特征和生物学特性：籼型三系杂交稻感温迟熟早、晚稻品种。株型松散，长势旺，叶片稍长，分蘖力强，茎秆稍软，桂南早稻全生育期120 ~ 125d，晚稻110d左右。株高119cm，穗长26.8cm，有效穗数270万 ~ 330万/hm^2，穗粒数160粒左右，结实率85.0%左右，千粒重25.0g。

品质特性：糙米率81.8%，糙米长宽比2.5，精米率75.0%，整精米率53.1%，垩白粒率50%，垩白度11.6%，透明度2级，碱消值3.2级，胶稠度66mm，直链淀粉含量19.4%，蛋白质含量12.6%。米质较优。

抗性：抗倒伏性稍差。

产量及适宜地区：1998年早稻参加育成单位品比试验，平均单产5 617.5kg/hm^2；同期参加广西水稻新品种筛选试验，平均单产6 636.0kg/hm^2。1999年早、晚稻在田阳、来宾、柳江、武宣、隆安等地进行生产试验和试种示范，平均单产6 150.0 ~ 7 539.0kg/hm^2。

栽培技术要点：注意及时露晒田，耐肥，不宜偏施氮肥，多施磷、钾肥，以防倒伏。其他参照一般感温型杂交水稻组合栽培。

枝优桂99（Zhiyougui 99）

品种来源：广西博白县农业科学研究所于1989年利用枝A与桂99配组育成。1998年通过广西壮族自治区农作物品种审定委员会审定，审定编号为桂审证字第131号。

形态特征和生物学特性：籼型三系杂交稻感温迟熟早、晚稻品种。株型较紧凑，分蘖力强，分蘖早，茎秆细，叶片小，叶色深绿，不耐肥，后期转色好，成穗率高。全生育期桂南早稻131d，晚稻全生育期116d。株高116cm，有效穗数301.5万/hm^2，穗粒数112.9粒，结实率77.9%，千粒重24.0g。

品质特性：糙米率77.0%，精米率71.1%，整精米率50.7%，无垩白，碱消值3.0级，胶稠度53mm，直链淀粉含量19.0%，蛋白质含量9.1%。

抗性：稻瘟5级，白叶枯病3级。

产量及适宜地区：1992—1993年早稻分别参加广西壮族自治区水稻品种区试，桂南9个和11个点平均单产分别为6 880.5kg/hm^2和6 468.0kg/hm^2；1991—1996年广西累计种植面积31.9万hm^2。适宜桂南作早稻，桂中作早、晚稻，桂北作中晚稻推广种植。

栽培技术要点：早稻3月上中旬播种，晚稻7月上旬播完种，插植规格20cm × 13.2cm或23.2cm × 13.2cm，双本插植。秧田播种量控制在90.0kg/hm^2。增施磷、钾肥和有机肥，不能偏施氮肥。及时露晒田。特别注意防治稻瘟病。

中3优1681（Zhong 3 you 1681）

品种来源：中国水稻研究所利用中3A和中恢1681配组育成。2010年通过广西壮族自治区农作物品种审定委员会审定，审定编号为桂审稻2010005号。

形态特征和生物学特性：籼型三系杂交稻感温中熟早稻品种。株型适中，茎秆粗壮，长势繁茂，熟期转色好。在长江中下游作双季晚稻种植，全生育期平均113.9d。株高106.3cm，穗长23.7cm，有效穗数283.5万/hm^2，穗粒数160.9粒，结实率78.4%，千粒重24.6g。

品质特性：糙米长宽比2.9，整精米率63.2%，垩白粒率14%，垩白度1.9%，胶稠度61mm，直链淀粉含量25.4%。

抗性：穗瘟7级，白叶枯病5级，褐飞虱9级；抽穗期耐冷性中等。

产量及适宜地区：2008年参加桂中、桂北稻作区早稻中熟组初试，5个试点平均单产7 420.5kg/hm^2；2009年续试，5个试点平均单产7 719.0kg/hm^2；两年试验平均单产7 570.5kg/hm^2。2009年生产试验平均单产6 831.0kg/hm^2。适宜桂中、桂北稻作区作早、晚稻种植，桂南稻作区早稻因地制宜种植。

栽培技术要点：早稻种植3月中下旬播种，本田用种量22.5kg/hm^2，秧田播种量135.0～150.0kg/hm^2。移栽秧龄25～30d。栽插规格13.2cm×26.5cm，插30.0万穴/hm^2，每穴插2粒谷苗，插足基本苗180.0万/hm^2。施纯氮150kg/hm^2、五氧化二磷90kg/hm^2、氧化钾135kg/hm^2，磷钾肥作基肥，氮肥70%作基肥、30%作追肥，坚持基肥足、追肥早的施肥原则。

中优1号（Zhongyou 1）

品种来源：广西钟山县种子公司、中国水稻研究所利用中9A与钟恢1号配组育成。2000年通过广西壮族自治区农作物品种审定委员会审定，审定编号为桂审稻2000045号。

形态特征和生物学特性：籼型三系杂交稻感温早熟早稻品种。株型集散适中，茎秆淡青色，分蘖力较强，全生育期桂中早稻115d，晚稻97d左右，株高98.0cm，有效穗300.0万～330.0万/hm^2，穗粒数120.0粒左右，主穗最大可达280粒。结实率80.0%～85.0%，千粒重26.0g。

品质特性：糙米率82.3%，糙米长宽比3.4，精米率74.7%，整精米率42.5%，垩白粒率52%，垩白度10.9%，透明度2级，碱消值4.8级，胶稠度82mm，直链淀粉含量19.5%，蛋白质含量8.6%。

抗性：叶瘟为3级，穗颈瘟为5～7级。

产量及适宜地区：1999年早稻参加广西水稻新品种筛选试验，桂北灵川点平均单产7 624.5kg/hm^2；钟山县进行品比试验，平均单产6 844.5kg/hm^2。一般单产7 500kg/hm^2。适宜湘南、桂北、赣南作早稻推广种植。

栽培技术要点：参照一般籼型三系杂交稻感温早熟品种进行。

中优106（Zhongyou 106）

品种来源：广西壮族自治区农业科学院植物保护研究所、水稻研究所利用中九A和桂R106（由IRBN106系统选育而成）配组而成。2004年通过广西壮族自治区农作物品种审定委员会审定，审定编号为桂审稻2004021号。

形态特征和生物学特性：籼型三系杂交稻感温早稻品种。株型适中，叶姿披垂，叶片小、淡绿色，较易落粒。在桂南、桂中种植全生育期早稻115 ~ 122d；晚稻101 ~ 115d。株高105.5cm，穗长23.7cm，有效穗数310.5万/hm^2，穗粒数154.2粒，结实率73.5%，千粒重20.8g。

品质特性：糙米长宽比2.9，整精米率69.3%，垩白粒率30%，垩白度8.0%，胶稠度86mm，直链淀粉含量23.8%。

抗性：苗叶瘟3级，穗瘟3级，白叶枯病3级，褐飞虱9.0级。抗倒伏性稍差。

产量及适宜地区：2003年早稻参加优质组区域试验，平均单产7 801.5kg/hm^2；晚稻续试，平均单产6 390.0kg/hm^2。晚稻生产试验平均单产6 435.0kg/hm^2。适宜桂南、桂中稻作区早稻种植。

栽培技术要点：早稻桂南3月上旬、桂中3月中旬播种，旱育秧4.1叶移栽，水育秧5.1叶左右移栽；晚稻6月底7月初播种，秧龄20d左右。插植规格13.3cm × 23.3cm，每穴插2粒谷苗或抛栽密度30穴/m^2。注意防治纹枯病。

中优207（Zhongyou 207）

品种来源：中国水稻研究所、广西钟山县种子公司利用中9A与207R配组育成。2000年通过广西壮族自治区农作物品种审定委员会审定，审定编号为桂审稻2000047号。

形态特征和生物学特性：籼型三系杂交稻感温中熟早、晚稻品种。株型集散适中，分蘖力中等，茎秆青绿色，叶片厚直窄挺，谷粒细长。桂中早稻全生育期125d，晚稻113d左右。株高100.0 ～ 113.0cm。有效穗数270.0万～ 300.0万/hm^2，穗粒数130.0粒左右，结实率85.0%左右，千粒重26.0g。

品质特性：糙米率80.2%，糙米长宽比3.1，精米率71.3%，整精米率42.6%，垩白粒率53%，垩白度13.2%，透明度1级，碱消值3.3级，胶稠度71mm，直链淀粉含量20.9%，蛋白质含量7.7%。

抗性：稻瘟病4级，易倒伏。

产量及适宜地区：1999年早稻参加广西区试，平均单产为7 285.5kg/hm^2。1998—1999年在钟山县进行生产试验和试种示范，早、晚稻平均单产分别为7 675.5kg/hm^2和7 414.5kg/hm^2。同期在鹿寨、昭平、临桂、荔浦等县试种，一般单产7 350.0kg/hm^2左右。适宜桂中、桂北作早、晚稻推广种植。

栽培技术要点：增施磷钾肥，后期不宜断水过早，防治稻瘟病。其他参照一般籼型三系杂交稻感温中熟品种进行。

中优253（Zhongyou 253）

品种来源：广西贺州市种子公司利用中9 A与测253 R配组而成。2000年通过广西壮族自治区农作物品种审定委员会审定，审定编号为桂审稻2000049号。

形态特征和生物学特性：籼型三系杂交稻感温迟熟早、晚稻品种。株型集散适中，分蘖力中上，全生育期桂南早稻125 ~ 130d，晚稻115 ~ 118d。株高早稻110.0 ~ 115.0cm，晚稻105.0 ~ 110.0cm；有效穗数270.0万 ~ 285.0万/hm^2，穗粒数130 ~ 150粒，结实率80.0%左右，千粒重24.0 ~ 24.5g。

品质特性：谷粒细长，米质较优，米饭松软、口感好。

产量及适宜地区：1998年、1999年晚稻参加贺州市品比试验，平均单产分别为7 174.5kg/hm^2和7 356.0kg/hm^2；同期进行生产试验和试种示范，平均单产分别为7 240.5kg/hm^2和7 165.5kg/hm^2。适宜桂南、桂中作早、晚稻，桂北作晚稻推广种植。

栽培技术要点：注意增施磷钾肥，后期不宜断水过早。注意防治稻瘟病。其他参照一般籼型三系杂交稻感温迟熟品种进行。

中优315（Zhongyou 315）

品种来源：广西大学1998年利用中九A和T315（测64-49/密阳46）配组育成。2003年通过广西壮族自治区农作物品种审定委员会审定，审定编号为桂审稻2003006号。

形态特征和生物学特性：籼型三系杂交稻感温中熟早、晚稻品种。株型适中，群体生长整齐，叶色青绿，叶姿一般，且较挺直，叶鞘绿色，长势繁茂，熟期转色好，较易落粒，谷壳淡黄，稃尖无色。全生育期早稻121d左右（手插秧）；晚稻全生育期110d左右（手插秧）。株高115.0cm左右，穗长23.0cm左右，有效穗数270.0万/hm^2左右，穗粒数155粒左右，结实率77.7%～81.2%，千粒重25.4g。

品质特性：糙米率82.8%，糙米粒长6.7mm，糙米长宽比3.2，精米率74.7%，整精米率38.3%，垩白粒率80%，垩白度22.8%，透明度3级，碱消值4.9级，胶稠度58mm，直链淀粉含量25.7%，蛋白质含量8.9%。

抗性：轻级穗颈瘟，苗叶瘟6级，穗瘟9级，白叶枯病7级，褐稻虱8.7级。耐寒性中，抗倒伏性中。

产量及适宜地区：2001年晚稻参加广西水稻品种筛选试验，3个试点（武鸣、北流、荔浦）平均单产6 939.0kg/hm^2；2002年早稻参加中熟组区试，5个试点（贺州、柳州、荔浦、宜州、桂林）平均单产7 758.0kg/hm^2。同期在试点面上多点试种，平均单产6 750.0～7 950.0kg/hm^2。适宜桂南、桂中稻作区作早、晚稻，桂北稻作区作晚稻种植。

栽培技术要点：桂南早稻在3月上中旬播种，桂中在3月中下旬播种，农膜覆盖湿润育秧或塑盘育秧抛栽。大田用种量22.5～30.0kg/hm^2，塑盘育秧用足900盘/hm^2，在秧苗2叶1心期叶面喷施120ml/L的多效唑溶液，促使秧苗矮生健壮。早稻移栽秧龄22d左右，抛栽叶龄为3.10～3.15叶。插足基本苗37.5万穴/hm^2。晚稻桂南7月上中旬播种，秧龄15d移栽；桂中桂北晚稻6月底至7月上旬播种，秧龄15～18d，最迟不超过20d。以农家肥为主，施足基肥，追肥采用前促、中控、后补的方法，分蘖肥宜早施，以促进早分蘖、早够苗。及时做好各种虫害和病害的防治工作。

中优317（Zhongyou 317）

品种来源：广西钟山县种子公司于1998年利用中九A和317R（桂99/轮回422）配组育成。2003年通过广西壮族自治区农作物品种审定委员会审定，审定编号为桂审稻2003008号。

形态特征和生物学特性：籼型三系杂交稻感温中熟早、晚稻品种。群体生长整齐，株型适中，长势繁茂，茎秆淡青色，叶色青绿，叶姿一般，熟期转色较好，落粒性中。桂中、桂北种植，全生育期早稻120d左右（手插秧）；晚稻全生育期112d左右（手插秧）。株高110.0cm左右，穗长24.0cm左右，有效穗数255.0万/hm^2左右，穗粒数130 ～ 155粒，结实率68.5%以上，千粒重26.2g。

品质特性：糙米率82.0%，糙米粒长6.8mm，糙米长宽比3.2，精米率73.7%，整精米率30.3%，垩白粒率76%，垩白度23.2%，透明度3级，碱消值4.8级，胶稠度66mm，直链淀粉含量26.4%，蛋白质含量9.4%。

抗性：轻级穗颈瘟。苗叶瘟5级，穗瘟5 ～ 7级，白叶枯病7级，褐稻虱7.6级。耐寒性中，抗倒伏性较强。

产量及适宜地区：2002年早稻参加广西水稻品种中熟组区试初试，5个试点（贺州、柳州、荔浦、宜州、桂林）平均单产7 707.0kg/hm^2；晚稻续试，平均单产6 499.5kg/hm^2。同期在试点面上多点试种，平均单产6 450.0 ～ 7 500.0kg/hm^2。适宜桂中北稻作区种植。

栽培技术要点：早稻插植，秧龄5叶左右，抛植秧龄4.5 ～ 5叶；晚稻插植，秧龄20d左右，抛植秧龄3.5 ～ 4叶。插植规格26.5cm × 10cm或20cm × 13.3cm，双株植；抛植33.0万穴/hm^2左右。一般施纯氮150 ～ 180kg/hm^2，氮、磷、钾比例为1.0 ：0.8 ：1.0。前期施肥应占总施肥量的70%左右。水分管理采用浅灌、间歇露田、够苗晒田的方法，后期切忌断水过早。注意抓好稻纵卷叶螟、三化螟、稻瘟病等病虫害的防治。

中优36（Zhongyou 36）

品种来源：中种集团绵阳水稻种业有限公司利用中九A和荣恢36（泸恢602//巾国/明恢63）配组育成。2007年通过广西壮族自治区农作物品种审定委员会审定，审定编号为桂审稻2007026号。

形态特征和生物学特性：籼型三系杂交稻感温中稻品种。高寒山区稻作区中稻种植，全生育期140d左右。株高113.5cm，穗长26.3cm，有效穗数232.5万/hm^2，穗粒数165.6粒，结实率83.8%，千粒重29.3g。

品质特性：糙米率79.8%，糙米长宽比3.2，整精米率55.0%，垩白粒率11%，垩白度2.1%，胶稠度88mm，直链淀粉含量15.3%。

抗性：苗叶瘟2级，穗瘟5级，稻瘟病的抗性评价为中感。

产量及适宜地区：2005年参加高寒山区稻作区中稻试验，5个试点平均单产8 727.0kg/hm^2；2006年续试，5个试点平均单产8 433.0kg/hm^2；两年试验平均单产8 580.0kg/hm^2。2006年生产试验平均单产8 412.0kg/hm^2。可在高寒山区稻作区作中稻或其他习惯种植一季中稻的地区种植。

栽培技术要点：按当地中稻种植习惯播种。5.0 ~ 5.5叶移栽，栽22.5万穴/hm^2，双株植。氮、磷、钾合理施肥，肥力中等田块，施水稻专用复合肥600 ~ 750kg/hm^2作底肥，栽后5 ~ 7d施37.5 ~ 45kg/hm^2尿素作追肥。及时防治病虫害。

中优402（Zhongyou 402）

品种来源：中国水稻研究所、广西钟山县种子公司利用中9A与402R配组育成。2000年通过广西壮族自治区农作物品种审定委员会审定，审定编号为桂审稻2000046号。

形态特征和生物学特性：籼型三系杂交稻感温早熟早、晚稻品种。株型稍散，分蘖力中等，茎秆淡青色，叶色淡绿，谷粒细长。全生育期桂中早稻112d，晚稻96d。株高95.0cm左右，有效穗数270.0万/hm^{2}左右，穗粒数120.0粒左右，结实率85.0%左右，千粒重26.0g。

品质特性：糙米率80.4%，糙米长宽比3.2，精米率72.1%，整精米率44.1%，垩白粒率62%，垩白度18.6%，透明度2级，碱消值4.6级，胶稠度72mm，直链淀粉含量25.3%，蛋白质含量8.1%。

抗性：抗稻瘟病。

产量及适宜地区：1998—1999年在钟山县进行品比试验，早、晚稻各6次试验，平均单产分别为6 939.0kg/hm^{2}和6 726.0kg/hm^2；1999年早稻在鹿寨县参加品比试验，单产6 981.0kg/hm^2。1997—1999年各地累计种植面积5 000.0hm^2，一般单产6 750.0～7 500.0kg/hm^2。适宜桂中、桂北作早、晚稻推广种植。

栽培技术要点：绿肥田栽培，应采用旱育秧或地膜育秧，3月下旬播种；大田栽培4月上旬播种，大田用种量27.0kg/hm^2，秧龄30～34d。插足落田苗，插30.0万穴/hm^{2}左右，落田苗120.0万～150.0万/hm^2。施足基肥，增施磷钾肥。水浆管理应前期浅灌促早发，苗数达到225万/hm^{2}进行控苗，采用多次轻搁或灌深水控苗，后期干湿交替。插秧后5～7d结合追肥撒施化学除草剂，及时做好二化螟、稻纵卷叶螟、稻虱、纹枯病等防治工作。

中优4480（Zhongyou 4480）

品种来源：广西钟山县种子公司利用中九A与恢复系4480配组育成。2001年通过广西壮族自治区农作物品种审定委员会审定，审定编号为桂审稻2001009号。

形态特征和生物学特性：籼型三系杂交稻感温中熟早、晚稻品种。株型集散适中，分蘖力中等，茎秆淡青色，叶片挺直，谷粒细长。全生育期早稻120 ~ 124d，晚稻105 ~ 110d。株高早稻110.0cm左右，晚稻95.0 ~ 100.0cm，有效穗数270.0万~ 300.0万/hm^2，穗粒数110.0 ~ 130.0粒，结实率82.0%，千粒重25.0g。

品质特性：外观米质较优。

抗性：抗稻瘟病，易倒伏。

产量及适宜地区：1999年早稻参加广西水稻新品种筛选试验，平均单产6 523.5kg/hm^2；同期，钟山县进行品比试验，平均单产7 215.0kg/hm^2。1999—2000年参加桂林市水稻品种比较试验，平均单产分别为7 470.0kg/hm^2和7 765.5kg/hm^2。1998—2000广西累计种植面积3 333.3hm^2，一般单产6 750.0 ~ 7 500.0kg/hm^2。适宜桂中、桂北作早、晚稻推广种植。

栽培技术要点：早稻5叶左右移栽（抛栽4 ~ 4.5叶），晚稻手插秧龄20d左右，抛栽3.5 ~ 4叶。插足基本苗150.0万~ 180.0万/hm^2或抛植33.0万 ~ 36.0万 穴/hm^2。后期不宜断水过早。注意防治病虫害。

中优679（Zhongyou 679）

品种来源：广西大学利用中九A和测679（IR661//IR2061/合浦野生稻选育而成）配组而成。2004通过广西壮族自治区农作物品种审定委员会审定，审定编号为桂审稻2004014号。

形态特征和生物学特性：籼型三系杂交稻感温早、晚稻品种。株型适中，叶色绿，叶姿和长势一般，剑叶长42cm左右，宽约2.2cm，熟期转色一般，较易落粒，抗倒伏性稍差。在桂南作早稻种植全生育期119d左右；在桂中作晚稻种植全生育期107 ~ 117d。株高121.0cm，穗长25.2cm，有效穗数256.5万/hm^2，穗粒数136.5粒，结实率79.6%，千粒重26.4g。

品质特性：整精米率66.8%，长宽比3.2，垩白粒率18%，垩白度2.8%，胶稠度81mm，直链淀粉含量19.4%。

抗性：苗叶瘟7级，穗瘟9级，白叶枯病5级，褐飞虱9级。

产量及适宜地区：2003年早稻参加桂南稻作区迟熟组筛选试验，平均单产7 416.0kg/hm^2；晚稻参加桂中北稻作区中熟组区域试验，平均单产6 730.5kg/hm^2。生产试验平均单产6 295.0kg/hm^2。可在种植金优桂99的非稻瘟病区种植。

栽培技术要点：桂南早稻3月上旬播种，旱育秧4.1叶移栽，水育秧5.1叶左右移栽；桂中晚稻6月底7月上旬播种，秧龄20d左右。插植规格13.2cm×23.1cm，每穴插2粒谷苗或抛栽密度30穴/m^2。施纯氮135kg/hm^{2}左右。注意防治稻瘟病。

中优781（Zhongyou 781）

品种来源：广西壮族自治区种子公司利用中九A与恢复系781配组而成。2001年通过广西壮族自治区农作物品种审定委员会审定，审定编号为桂审稻2001027号。

形态特征和生物学特性：籼型三系杂交稻感温早、晚稻品种。株型稍散，分蘖力中等，叶片较长，茎秆较软。全生育期早稻122 ~ 125d，晚稻115d左右。株高110.0cm，穗长24.0 ~ 25.0cm，有效穗数255.0万 ~ 285.0万/hm^2，穗粒数130.0 ~ 140.0粒，结实率78.0% ~ 84.0%，千粒重26.0 ~ 27.0g。

品质特性：米粒细长，品质中上。

抗性：抗倒伏性差。

产量及适宜地区：2000—2001年早稻参加育成单位的品种比较试验，其中2000年单产为7 305.0kg/hm^2；2001年单产为7 932.0kg/hm^2。2000年晚稻参加广西水稻新品种筛选试验，北流、武鸣、荔浦3个试点平均单产7 521.0kg/hm^2。适宜桂中、桂南作早、晚稻推广种植。

栽培技术要点：注意增施磷钾肥和防治稻瘟病等病虫害，其他参照一般籼型三系杂交稻感温品种进行。

中优82（Zhongyou 82）

品种来源：广西贺州市种子公司利用中九A与明恢82配组育成。2001年通过广西壮族自治区农作物品种审定委员会审定，审定编号为桂审稻2001013号。

形态特征和生物学特性：籼型三系杂交稻感温中熟早、晚稻品种。株型集散适中，分蘖力中等，茎秆粗壮。全生育期早稻118～120d，晚稻110d左右。株高100.0cm左右，有效穗数270.0万～285.0万/hm^2，穗粒数120.0～140.0粒，结实率80.0%～85.0%，千粒重24.5g。

品质特性：外观米质较优。

抗性：抗稻瘟病。

产量及适宜地区：1999年晚稻参加贺州市水稻新品种品比试验，平均单产7 318.5万/hm^2；2000年早稻续试，平均单产7 230.0kg/hm^2。同期进行生产试验、试种，一般单产7 200.0kg/hm^2左右。适宜桂中作早、晚稻，桂北作晚稻种植。

栽培技术要点：参照一般籼型三系杂交稻感温中熟品种进行。

中优838（Zhongyou 838）

品种来源：中国水稻研究所、广西钟山县种子公司利用中九A与辐恢838配组而成。2000年通过广西壮族自治区农作物品种审定委员会审定，审定编号为桂审稻2000044号。

形态特征和生物学特性：籼型三系杂交稻感温型迟熟早、晚稻品种，全生育期桂中早稻128d，晚稻115d左右。株叶型稍散，茎秆粗壮呈淡青色，叶片较长，分蘖力中等，株高110cm左右，有效穗270万～300万/hm^2，每穗总粒150粒左右，结实率85.0%左右，千粒重27.5g。

品质特性：糙米率80.0%，精米率71.6%，整精米率27.0%，长宽比3.1，垩白粒率50%，垩白度15.5%，透明度2级，碱消值6.0级，胶稠度37mm，直链淀粉含量22.0%，蛋白质含量8.2%。米质较优。

抗性：易倒伏，高感稻瘟病。

产量及适宜地区：1999年早稻参加广西区试，平均单产为7 785.0kg/hm^2；1998年、1999年在钟山县进行生产试验和试种示范，其中，1999年试种示范0.25万hm^2，抽样验收，早、晚稻平均单产分别为7 875.0kg/hm^2和7 111.5kg/hm^2。1998—1999年在贺州、柳州等地、市试种示范，一般早稻单产7 500～8 250kg/hm^2，晚稻单产7 050.0～7 800.0kg/hm^2。适宜桂南、桂中作早、晚稻，桂北作晚稻推广种植。

栽培技术要点：注意早追肥，早中耕管理，加强纹枯病、穗颈瘟的防治。

中优桂55（Zhongyougui 55）

品种来源：广西南宁市郊区种子公司利用中9A和桂55配组育成。2001年通过广西壮族自治区农作物品种审定委员会审定，审定编号为桂审稻2001067号。

形态特征和生物学特性：籼型三系杂交稻感温迟熟早、晚稻品种。桂南种植全生育期早稻127d左右，晚稻115d左右。株型稍散，分蘖力中等，叶片较长，茎秆稍软，谷粒细长。株高113.0cm左右，有效穗数270.0万/hm^{2}左右，穗粒数118 ～ 135粒，结实率81.0%左右，千粒重28.5g。

品质特性：外观米质较优。

抗性：耐肥，抗倒伏较差。

产量及适宜地区：2000年晚稻参加配组单位的水稻品种比较试验，平均单产7 500.0kg/hm^2；2001年那坡县种子公司引进作中稻进行品种比较试验，平均单产9 660.0kg/hm^2；同年早稻参加广西水稻新品种筛选试验，平均单产6 778.5kg/hm^2。2000—2001年在南宁市郊、天等、宾阳、武鸣、来宾、那坡等地进行试种666.7hm^2，平均单产6 750 ～ 7 500kg/hm^2。适宜桂南作早、晚稻推广种植，也可在中稻地区推广种植。

栽培技术要点：注意不宜偏施氮肥和防治稻瘟病等病虫害。其他参照一般籼型三系杂交稻感温迟熟品种进行。

中优桂99（Zhongyougui 99）

品种来源：中国水稻研究所、广西钟山县种子公司利用中9A与桂99配组育成。2000年通过广西壮族自治区农作物品种审定委员会审定，审定编号为桂审稻2000043号。

形态特征和生物学特性：籼型三系杂交稻感温迟熟早、晚稻品种。株型稍散，分蘖力中等，茎秆青绿色，叶片细长。全生育期桂中早稻130d，晚稻110d左右。株高118cm，有效穗数270.0万～300.0万/hm^2，穗粒数130.0粒左右，结实率80.0%～85.0%，千粒重25.5g。

品质特性：糙米率80.4%，糙米长宽比3.2，精米率71.3%，整精米率42.9%，垩白粒率31%，垩白度8.2%，透明度2级，碱消值5.9级，胶稠度44mm，直链淀粉含量19.4%，蛋白质含量8.5%。

抗性：抗倒伏性和抗稻瘟病能力稍差。

产量及适宜地区：1998年早稻参加广西北流点水稻新品种筛选试验，平均单产7 258.5kg/hm^2；1998—1999年钟山县进行品比试验，1998年晚稻平均单产6 742.5kg/hm^2，1999年早、晚稻平均单产分别为7 788.0kg/hm^{2}和7 251.0kg/hm^2。1998—1999年在钟山、鹿寨、昭平、富川等县试种面积1 666.7hm^2，一般单产6 750.0～7 500.0kg/hm^2。适宜桂南、桂中作早、晚稻，桂北作晚稻推广种植。

栽培技术要点：桂东北稻作区采用旱育稀植（或抛秧）可在3月中旬播种，晚稻应在6月下旬、7月初播种。早稻秧龄以25～30d，晚稻以18～20d为宜。保证有33.0万～37.5万穴/hm^{2}为宜。全生育期施纯氮180kg/hm^2，氮、磷、钾比例控制在1：0.5：1。及时露田、搁田，促分蘖成穗和植株健壮生长，浅水抽穗，干湿交替到成熟。生长中后期应加强对纹枯病的预防工作。

二、籼型感光型三系杂交稻

百优1025（Baiyou 1025）

品种来源：广西壮族自治区农业科学院水稻研究所利用百A与桂1025配组育成。2007年通过广西壮族自治区农作物品种审定委员会审定，审定编号为桂审稻2007036号。

形态特征和生物学特性：籼型三系杂交稻弱感光晚稻品种。株型紧束，叶色淡绿，剑叶短直，粒重较小。桂南晚稻种植，全生育期119d左右。株高108.3cm，穗长22.1cm，有效穗数286.5万/hm^2，穗粒数155.2粒，结实率86.3%，千粒重20.0g，谷粒长宽比3.5。

品质特性：糙米率80.5%，整精米率63.3%，糙米长宽比3.5，垩白粒率16%，垩白度4.5%，胶稠度70mm，直链淀粉含量15.0%。

抗性：苗叶瘟5～7级，穗瘟9级，白叶枯病Ⅳ型7级，Ⅴ型9级。

产量及适宜地区：2005年参加桂南稻作区晚稻感光组试验，4个试点平均单产7 156.5kg/hm^2；2006年晚稻续试，5个试点平均单产7 699.5kg/hm^2；两年试验平均单产7 428.0kg/hm^2。2006年生产试验平均单产7 573.5kg/hm^2。适宜桂南稻作区和桂中稻作区南部种植博优桂99的地区作晚稻种植。

栽培技术要点：桂南7月15日前播种，桂中南部6月底至7月初播种，大田用种量12.0～15.0kg/hm^2。小苗移植插30.0万～37.5万穴/hm^2，双株植；抛秧用561型秧盘600～675盘/hm^2。基肥施尿素75kg/hm^2、磷肥375kg/hm^2；回青肥施尿素112.5kg/hm^2；分蘖肥施尿素150kg/hm^2、钾肥150kg/hm^2；穗肥施尿素45～60kg/hm^2、钾肥75kg/hm^2。

百优1191（Baiyou 1191）

品种来源：广西壮族自治区农业科学院水稻研究所利用百A和桂恢1191（桂99/桂1025）配组育成。2008年通过广西壮族自治区农作物品种审定委员会审定，审定编号为桂审稻2008018号。

形态特征和生物学特性：籼型三系杂交稻弱感光晚稻品种，桂南晚稻种植，全生育期123d左右。株高109.9cm，穗长22.4cm，有效穗数279.0万/hm^2，穗粒数157.8粒，结实率84.2%，千粒重20.5g。

品质特性：糙米率82.2%，整精米率70.3%，糙米长宽比3.5，垩白粒率12%，垩白度2.1%，胶稠度70mm，直链淀粉含量16.5%。米质达国家《优质稻谷》标准2级。

抗性：苗叶瘟6级，穗瘟9级，白叶枯病Ⅳ型9级。

产量及适宜地区：2006年参加桂南稻作区晚稻感光组初试，6个试点平均单产7 094.0kg/hm^2；2007年续试，5个试点平均单产7 842.0kg/hm^2；两年试验平均单产7 468.5kg/hm^2。2007年生产试验平均单产7 191.0kg/hm^2。适宜桂南稻作区作晚稻种植。

栽培技术要点：桂南应在7月10前播种，本田基肥施农家肥15 000 ～ 23 000kg/hm^2、磷肥600 ～ 750kg/hm^2；回青肥施尿素75 ～ 105kg/hm^2；分蘖肥施尿素150 ～ 187.5kg/hm^2、钾肥150 ～ 225kg/hm^2、复合肥150kg/hm^2；穗肥施尿素45 ～ 60kg/hm^2、钾肥60 ～ 75kg/hm^2。

百优838（Baiyou 838）

品种来源：广西壮族自治区农业科学院水稻研究所利用百A和辐恢838配组育成。2009年通过广西壮族自治区农作物品种审定委员会审定，审定编号为桂审稻2009020号。

形态特征和生物学特性：籼型三系杂交稻弱感光晚稻品种。株型适中，叶色淡绿，叶片、剑叶短直，叶鞘绿色，着粒密度中等，谷粒细长，谷壳黄色，颖尖无色。桂南晚稻种植，全生育期112d左右。株高113.5cm，穗长24.7cm，有效穗数261.0万/hm^2，穗粒数134.5粒，结实率80.1%，千粒重25.9g。

品质特性：糙米率81.78%，整精米率68.5%，糙米长宽比3.1，谷粒长8.5mm，谷粒长宽比3.3，糙米长宽比3.1，垩白粒率6%，垩白度0.6%，胶稠度80mm，直链淀粉含量17.6%。

抗性：苗叶瘟5～6级，穗瘟9级，白叶枯病Ⅳ型7级，Ⅴ型7级。

产量及适宜地区：2007年参加桂南稻作区晚稻感光组初试，5个试点平均单产7 500.0kg/hm^2；2008年续试，6个试点平均单产6 660.5kg/hm^2；两年试验平均单产7 080.5kg/hm^2。2008年生产试验平均单产7 448.5kg/hm^2。适宜桂南稻作区作晚稻或桂中稻作区南部适宜种植感光型品种的地区晚稻种植。

栽培技术要点：桂南应在7月15日前播种。本田基肥施农家肥15 000～23 000kg/hm^2、磷肥600～750kg/hm^2；回青肥施尿素75～105kg/hm^2；分蘖肥施尿素150～187.5kg/hm^2、钾肥150～225kg/hm^2、复合肥150kg/hm^2；穗肥施尿素45～60kg/hm^2、钾肥60～75kg/hm^2。综合防治病虫害。

宝丰优001（Baofengyou 001）

品种来源：广西壮族自治区育种者罗敬昭利用丰A与R001（测253/桂99）配组育成。2007年通过广西壮族自治区农作物品种审定委员会审定，审定编号为桂审稻2007037号。

形态特征和生物学特性：籼型三系杂交稻弱感光晚稻品种。株型紧束，剑叶短，粒重较小。桂南晚稻种植，全生育期120d左右。株高107.5cm，穗长22.4cm，有效穗数264.0万/hm^2，穗粒数167.1粒，结实率88.1%，千粒重20.0g。

品质特性：糙米率80.8%，整精米率70.7%，谷粒长宽比3.3，糙米长宽比3.0，垩白粒率13%，垩白度2.4%，胶稠度56mm，直链淀粉含量22.2%。

抗性：苗叶瘟5～7级，穗瘟9级，白叶枯病Ⅳ型7级，Ⅴ型7级。

产量及适宜地区：2005年参加桂南稻作区晚稻感光组试验，4个试点平均单产7 464.0kg/hm^2；2006年晚稻续试，4个试点平均单产7 443.0kg/hm^2；两年试验平均单产7 453.5kg/hm^2。2006年生产试验平均单产7 041.0kg/hm^2。适宜桂南稻作区和桂中稻作区南部种植博优桂99的地区作晚稻种植。

栽培技术要点：桂南7月上旬播种，桂中南部6月底播种，秧龄20～25d。采用20.0cm×13.0cm或20.0cm×16.5cm规格，双本插植，插基本苗120.0万～150.0万/hm^2。施足基肥，早施分蘖肥，增施磷钾肥，后期控制氮肥。浅水移栽，够苗露晒田，干干湿湿至黄熟，注意防治病虫害。

宝丰优007（Baofengyou 007）

品种来源：广西壮族自治区育种者罗敬昭、罗光福利用丰A和R007［测53（田东香/明恢63）/桂99］配组育成。2009年通过广西壮族自治区农作物品种审定委员会审定，审定编号为桂审稻2009019号。

形态特征和生物学特性：籼型三系杂交稻弱感光晚稻品种。株型适中，叶色绿、叶鞘浅紫，着粒密度中，稃尖紫色，谷粒黄色，无芒。桂南晚稻种植，全生育期115d左右。株高116.6cm，穗长24.1cm，有效穗数270.0万/hm^2，穗粒数159.6粒，结实率78.8%，千粒重23.4g。

品质特性：糙米率82.8%，整精米率71.5%，谷粒长度8.0mm，谷粒长宽比3.1，糙米长宽比3.0，垩白粒率12%，垩白度3.0%，胶稠度70mm，直链淀粉含量16.4%。

抗性：苗叶瘟5～7级，穗瘟5～9级，白叶枯病Ⅳ型7级，Ⅴ型9级。

产量及适宜地区：2007年参加桂南稻作区晚稻感光组初试，5个试点平均单产8 170.0kg/hm^2；2008年续试，6个试点平均单产7 094.5kg/hm^2；两年试验平均单产7 632.0kg/hm^2。2008年生产试验平均单产7 701.0kg/hm^2。适宜桂南稻作区作晚稻或桂中稻作区南部适宜种植感光型品种的地区作晚稻种植。

栽培技术要点：桂南晚稻7月15日前播种。大田用种量18.5～22.5kg/hm^2，秧龄15～18d。插植规格20.0cm×13.0cm或20.0cm×17.0cm。如用秧盘，大田植675～750盘/hm^2，4.0～4.5叶时抛秧。其他参照博优253等感光型品种进行。

博Ⅱ优213 (Bo Ⅱ you 213)

品种来源：广西玉林市农业科学研究所利用博ⅡA和玉213（原玉175）配组育成。2003年、2000年分别通过国家和广西壮族自治区农作物品种审定委员会审定，审定编号分别为国审稻2003012和桂审稻2000028号。

形态特征和生物学特性：籼型三系杂交稻感光晚稻品种。株型集散适中，分蘖力中等，茎秆粗壮，叶片厚直内卷，剑叶长而不披，后期青枝蜡秆，熟色好。桂南晚稻7月上旬播种，全生育期123d。株高110.0cm，有效穗数255.0万～285.0万/hm^2，穗粒数170.0粒左右，结实率80.0%左右，千粒重25.2g。

品质特性：糙米率81.9%，精米率74.0%，整精米率55.1%，糙米粒长6.3mm，糙米长宽比2.6，垩白粒率72%，垩白度10.5%，透明度2级，碱消值5.2级，胶稠度50.0mm，直链淀粉20.7%，综合评定为米质较优。

抗性：中等叶瘟（5级），高感穗瘟（9级），中等白叶枯病（5级），抗寒力强，耐肥，抗倒伏。

产量及适宜地区：1998—1999年晚稻参加玉林市区试，平均单产分别为7 677.0kg/hm^2和7 522.5kg/hm^2；1999年晚稻参加广西区试，平均单产为5 953.5kg/hm^2。1998—1999年在玉林、贵港等地试种，一般单产7 500.0kg/hm^2。适宜桂南作晚稻推广种植。

栽培技术要点：一般在7月1～5日播种，秧田播种量150.0～187.5kg/hm^2。秧龄20～25d。插植规格23cm×13cm，每穴插1～2粒谷苗，基本苗120.0万～150.0万/hm^2。施肥采用前重、中稳、后补的方法，施纯氮187.5～225kg/hm^2，氮、磷、钾按1∶0.7∶1的比例搭配使用，增施有机肥。水分管理采取浅水回青、分蘖，中期露、晒田，抽穗干湿交替到黄熟。加强稻瘟病、白叶枯病及褐飞虱等病虫害的防治。

博Ⅱ优270（Bo Ⅱ you 270）

品种来源：广西玉林农业科学研究所于1998年利用博ⅡA和玉270配组育成。2003年通过广西壮族自治区农作物品种审定委员会审定，审定编号为桂审稻2003020号。

形态特征和生物学特性：籼型三系杂交稻弱感光晚稻品种。株型适中，叶色青绿，叶姿一般，长势较繁茂，熟期转色较好，桂南晚稻全生育期120～123d。株高99.0～103.0cm，穗长22.1cm左右，有效穗数247.5万～267.0万/hm^2，穗粒数135～145粒，结实率81.0%～83.4%，千粒重23.7g。

品质特性：糙米率79.4%，精米率73.1%，整精米率62.3%，垩白粒率36%，垩白度4.0%，透明度2级，碱消值5.8级，胶稠度34mm，直链淀粉含量18.2%，蛋白质含量12.8%。

抗性：苗叶瘟7级，穗瘟9级，白叶枯病5～7级，褐稻虱9级，耐寒性中，抗倒伏性强。

产量及适宜地区：2000—2001年晚稻玉林区试，平均单产分别为7 749.0kg/hm^{2}和7 942.5kg/hm^2。2001—2002年晚稻参加广西区试，平均单产分别为6 720.0kg/hm^{2}和7 096.5kg/hm^2。生产试验2个试点（玉林、藤县）平均单产7 177.5kg/hm^2。适宜桂南稻作区作晚稻种植。至2008年年底，累计推广面积37.0万hm^2。

栽培技术要点：在桂南种植生育期为120～123d，宜在7月5日前播种。抛秧叶龄为3.5～4.0叶，抛栽30.0万穴/hm^{2}左右。施用纯氮180～210kg/hm^2。在施农家肥6 000kg/hm^{2}或碳酸氢铵375kg/hm^2、过磷酸钙375kg/hm^{2}作基肥的基础上，重施分蘖肥（占总施肥量的70%），增施壮蘖肥。插后5～7d，施尿素112.5kg/hm^2；插后10～14d，施尿素112.5kg/hm^2、氯化钾150kg/hm^2；插后30d露田复水后若叶色过淡，施复合肥112.5kg/hm^{2}左右；抽穗后视叶色补施穗肥，一般施尿素562.5～787.5kg/hm^2。

博Ⅱ优3550（Bo Ⅱ you 3550）

品种来源：广西岑溪市种子公司利用博ⅡA与广恢3550配组育成。2000年通过广西壮族自治区农作物品种审定委员会审定，审定编号为桂审稻2000054号。

形态特征和生物学特性：籼型三系杂交稻弱感光晚稻品种。株型集散适中，分蘖力中等，后期青枝蜡秆，熟色好。桂南7月上旬播种，全生育期122d。株高95.0 ~ 98.0cm，有效穗数247.5万~ 285.0万/hm^2，穗粒数125.0 ~ 135.0粒，结实率85.0%左右，千粒重22.0 ~ 23.0g。

品质特性：米质一般。

抗性：高抗稻瘟病。

产量及适宜地区：1998年晚稻在岑溪市进行品比试验，单产为6 325.5kg/hm^2；1998年续试，单产为5 791.5kg/hm^2。1998—1999年岑溪市试种示范面积866.7hm^2。一般单产6 750.0kg/hm^{2}左右。2000年种植面积达4 666.7hm^2。适宜桂南作晚稻推广种植。

栽培技术要点：秧田播种量150.0 ~ 225.0kg/hm^2，秧龄以25 ~ 30d为宜。早施重施分蘖肥，中期切忌偏施氮肥，后期不要断水过早。注意防治稻瘟病。

博Ⅱ优859（Bo Ⅱ you 859）

品种来源：广西博白县农业科学研究所利用博ⅡA和R859（R815×桂99）配组育成，2005年通过广西壮族自治区农作物品种审定委员会审定，审定编号为桂审稻2005027号。

形态特征和生物学特性：籼型三系杂交稻弱感光晚稻品种。群体整齐度一般，长势繁茂，株型适中，叶色浓绿，叶姿披垂，熟期转色中。桂南晚稻种植，全生育期121d左右。株高107.0cm，穗长24.1cm，有效穗数258.0万/hm^2，穗粒数146.2粒，结实率81.5%，千粒重25.8g。

品质特性：糙米率81.9%，整精米率68.8%，糙米长宽比2.7，垩白粒率40.0%，垩白度4.7%，胶稠度72mm，直链淀粉含量21.0%。

抗性：穗瘟9级，白叶枯病5级。

产量及适宜地区：2003年晚稻参加感光组筛选试验，5个试点平均单产6 982.5kg/hm^2；2004年晚稻续试，5个试点平均单产7 899.0kg/hm^2。生产试验平均单产7 302.0kg/hm^2。适宜桂南稻作区作晚稻种植。

栽培技术要点：7月上旬播种，7月下旬插（抛）秧，秧龄20d左右（抛秧3.5～4.0叶）。大田用种量18.75kg/hm^2，秧田播种75.0kg/hm^2。移栽规格23.0cm×13.0cm或26.0cm×13.0cm。每穴栽2粒谷苗，基本苗150.0万～165.0万/hm^2。注意防治稻瘟病等病虫害。

博Ⅱ优961（Bo Ⅱ you 961）

品种来源：广西博白县农业科学研究所利用博ⅡA与恢复系961配组育成。2000年通过广西壮族自治区农作物品种审定委员会审定，审定编号为桂审稻2000035号。

形态特征和生物学特性：籼型三系杂交稻弱感光晚稻品种。株型紧凑，分蘖力中上，茎秆粗壮，叶片厚直，后期青枝蜡秆，熟色好。桂南晚稻7月上旬播种，全生育期120d。株高98.0cm，有效穗数255.0万/hm^2左右，穗粒数135.0粒，结实率83.4%，千粒重24.5g。

抗性：抗病力强，耐肥，抗倒伏。

产量及适宜地区：1996—1997年晚稻参加玉林市区试，平均单产分别为6 592.5kg/hm^2和6 202.5kg/hm^2。1996—2000年在玉林市累计种植面积2.1万hm^2。一般单产7 500.0 ~ 8 250.0kg/hm^2。适宜桂南作晚稻推广种植。

栽培技术要点：秧田播种量150.0 ~ 225.0kg/hm^2，秧龄以25 ~ 30d为宜。早施重施分蘖肥，中期切忌偏施氮肥，后期不要断水过早。注意防治稻瘟病。

博Ⅱ优968（Bo Ⅱ you 968）

品种来源：广西博白县农业科学研究所1994年利用自育的博ⅡA与恢复系08配组育成。1999年通过广西壮族自治区农作物品种审定委员会审定，审定编号为桂审证字第145号。

形态特征和生物学特性：籼型三系杂交稻弱感光晚稻品种。后期转色好，6月底至7月上旬播种，全生育期122d。株高97.7cm，有效穗数288.0万/hm^2，穗粒数129.0粒，结实率76.5%，千粒重26.3g。

品质特性：米质中等。

抗性：高感叶瘟（9级），中感穗瘟（7级），中抗白叶枯病（3级），高感褐飞虱（9级），耐肥，抗倒伏。

产量及适宜地区：1996—1997年晚稻参加玉林市（原玉林地区）区试，平均单产分别为6 522.0kg/hm^{2}和6 414.0kg/hm^2；1997—1998年晚稻参加广西区试，平均单产5 139.0kg/hm^{2}和6 897.0kg/hm^2；钦州市1997年种植400.0hm^2，取得平均单产6 957.0kg/hm^{2}的好收成。适宜桂南稻作区中上肥力田的双季晚稻推广种植。

栽培技术要点：选择中上肥力田种植。单或双本稀植宜采用23cm × 16cm或26cm × 13cm规格，插植24.0万～27.0万穴/hm^{2}为宜，插基本苗120.0万/hm^{2}左右。施肥管水参照博优桂99进行，需补一次幼穗分化肥，注意后期不能断水过早。

博Ⅲ优273（Bo Ⅲ you 273）

品种来源：广西博白县农业科学研究所利用博ⅢA和R273（由08/测647选育而成）配组育成。2004年通过广西壮族自治区农作物品种审定委员会审定，审定编号为桂审稻2004020号。

形态特征和生物学特性：籼型三系杂交稻弱感光晚稻品种，株型适中，叶色浓绿，叶姿一般，熟期转色中，抗倒伏性强，落粒性难。桂南种植全生育期晚稻120d左右，株高110.2cm，穗长24.4cm，有效穗数240.0万/hm^2，穗粒数140.6粒，结实率92.1%，千粒重25.5g。

品质特性：糙米长宽比2.6，整精米率71.6%，垩白粒率23%，垩白度4.5%，胶稠度82mm，直链淀粉含量14.0%。

抗性：苗瘟7级，穗瘟9级，白叶枯病7级，褐飞虱9级。耐寒性强。

产量及适宜地区：2000年晚稻参加玉林市区域试验，平均单产7 764.0kg/hm^2；2001年晚稻续试，平均单产7 627.5kg/hm^2；2001年玉林市生产示范，平均单产8 533.5kg/hm^2。2003年参加广西桂南感光组区域试验，平均单产7 830.0kg/hm^2。适宜在种植博优桂99、博优253的非稻瘟病区种植。2004—2008年，每年推广面积7.0万～10.0万hm^2。

栽培技术要点：桂南晚稻7月上旬播种，秧龄25d左右移栽或3.5～4叶抛栽。插植规格13.3cm×23.1cm或13.3cm×26.7cm，每穴插2粒谷苗或抛栽密度30穴/m^2。施纯氮150～180kg/hm^2，搭配相应的磷钾肥。注意防治稻瘟病和白叶枯病。

博Ⅲ优869（Bo Ⅲ You 869）

品种来源：广西万禾种业有限公司利用博ⅢA与R869（R869源自香恢1号/广恢880//广恢998）培育而成。2011年通过广西壮族自治区农作物品种审定委员会审定，审定编号为桂审稻2011025号。

形态特征和生物学特性：籼型三系杂交稻弱感光晚稻品种。桂南晚稻种植全生育期112d左右。株型紧凑，分蘖力强，叶色淡绿，剑叶稍长，瓦状直立，后期熟色好。株高114.6cm，穗长23.0cm，有效穗数277.5万/hm^2，每穗总粒数140.7粒，结实率84.9%，千粒重22.0g。

品质特性：糙米率81.3%，整精米率70.6%，糙米长宽比2.6，垩白粒率10%，垩白度1.5%，胶稠度60mm，直链淀粉含量19.8%。

抗性：苗叶瘟5～7级，穗瘟5～7级，稻瘟病抗性水平为中感—感病；白叶枯病Ⅳ型9级，Ⅴ型9级，白叶枯病抗性评价为高感。

产量及适宜地区：2009年参加桂南稻作区晚稻感光组初试，5个试点平均单产7 480.5kg/hm^2；2010年复试，5个试点平均单产7 368.0kg/hm^2；两年试验平均单产7 425.0kg/hm^2。2010年生产试验平均单产7 660.5kg/hm^2。适宜桂南稻作区作晚稻或桂中稻作区南部适宜种植感光型品种的地区晚稻种植。

栽培技术要点：晚稻在7月上旬前播种，用种量18.0～22.5kg/hm^2，秧田播种量120.0～150.0kg/hm^2，秧龄20d左右。插（抛）秧30.0万～37.5万穴/hm^2。施纯氮150～180kg/hm^2，氮、磷、钾合理搭配施用，施足基肥，早施重施分蘖肥，后期酌施穗肥；做好病虫害防治工作。

博Ⅲ优9678（Bo Ⅲ you 9678）

品种来源：广西博白县农业科学研究所利用博ⅢA与R9678（08//桂99/测64-7）配组育成。2007年通过广西壮族自治区农作物品种审定委员会审定，审定编号为桂审稻2007031号。

形态特征和生物学特性：籼型三系杂交稻弱感光晚稻品种。植株较高。桂南晚稻种植，全生育期119d左右。株高119.8cm，穗长24.0cm，有效穗数258.0万/hm^2，穗粒数137.4粒，结实率90.3%，千粒重26.6g。

品质特性：糙米率80.6%，整精米率70.5%，谷粒长宽比3.2，糙米长宽比2.7，垩白粒率4%，垩白度0.6%，胶稠度68mm，直链淀粉含量14.8%。

抗性：苗叶瘟5～6级，穗瘟9级，白叶枯病Ⅳ型9级，Ⅴ型7级，抗倒伏性稍差。

产量及适宜地区：2005年参加桂南稻作区晚稻感光组试验，4个试点平均单产7 605.0kg/hm^2；2006年晚稻续试，5个试点平均单产8 040.0kg/hm^2；两年试验平均单产7 822.5kg/hm^2。2006年生产试验平均单产7 471.5kg/hm^2。适宜桂南稻作区和桂中稻作区南部种植博优桂99的地区作晚稻种植。

栽培技术要点：桂南7月上旬播种，桂中南部6月底播种，秧龄20～25d，抛秧叶龄3.5～4.0叶。插植规格23.0cm×13.0cm或26.0cm×13.0cm，双本插植，插基本苗120.0万～150.0万/hm^2，抛秧抛825～900盘/hm^{2}或抛33.0万穴/hm^{2}左右。基蘖肥占总施肥量的60%左右，一般用纯氮150～180kg/hm^2。做好病虫害防治。

博Ⅲ优黄占（Bo Ⅲ youhuangzhan）

品种来源：广西王腾金等利用博ⅢA与黄占（香恢1号/广恢880）配组育成。2006年通过广西壮族自治区农作物品种审定委员会审定，审定编号为桂审稻2006047号。

形态特征和生物学特性：籼型三系杂交稻弱感光晚稻品种。株型适中，穗粒协调，熟期转色较好，结实率高，谷粒深黄，稃尖紫色，无芒。桂南晚稻种植，全生育期115d左右。株高107.1cm，穗长22.7cm，有效穗数280.5万/hm^2，穗粒数132.7粒，结实率89.0%，千粒重23.5g。

品质特性：谷粒长8.5mm，谷粒长宽比2.9，糙米长宽比2.7，糙米率81.7%，整精米率64.6%，垩白粒率9%，垩白度1.0%，胶稠度69mm，直链淀粉含量14.7%。米质优。

抗性：苗叶瘟6级，穗瘟9级，稻瘟病的抗性评价为高感；白叶枯病5级。

产量及适宜地区：2004年晚稻参加玉林市感光组筛选试验，5个试点平均单产7 006.5kg/hm^2；2005年晚稻区域试验，4个试点平均单产7 767.0kg/hm^2。2005年生产试验平均单产7 399.5kg/hm^2。适宜桂南稻作区和桂中稻作区南部种植博优桂99的地区作晚稻种植。

栽培技术要点：桂南7月上旬播种，桂中稻作区南部如武宣、象州、兴宾、宜州等地6月底播种，秧龄18～22d。插植规格23.0cm×13.0cm，每穴栽2粒谷苗，或抛秧30.0万～33.0万穴/hm^2。施纯氮150～165kg/hm^2，返青后施70%，之后则视苗情适量追施；施氯化钾112.5kg/hm^2左右。达420.0万苗/hm^2左右及时晒田。注意稻瘟病等病虫害的防治。

博红优958（Bohongyou 958）

品种来源：广西绿宇种业有限责任公司利用博A和R958（桂99//先恢05/G08-58）配组育成。2007年通过广西壮族自治区农作物品种审定委员会审定，审定编号为桂审稻2007033号。

形态特征和生物学特性：籼型三系杂交稻弱感光晚稻品种。株型适中，剑叶长直，粒重较小，谷壳褐色，米皮赤红色。桂南晚稻种植，全生育期119d左右。株高113.4cm，穗长22.2cm，有效穗数265.5万/hm^2，穗粒数156.6粒，结实率92.4%，千粒重21.2g。

品质特性：糙米率80.1%，整精米率70.3%，糙米长宽比2.4，垩白粒率30%，垩白度3.9%，胶稠度62mm，直链淀粉含量25.4%。

抗性：苗叶瘟5～9级，穗瘟9级，白叶枯病Ⅳ型7级，Ⅴ型9级。

产量及适宜地区：2005年参加桂南稻作区晚稻感光组试验，4个试点平均单产7 611.0kg/hm^2；2006年晚稻续试，5个试点平均单产8 026.5kg/hm^2；两年试验平均单产7 819.5kg/hm^2。2006年生产试验平均单产7 602.0kg/hm^2。适宜桂南稻作区和桂中稻作区南部种植博优桂99的地区作晚稻种植。

栽培技术要点：桂南7月上旬播种，桂中南部6月底播种，秧龄20～25d。插基本苗120.0万～150.0万/hm^2。采用前足、中控、后补的施肥分法，氮、磷、钾合理搭配，促进禾苗早生快发。及时露晒田和综合防治病虫害。

博优01（Boyou 01）

品种来源：广西博白县农业科学研究所利用博A与R01（测64/桂34）配组育成。2001年通过广西壮族自治区农作物品种审定委员会审定，审定编号为桂审稻2001109号。

形态特征和生物学特性：籼型三系杂交稻弱感光晚稻品种。株型集散适中，分蘖力强，叶片较短，细直，桂南晚稻种植，全生育期117d。株高95.0cm左右，有效穗数315.0万/hm^{2}左右，穗粒数135.0粒左右，结实率75.0%左右，千粒重23.0g左右。

品质特性：外观米质较优。

抗性：耐肥，抗倒伏，后期早衰，适应广。

产量及适宜地区：1989—1991年晚稻参加玉林地区区试，1989年7个点平均单产7 368.0kg/hm^2，1990年因田间杂株率高不计产，1991年8个点平均单产6 630.0kg/hm^2。1989—2001年广西累计种植6.7万hm^2，一般单产6 000.0 ～ 7 500.0kg/hm^2。适宜桂南作晚稻推广种植。

栽培技术要点：秧田播种量150.0 ～ 225.0kg/hm^2，秧龄25 ～ 30d。早施重施分蘖肥，中期切忌偏施氮肥。后期不要断水过早。注意防治稻瘟病。

博优1025（Boyou 1025）

品种来源：广西壮族自治区农业科学院杂交水稻研究中心利用博A与桂1025配组育成。2003年、2000年分别通过国家和广西壮族自治区农作物品种审定委员会审定，审定编号分别为国审稻2003039和桂审稻2000017号。

形态特征和生物学特性：籼型三系杂交稻弱感光晚稻品种。株型集散适中，分蘖力强，叶片直立，后期青枝蜡秆，谷壳成熟后呈金黄色。全生育期120d左右。株高93cm，有效穗数285.0万～300.0万/hm^2，穗粒数160.0粒左右，结实率85.0%左右，千粒重20.6g。

品质特性：糙米率81.7%，精米率75.5%，整精米率67.8%，糙米长宽比2.6，垩白粒率28%，垩白度8.1%，透明度2级，碱消值6.7级，胶稠度66mm，直链淀粉含量22.5%，蛋白质含量10.4%。米质好，米饭松软口感好。

抗性：叶瘟6级，穗瘟7级；白叶枯病9级，褐飞虱9级。

产量及适宜地区：1999年晚稻参加广西区试，桂南6个试点平均单产6 187.5kg/hm^2。1998—2000年在南宁等地进行生产试验和试种，其中1999年晚稻，上林县平均单产5 850.0kg/hm^2、北流市7 845.0kg/hm^2。2000年参加华南晚籼组区试，平均单产7 330.5kg/hm^2；2001年续试，平均单产7 384.5kg/hm^2。2002年生产试验平均单产7 179.0kg/hm^2。适宜桂南作晚稻推广种植。2001—2008年累计种植面积17.4万hm^2。

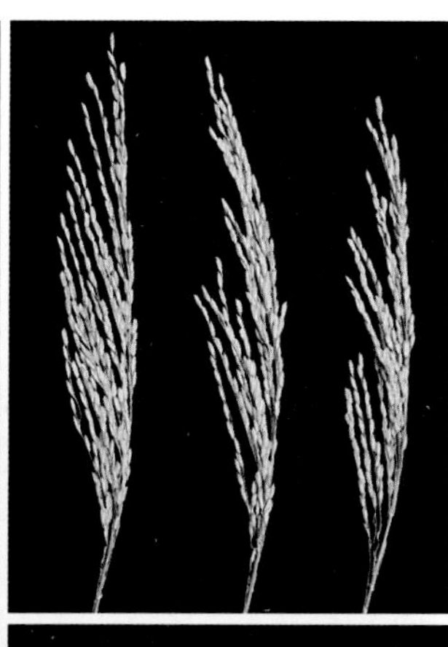

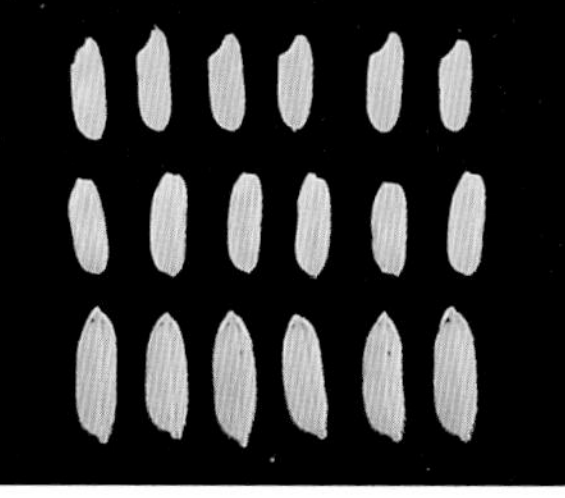

栽培技术要点：6月底至7月初播种，宜采用旱育稀植或旱育秧抛栽技术，秧龄25d左右。插30.0万～37.5万穴/hm^2，基本苗90.0万～105.0万/hm^2。施农家肥7 500kg/hm^2、碳酸氢铵375kg/hm^2、磷肥375.0kg/hm^2。栽插后3～5d施返青肥，施尿素112.5kg/hm^2，插后10～12d施尿素112.5kg/hm^2、钾肥112.5kg/hm^2。注意防治稻瘟病、白叶枯病及稻飞虱等。

博优1102（Boyou 1102）

品种来源：湖南隆平高科农平种业有限公司利用博A与R1102（蜀恢527/AG）配组育成。2007年通过广西壮族自治区农作物品种审定委员会审定，审定编号为桂审稻2007027号。

形态特征和生物学特性：籼型三系杂交稻弱感光晚稻品种。株型适中，剑叶长直，谷粒有芒。桂南晚稻种植，全生育期118d左右。株高113.9cm，穗长23.6cm，有效穗数252.0万/hm^2，穗粒数140.9粒，结实率90.0%，千粒重26.7g。

品质特性：糙米率80.0%，整精米率68.7%，糙米长宽比2.6，垩白粒率78%，垩白度10.3%，胶稠度50mm，直链淀粉含量21.0%。

抗性：苗叶瘟5～7级，穗瘟9级；白叶枯病Ⅳ型5级，Ⅴ型9级。

产量及适宜地区：2005年参加桂南稻作区晚稻感光组试验，4个试点平均单产7 870.5kg/hm^2；2006年晚稻续试，5个试点平均单产8 397.0kg/hm^2；两年试验平均单产8 134.5kg/hm^2。2006年生产试验平均单产7 582.5kg/hm^2。适宜桂南稻作区和桂中稻作区南部种植博优桂99的地区作晚稻种植。

栽培技术要点：桂南7月上旬播种，桂中南部6月底播种，秧龄18～22d。插植规格20.0cm×16.5cm，每穴栽2粒谷苗，或抛秧27.0万～33.0万穴/hm^2。基蘖肥占总施肥量的60%左右，一般用纯氮150～180kg/hm^2，氮、磷、钾肥配合施用。注意防治稻瘟病和白叶枯病等病虫害。

博优1167（Boyou 1167）

品种来源：广西钦州市农业科学研究所利用博A与钦恢1167（钦恢1167源自桂99/八桂香//R938）配组而成。2011年通过广西壮族自治区农作物品种审定委员会审定，审定编号为桂审稻2011029号。

形态特征和生物学特性：籼型三系杂交稻弱感光晚稻品种。桂南晚稻种植全生育期117d左右。株叶型集散适中，分蘖力中等偏强，叶色淡绿，长度适中，剑叶偏长、挺立，叶鞘绿色，稃尖紫色，无芒，谷壳淡黄，谷粒椭圆。株高120.5cm，穗长23.0cm，有效穗数279.0万/hm^2，每穗总粒数144.3粒，结实率84.1%，千粒重23.0g。

品质特性：糙米率80.7%，整精米率70.4%，长宽比2.5，垩白粒率16%，垩白度2.2%，胶稠度76mm，直链淀粉含量24.5%。

抗性：苗叶瘟6级，穗瘟5～7级，稻瘟病抗性水平为感病；白叶枯病Ⅳ型5级，Ⅴ型7级，白叶枯病抗性评价为中感—感病。

产量及适宜地区：2009年参加桂南稻作区晚稻感光组初试，5个试点平均单产7 470.0kg/hm^2；2010年复试，5个试点平均单产7 614.0kg/hm^2；两年试验平均单产7 542.0kg/hm^2。2010年生产试验平均单产8 085.0kg/hm^2。适宜桂南稻作区作晚稻或桂中稻作区南部适宜种植感光型品种的地区晚稻种植。

栽培技术要点：桂南晚稻7月5～10日播种，秧龄20～25d，在3.5～4.0叶时抛秧。插基本苗120.0万～150.0万/hm^2，视肥力情况，插秧规格按23.0cm×13.0cm或16.5cm×13.0cm双本插植。抛秧抛33.0万穴/hm^2左右。一般用纯氮150～180kg/hm^2，基蘖肥占总施肥量的60%左右，穗粒肥约占40%，坚持浅水插秧，当苗数达300.0万/hm^2时开始露晒田，幼穗分化至孕穗期湿润灌溉，抽穗扬花后保持浅水层，后期干干湿湿到成熟。做好病虫害防治工作。

博优128（Boyou 128）

品种来源：玉林市第二种子公司1997年利用博A和广恢128配组而成的。2003年通过广西壮族自治区农作物品种审定委员会审定，审定编号为桂审稻2003021号。

形态特征和生物学特性：籼型三系杂交稻弱感光晚稻品种。株型集散适中，分蘖力中上，茎秆粗壮，叶长厚而直，抽穗整齐，熟色好。桂南晚稻种植，全生育期122d左右（手插秧），株高110.0cm左右，有效穗数315.0万/hm^2左右，穗粒数120～145粒，结实率85.0%左右，千粒重23.0g。

品质特性：糙米率79.9%，精米率72.8%，整精米率61.0%，糙米粒长5.7mm，糙米长宽比2.5，垩白粒率78%，垩白度12.8%，透明度3级，碱消值5.1级，胶稠度52mm。

抗性：耐肥，抗倒伏，后期耐寒性较强。

产量及适宜地区：1998—1999年晚稻参加玉林市玉州区品种比较试验，平均单产分别为7 551.0kg/hm^2和7 675.5kg/hm^2；2000—2001年晚稻参加玉林市区试，平均单产分别为7 692.0kg/hm^2和7 719.0kg/hm^2；2000年晚稻参加广西杂交稻新组合筛选试验，平均单产7 300.5kg/hm^2。面上多点试种平均单产7 500.0kg/hm^2左右。适宜桂南稻作区作晚稻种植。

栽培技术要点：参照一般感光型晚籼杂交水稻品种进行。

博优1293（Boyou 1293）

品种来源：广西南宁市沃德农作物研究所利用博A与R1293（612/桂99）配组育成。2006年通过广西壮族自治区农作物品种审定委员会审定，审定编号为桂审稻2006046号。

形态特征和生物学特性：籼型三系杂交稻弱感光晚稻品种。群体整齐，株型适中，分蘖较强，叶鞘、稃尖紫色，穗型较大，熟期转色好，谷粒淡黄，无芒。桂南晚稻种植，全生育期119d左右。株高106.6cm，穗长23.4cm，有效穗数286.5万/hm^2，穗粒数134.5粒，结实率84.9%，千粒重24.7g。

品质特性：糙米率81.0%，整精米率62.3%，糙米长宽比2.6，垩白粒率68%，垩白度8.8%，胶稠度58mm，直链淀粉含量21.8%。

抗性：苗叶瘟6级，穗瘟9级，白叶枯病9级，高感稻瘟病。

产量及适宜地区：2004年晚稻参加玉林市感光组筛选试验，5个试点平均单产6 732.0kg/hm^2；2005年晚稻区域试验，4个试点平均单产7 815.0kg/hm^2。2005年生产试验平均单产7 210.5kg/hm^2。适宜桂南稻作区和桂中稻作区南部种植博优桂99的地区作晚稻种植。

栽培技术要点：桂南7月上旬播种，桂中稻作区南部如武宣、象州、兴宾、宜州等地6月底播种，移栽叶龄5.0～6.0叶，抛栽叶龄3.0～4.0叶。插植规格23.0cm×13.0cm，每穴栽2粒谷苗，或抛秧30.0万～33.0万穴/hm^2。施纯氮172.5～187.5kg/hm^2，氮、磷、钾比例为1∶0.6∶1。注意防治稻瘟病和白叶枯病等病虫害。

博优1652（Boyou 1652）

品种来源：广西大学、中国农业科学院作物科学研究所利用博A和R1652（测253/CBB23）配组育成。2010年通过广西壮族自治区农作物品种审定委员会审定，审定编号为桂审稻2010021号。

形态特征和生物学特性：籼型三系杂交稻弱感光晚稻品种。株叶型集散适中，分蘖力较强，主茎叶数17叶，叶色绿，剑叶稍内卷，叶鞘紫红色；穗型、着粒密度一般，谷壳淡黄，稃尖紫色，无芒。桂南晚稻种植，全生育期117d左右。株高111.9cm，穗长23.9cm，有效穗数259.5万/hm^2，穗粒数144.4粒，结实率88.5%，千粒重22.7g。

品质特性：糙米率80.5%，糙米长宽比2.4，整精米率68.2%，垩白粒率24%，垩白度3.5%，胶稠度63mm，直链淀粉含量22.4%。

抗性：苗叶瘟7级，穗瘟5～9级；白叶枯病致病Ⅳ型3级，Ⅴ型5级。

产量及适宜地区：2008年参加桂南稻作区晚稻感光组初试，5个试点平均单产7 092.0kg/hm^2；2009年续试，5个试点平均单产7 357.5kg/hm^2；两年试验平均单产7 225.5kg/hm^2。2009年生产试验平均单产7 375.5kg/hm^2。适宜桂南稻作区作晚稻或桂中稻作区南部适宜种植感光型品种的地区晚稻种植。

栽培技术要点：桂南晚稻7月15日前播种，秧龄宜控制在25d以内。选择肥力中上的田块作秧田，及时施分蘖肥，促进低位蘖早萌发、早生长；播种量宜控制在150.0～225.0kg/hm^2。插（抛）足基本苗90.0万～105.0万/hm^2。本田基肥施农家肥15 000～26 000kg/hm^2、磷肥600～750kg/hm^2；回青肥施尿素75～105kg/hm^2；分蘖肥施尿素150～187.5kg/hm^2、钾肥150～225kg/hm^2、复合肥150kg/hm^2；穗肥施尿素45～60kg/hm^2、钾肥60～75kg/hm^2。

博优175（Boyou 175）

品种来源：广西玉林地区农业科学研究所于1990年利用博A与玉恢175配组育成。1998年通过广西壮族自治区农作物品种审定委员会审定，审定编号为桂审证字第134号。

形态特征和生物学特性：籼型三系杂交稻弱感光晚稻品种。分蘖力中等，茎秆粗壮，叶片厚直，抽穗整齐，穗大粒大粒重，熟色好。全生育期123d。株高100.0cm左右，有效穗数252.0万/hm^2，成穗率60.5%，穗粒数137.0粒，结实率77.7%，千粒重25.5g。

品质特性：直链淀粉含量22.8%，蛋白质含量8.4%。

抗性：白叶枯病5级，穗颈瘟9级，感细条病，耐肥，抗倒伏，后期抗寒。

产量及适宜地区：1991—1992年晚稻参加玉林地区区试，8个试点平均单产6 921.0kg/hm^2和7 693.5kg/hm^2；1992—1993年晚稻参加桂南稻作区区试，10个和11个试点平均单产7 098.0kg/hm^2和6 721.5kg/hm^2；1993年晚稻北流市试种3.0万hm^2，平均单产9 984.0kg/hm^2；1994年晚稻平南县环城镇试种900hm^2，验收平均单产6 184.5kg/hm^2。适宜桂南稻作区双季晚稻推广。

栽培技术要点：宜在7月5日前播完种。插植规格一般采用20.7cm×16.7cm或23.3cm×13.3cm，肥田采用26.7cm×13.3cm，要求插足基本苗。要施足基肥，早攻分蘖肥，注意氮、磷、钾配合施用，后期适当施壮尾肥，增强后劲，促进抽穗整齐，减少包颈，防止早衰。特别注意防治稻瘟病。

博优202（Boyou 202）

品种来源：广西博白县作物品种资源研究所利用博A与R202（香恢1号/湛15）配组育成。2006年通过广西壮族自治区农作物品种审定委员会审定，审定编号为桂审稻2006048号。

形态特征和生物学特性：籼型三系杂交稻弱感光晚稻品种。株型适中，长势繁茂，叶鞘、稃尖紫色，穗粒协调，结实率高，熟期转色较好，谷粒淡黄色。桂南晚稻种植，全生育期118d左右。株高108.0cm，穗长23.2cm，有效穗数267万/hm^2，穗粒数144.7粒，结实率86.7%，千粒重23.6g。

品质特性：糙米率81.5%，整精米率63.2%，谷粒长8.1mm，谷粒长宽比2.8，糙米长宽比3.0，垩白粒率9%，垩白度1.0%，胶稠度62mm，直链淀粉含量15.7%。

抗性：苗叶瘟5级，穗瘟7级，白叶枯病7级，感稻瘟病。

产量及适宜地区：2004年晚稻参加玉林市感光组筛选试验，5个试点平均单产6 862.5kg/hm^2；2005年晚造稻区域试验，4个试点平均单产7 714.5kg/hm^2。2005年生产试验平均单产7 309.5kg/hm^2。适宜桂南稻作区和桂中稻作区南部种植博优桂99的地区作晚稻种植。

栽培技术要点：桂南7月上旬播种，桂中稻作区南部如武宣、象州、兴宾、宜州等地6月底播种，秧龄18～22d。插植规格23.0cm×13.0cm，每穴栽2粒谷苗，或抛秧30.0万～33.0万穴/hm^2。基蘖肥占总施肥量的60%左右，一般施纯氮150～180kg/hm^2，氮、磷、钾肥配合施用，施用农家肥。防治稻瘟病和白叶枯病等病虫害。

博优205（Boyou 205）

品种来源：广西大学利用博A与测205配组育成。2001年通过广西壮族自治区农作物品种审定委员会审定，审定编号为桂审稻2001017号。

形态特征和生物学特性：籼型三系杂交稻弱感光晚稻品种。株型稍散，分蘖力较强，苗期叶片稍披、中后期挺直，剑叶内卷，呈瓦状，谷粒橙黄色，细长形，颖尖有顶芒。桂南种植，7月上旬播种，全生育期121d左右。株高105.0 ~ 110.0cm，有效穗数270.0万～ 285.0万/hm^2，穗粒数137.3粒，结实率75.0%～ 80.0%，千粒重21.5g。

品质特性：糙米率81.8%，精米率74.6%，整精米率68.5%，糙米长宽比2.8，垩白粒率60%，垩白度8.7%，透明度3级，碱消值6.6级，胶稠度40mm，直链淀粉含量19.7%，蛋白质含量11.5%。米质较优。

抗性：穗瘟9级，白叶枯病2.5级。

产量及适宜地区：1997年晚稻参加广西区试，桂南6个试点平均单产为4 785.0kg/hm^2；1998年晚稻复试，平均单产为6 661.5kg/hm^2。1996—2001年在扶绥、钦南、钦北等地累计试种面积0.47万hm^2，一般单产6 750.0 ～ 7 500.0kg/hm^2。适宜桂南稻作区作晚稻推广种植。

栽培技术要点：7月10日前播种，秧田播种量112.5kg/hm^{2}左右，做到疏播匀播，培育多蘖壮秧。秧龄以20d左右为宜。插植规格23cm × 13.2cm，植27.0万～31.5万穴/hm^{2}为宜。施纯氮150 ～ 180kg/hm^2，基肥以农家肥为主，配合磷钾肥。注意防治病虫害。

博优211（Boyou 211）

品种来源：广西藤县种子公司利用博A与宇301（自选恢复系97108/桂99）组配而成。2006年通过广西壮族自治区农作物品种审定委员会审定，审定编号为桂审稻2006049号。

形态特征和生物学特性：籼型三系杂交稻弱感光晚稻品种。群体整齐，株叶型适中，分蘖较强，穗长粒多粒小，结实率高，谷壳深褐色，成穗率高，熟期转色好。桂南晚稻种植，全生育期119d左右。株高107.7cm，穗长23.5cm，有效穗数282.0万/hm^2，穗粒数152.2粒，结实率86.3%，千粒重22.3g。

品质特性：糙米率80.5%，整精米率63.5%，糙米长宽比2.7，垩白粒率11%，垩白度0.7%，胶稠度62mm，直链淀粉含量27.8%。

抗性：苗叶瘟6级，穗瘟9级，白叶枯病7级，高感稻瘟病。

产量及适宜地区：2004年晚稻参加桂南感光组筛选试验，4个试点平均单产7 740.0kg/hm^2；2005年晚稻区域试验，4个试点平均单产7 578.0kg/hm^2。2005年生产试验平均单产7 353.0kg/hm^2。适宜桂南稻作区和桂中稻作区南部种植博优桂99的地区作晚稻种植。

栽培技术要点：桂南7月上旬播种，桂中稻作区南部如武宣、象州、兴宾、宜州等地6月底播种，秧龄18 ~ 22d。插植规格23.0cm × 13.0cm，每穴栽2粒谷苗，或抛秧30.0万 ~ 33.0万穴/hm^2。施纯氮172.5 ~ 187.5kg/hm^2，氮、磷、钾比例为1 ∶ 0.6 ∶ 1。注意防治稻瘟病和白叶枯病等病虫害。

博优212（Boyou 212）

品种来源：广西玉林市农业科学研究所利用博A与玉212配组育成。2000年通过广西壮族自治区农作物品种审定委员会审定，审定编号为桂审稻2000027号。

形态特征和生物学特性：籼型三系杂交稻弱感光晚稻品种。株型紧凑，茎秆粗壮，叶片短、厚、直，分蘖力强，后期抗寒力强，熟色好。桂南晚稻7月上旬播种，全生育期124d，株高105.0cm，有效穗数285万/hm^2左右，穗粒数170.0粒左右，结实率85.0%左右，千粒重21.0g。

品质特性：米质优，饭软硬适中。

抗性：中等叶瘟（5级），高感穗瘟（7～9级），中抗白叶枯病（3～4级）。耐肥，抗倒伏。

产量及适宜地区：1997—1998年晚稻参加玉林市区试，平均单产分别为6 112.5kg/hm^2和7 870.5kg/hm^2；1998—1999年晚稻参加广西区试，平均单产分别为6 775.5kg/hm^2和5 592.0kg/hm^2。到1999年止，玉林、贵港等地累计种植1.0万hm^2，一般单产6 750.0～7 500.0kg/hm^2。适宜桂南作晚稻推广种植。

栽培技术要点：秧田播种量150.0～225.0kg/hm^2，秧龄以25～30d为宜。早施重施分蘖肥，中期切忌偏施氮肥。后期不要断水过早。注意防治稻瘟病。

博优228（Boyou 228）

品种来源：广西博白县作物品种资源研究所利用博A与R228（香恢1号/广恢128）配组育成。2006年通过广西壮族自治区农作物品种审定委员会审定，审定编号为桂审稻2006058号。

形态特征和生物学特性：籼型三系杂交稻弱感光晚稻品种。株型适中，群体整齐度一般，分蘖力稍弱，叶片长、宽，叶鞘、稃尖紫色，穗长粒多粒大，穗粒协调，千粒重高，熟期转色较好，谷粒淡黄，有短芒。桂南晚稻种植，全生育期121d左右。株高110.9cm，穗长25.6cm，有效穗数232.5万/hm^2，穗粒数151.0粒，结实率83.8%，千粒重25.8g。

品质特性：糙米率81.5%，整精米率62.1%，谷粒长10.3mm，谷粒长宽比3.1，糙米长宽比2.8，垩白粒率16%，垩白度1.8%，胶稠度68mm，直链淀粉含量17.0%。

抗性：苗叶瘟5级，穗瘟9级，白叶枯病7级，高感稻瘟病。

产量及适宜地区：2004年晚稻参加玉林市筛选试验，5个试点平均单产6 708.0kg/hm^2；2005年晚稻区域试验，4个试点平均单产7 200.0kg/hm^2。2005年生产试验平均单产7 140.0kg/hm^2。适宜桂南稻作区和桂中稻作区南部种植博优桂99的地区作晚稻种植。

栽培技术要点：桂南7月上旬播种，桂中稻作区南部如武宣、象州、兴宾、宜州等地6月底播种，秧龄18～22d。插植规格23.0cm×13.0cm或26.0cm×13.0cm，每穴栽2粒谷苗，或抛秧27.0万～33.0万穴/hm^2。基蘖肥占总施肥量的60%左右，一般用纯氮150～180kg/hm^2，氮、磷、钾肥配合施用。注意施用农家肥。注意防治稻瘟病和白叶枯病等病虫害。

博优25（Boyou 25）

品种来源：广西大学农学院利用博A与测25配组育成。1998年通过广西壮族自治区农作物品种审定委员会审定，审定编号为桂审证字第140号。

形态特征和生物学特性：籼型三系杂交稻弱感光晚稻品种。株型集散适中，分蘖力较强，叶片宽大，着粒较疏，前期弯，中后期挺举，剑叶略内卷，茎秆粗硬。7月上旬播种，全生育期125d。株高100.0cm左右，穗长25.2cm左右，穗粒数150.0粒，结实率77.4%～86.2%，千粒重24.0g。

品质特性：谷粒颜色淡黄，谷粒长6.9mm，宽2.6mm，米粒长6.2mm、宽2.3mm。精米率69.0%，整精米率59.2%，垩白粒率31%，碱消值4.3级，胶稠度47mm，直链淀粉含量24.0%，粗蛋白质含量9.0%。

抗性：穗瘟5～9级，白叶枯病4级，稻飞虱9级，稻瘿蚊9级。抗稻瘟力弱，抗倒伏能力强。

产量及适宜地区：1995—1996年晚稻参加广西区域试验，桂南6个试点平均单产5 739.0kg/hm^2和6 045.0kg/hm^2。贵港市覃塘区1996年晚稻试种53.3hm^2，单产一般为7 500.0kg/hm^2，最高达8 040.0kg/hm^2。适宜桂南稻作区作双季晚稻种植。

栽培技术要点：秧田播种量150.0kg/hm^2，稀播匀播，秧龄20～25d。行距20.0～24.0cm、株距13.0～15.0cm，双本植，插足31.5万～37.5万穴/hm^2。施肥采用以农家肥为主，配合适量化肥，其施肥原则是前稳、中控、后补。

博优253（Boyou 253）

品种来源：广西大学支农开发中心利用博A与测253配组育成。2000年通过广西壮族自治区农作物品种审定委员会审定，2003年通过国家品种审定委员会审定，审定编号为国审稻2003038。

形态特征和生物学特性：籼型三系杂交稻弱感光晚稻品种。株型集散适中，前期叶略弯，中后期挺举，剑叶稍内卷，分蘖力强，生势强，茎秆粗韧。全生育期平均118.5d，株高118.8cm，穗长23.9cm，有效穗数261.0万/hm^2，穗粒数140.9粒，结实率84%，千粒重23.8g。

品质特性：糙米长宽比2.6，整精米率66.4%，垩白粒率40%，垩白度5.9%，胶稠度43mm，直链淀粉含量19.3%。

抗性：中感叶瘟（6级），中感穗瘟（7级），穗瘟损失率34.7%，中感白叶枯病（7级），高感褐飞虱（9级），耐肥，抗倒伏。

产量及适宜地区：2000年参加华南晚籼组区域试验，平均单产7 488.0kg/hm^2；2001年续试，平均单产7 204.5kg/hm^2。2002年生产试验平均单产7 387.5kg/hm^2。适宜海南、广西中南部、广东中南部、福建南部双季稻区作晚稻种植。2002—2005年累计种植面积62.7万hm^2，2006—2008年每年种植面积10.7万hm^2左右。

栽培技术要点：秧田播种量90.0 ~ 112.5kg/hm^2，稀播匀播，秧龄20 ~ 25d，或采用抛秧。一般插31.5万穴/hm^2或抛栽27.0万 ~ 31.5万穴/hm^2。施肥宜采用前稳、中控、后补的原则，注意增施磷钾肥。后期不宜断水过早。

博优258（Boyou 258）

品种来源：广西大学支农开发中心、广西桂穗种业有限公司1998年利用博A和测258配组育成。2003年通过广西壮族自治区农作物品种审定委员会审定，审定编号为桂审稻2003018号。

形态特征和生物学特性：籼型三系杂交稻弱感光晚稻品种。群体生长整齐，株型适中，茎秆粗壮，叶片宽长，叶色浓绿，剑叶短直略内卷，长势旺盛，熟期转色较好，落粒性中。桂南全生育期晚稻123d左右（手插秧）。株高110.0cm左右，穗长25.0 ~ 26.0cm，有效穗数285.0万/hm^2，穗粒数130粒左右，结实率80.0%以上，千粒重24.1g。

品质特性：糙米率80.8%，精米率74.8%，整精米率68.2%，糙米粒长5.9mm，糙米长宽比2.6，垩白粒率56%，垩白度8.5%，透明度2级，碱消值6.3级，胶稠度46mm，直链淀粉含量21.0%，蛋白质含量9.3%。

抗性：稻瘟7级，白叶枯病5级，褐稻虱9.0级，耐寒性较强，抗倒伏性强。

产量及适宜地区：2000年晚稻参加广西水稻品种迟熟组区试初试，6个试点（南宁、玉林、钦州、合浦、百色、藤县）平均单产6 556.5kg/hm^2；2001年晚稻续试，6个试点平均单产6 598.5kg/hm^2。2000—2002年在扶绥、隆安、陆川、平南、苍梧、平果、田阳等地试种，平均单产6 750.0 ~ 8 250.0kg/hm^2。适宜桂南稻作区作晚稻种植。

栽培技术要点：参照一般籼型三系杂交稻感光晚稻品种进行。

博优26（Boyou 26）

品种来源：广西大学利用博A与测26（IR5758//密阳23/IR56）配组育成。2006年通过广西壮族自治区农作物品种审定委员会审定，审定编号为桂审稻2006054号。

形态特征和生物学特性：籼型三系杂交稻弱感光晚稻品种。株型适中，剑叶较短，叶鞘、稃尖紫色，有效穗多，穗长粒多，熟期转色好，熟期迟，谷粒无芒。桂南晚稻种植，全生育期124d左右。株高103.0cm，穗长23.7cm，有效穗数298.5万/hm^2，穗粒数152.3粒，结实率81.7%，千粒重22.4g。

品质特性：糙米率82.6%，整精米率66.7%，谷粒长8.3mm，谷粒长宽比3.07，糙米长宽比2.6，垩白粒率46%，垩白度5.9%，胶稠度58mm，直链淀粉含量26.5%。

抗性：苗叶瘟6级，穗瘟9级，白叶枯病7级，高感稻瘟病。

产量及适宜地区：2004年晚稻参加桂南感光组筛选试验，4个试点平均单产7 605.0kg/hm^2；2005年晚稻区域试验，4个试点平均单产7 917.0kg/hm^2。2005年生产试验平均单产7 200.0kg/hm^2。适宜桂南稻作区作晚稻种植。

栽培技术要点：6月底、7月初播种，插秧叶龄5.0～6.0叶，抛秧叶龄3.0～4.0叶。插植规格23.0cm×13.0cm，每穴栽2粒谷苗，或抛秧30.0万～33.0万穴/hm^2。追肥采用前重、中控、后补的施肥方法，促分蘖早发生，注意氮、磷、钾肥配合施用。薄水插秧（湿润抛秧），浅水分蘖，适时露晒田，后期不宜断水过早，保持湿润以利灌浆结实。注意稻瘟病等病虫害的防治。

博优28（Boyou 28）

品种来源：江西省农业科学院水稻研究所利用博A与恢复系752配组育成。2001年通过广西壮族自治区农作物品种审定委员会审定，审定编号为桂审稻2001025号。

形态特征和生物学特性：籼型三系杂交稻弱感光晚稻品种。株型紧凑，分蘖力中等，剑叶长、直，略内卷，受光姿态好，根系发达，需肥量大，抽穗整齐，后期熟色好。7月上旬播种，全生育期122d。株高105.0 ~ 110.0cm，穗长24.0 ~ 26.0cm，有效穗数255.0万~ 270.0万/hm^2，穗粒数150.0 ~ 160.0粒，结实率85.0%以上，千粒重24.0 ~ 26.0g。

品质特性：糙米率79.6%，精米率73.2%，整精米率58.8%，糙米长宽比2.5，垩白粒率78%，垩白度9.8%，透明度3级，碱消值4.9级，胶稠度40mm，直链淀粉含量19.4%，蛋白质含量9.9%。

抗性：耐肥，抗倒伏。

产量及适宜地区：1999—2000年晚稻参加引种单位的品种比较试验，平均单产分别为8 874.0kg/hm^{2}和9 360.0kg/hm^2；2000年晚稻在隆安、桂平、大化、钦州、大新等地进行生产试验和试种示范，其中：隆安、桂平点单产分别为6 927.0kg/hm^{2}和7 146.0kg/hm^2；大化点单产为6 885.0kg/hm^2。试种示范一般单产为6 750.0 ~ 7 500.0kg/hm^2。适宜桂南稻作区作晚稻推广种植。

栽培技术要点：秧田播种量150.0 ~ 225.0kg/hm^2，秧龄以25 ~ 30d为宜。早施重施分蘖肥，中期切忌偏施氮肥，后期不要断水过早。注意防治稻瘟病。

博优290（Boyou 290）

品种来源：广东省农业科学院水稻研究所利用博A与广恢290（R2985/R2891）配组育成。2005年通过广西壮族自治区农作物品种审定委员会审定，审定编号为桂审稻2005032号。

形态特征和生物学特性：籼型三系杂交稻弱感光晚稻品种。群体长势较繁茂，株型适中，叶色浓绿，叶姿一般，熟期转色好。桂南晚稻种植，全生育期122d左右。株高102.4cm，穗长23.4cm，有效穗数306.0万/hm^2，穗粒数145.9粒，结实率88.1%，千粒重21.8g。

品质特性：糙米率80.8%，整精米率71.1%，糙米长宽比2.7，垩白粒率32%，垩白度3.8%，胶稠度68mm，直链淀粉含量22.3%。

抗性：穗瘟9级，白叶枯病7级。

产量及适宜地区：2003年晚稻参加玉林市感光组筛选试验，3个试点平均单产7 963.5kg/hm^2；2004年晚稻参加广西感光组区试，5个试点平均单产8 169.0kg/hm^2。生产试验平均单产7 263.0kg/hm^2。适宜桂南稻作区作晚稻种植。

栽培技术要点：桂南稻作区晚稻宜7月上旬播种，稀播匀播育分蘖壮秧。适龄（4.5～5.5叶）移栽。每穴栽2粒谷苗，栽基本苗180.0万/hm^{2}左右。注意防治稻瘟病等病虫害。

博优301（Boyou 301）

品种来源：广西壮族自治区种子公司利用博A与宇301（自选恢复系97108/桂99）配组育成，2006年通过广西壮族自治区农作物品种审定委员会审定，审定编号为桂审稻2006050号。

形态特征和生物学特性：籼型三系杂交稻弱感光晚稻品种。株型一般，长势繁茂，植株较高，叶片宽大，有效穗多，穗型较大，熟期转色好。桂南晚稻种植，全生育期118d左右。株高110.4cm，穗长24.6cm，有效穗数286.5万/hm^2，穗粒数135.8粒，结实率81.5%，千粒重24.7g。

品质特性：糙米率81.3%，整精米率63.1%，糙米长宽比2.6，垩白粒率69%，垩白度6.6%，胶稠度50mm，直链淀粉含量22.1%。

抗性：苗叶瘟6级，穗瘟9级，白叶枯病7级，高感稻瘟病。

产量及适宜地区：2004年晚稻参加桂南感光组筛选试验，4个试点平均单产7 594.5kg/hm^2；2005年晚稻区域试验，4个试点平均单产7 548.0kg/hm^2。2005年生产试验平均单产7 339.5kg/hm^2。适宜桂南稻作区和桂中稻作区南部种植博优桂99的地区作晚稻种植。

栽培技术要点：桂南7月上旬播种，桂中稻作区南部如武宣、象州、兴宾、宜州等地6月底播种，秧龄18 ~ 22d。插植规格23.0cm × 13.0cm，每穴栽2粒谷苗，或抛秧30.0万～33.0万穴/hm^2。注意防治稻瘟病和白叶枯病等病虫害。

博优302（Boyou 302）

品种来源：广西瑞恒种业有限公司利用博A和R302［(IR36/IR24) F_3/云南西双版纳野生稻］配组育成。2005年通过广西壮族自治区农作物品种审定委员会审定，审定编号为桂审稻2005026号。

形态特征和生物学特性：籼型三系杂交稻弱感光晚稻品种。群体整齐度一般，株型适中，叶色浓绿，叶姿一般，较难落粒，穗型密，着粒较密，谷壳淡黄，叶鞘紫色、稃尖紫色。桂南晚稻种植，全生育期120d左右。株高107.6cm，穗长23.9cm，有效穗数274.5万/hm^2，穗粒数146.2粒，结实率85.0%，千粒重24.2g。

品质特性：糙米率82.0%，整精米率72.0%，谷粒长0.82cm，谷粒宽0.27cm，谷粒长宽比3.04，糙米长宽比2.8，垩白粒率36%，垩白度3.7%，胶稠度67mm，直链淀粉含量21.6%。

抗性：稻瘟9级，白叶枯病5级。

产量及适宜地区：2003年晚稻参加感光组筛选试验，5个试点平均单产7 207.5kg/hm^2；2004年晚稻续试，5个试点平均单产8 167.5kg/hm^2。生产试验平均单产7 279.5kg/hm^2。适宜桂南稻作区作晚稻种植。

栽培技术要点：注意稀播匀播培育多蘖壮秧，宜采用水播旱育稀植或小苗抛栽技术。适当稀植，一般插（抛）30.0万穴/hm^2左右。注意防治稻瘟病等病虫害。

博优306（Boyou 306）

品种来源：广西壮族自治区种子公司利用博A与宇306（广优2号/桂99）配组育成。2006年通过广西壮族自治区农作物品种审定委员会审定，审定编号为桂审稻2006052号。

形态特征和生物学特性：籼型三系杂交稻弱感光晚稻品种。株型适中，植株较高，叶片稍披，叶鞘、柱头、颖尖紫色，谷粒呈椭圆形，谷壳秆黄色，穗型较大，谷穗顶粒有芒。桂南晚稻种植，全生育期117d左右。株高110.9cm，穗长23.7cm，有效穗数264.0万/hm^2，穗粒数139.6粒，结实率83.5%，千粒重25.0g。

品质特性：糙米率80.6%，整精米率65.1%，谷粒长8.3mm，谷粒宽2.7mm，谷粒长宽比3.1，糙米长宽比2.5，垩白粒率54%，垩白度4.2%，胶稠度45mm，直链淀粉含量20.5%。

抗性：苗叶瘟5级，穗瘟9级，白叶枯病9级，高感稻瘟病。

产量及适宜地区：2004年晚稻参加桂南感光组筛选试验，4个试点平均单产7 726.5kg/hm^2；2005年晚稻区域试验，4个试点平均单产7 434.0kg/hm^2。2005年生产试验平均单产7 290.0kg/hm^2。适宜桂南稻作区和桂中稻作区南部种植博优桂99的地区作晚稻种植。

栽培技术要点：桂南7月上旬播种，桂中稻作区南部如武宣、象州、兴宾、宜州等地6月底播种，秧龄18～22d。插植规格23.0cm×13.0cm，每穴栽2粒谷苗，或抛秧30.0万～33.0万穴/hm^2。注意防治病虫害。

博优315（Boyou 315）

品种来源：广西大学1998年利用博A和T315（测64-49/密阳46）配组育成。2003年通过广西壮族自治区农作物品种审定委员会审定，审定编号为桂审稻2003019号。

形态特征和生物学特性：籼型三系杂交稻弱感光晚稻品种。株型适中，叶色浓绿，叶姿较挺直，叶鞘紫色，长势繁茂，熟期转色较好，着粒密，稃尖紫色，无芒。桂南晚稻全生育期122d左右。株高101.0cm左右，穗长22.8cm左右，有效穗数270.0万～300.0万/hm^2，穗粒数约142粒，结实率79.8%左右，千粒重22.3g。

品质特性：糙米率80.0%，精米率73.0%，整精米率63.1%，谷粒长宽比2.9，垩白粒率46%，垩白度11.3%，透明度3级，碱消值6.5级，胶稠度58mm，直链淀粉含量23.9%，蛋白质含量11.4%。

抗性：苗叶瘟7级，穗瘟9级，白叶枯病7级，褐稻虱8.9级，耐寒性中，抗倒伏性强。

产量及适宜地区：2001年晚稻参加广西水稻品种迟熟组区试初试，6个试点（南宁、玉林、钦州、合浦、百色、藤县）平均单产6 946.5kg/hm^2；2002年晚稻续试，4个试点（南宁、玉林、钦州、藤县）平均单产7 219.5kg/hm^2。生产试验2个试点（玉林、藤县）平均单产7 257.0kg/hm^2。同期在试点面上多点试种，平均单产6 750.0～7 500.0kg/hm^2。适宜桂南稻作区作晚稻种植。

栽培技术要点：7月上旬前播种，秧龄掌握在20d以内，插植规格23.1cm×13.3cm或26.5cm×13.3cm，插33.0万～37.5万穴/hm^2，基本苗90.0万～120.0万/hm^2。如采用塑盘育秧抛秧，秧龄控制在3叶左右，用量不少于750盘/hm^2。宜施纯氮165～225kg/hm^2，氮、磷、钾比例为1∶0.8∶1。水分管理掌握薄水插秧，浅水分蘖，插后18～20d，当苗数在375.0万～450.0万/hm^{2}时，先露田后晒田。抽穗扬花期保持浅水层，后期干干湿湿至收割。注意防治稻瘟病。

博优323 (Boyou 323)

品种来源：广西瑞恒种业有限公司利用博A与R323（IR36/明恢63）配组育成。2007年通过广西壮族自治区农作物品种审定委员会审定，审定编号为桂审稻2007032号。

形态特征和生物学特性：籼型三系杂交稻弱感光晚稻品种。株型适中，长势繁茂，抽穗整齐。桂南晚稻种植，全生育期119d左右。株高116.2cm，穗长23.5cm，有效穗数274.5万/hm^2，穗粒数149.1粒，结实率82.0%，千粒重23.7g。

品质特性：糙米率81.1%，整精米率70.0%，糙米长宽比2.5，垩白粒率31%，垩白度5.6%，胶稠度56mm，直链淀粉含量23.2%。

抗性：苗叶瘟5～9级，穗瘟9级，白叶枯病Ⅳ型7级。

产量及适宜地区：2004年参加桂南稻作区晚稻感光组试验，4个试点平均单产7 548.0kg/hm^2；2006年晚稻续试，5个试点平均单产8 095.5kg/hm^2；两年试验平均单产7 822.5kg/hm^2。2006年生产试验平均单产7 444.5kg/hm^2。适宜桂南稻作区和桂中稻作区南部种植博优桂99的地区作晚稻种植。

栽培技术要点：桂南7月上旬播种，桂中南部6月底播种，秧龄20～25d。插（抛）30.0万穴/hm^2左右。施足基肥，早追肥，氮、磷、钾肥合理搭配，注意补施花肥和粒肥，中后期增施钾肥。注意防治病虫害。

博优329（Boyou 329）

品种来源：广西大学农学院利用博A与T329配组育成。1998年通过广西壮族自治区农作物品种审定委员会审定，审定编号为桂审证字第141号。

形态特征和生物学特性：籼型三系杂交稻弱感光晚稻品种。株型集散适中，分蘖力较强，剑叶长27.2cm，茎粗壮直立、富有弹性，前期生长旺盛，繁茂性好，叶色浓绿，抽穗快而整齐，后期转色好，不早衰，完熟期青枝蜡秆，谷粒有顶芒，谷壳橙黄色。全生育期125d。穗长23.2cm，穗粒数150.9粒，结实率81.1%，千粒重24.0～25.0g。

品质特性：糙米率80.9%，精米率70.8%，碱消值4.0级，胶稠度55mm，直链淀粉含量21.7%，蛋白质含量9.8%。饭松软，不黏。

抗性：穗瘟病9级，白叶枯病2.5～3级，褐稻飞虱9级，稻瘿蚊9级。耐肥，抗倒伏能力强。

产量及适宜地区：1996—1997年晚稻参加广西区试，桂南6个试点，平均单产6 130.5kg/hm^{2}和5 370.0kg/hm^2；1995—1997年3年晚稻岑溪市分别试种40.1hm^2、1 398.7hm^{2}和3 532.0hm^2，平均单产分别为6 807.0kg/hm^2、7 477.5kg/hm^{2}和7 179.0kg/hm^2；1997年晚稻武鸣和南宁郊区分别试种40.1hm^{2}和23.3hm^2，验收平均单产分别为6 753.0kg/hm^{2}和5 796.0kg/hm^2。适宜广西桂南稻作区双季晚稻推广种植。

栽培技术要点：适当提早播种，培育适龄壮秧，立秋移栽完毕。插基本苗120.0万～150.0万/hm^2，采用19.8cm×13.2cm规格，每穴插双粒种子。施足基肥，插后15d追完分蘖肥，中期补追分化肥，抽穗前5d左右追施壮尾肥保花攻粒。适时晒田，抽穗后20d仍需间歇灌跑马水。

博优352（Boyou 352）

品种来源：广西容县农业科学研究所利用博A与R352［（R广12/桂玉50）/玉恢175］配组育成。2005年通过广西壮族自治区农作物品种审定委员会审定，审定编号为桂审稻2005033号。

形态特征和生物学特性：籼型三系杂交稻弱感光型晚稻品种。群体长势一般，株型适中，叶色青绿，叶姿一般，叶鞘紫色，熟期转色好，较易落粒，穗型、着粒密度一般，谷壳淡黄，稃尖紫色，穗顶谷粒有白芒。桂南晚稻种植，全生育期122d左右。株高109.2cm，穗长23.6cm，有效穗数279.0万/hm^2，穗粒数150.3粒，结实率85.4%，千粒重25.7g。

品质特性：糙米率80.2%，整精米率69.0%，谷粒长8.6mm，谷粒长宽比3.0，糙米长宽比2.5，垩白粒率78%，垩白度11.3%，胶稠度70mm，直链淀粉含量23.2%。

抗性：穗瘟5级，白叶枯病7级。

产量及适宜地区：2003年晚稻参加玉林市感光组筛选试验，3个试点平均单产7 770.0kg/hm^2。2004年晚稻参加广西感光组区试，5个试点平均单产8 064.0kg/hm^2。生产试验平均单产7 819.5kg/hm^2。适宜桂南稻作区作晚稻种植。

栽培技术要点：桂南7月上旬播种，秧田播种量150.0kg/hm^2。秧田用氮、磷、钾含量均为16%的复合肥300kg/hm^{2}作基肥，2.5叶后秧田施尿素75kg/hm^2、复合肥225kg/hm^{2}育秧。栽插规格23.0cm×10.0cm，每穴栽2粒谷苗。本田施碳酸氢铵450kg/hm^2、过磷酸钙450kg/hm^2、氯化钾75.0kg/hm^2。插后5d施回青肥，施尿素60kg/hm^2、氯化钾75kg/hm^2。插后10d施壮蘖肥，施尿素105kg/hm^2、氯化钾75kg/hm^2。秧田及前期注意防治稻瘿蚊，中后期注意防治稻飞虱、纹枯病。

博优3550（Boyou 3550）

品种来源：广西岑溪市种子公司利用博A与广恢3550配组育成。2005年通过广西壮族自治区农作物品种审定委员会审定，审定编号为桂审稻2000053号。

形态特征和生物学特性：籼型三系杂交稻感光晚稻品种。株型紧凑，分蘖力强。桂南7月上旬播种，全生育期125d左右。株高85.0～95.0cm，穗长21.0～22.0cm，有效穗数285.0万/hm^2，穗粒数120.0～130粒，结实率90.0%左右，千粒重21.0～22.0g。

品质特性：糙米长宽比2.8，糙米率81.6%，精米率75.2%，整精米质率70.4%，碱消值5.3级，垩白粒率22%，垩白度4.1%，胶稠度46mm，直链淀粉含量20.5%，蛋白质含量11.6%。

抗性：高抗稻瘟病，中感白叶枯病（7级）。

产量及适宜地区：1996年晚稻在岑溪市进行品比试验，单产为5 913.0kg/hm^2；1998年续试，单产为6 283.5kg/hm^2。1996—1999年在岑溪市累计种植3 600.0hm^2。一般单产6 750.0～7 500.0kg/hm^2。适宜桂南作晚稻推广种植。

栽培技术要点：播期以7月5～10日为宜，秧田播种量150.0～187.5kg/hm^2，秧龄控制在20～25d以内，插植规格16.5cm×19.8cm，插90.0万/hm^2。要早施重施分蘖肥，促进分蘖早生快发，后期酌施穗肥。注意浅水移栽，寸水活苗，薄水分蘖，够苗晒田相结合，后期保持湿润。及时防治病虫害，争取高产稳产。

博优358（Boyou 358）

品种来源：广西大学利用博A与测358（R5759/桂99）配组育成。2007年通过广西壮族自治区农作物品种审定委员会审定，审定编号为桂审稻2007029号。

形态特征和生物学特性：籼型三系杂交稻弱感光晚稻品种。株型松散，抗倒伏性稍差，粒重较小。桂南晚稻种植，全生育期116d左右。株高112.4cm，穗长23.3cm，有效穗数297.0万/hm^2，穗粒数160.1粒，结实率80.1%，千粒重21.4g。

品质特性：糙米率81.5%，整精米率69.9%，糙米长宽比3.0，垩白粒率16%，垩白度1.6%，胶稠度76mm，直链淀粉含量21.1%。

抗性：苗叶瘟5～9级，穗瘟9级，白叶枯病Ⅳ型5级。

产量及适宜地区：2005年参加桂南稻作区晚稻感光组试验，4个试点平均单产7 828.5kg/hm^2；2006年晚稻续试，5个试点平均单产7 965.0kg/hm^2；两年试验平均单产7 890.0kg/hm^2。2006年生产试验平均单产7 708.5kg/hm^2。适宜桂南稻作区和桂中稻作区南部种植博优桂99的地区作晚稻种植。

栽培技术要点：桂南7月上旬播种，桂中南部6月底播种，秧田播种量为300.0kg/hm^2。移栽秧龄为18～22d，插植规格23.0cm×16.5cm，每穴插2粒谷。施纯氮180kg/hm^2左右，氮、磷、钾比例为1∶0.5∶0.7。及时防治病虫害。

博优359（Boyou 359）

品种来源：广西支农种业有限公司利用博A和测359［(IR24/桂99) F_2/广西巴马大荚粳稻］F_{10}配组育成。2009年通过广西壮族自治区农作物品种审定委员会审定，审定编号为桂审稻2009023号。

形态特征和生物学特性：籼型三系杂交稻弱感光晚稻品种。株叶型集散适中，叶色绿，剑叶长35.5cm、宽1.7cm，叶鞘紫色，穗型密，着粒密，谷壳淡黄色，稃尖紫色，无芒。桂南晚稻种植，全生育期116d左右。株高116.8cm，穗长24.7cm，有效穗数237万/hm^2，穗粒数171.1粒，结实率85.4%，千粒重22.6g。

品质特性：谷粒长度8.8mm，谷粒长宽比3.3，糙米长宽比2.6，糙米率80.5%，整精米率69.5%，垩白粒率28%，垩白度2.2%，胶稠度69mm，直链淀粉含量23.5%。

抗性：苗叶瘟7级，穗瘟9级；白叶枯病Ⅳ型7～9级，Ⅴ型9级。

产量及适宜地区：2006年参加桂南稻作区晚稻感光组初试，6个试点平均单产7 500.0kg/hm^2；2007年续试，5个试点平均单产7 477.5kg/hm^2；两年试验平均单产7 489.5kg/hm^2。2008年生产试验平均单产7 585.5kg/hm^2。适宜桂南稻作区作晚稻或桂中稻作区南部适宜种植感光型品种的地区晚稻种植。

栽培技术要点：插秧规格23.0cm×13.0cm或20.0cm×17.0cm，肥田稀植，瘦田密植，基本苗75.0万～90.0万/hm^2。氮、磷、钾比例为1∶0.6∶1，基肥和分蘖肥占总施肥量的90%左右，中后期占10%左右，中后期以钾肥为主。其他参照博优253等感光型品种进行。

博优369（Boyou 369）

品种来源：广西南宁庆农科技开发有限公司、北流市农业科学研究所利用博A和测369配组育成。2005年通过广西壮族自治区农作物品种审定委员会审定，审定编号为桂审稻2005025号。

形态特征和生物学特性：籼型三系杂交稻弱感光晚稻品种。长势较繁茂，株型适中，叶姿稍披，熟期转色中。桂南晚稻种植，全生育期122d左右。株高109.0cm，穗长23.4cm，有效穗数267.0万/hm^2，穗粒数157.0粒，结实率83.9%，千粒重24.5g。

品质特性：糙米长宽比2.4，糙米率81.9%，整精米率70.6%，垩白粒率30%，垩白度3.8%，胶稠度78mm，直链淀粉含量22.0%。

抗性：穗瘟9级，白叶枯病7级。

产量及适宜地区：2003年晚稻参加感光组筛选试验，4个试点平均单产7 354.5kg/hm^2；2004年晚稻续试，5个试点平均单产7 885.5kg/hm^2。生产试验平均单产7 339.5kg/hm^2。适宜桂南稻作区作晚稻种植。

栽培技术要点：秧田播种量为90.0 ~ 105.0kg/hm^2，稀播匀播，秧龄20 ~ 25d或采用抛秧。插或抛栽27.0万 ~ 31.5万穴/hm^2。注意防治稻瘟病等病虫害。

博优423（Boyou 423）

品种来源：广西玉林市农业科学研究所利用博A与玉423（玉268/桂99）配组育成。2006年通过广西壮族自治区农作物品种审定委员会审定，审定编号为桂审稻2006051号。

形态特征和生物学特性：籼型三系杂交稻弱感光晚稻品种。群体整齐，株型适中，分蘖较强，着粒密，穗多粒小。桂南晚稻种植，全生育期119d左右。株高105.6cm，穗长21.6cm，有效穗数294万/hm^2，穗粒数146.9粒，结实率85.2%，千粒重21.3g。

品质特性：糙米率81.8%，整精米率68.5%，糙米长宽比2.9，垩白粒率30%，垩白度3.6%，胶稠度54mm，直链淀粉含量22.8%。

抗性：苗叶瘟5级，穗瘟9级，白叶枯病5级，高感稻瘟病。

产量及适宜地区：2004年晚稻参加玉林市筛选试验，5个试点平均单产6 976.5kg/hm^2；2005年晚稻区域试验，4个试点平均单产7 435.5kg/hm^2。2005年生产试验平均单产7 380.0kg/hm^2。适宜桂南稻作区和桂中稻作区南部种植博优桂99的地区作晚稻种植。

栽培技术要点：桂南7月上旬播种，桂中稻作区南部如武宣、象州、兴宾、宜州等地6月底播种，秧龄18～22d。插植规格23cm×13cm，每穴栽2粒谷苗，或抛秧30.0万～33.0万穴/hm^2。大田施用纯氮187.5～195kg/hm^2，搭配相应的磷钾肥，重施基肥，早施分蘖肥，适施壮尾肥。加强对稻瘟病等病虫害的防治。

博优4480（Boyou 4480）

品种来源：广东省农业科学院水稻研究所利用博A与R4480配组育成。1993年广西壮族自治区种子公司从该所引进。1998年通过广西壮族自治区农作物品种审定委员会审定，审定编号为桂审证字第129号。

形态特征和生物学特性：籼型三系杂交稻弱感光晚稻品种。全生育期120d。株高90cm，有效穗数282.0万/hm^2，成穗率65.3%，穗粒数133.0粒，结实率86.3%，千粒重21.0g。

品质特性：糙米率81.0%。

抗性：稻瘟病5～7级，白叶枯病3级，稻瘿蚊9级。

产量及适宜地区：1995—1996年晚稻参加广西区试，桂南6个试点平均单产分别为5 802.0kg/hm^2和6 192.0kg/hm^2；合浦县1994—1996年晚稻分别试种2 000hm^2、5 000hm^2和8 000hm^2，验收平均单产分别为5 529.0kg/hm^2、5 491.5kg/hm^2和6 447.0kg/hm^2；1996年晚稻宾阳、原玉林市试种1.6万hm^2和1.3万hm^2，验收平均单产5 895.0～7 965.0kg/hm^2。适宜桂南稻作区双季晚稻推广种植。

栽培技术要点：采用间歇浸种法，露白、晾干后播种。秧田播种量控制在120.0kg/hm^2以内，6叶左右移栽结束。其他栽培措施参照博优64。

博优501（Boyou 501）

品种来源：广西博白县种子种苗公司1988年利用博A与R501恢复系（IR50/05占）配组育成。1994年通过广西壮族自治区农作物品种审定委员会审定，审定编号为桂审证字第107号。

形态特征和生物学特性：籼型三系杂交稻弱感光晚稻品种。株型较好，分蘖力强，叶片细小厚直，繁茂性好，抽穗整齐，不包颈。全生育期116d。株高95cm左右，有效穗数可达330.0万/hm^2以上，穗粒数150.0粒左右，结实率80.0%左右，千粒重22.0g。

品质特性：糙米率80.0%，精米率70.0%，无腹白、心白，透明度高，胶稠度56mm，直链淀粉含量22.1%，蛋白质含量8.6%。米质达部颁二级优质米标准。

抗性：较抗纹枯病，耐寒性好。

产量及适宜地区：1989年晚稻参加玉林地区8个点区试，平均单产6 457.5kg/hm^2；1990年续试单产7 024.5kg/hm^2；1991年再试单产6 676.5kg/hm^2；1992年晚稻参加桂南稻作区10个点区试，平均单产6 957.0kg/hm^2；1993年晚稻列入优质组复试，玉林、南宁、柳州3个试点平均单产6 408.0kg/hm^2。适宜桂南稻作区和桂中南部县作晚稻种植。

栽培技术要点：一般于7月15日前播种，用种量15kg/hm^2，秧田播种量90.0～120.0kg/hm^2。秧田要下足基肥，适时追肥，秧龄25～28d，即可育成多蘖壮秧。插植规格23.1cm×13.2cm或26.4cm×9.9cm，宽行窄株，插基本苗120.0万～150.0万/hm^2；中下肥田插植规格19.8cm×13.2cm或16.5cm×13.2cm，插基本苗150.0万～180.0万/hm^2。施纯氮187.5kg/hm^2，氮、磷、钾比例为1∶0.3∶0.7，基肥占60%，前期追肥占30%，穗肥占10%。

博优5398（Boyou 5398）

品种来源：广西百色兆农两系杂交水稻研发中心利用博A和R5398配组育成，R5398源于测253/广恢998。2009年通过广西壮族自治区农作物品种审定委员会审定，审定编号为桂审稻2009018号。

形态特征和生物学特性：籼型三系杂交稻弱感光晚稻品种，桂南晚稻种植，全生育期113d左右。株型适中，叶较短窄挺举，剑叶长40.0cm左右，宽1.2cm左右，直立，内卷；叶片颜色深绿，叶鞘、叶耳紫色；有效穗数276.0万/hm^2。株高110.0cm，穗长24.0cm，每穗总粒数148.8粒，结实率86.3%，谷粒淡黄色，中长粒，稃（谷）尖紫色、无芒，千粒重22.0g。

品质特性：糙米率81.5%，整精米率70.8%，长宽比2.6，垩白粒率12%，垩白度2.0%，胶稠度68mm，直链淀粉含量22.4%。

抗性：苗叶瘟7级，穗瘟9级，白叶枯病Ⅳ型5～9级，Ⅴ型7～9级。

产量及适宜地区：2007年参加桂南稻作区晚稻感光组初试，5个试点平均单产8 220.0kg/hm^2；2008年续试，6个试点平均单产7 312.5kg/hm^2；两年试验平均单产7 767.0kg/hm^2。2008年生产试验平均单产7 593.0kg/hm^2。适宜桂南稻作区作晚稻或桂中稻作区南部适宜种植感光型品种的地区晚稻种植。

栽培技术要点：7月上旬播种，移栽秧龄5.0～5.5叶，抛栽秧龄2.5～3.5叶。插植规格24.0cm×16.0cm，双株植或抛栽25.5万～30.0万穴/hm^2。宜中上肥力栽培，适当增施磷钾肥。其他参照博优253等感光型品种进行。

博优58（Boyou 58）

品种来源：广西壮族自治区种子公司、柳州地区农业科学研究所利用博A与T-58配组育成。2001年通过广西壮族自治区农作物品种审定委员会审定，审定编号为桂审稻2001024号。

形态特征和生物学特性：籼型三系杂交稻弱感光中熟晚稻品种。株型好，分蘖力中等，剑叶较长、内卷，叶色浓绿，后期抗寒性较好。桂中全生育期115 ~ 118d；桂南全生育期110.0 ~ 115.0d。株高95.0 ~ 105.0cm，穗长24.0 ~ 25.0cm，有效穗数255.0万/hm^2左右，穗粒数150.0粒，结实率86.0% ~ 90.0%，千粒重23.0g。

品质特性：糙米率80.1%，精米率72.9%，整精米率63.6%，糙米长宽比2.4，垩白粒率95%，垩白度16.2%，透明度3级，碱消值4.4级，胶稠度46mm，直链淀粉含量19.3%，蛋白质含量9.9%。

抗性：叶瘟4级、穗瘟7级，叶枯病3级。

产量及适宜地区：1999—2000年晚稻参加广西区试，桂中、桂北中熟组7个试点平均单产分别为6 213.0kg/hm^2和6 282.0kg/hm^2；2000年晚稻参加广西水稻新品种筛选试验，北流、武鸣、荔浦3个试点，平均单产为7 228.5kg/hm^2。同期，在昭平、象州、三江、桂平、大化等地进行试种示范，一般单产为6 750.0kg/hm^2左右。适宜桂中、桂南稻作区中等肥力稻田作晚稻推广种植。

栽培技术要点：秧龄以20d左右为宜。插（抛）足31.5万 ~ 37.5万/hm^2。在孕穗期补施壮尾肥，施尿素75kg/hm^2。后期不宜断水过早，及时收获。

博优629（Boyou 629）

品种来源：中国种子集团公司三亚分公司利用博A与中种恢629（农家种软香占//广恢128/丰矮占）配组育成。2006年通过广西壮族自治区农作物品种审定委员会审定，审定编号为桂审稻2006056号。

形态特征和生物学特性：籼型三系杂交稻弱感光晚稻品种。群体整齐，株叶型适中，穗型较大，熟期转色中。桂南晚稻种植，全生育期123d左右。株高103.7cm，穗长23.5cm，有效穗数274.5万/hm^2，穗粒数158.0粒，结实率81.5%，千粒重23.5g。

品质特性：糙米率81.8%，整精米率69.4%，糙米长宽比2.7，垩白粒率30%，垩白度3.4%，胶稠度58mm，直链淀粉含量23.5%。

抗性：苗叶瘟7级，穗瘟9级，白叶枯病7级，高感稻瘟病。

产量及适宜地区：2004年晚稻参加桂南感光组筛选试验，4个试点平均单产7 690.5kg/hm^2；2005年晚稻区域试验，4个试点平均单产7 632.0kg/hm^2。2005年生产试验平均单产7 125.0kg/hm^2。适宜桂南稻作区作晚稻种植。

栽培技术要点：6月底、7月初播种，插秧叶龄5.0 ~ 6.0叶，抛秧叶龄3.0 ~ 4.0叶。插植规格23.0cm×13.0cm，每穴栽2粒谷苗，或抛秧30.0万~ 33.0万穴/hm^2。注意防治稻瘟病等病虫害。

博优64（Boyou 64）

品种来源：广西博白县农业科学研究所1986年利用博A与测64-7配组育成。1989年通过广西壮族自治区农作物品种审定委员会审定，审定编号为桂审证字第061号。

形态特征和生物学特性：籼型三系杂交稻弱感光晚稻品种。株型松散适中，分蘖力强，生长前期叶片较披，后期较直，多穗型组合，种子谷壳褐黄色。部分谷粒有短芒。全生育期120 ～ 123d。株高90.0 ～ 100.0cm，有效穗数300.0万～ 330.0万/hm^{2}左右，穗粒数145.0 ～ 170.0粒，结实率85.0%～ 92.0%，千粒重23.0 ～ 24.0g。

品质特性：粒型中长，精米率70.0%～ 72.0%，米质优，饭味可口。

抗性：高抗稻瘟病。

产量及适宜地区：1986年参加博白县农业科学研究所晚稻品比试验，单产7 870.5kg/hm^2；1987年参加博白县杂交晚稻区试，平均单产7 375.5kg/hm^2；1988年参加广西区域试验，桂南稻作区晚稻8个试点，平均单产5 250.0kg/hm^2。适宜华南南部稻作区作晚稻种植。

栽培技术要点：浸种时间每隔5 ～ 6h浸洗种搁水1次，反复3 ～ 4次后才进行催芽播种。秧田播种量为90.0 ～ 120.0kg/hm^2，大田用种量在15.0kg/hm^{2}左右，于7月5 ～ 15日播种，立秋前插完秧。宜插5 ～ 6叶龄的多蘖秧，插植规格19.8cm × 13.2cm或23.1cm × 13.2cm，基本苗150.0万/hm^2。够苗及时露田，中期适当补施氮肥，后期干干湿湿到收割。注意病虫害的防治。

博优679（Boyou 679）

品种来源：广西博士园种业有限公司利用博A和测679［IR661/（IR2061/合浦野生稻）F_1］配组育成。2005年通过广西壮族自治区农作物品种审定委员会审定，审定编号为桂审2005024号。

形态特征和生物学特性：籼型三系杂交稻弱感光晚稻品种。群体整齐一般，长势较繁茂，株型适中，叶色青绿，叶姿稍披，熟期转色中。桂南晚稻种植，全生育期122d左右。株高109.0cm，穗长24.1cm，有效穗数259.5万/hm^2，穗粒数147.8粒，结实率86.3%，千粒重24.8g。

品质特性：糙米率81.5%，整精米率70.3%，糙米长宽比2.6，垩白粒率37%，垩白度4.1%，胶稠度69mm，直链淀粉含量22.3%。

抗性：穗瘟9级，白叶枯病7级。

产量及适宜地区：2003年晚稻参加感光组筛选试验，5个试点平均单产7 432.5kg/hm^2；2004年晚稻续试，5个试点平均单产7 966.5kg/hm^2。生产试验平均单产7 699.0kg/hm^2。适宜桂南稻作区作晚稻种植。

栽培技术要点：桂南晚稻于7月15日前播种，秧龄15～20d，插植规格23.0cm×13.2cm，每穴插2粒谷苗或采用抛栽。施足基肥，插后5～7d及时追肥，保证插后20d左右够苗。注意稻瘟病等病虫害的防治。

博优680（Boyou 680）

品种来源：广西博士园种业有限公司利用博A与测680［IR661/（IR2061/合浦野生稻）F_1］配组育成。2006年通过广西壮族自治区农作物品种审定委员会审定，审定编号为桂审稻2006059号。

形态特征和生物学特性：籼型三系杂交稻弱感光晚稻品种。群体整齐度一般，株型适中，剑叶长30.0cm、宽2.0cm左右，叶色青绿，叶姿稍披，熟期转色中。桂南晚稻种植，全生育期121d左右。株高108.7cm，穗长24.2cm，有效穗数252.0万/hm^2，穗粒数157.4粒，结实率85.4%，千粒重24.5g。

品质特性：糙米率81.9%，整精米率65.3%，糙米长宽比2.5，垩白粒率18%，垩白度2.1%，胶稠度71mm，直链淀粉含量21.7%。

抗性：抗穗瘟病9级，白叶枯病7级，耐寒性较弱。

产量及适宜地区：2003年参加桂南稻作区晚稻感光组筛选试验，5个试点平均单产7 147.5kg/hm^2；2004年晚稻续试，5个试点平均单产8 074.5kg/hm^2。生产试验平均单产7 257.0kg/hm^2。适宜桂南稻作区和桂中稻作区南部种植博优桂99的地区作晚稻种植。

栽培技术要点：桂南7月10～15日播种，秧龄15～20d，插植规格为23.0cm×13.2cm，每穴插2粒谷苗或采用抛栽。施足基肥，插后5～7d及时追肥，保证插后20d左右够苗。注意稻瘟病等病虫害的防治。

博优6811（Boyou 6811）

品种来源：广西壮族自治区农业科学院水稻研究所利用博A和R6811配组育成。2010年通过广西壮族自治区农作物品种审定委员会审定，审定编号为桂审稻2010019号。

形态特征和生物学特性：籼型三系杂交稻弱感光晚稻品种。株型紧凑，穗型大，着粒密，分蘖力中等，叶片浓绿，叶鞘、柱头、稃尖均为紫色。桂南晚稻种植，全生育期115d左右。株高116.1cm，穗长22.5cm，有效穗数232.5万/hm^2，穗粒数175.0粒，结实率84.6%，千粒重21.6g。

品质特性：糙米率80.6%，糙米长宽比2.4，整精米率69.6%，垩白粒率10%，垩白度0.8%，胶稠度76mm，直链淀粉含量23.7%。

抗性：苗叶瘟4～5级，穗瘟5～9级；白叶枯病致病Ⅳ型9级，Ⅴ型9级。

产量及适宜地区：2008年参加桂南稻作区晚稻感光组初试，6个试点平均单产6 880.5kg/hm^2；2009年续试，5个试点平均单产7 225.5kg/hm^2；两年试验平均单产7053.0kg/hm^2。2009年生产试验平均单产7 140.0kg/hm^2。适宜桂南稻作区作晚稻或桂中稻作区南部适宜种植感光型品种的地区晚稻种植。

栽培技术要点：适合中高水肥条件田块种植，桂南应在7月15日前播种。本田基肥施农家肥15 000～23 000kg/hm^2、磷肥600～750kg/hm^2；回青肥施尿素75～105kg/hm^2；分蘖肥施尿素150～187.5kg/hm^2、钾肥150～225kg/hm^2、复合肥150kg/hm^2；穗肥施尿素45～60kg/hm^2、钾肥60～75kg/hm^2。综合防治病虫害。

博优768（Boyou 768）

品种来源：广西南繁种业有限公司利用博A与R768（明恢86//R175/广恢128）组配而成。2007年通过广西壮族自治区农作物品种审定委员会审定，审定编号为桂审稻2007030号。

形态特征和生物学特性：籼型三系杂交稻弱感光晚稻品种。株型适中，分蘖力较差，穗型大。桂南晚稻种植，全生育期119d左右，株高117.1cm，穗长24.0cm，有效穗数220.5万/hm^2，穗粒数171.6粒，结实率87.0%，千粒重24.2g，谷粒长宽比2.6。

品质特性：糙米率80.9%，整精米率71.3%，糙米长宽比2.5，垩白粒率24%，垩白度3.6%，胶稠度48mm，直链淀粉含量19.5%。

抗性：苗叶瘟5～6级，穗瘟9级，白叶枯病Ⅳ型5级，Ⅴ型7级。

产量及适宜地区：2005年参加桂南稻作区晚稻感光组试验，4个试点平均单产7 639.5kg/hm^2；2006年晚稻续试，5个试点平均单产7 972.5kg/hm^2；两年试验平均单产7 806.0kg/hm^2。2006年生产试验平均单产7 413.0kg/hm^2。适宜桂南稻作区和桂中稻作区南部种植博优桂99的地区作晚稻种植。

栽培技术要点：桂南7月上旬播种，桂中南部6月底播种，秧龄18～22d。插植规格20.0cm×16.5cm，每穴栽2粒谷苗，或抛秧27.0万～33.0万穴/hm^2。施纯氮150～180kg/hm^2，氮、磷、钾肥配合施用，注意施用农家肥。注意防治稻瘟病等病虫害。

博优781（Boyou 781）

品种来源：广西壮族自治区种子公司利用博A与桂781配组育成。2001年通过广西壮族自治区农作物品种审定委员会审定，审定编号为桂审稻2001026号。

形态特征和生物学特性：籼型三系杂交稻弱感光晚稻品种。株型集散适中，剑叶较短，略内卷，分蘖力较强，后期熟色好，青枝蜡秆，主蘖穗整齐度稍差。全生育期125d，株高110.0 ～ 118.0cm，穗长24.0cm，有效穗数270.0万/hm^2左右，穗粒数130.0 ～ 140.0粒，结实率80.0%～ 85.0%，千粒重24.0g。

品质特性：糙米率81.3%，精米率74.7%，整精米率62.7%，糙米长宽比2.5，垩白粒率57%，垩白度4.8%，透明度2级，碱消值5.6级，胶稠度48mm，直链淀粉含量21.0%，蛋白质含量9.8%。

抗性：耐寒。

产量及适宜地区：1999—2000年晚稻钦北区种子公司参加品种比较试验，平均单产分别为7 642.5kg/hm^2和7 290.0kg/hm^2；2000年晚稻参加育成单位的品种比较试验，单产8 122.5kg/hm^2，同期在钦北、藤县、桂平等地进行试种示范，一般单产为6 750.0 ～ 7 500.0kg/hm^2。适宜桂南作晚稻或种植感光型品种的中稻地区。

栽培技术要点：秧田播种量150.0 ～ 225.0kg/hm^2，秧龄以25 ～ 30d为宜。早施重施分蘖肥，中期切忌偏施氮肥。后期不要断水过早。注意防治稻瘟病。

博优782（Boyou 782）

品种来源：广西壮族自治区种子公司利用博A和测782［IR661/明恢63］F_3/桂99配组育成。2010年通过广西壮族自治区农作物品种审定委员会审定，审定编号为桂审稻2010020号。

形态特征和生物学特性：籼型三系杂交稻弱感光晚稻品种。桂南晚稻种植，全生育期119d左右。株高106.0cm，穗长23.1cm，有效穗数262.5万/hm^2，穗粒数164.6粒，结实率85.4%，千粒重21.1g。

品质特性：糙米率80.7%，糙米长宽比2.5，整精米率68.4%，垩白粒率6%，垩白度0.4%，胶稠度44mm，直链淀粉含量23.5%。

抗性：苗叶瘟7级，穗瘟5～9级；白叶枯病致病Ⅳ型，Ⅴ型9级。

产量及适宜地区：2007年参加桂南稻作区晚稻感光组初试，5个试点平均单产7 455.0kg/hm^2；2008年续试，6个试点平均单产7 444.5kg/hm^2；两年试验平均单产7 450.5kg/hm^2。2009年生产试验平均单产7 378.5kg/hm^2。适宜桂南稻作区作晚稻或桂中稻作区南部适宜种植感光型品种的地区晚稻种植。

栽培技术要点：用清水浸种6～8h，浸种过程保持流动水或每隔2h换一次清水，最后捞起催芽。催芽过程避免使用塑料膜或编织袋等不透气包装物直接包裹谷堆。晚稻宜于6月底至7月上旬播种，秧龄25～30d。插（抛）30.0万～36.0万穴/hm^2。氮、磷、钾合理搭配施用。做好病虫害防治。

博优820（Boyou 820）

品种来源：广西金稻子种业有限公司利用博A和R820［CR91（明恢77/R275）/桂99］配组育成。2010年通过广西壮族自治区农作物品种审定委员会审定，审定编号为桂审稻2010022号。

形态特征和生物学特性：籼型三系杂交稻弱感光晚稻品种。株型适中，分蘖力较强，叶片边缘紫色，叶鞘紫色，颖尖紫红色，谷壳黄色。桂南晚稻种植，全生育期116d左右。株高113.2cm，穗长24.3cm，有效穗数244.5万/hm^2，穗粒数146.4粒，结实率90.0%，千粒重24.8g。

品质特性：糙米率80.7%，糙米长宽比2.6，整精米率70.0%，垩白粒率26%，垩白度1.6%，胶稠度62mm，直链淀粉含量22.2%。

抗性：苗叶瘟7级，穗瘟9级；白叶枯病致病Ⅳ型7级，Ⅴ型9级。

产量及适宜地区：2007年参加桂南稻作区晚稻感光组初试，5个试点平均单产7 473.0kg/hm^2；2008年续试，6个试点平均单产7 021.5kg/hm^2；两年试验平均单产7 248.0kg/hm^2。2009年生产试验平均单产7 485.0kg/hm^2。适宜桂南稻作区作晚稻或桂中稻作区南部适宜种植感光型品种的地区晚稻种植。

栽培技术要点：桂南7月上旬播种，桂中稻作区南部如武宣、象州、兴宾等地6月底播种，移栽叶龄5～6叶，抛栽叶龄3～4叶。每穴栽2粒谷苗，或抛秧30.0万～33.0万穴/hm^2。采用前促、中稳、后补的施肥方法。宜浅水移栽，寸水活棵，薄水促分蘖，够苗晒田。后期干干湿湿到成熟，不宜断水过早。注意防治稻瘟病和白叶枯病等病虫害。

博优8305（Boyou 8305）

品种来源：华南农业大学农学院利用博A与华恢305（N18S/华航1号）配组育成。2007年通过广西壮族自治区农作物品种审定委员会审定，审定编号为桂审稻2007028号。

形态特征和生物学特性：籼型三系杂交稻弱感光晚稻品种。株型适中，穗型大，粒重较小。桂南晚稻种植，全生育期119d左右，株高113.8cm，穗长23.5cm，有效穗数241.5万/hm^2，穗粒数193.9粒，结实率87.6%，千粒重20.7g。

品质特性：糙米率80.2%，整精米率70.4%，糙米长宽比2.8，垩白粒率22%，垩白度3.5%，胶稠度62mm，直链淀粉含量24.8%。

抗性：苗叶瘟6～9级，穗瘟9级，白叶枯病Ⅳ型9级，Ⅴ型9级。

产量及适宜地区：2005年参加桂南稻作区晚稻感光组试验，4个试点平均单产7 734.0kg/hm^2；2006年晚稻续试，5个试点平均单产8 154.0kg/hm^2；两年试验平均单产7 944.0kg/hm^2。2006年生产试验平均单产7 504.5kg/hm^2。适宜桂南稻作区和桂中稻作区南部种植博优桂99的地区作晚稻种植。

栽培技术要点：桂南7月上旬播种，桂中南部6月底播种，秧龄20～25d。插（抛）30.0万穴/hm^2左右。施足前、中期肥。本田重施底肥，早施分蘖肥，够苗后多露轻晒控苗，适施中期肥。注意防治病虫害。

博优938（Boyou 938）

品种来源：广西钦州市农业科学研究所利用博A与钦恢9308配组育成。2003年、2000年分别通过国家和广西壮族自治区农作物品种审定委员会审定，审定编号分别为国审稻2003011和桂审稻2000060号。

形态特征和生物学特性：籼型三系杂交稻弱感光晚稻品种。株型集散适中，分蘖力强，叶片挺直，叶色青绿，生势旺盛，茎秆粗壮。桂南7月上旬播种，全生育期120 ~ 123d。株高110.0cm，有效穗数285.0万/hm^{2}左右，穗粒数140.0 ~ 170.0粒，结实率80.0% ~ 85.0%，千粒重22.0 ~ 23.0g。

品质特性：糙米率78.5%，整精米率61.2%，糙米长宽比2.4，垩白粒率38%，垩白度5.3%，胶稠度82mm，直链淀粉含量24.7%。

抗性：叶瘟7级，穗瘟7级，白叶枯病3级。耐肥，抗倒伏。

产量及适宜地区：1998—1999年参加广西晚稻桂南迟熟组区试，平均单产分别为7 129.5kg/hm^{2}和6 543.0kg/hm^2；同期在钦南区、钦北区、灵山、浦北、上思等地试种2 466.7hm^2，一般单产7 500.0kg/hm^{2}左右。适宜桂南稻作区作晚稻推广种植。

栽培技术要点：博优938秧龄弹性大，在广西桂南稻区一般7月初播种，秧龄25 ~ 30d。要稀播匀播，培育多蘖壮秧。插基本苗135.0万 ~ 180.0万/hm^2，插植规格19.8cm × 13.2cm或23.1cm × 13.2cm。施足基肥，追肥采用前重、中控、后补的施肥方法，促分蘖早生快发，注意氮、磷、钾肥配合施用。薄水插秧，浅水分蘖，适时露晒田，后期不宜断水过早，保持湿润以利灌浆结实。注意防治病虫害，特别是白叶枯病及褐飞虱的防治。

博优988（Boyou 988）

品种来源：广西博白县作物品种资源研究所利用博A与广恢988配组育成。2000年通过广西壮族自治区农作物品种审定委员会审定，审定编号为桂审稻2000029号。

形态特征和生物学特性：籼型三系杂交稻弱感光晚稻品种。株型集散适中，分蘖力强，叶细短直，后期青枝蜡秆，熟色好。桂南晚稻7月上旬播种，全生育期123d。株高100.0 ~ 107.0cm，有效穗数300.0万/hm^{2}左右，穗粒数150.0粒左右，结实率88.6%左右，千粒重23.6g。

抗性：耐肥，抗倒伏。

产量及适宜地区：1998—1999年晚稻参加玉林市区试，平均单产分别为7 714.5kg/hm^{2}和7 695.0kg/hm^2；1997—1999年在博白等地试种，一般单产7 500.0kg/hm^{2}左右。适宜桂南作晚稻推广种植。

栽培技术要点：秧田播种量150.0 ~ 225.0kg/hm^2，秧龄以25 ~ 30d为宜。早施重施分蘖肥，中期切忌偏施氮肥，后期不要断水过早。注意防治稻瘟病。

博优桂168（Boyougui 168）

品种来源：广西壮族自治区农业科学院水稻研究所1994年利用博A与桂168（桂99辐射处理筛选出来的单株）配组育成。1999年通过广西壮族自治区农作物品种审定委员会审定，审定编号为桂审证字第149号。

形态特征和生物学特性：籼型三系杂交稻弱感光晚籼品种。分蘖力较强、繁茂性好，叶色较绿，抽穗整齐集中，后期转色较好。全生育期116d。株高105cm，有效穗数285.0万/hm^2，穗粒数106.0粒，结实率87.0%，千粒重22.6g。

品质特性：糙米率80.4%，精米率72.6%，透明度2级，碱消值7.0级，胶稠度88mm，直链淀粉含量22.5%，蛋白质含量9.9%。外观米质较优，饭有香味。

抗性：稻瘟高感（9级），白叶枯病中抗（3级），褐飞虱高感（9级）。抗倒伏能力中等。

产量及适宜地区：1996年晚稻参加广西区试，桂南稻作区5个试点平均单产5 839.5kg/hm^2；1997年晚稻复试，桂南稻作区6个试点平均单产5 010kg/hm^2；1998年在桂南桂中稻作区6个生产试验点平均单产6 802.5kg/hm^2，其中桂南武鸣、邕宁、兴业3个点平均单产7 176.0kg/hm^2；桂中贺州、武宣、象州3个点平均单产6 427.5kg/hm^2。同年面上生产试验、试种40.0hm^2，平均单产6 750.0kg/hm^2以上。适宜桂南稻作区和桂中稻作区南部中等田晚稻推广。

栽培技术要点：参照博优桂99进行。注意中期晒好田，防止倒伏。做好以防治稻瘟病为主的病虫害防治工作。

博优桂55（Boyougui 55）

品种来源：广西壮族自治区农业科学院水稻研究所利用博A与桂55配组育成。2000年通过广西壮族自治区农作物品种审定委员会审定，审定编号为桂审稻2000019号。

形态特征和生物学特性：籼型三系杂交稻弱感光晚稻品种。株型松散，分蘖力强，后期熟色好。桂南晚稻7月上旬播种，全生育期121d。株高98cm，有效穗数270万～300万/hm^2，穗粒数125粒，结实率89.4%，千粒重26.0g。

品质特性：糙米率81.9%，精米率75.3%，整精米率70.6%，糙米长宽比2.7，垩白粒率59%，垩白度7.6%，透明度2级，碱消值6.8级，胶稠度36mm，直链淀粉含量21.0%，蛋白质含量11.1%。

抗性：中等叶瘟、穗瘟（5级），中等白叶枯病（5级），耐肥、耐寒性强。

产量及适宜地区：1998年晚稻育成单位试验，单产为7 875.0kg/hm^2；1999年晚稻参加广西区试，桂南6个试点平均单产6 036.0kg/hm^2，同时在武鸣、贵港、平南、宾阳、扶绥等地进行多点试种，一般单产6 000.0～6 750.0kg/hm^2。适宜桂南作晚稻推广种植。

栽培技术要点：秧田播种量150.0～225.0kg/hm^2，秧龄以25～30d为宜。早施重施分蘖肥，中期切忌偏施氮肥。后期不要断水过早。注意防治稻瘟病。

博优桂99（Boyougui 99）

品种来源：广西壮族自治区农业科学院水稻研究所1990年早季利用博A与桂99配组育成。1993年通过广西壮族自治区农作物品种审定委员会审定，审定编号为桂审证字第087号。

形态特征和生物学特性：籼型三系杂交稻弱感光晚稻品种。株型好，分蘖多，集散适中，繁茂性好，叶片挺直，剑叶角度小，茎秆较硬，成熟后期青枝蜡秆，转色好。桂南稻作区全生育期121d。株高95.71cm，有效穗数309.0万/hm^2，穗粒数124.0粒，结实率83.06%，千粒重23.3g。

品质特性：糙米率83.2%，精米率73.4%，整精米率67.4%，碱消值5.0级，胶稠度56mm，直链淀粉含量23.0%，蛋白质含量8.4%。

抗性：抗倒伏能力较强，后期耐寒。

产量及适宜地区：1990年晚稻参加广西壮族自治区农业科学院水稻研究所进行品比试验，单产6 327.0kg/hm^2；1991年晚稻参加广西晚稻区试，桂南10个试点，平均单产5 992.5kg/hm^2；1992年晚稻续试，平均单产6 930kg/hm^2。适宜桂南稻作区作晚稻种植。

栽培技术要点：在桂南稻作区晚稻7月上旬播种，培育多蘖壮秧，秧龄25 ~ 30d。插基本苗60万/hm^{2}左右，插植规格19.8cm×13.2cm或19.8cm×16.5cm，每穴插2粒谷苗。施足基肥，追肥宜采用前重、中控、后补的施肥方法。

博优航6号（Boyouhang 6）

品种来源：广西南宁三益新品农业有限公司、广西亚航农业科技有限公司利用博A和R623配组育成。2005年通过广西壮族自治区农作物品种审定委员会审定，审定编号为桂审稻2005028号。

形态特征和生物学特性：籼型三系杂交稻弱感光晚稻品种。群体长势一般，株型适中，叶色青绿，叶姿较挺，剑叶长28.7cm，宽1.5cm，熟期转色好，穗型较密，较易落粒，谷壳深黄色，稃尖紫色。桂南晚稻种植，全生育期115d左右。株高111.2cm，穗长23.5cm，有效穗数271.5万/hm^2，穗粒数144.9粒，结实率86.8%，千粒重22.0g。

品质特性：糙米率81.3%，整精米率71.1%，谷粒长宽比3.1，糙米长宽比2.8，垩白粒率14%，垩白度1.4%，胶稠度74mm，直链淀粉含量24.2%。

抗性：穗瘟9级，白叶枯病7级。

产量及适宜地区：2003年晚稻参加感光组区试，5个试点平均单产7 482.0kg/hm^2；2004年晚稻续试，4个试点平均单产7 671.0kg/hm^2。生产试验平均单产7 083.0kg/hm^2。适宜桂南稻作区和桂中稻作区南部种植博优桂99的地区作晚稻种植。

栽培技术要点：桂南稻作区宜在7月上中旬播种，桂中稻作区南部如武宣、象州、兴宾、宜州等地宜在7月初播种。栽插规格26.4cm×13.2cm，每穴栽2粒谷苗。磷肥作基肥施用；施纯氮150～165kg/hm^2，返青后施70%，之后则视苗情适量追施；施氯化钾112.5kg/hm^{2}左右。达525.0万/hm^{2}左右晒田。注意防治稻瘟病等。

博优晚三（Boyouwansan）

品种来源：广西玉林市种子公司利用博A与晚三配组育成。2000年通过广西壮族自治区农作物品种审定委员会审定，审定编号为桂审稻2000030号。

形态特征和生物学特性：籼型三系杂交稻弱感光晚稻品种。株型集散适中，分蘖力强，生势较强，剑叶短窄，叶角小，茎秆粗壮，根系发达，长势繁茂，抽穗整齐，后期青枝蜡秆，熟色好。全生育期122d。株高100.0cm左右，有效穗数300.0万/hm^2左右，穗粒数130.0粒左右，结实率80.0%左右，千粒重24.8g。

品质特性：米质稍差。

抗性：叶、穗瘟7级，白叶枯病2级。耐寒性强，耐肥，抗倒伏。

产量及适宜地区：1994—1995年晚稻参加玉林市区试，平均单产分别为5 460.0kg/hm^2和5 970.0kg/hm^2；1998年参加广西区试，平均单产6 814.5kg/hm^2。玉林市种植面积达3.3万hm^2，一般单产7 500.0kg/hm^2左右。适宜桂南作晚稻推广种植。

栽培技术要点：秧田播种量150.0 ~ 225.0kg/hm^2，秧龄以25 ~ 30d为宜。早施重施分蘖肥，中期切忌偏施氮肥，后期不要断水过早。注意防治稻瘟病。

博优香1号（Boyouxiang 1）

品种来源：广西博白县农业科学研究所利用自育成的博A与香恢1号配组育成。2001年通过广西壮族自治区农作物品种审定委员会审定，审定编号为桂审稻2001021号。

形态特征和生物学特性：籼型三系杂交稻弱感光晚稻品种。株型紧凑，分蘖力较强，茎秆粗壮，叶片细直，后期熟色好，谷粒细长。桂南种植，7月上旬播种，全生育期122d。株高100.0cm左右，有效穗数270.0万～315.0万/hm^2，穗粒数130.9粒，结实率82.2%，千粒重21.5g。

品质特性：米质较优，饭香、松软可口。

抗性：较抗稻瘟病和白叶枯病。耐肥，抗倒伏性较强。

产量及适宜地区：1992—1993年晚稻参加玉林地区区试，8个试点平均单产分别为6 415.5kg/hm^2、6 405.0kg/hm^2；1992年晚稻在陆川米场镇乐宁村连片种植102.7hm^2，经抽样验收，平均单产8 125.5kg/hm^2。1992—2001年玉林市累计种植面积2.4万hm^2，一般单产6 000.0～6 750.0kg/hm^2。适宜桂南稻作区作晚稻推广种植。

栽培技术要点：秧田播种量150.0～225.0kg/hm^2，秧龄以25～30d为宜；早施重施分蘖肥，中期切忌偏施氮肥；后期不要断水过早；注意防治稻瘟病。

丰田优553（Fengtianyou 553）

品种来源：广西壮族自治区农业科学院水稻研究所利用丰田1A与桂恢553配组而成。2013年通过广西壮族自治区农作物品种审定委员会审定，审定编号桂审稻2013027号。

形态特征和生物学特性：籼型三系杂交稻弱感光晚稻品种。桂南晚稻种植全生育期120d左右。叶鞘、叶片绿色，穗型松散下垂，谷粒颖尖秆黄色，有短顶芒。株高109.1cm，穗长23.0cm，有效穗数279.0万/hm^2，每穗总粒数135.8粒，结实率86.1%，千粒重23.3g。

品质特性：糙米率81.0%，整精米率62.2%，长宽比3.5，垩白粒率11%，垩白度1.0%，胶稠度79mm，直链淀粉含量12.4%。

抗性：穗瘟9级，白叶枯病7～9级；感稻瘟病，感—高感白叶枯病。

产量及适宜地区：2011年参加桂南稻作区晚稻感光组筛选试验，平均单产7 284.0kg/hm^2；2012年区域试验，平均单产7 444.5kg/hm^2；两年试验平均单产7 365.0kg/hm^2；2012年生产试验平均单产7 297.5kg/hm^2。适宜桂南稻作区作晚稻种植。

栽培技术要点：7月15日前播种期。大田用种量15.0～22.5kg/hm^2，双株植或抛秧，抛栽30.0万穴/hm^2。本田基肥施农家肥15 000～22 500kg/hm^2、磷肥600～750kg/hm^2；回青施肥尿素75～105kg/hm^2；分蘖肥施尿素150～187.5kg/hm^2、钾肥150～225kg/hm^2；穗肥施尿素45～60kg/hm^2、钾肥60～75kg/hm^2。移栽后15～20d露晒田，幼穗分化开始时回水，并视苗情补肥。抽穗扬花期保持田面水层，灌浆期保持干干湿湿到黄熟，收获前1周排水。及时防治病虫害。

金优358（Jinyou 358）

品种来源：广西大学利用金23A与测358（R5759/桂99）配组育成。2007年通过广西壮族自治区农作物品种审定委员会审定，审定编号为桂审稻2007038号。

形态特征和生物学特性：籼型三系杂交稻弱感光晚稻品种。植株较高，剑叶较长，熟期转色一般。桂南、桂中晚稻种植，全生育期111d左右。株高112.9cm，穗长25.4cm，有效穗数240.0万/hm^2，穗粒数176.5粒，结实率75.8%，千粒重24.8g。

品质特性：糙米率81.5%，整精米率70.2%，糙米长宽比3.3，垩白粒率21%，垩白度2.2%，胶稠度60mm，直链淀粉含量21.7%。

抗性：苗叶瘟6～9级，穗瘟9级，白叶枯病Ⅳ型9级，Ⅴ型9级。

产量及适宜地区：2005年参加晚稻优质组试验，5个试点平均单产6 900.0kg/hm^2；2006年晚稻续试，5个试点平均单产7 639.5kg/hm^2；两年平均单产7 270.5kg/hm^2。2006年晚稻生产试验平均单产7 207.5kg/hm^2。适宜桂南稻作区和桂中稻作区南部作晚稻种植。

栽培技术要点：桂南7月15日前、桂中6月底至7月初播种，秧龄20d左右，大田用种量22.5kg/hm^2。栽插规格26.5cm×13.0cm，每穴插2粒谷苗。施纯氮150kg/hm^2左右，增施有机肥和磷钾肥。注意稻瘟病等病虫害的防治。

兰优1972（Lanyou 1972）

品种来源：广西南宁市沃德农作物研究所利用兰A和R1972（广恢998/R273）配组育成。2009年通过广西壮族自治区农作物品种审定委员会审定，审定编号为桂审稻2009022号。

形态特征和生物学特性：籼型三系杂交稻弱感光晚稻品种。株型适中，黄熟期稍散，前期叶片披，中后期上举，剑叶直立、稍内卷，叶色浅绿，叶鞘、稃尖紫色，谷色淡黄，细长型。桂南晚稻种植，全生育期114d左右。株高118.3cm，穗长23.8cm，有效穗数265.5万/hm^2，穗粒数148.0粒，结实率82.3%，千粒重23.7g。

品质特性：糙米率82.6%，整精米率70.9%，糙米长宽比3.4，垩白粒率8%，垩白度0.6%，胶稠度65mm，直链淀粉含量23.5%。

抗性：苗叶瘟6级，穗瘟9级，白叶枯病Ⅳ型7级，Ⅴ型7级。

产量及适宜地区：2006年参加桂南稻作区晚稻感光组初试，6个试点平均单产7 368.0kg/hm^2；2007年续试，5个试点平均单产7 980.0kg/hm^2；两年试验平均单产7 674.0kg/hm^2。2008年生产试验平均单产7 546.5kg/hm^2。适宜桂南稻作区作晚稻种植。

栽培要点：7月上旬播种。移栽秧龄5.0 ~ 5.5叶，抛栽秧龄2.5 ~ 3.5叶。插植规格24.0cm × 16.0cm，双株植或抛栽25.5万 ~ 30.0万穴/hm^2。不耐氮肥，适宜中低肥力水平栽培。其他参照博优253等感光型品种进行。

亮优1606（Liangyou 1606）

品种来源：广西瑞特种子有限责任公司利用亮A与R1606配组而成。2011年通过广西壮族自治区农作物品种审定委员会审定，审定编号为桂审稻2011024号。

形态特征和生物学特性：籼型三系杂交稻感光晚稻品种。桂南晚稻种植全生育期115d左右。株型集散适中，茎秆粗壮，分蘖力强，叶片挺直、较厚，叶色绿，叶鞘、稃尖紫色，外观米质优。株高117.4cm，穗长24.3cm，有效穗数244.5万/hm^2，每穗总粒数153.5粒，结实率77.5%，千粒重24.4g。

品质特性：糙米率81.8%，整精米率66.6%，长宽比2.8，垩白粒率16%，垩白度2.2%，胶稠度60mm，直链淀粉含量22.3%。

抗性：苗叶瘟5～7级，穗瘟3～5级，稻瘟病抗性水平为中感—感；白叶枯病Ⅳ型5～7级，Ⅴ型7级，白叶枯抗性评价为中感—感病。

产量及适宜地区：2009年参加桂南稻作区晚稻感光组初试，5个试点平均单产6 837.0kg/hm^2；2010年复试，5个试点平均单产6 852.0kg/hm^2；两年试验平均单产6 844.5kg/hm^2。2010年生产试验平均单产7 765.5kg/hm^2。适宜桂南稻作区作晚稻种植。

栽培技术要点：根据当地种植习惯与博优253同期播种，秧龄25d左右，叶龄4.0～5.0叶移栽，插植规格23.0cm×13.0cm，每穴栽2粒谷苗，栽基本苗105.0万～120.0万/hm^2，或抛秧30.0万～33.0万穴/hm^2。本田以农家肥为主，重施基肥，早施追肥，一般需施纯氮150～180kg/hm^2，氮、磷、钾配合施用，氮、磷、钾比例为1∶0.5∶1，中后期注意控氮肥和防倒伏；前期浅灌，够苗晒田，后期干湿交替至成熟，避免断水过早。注意防治病虫鼠害。

龙优131（Longyou 131）

品种来源：广东源泰农业科技有限公司、广西南宁华优种子有限公司利用龙A和R131［(广恢122/恢968）/（桂99/广恢128)］配组育成。2009年通过广西壮族自治区农作物品种审定委员会审定，审定编号为桂审稻2009021号。

形态特征和生物学特性：籼型三系杂交稻弱感光晚稻品种。株型集散适中，叶色浓绿，前期叶片稍披，剑叶较长，直立，叶鞘、稃尖紫色，穗型、着粒密度一般，谷壳深黄。桂南晚稻种植，全生育期114d左右。株高114.1cm，穗长23.3cm，有效穗数253.5万/hm^2，穗粒数154.9粒，结实率85.4%，千粒重22.9g。

品质特性：糙米率81.4%，整精米率71.3%，糙米长宽比2.7，垩白粒率12%，垩白度1.4%，胶稠度51mm，直链淀粉含量17.8%。

抗性：苗叶瘟7级，穗瘟9级，白叶枯病Ⅳ型7级，Ⅴ型7～9级。

产量及适宜地区：2007年参加桂南稻作区晚稻感光组初试，5个试点平均单产8 007.0kg/hm^2；2008年续试，6个试点平均单产7 338.0kg/hm^2；两年试验平均单产7 671.0kg/hm^2。2008年生产试验平均单产7 852.5kg/hm^2。适宜桂南稻作区作晚稻或桂中稻作区南部适宜种植感光型品种的地区晚稻种植。

栽培技术要点：7月15日前播种，秧田要下足基肥，稀播匀播；1叶1心时秧田喷多效唑1.2kg/hm^2，培育多蘖壮秧。双株植，插足基本苗120.0万/hm^2，抛秧120～150盘/hm^2。增施钾肥225kg/hm^2以上。其他参照博优253等感光型品种进行。

龙优268（Longyou 268）

品种来源：广西岑溪市种子公司利用龙A与岑恢268（粤香占/桂99）配组育成。2007年通过广西壮族自治区农作物品种审定委员会审定，审定编号为桂审稻2007035号。

形态特征和生物学特性：籼型三系杂交稻弱感光晚稻品种。株型适中，叶色浓绿，叶姿挺直，谷壳深褐色。桂南晚稻种植，全生育期114d左右。株高117.3cm，穗长22.8cm，有效穗数265.5万/hm^2，穗粒数146.2粒，结实率90.6%，千粒重23.8g。

品质特性：糙米率81.0%，整精米率71.2%，谷粒长宽比3.1，糙米长宽比2.7，垩白粒率14%，垩白度2.5%，胶稠度61mm，直链淀粉含量15.1%。

抗性：苗叶瘟6～7级，穗瘟9级，白叶枯病Ⅳ型5级，Ⅴ型9级。

产量及适宜地区：2005年参加桂南稻作区晚稻感光组试验，4个试点平均单产7 804.5kg/hm^2；2006年晚稻续试，5个试点平均单产7 888.5kg/hm^2；两年试验平均单产7 846.5kg/hm^2。2006年生产试验平均单产7 621.5kg/hm^2。适宜桂南稻作区和桂中稻作区南部种植博优桂99的地区作晚稻种植。

栽培技术要点：桂南7月15日前播种，桂中南部6月底至7月初播种，秧龄控制在18～22d以内，插基本苗105.0万～120.0万/hm^2。施足基肥，早施重施分蘖肥，巧施攻胎肥，后期看苗补施穗施，氮、磷、钾比例为1∶0.5∶1。及时防治病虫害。

美优1025（Meiyou 1025）

品种来源：广西壮族自治区农业科学院水稻研究所利用自选的美A和桂1025配组而成。2001年通过广西壮族自治区农作物品种审定委员会审定，审定编号为桂审稻2001041号。

形态特征和生物学特性：籼型三系杂交稻弱感光晚稻品种，全生育期123d，株型集散适中，分蘖力强，繁茂性好，后期耐寒性好，青枝蜡秆，熟色好，株高105.0cm，有效穗300.0万/hm^2左右，每穗总粒数156粒，结实率83.0%，千粒重21.0g。

品质特性：谷粒细长形，外观米质好。

抗性：抗稻瘟病，耐寒。

产量及适宜地区：1999—2000年晚稻参加育成单位的品比试验，平均单产分别为7 011.0kg/hm^2和7 312.5kg/hm^2。1999年以来，在武鸣、合浦、北流、南宁郊区等地试种示范，累计面积1.1万hm^2，平均单产6 900.0 ~ 7 500.0kg/hm^2。适宜桂南作晚稻推广种植。

栽培技术要点：参照博优桂99。

美优138（Meiyou 138）

品种来源：广西壮族自治区农业科学院水稻研究所利用自选的不育系美A和恢复系138配组育成。2001年通过广西壮族自治区农作物品种审定委员会审定，审定编号为桂审稻2001040号。

形态特征和生物学特性：籼型三系杂交稻弱感光晚稻品种。株叶型紧凑，分蘖力强，叶片窄短挺直，繁茂性好，稃尖紫色，谷粒细长形。桂南种植，7月上旬播种，全生育期125 ~ 127d。株高108.0cm，有效穗数300.0万 ~ 375.0万/hm^2，穗粒数188粒，结实率82.0% ~ 90.0%，千粒重21.3g。

品质特性：糙米率82.1%，精米率75.4%，整精米率63.8%，糙米长宽比3.0，垩白粒率17%，垩白度1.2%，透明度2级，碱消值7.0级，胶稠度41mm，直链淀粉含量24.8%，蛋白质含量9.4%。外观米质较优。

抗性：抗稻瘟病，耐寒。

产量及适宜地区：1999年晚稻参加育成单位的品比试验，平均单产7 692.0kg/hm^2；2000年晚稻在藤县、桂平进行生产试验，平均单产分别为7 648.5kg/hm^{2}和7 137.0kg/hm^2。1999年以来，在武鸣、邕宁、隆安、田东、百色、玉林、桂平、藤县、南宁郊区等地试种示范，累计面积6 200.0hm^2，平均单产6 750.0 ~ 7 500.0kg/hm^2。适宜桂南作晚稻推广种植。

栽培技术要点：7月上旬播种，秧龄20 ~ 25d，8月初移栽大田为宜。一般秧田播种量150.0kg/hm^2，本田插植基本苗90.0万/hm^2，有效穗300.0万/hm^{2}左右。氮、磷、钾比例为1.0 : 0.8 : 1.2。浅水移栽，薄水分蘖，够苗晒田，保持水层抽穗、灌浆，干干湿湿到成熟。防治三化螟、稻飞虱、稻纵卷叶螟和稻瘟病、白叶枯病及鼠害。

美优198（Meiyou 198）

品种来源：广西壮族自治区农业科学院水稻研究所利用美A与R198配组而成。2005年通过广西壮族自治区农作物品种审定委员会审定，审定编号为桂审稻2005029号。

形态特征和生物学特性：籼型三系杂交稻弱感光晚稻品种。长势繁茂，株型适中，叶色青绿，叶姿稍披，熟期转色好。桂南晚稻种植，全生育期125d左右。株高105.5cm，穗长24.1cm，有效穗数265.5万/hm^2，穗粒数147.0粒，结实率83.3%，千粒重23.6g。

品质特性：糙米率82.0%，整精米率69.9%，糙米长宽比3.1，垩白粒率26%，垩白度4.2%，胶稠度75mm，直链淀粉含量25.1%。

抗性：穗瘟7级，白叶枯病5级。

产量及适宜地区：2003年晚稻参加感光组筛选试验，5个试点平均单产6 898.5kg/hm^2；2004年晚稻续试，4个试点平均单产8 001.0kg/hm^2。生产试验平均单产7 494.0kg/hm^2。适宜桂南稻作区作晚稻种植。

栽培技术要点：桂南在7月10日前播种。5.0 ~ 6.0叶秧龄移栽或3.0 ~ 3.5叶抛栽。肥力较高的田块栽插规格20.0cm × 16.5cm或20.0cm × 20.0cm，肥力较低的田块栽插规格20.0cm × 13.2cm。注意病、虫、鼠害综合防治。

美优998（Meiyou 998）

品种来源：广西壮族自治区农业科学院水稻研究所利用美A与广恢998配组育成。2005年通过广西壮族自治区农作物品种审定委员会审定，审定编号为桂审稻2005031号。

形态特征和生物学特性：籼型三系杂交稻弱感光晚稻品种。群体生长整齐，长势繁茂，株型紧束，叶色浓绿，叶姿较挺，熟期转色好。桂南晚稻种植，全生育期120d左右。株高108.1cm，穗长23.5cm，有效穗数289.5万/hm^2，穗粒数153.2粒，结实率87.1%，千粒重21.6g。

品质特性：糙米率81.9%，整精米率69.9%，糙米长宽比3.0，垩白粒率26%，垩白度3.1%，胶稠度88mm，直链淀粉含量21.7%。

抗性：穗瘟9级，白叶枯病5级，耐寒性强。

产量及适宜地区：2003年晚稻参加感光组区试，5个试点平均单产8 061.0kg/hm^2；2004年晚稻续试，5个试点平均单产8 046.0kg/hm^2。生产试验平均单产7 894.5kg/hm^2。适宜桂南稻作区作晚稻种植。

栽培技术要点：桂南7月10日前播种，5.0 ~ 6.0叶秧龄移栽，3.0 ~ 3.5叶抛栽。早施、重施追肥，促早生快发，氮、磷、钾合理搭配。注意稻瘟病等病虫害的防治。

美优桂99（Meiyougui 99）

品种来源：广西壮族自治区农业科学院水稻研究所利用美A和桂99配组而成。2001年通过广西壮族自治区农作物品种审定委员会审定，审定编号为桂审稻2001039号。

形态特征和生物学特性：籼型三系杂交稻弱感光晚稻品种。株型紧凑，分蘖力强，叶片窄短挺直，繁茂性好，稃尖紫色，谷粒细长型。桂南种植，7月上旬播种，全生育期125d左右。株高115.0cm，有效穗数300.0万～330.0万/hm^2，穗粒数125粒，结实率80.0%，千粒重22.2g。

品质特性：糙米率82.4%，精米率75.6%，整精米率60.6%，糙米长宽比3.1，垩白粒率23%，垩白度2.6%，透明度1级，碱消值7.0级，胶稠度59mm，直链淀粉含量23.0%，蛋白质含量9.8%。

抗性：叶瘟5级、穗瘟7级，白叶枯病3级。

产量及适宜地区：1999年晚稻参加广西种子公司五塘点水稻新品种试验，平均单产为6 777.0kg/hm^2；同期参加育成单位品比试验，平均单产6 808.5kg/hm^2；2000年晚稻参加广西区试，平均单产5 733.0kg/hm^2。1998年以来，在武鸣、邕宁、隆安、百色、北流、合浦等地试种示范，累计面积6 666.7hm^2，平均单产6 750.0～7 500.0kg/hm^2。适宜桂南作晚稻推广种植。

栽培技术要点：注意适时早播，早管理，早施、重施追肥。其他参照博优桂99进行。

秋长优2号（Qiuchangyou 2）

品种来源：广西博白县作物品种资源研究所利用秋长A与R228（香恢1号/广恢128）配组育成。2006年通过广西壮族自治区农作物品种审定委员会审定，审定编号为桂审稻2006053号。

形态特征和生物学特性：籼型三系杂交稻弱感光晚稻品种。株型适中，整齐度中等，分蘖较弱，叶鞘、稃尖紫色，穗长粒多，熟期转色较好，谷粒淡黄色，无芒。桂南晚稻种植，全生育期121d左右。株高105.4cm，穗长24.9cm，有效穗数262.5万/hm^2，穗粒数155.2粒，结实率79.4%，千粒重25.5g。

品质特性：糙米长宽比3.1，糙米率81.9%，整精米率59.8%，谷粒长10.4mm，谷粒长宽比3.2，垩白粒率39%，垩白度4.1%，胶稠度62mm，直链淀粉含量24.7%。

抗性：苗叶瘟5级，穗瘟9级，穗瘟损失率97%，白叶枯病5级，高感稻瘟病。

产量及适宜地区：2004年晚稻参加玉林市筛选试验，5个试点平均单产7 270.5kg/hm^2；2005年晚稻区域试验，4个试点平均单产7 960.5kg/hm^2。2005年生产试验平均单产7 320.0kg/hm^2。适宜桂南稻作区和桂中稻作区南部种植博优桂99的地区作晚稻种植。

栽培技术要点：桂南7月上旬播种，桂中稻作区南部如武宣、象州、兴宾、宜州等地6月底播种，秧龄18～22d。插植规格23.0cm×13.0cm或26.0cm×13.0cm，每穴栽2粒谷苗，或抛秧27.0万～33.0万穴/hm^2。基蘖肥占总施肥量的60%左右，一般用纯氮150～180kg/hm^2，氮、磷、钾肥配合施用，注意施用农家肥。注意防治稻瘟病和白叶枯病等病虫害。

秋长优3号（Qiuchangyou 3）

品种来源：广西博白县作物品种资源研究所利用秋长A（秋A // 秋B/博B）与3号（R988/玉恢212）配组育成，R988是从野奥丝苗2号中系统选育而成。2005年通过广西壮族自治区农作物品种审定委员会审定，审定编号为桂审稻2005034号。

形态特征和生物学特性：籼型三系杂交稻弱感光晚稻品种。长势繁茂，株型适中，叶色青绿，叶姿较挺，熟期转色一般，较易落粒。桂南晚稻种植，全生育期122 ~ 125d。株高101.7cm，穗长24.1cm，有效穗数295.5万/hm^2，穗粒数142.2粒，结实率75.4%，千粒重23.0g。

品质特性：糙米长宽比3.1，糙米率83.3%，整精米率66.4%，垩白粒率6%，垩白度0.4%，胶稠度83mm，直链淀粉含量21.4%。

抗性：穗瘟9级，白叶枯病7级。

产量及适宜地区：2002年晚稻参加优质组区试，5个试点平均单产6 637.5kg/hm^2；2003年晚稻续试，5个试点平均单产6 543.0kg/hm^2；2004年晚稻再试，5个试点平均单产7 323.0kg/hm^2。生产试验平均单产6 462.0kg/hm^2。适宜桂南稻作区作晚稻种植。

栽培技术要点：桂南晚稻于7月上旬播种，7月底8月初移栽。大田用种量19.5 ~ 22.5kg/hm^2。栽30.0万 ~ 37.5万穴/hm^2，基本苗120.0万 ~ 150.0万/hm^2。注意稻瘟病等病虫害的综合防治。

秋优1025（Qiuyou 1025）

品种来源：广西壮族自治区农业科学院杂交水稻研究中心利用秋A与桂1025配组而成。2003年、2000年分别通过国家和广西壮族自治区农作物品种审定委员会审定，审定编号分别为国审稻2003010和桂审稻2000016号。2009年获广西科技进步一等奖。

形态特征和生物学特性：籼型三系杂交稻弱感光晚稻品种。株型集散适中，分蘖力强，叶片直立不披垂，繁茂性好，转色好，谷粒细长，米质好，无腹白，较易落粒。全生育期120～122d。株高100.0cm左右，有效穗数285.0万～300.0万/hm^2，穗粒数185.0粒左右，结实率80.0%～87.0%，千粒重18.3～19.0g。

品质特性：糙米长宽比3.1，糙米率81.8%，精米率75.1%，整精米率62.1%，垩白粒率24%，垩白度4.1%，透明度2级，碱消值7.0级，胶稠度58mm，直链淀粉含量22.5%，蛋白质含量10.2%。

抗性：中抗叶瘟（4级），中感穗瘟（7级），中抗白叶枯病（4级）。后期耐寒。

产量及适宜地区：1999年晚稻参加广西区试，桂南6个试点平均单产为5 574.0kg/hm^2。在进行区试的同时，在上林、玉州、北流、田阳、邕宁、合浦等地进行生产试验和试种示范，其中1999年上林县单产为6 084.0kg/hm^2。一般单产6 750.0～7 500.0kg/hm^2。2000—2008年广西每年种植面积3.0万～7.0万hm^2。至2008年年底，广西、广东、海南三省份累计种植139.9万hm^2。适宜桂南作晚稻推广种植。

栽培技术要点：7月初播种，培育多蘖壮秧苗，宜采用旱育稀植和旱育秧小苗抛栽技术，大田用种量15.0kg/hm^2。大田插30.0万～37.5万穴/hm^2，如采用抛秧，大田不少于750盘/hm^2。基肥施农家肥6 000～7 500kg/hm^2、碳酸氢铵375kg/hm^2、磷肥375kg/hm^2、钾肥105～120kg/hm^2；插后5d施回青肥，施尿素105～120kg/hm^2、钾肥105～120kg/hm^2；分蘖肥施尿素105～120kg/hm^2。后期不宜断水过早。加强对白叶枯病及褐飞虱的防治。达到九成熟时收获。

秋优623（Qiuyou 623）

品种来源：广西南宁三益新品农业有限公司利用秋A与R623配组育成，R623来源于国际水稻研究所IR65623-94-3-1-3-3。2006年通过广西壮族自治区农作物品种审定委员会审定，审定编号为桂审稻2006057号。

形态特征和生物学特性：籼型三系杂交稻弱感光晚稻品种。株叶型适中，分蘖较强，长势繁茂，有效穗多，穗型较大，结实率较低，熟期转色一般，谷壳黄色，稃尖紫色。桂南晚稻种植，全生育期121d左右。株高110.4cm，穗长24.1cm，有效穗数309万/hm^2，穗粒数149.4粒，结实率78.9%，千粒重21.3g。

品质特性：糙米率81.8%，整精米率67.7%，谷粒长8.9mm，谷粒长宽比3.87，糙米长宽比3.2，垩白粒率13%，垩白度2.3%，胶稠度66mm，直链淀粉含量23.3%。

抗性：苗叶瘟5级，穗瘟9级，白叶枯病5级，高感稻瘟病。

产量及适宜地区：2004年晚稻参加桂南感光组筛选试验，4个试点平均单产7 231.5kg/hm^2；2005年晚稻区域试验，4个试点平均单产7 377.0kg/hm^2。2005年生产试验平均单产7 158.0kg/hm^2。适宜桂南稻作区和桂中稻作区南部种植博优桂99的地区作晚稻种植。

栽培技术要点：桂南7月上旬播种，桂中稻作区南部如武宣、象州、兴宾、宜州等地6月底播种，秧龄18 ~ 22d。插植规格23.0cm × 13.0cm，每穴栽2粒谷苗，或抛秧30.0万~ 33.0万穴/hm^2。施纯氮150 ~ 165kg/hm^2，返青后施70%，之后则视苗情适量追施；施氯化钾112.5kg/hm^2左右；分蘖达525.0万苗/hm^2左右时及时晒田。注意稻瘟病等病虫害的防治。

秋优桂168（Qiuyougui 168）

品种来源：广西壮族自治区农业科学院水稻研究所利用秋A与桂168配组育成。2000年通过广西壮族自治区农作物品种审定委员会审定，审定编号为桂审稻2000018号。

形态特征和生物学特性：籼型三系杂交稻弱感光中熟晚稻品种。长势旺盛，分蘖力强，茎秆软。桂南、桂中南部晚稻7月上旬播种，全生育期116d。株高105cm，有效穗数315万/hm^2左右，穗粒数125粒，结实率81.3%，千粒重22.5g。

品质特性：糙米率81.8%，精米率74.8%，整精米率65.3%，糙米长宽比2.8，垩白粒率18.0%，垩白度1.2%，透明度2级，碱消值5.9级，胶稠度43mm，直链淀粉含量22.0%，蛋白质含量10.4%。外观米质优，米饭柔软可口，有清香味。

抗性：中等叶瘟（5级），中感穗瘟（7级），中抗白叶枯病（3级），抗倒伏性稍差。

产量及适宜地区：1998年晚稻育成单位试验，单产为6 325.5kg/hm^2；1999年晚稻参加广西区试，优质谷组桂南、桂中3个试点平均单产为6 321.0kg/hm^2，同时在南宁市、武宣等地进行多点试种，一般单产6 000.0 ~ 6 750.0kg/hm^2。适宜桂中南部和桂南作晚稻推广种植。

栽培技术要点：秧龄以18 ~ 22d为宜，抛秧可缩短3 ~ 4d。施足基肥，早施分蘖肥，促早生快发，提高成穗率。及时露晒田，增强抗倒伏能力。成熟后及时收获。

秋优桂99（Qiuyougui 99）

品种来源：广西壮族自治区农业科学院杂交水稻研究中心利用秋A和桂99配组而成，2000年通过广西壮族自治区农作物品种审定委员会审定，审定编号为桂审稻2000015号。

形态特征和生物学特性：籼型三系杂交稻弱感光晚稻品种。株型集散适中，分蘖力强，叶片直立不披垂，繁茂性好，转色较好，谷粒细长，米质好，无腹白。桂南全生育期125 ~ 127d。株高100cm左右，有效穗数285.0万~ 315.0万/hm^2，穗粒数160.0粒左右，结实率85.0%左右，千粒重20.0g。

品质特性：糙米长宽比3.0，糙米率82.3%，精米率75.2%，整精米率60.5%，垩白粒率23%，垩白度4.9，透明度2级，碱消值6.9级，胶稠度50mm，直链淀粉含量21.9%，蛋白质含量10.4%。

抗性：中等叶瘟（5级），中感穗瘟（7级），中抗白叶枯病（3级），耐寒。

产量及适宜地区：1996—1997年晚稻参加广西区试，桂南6个试点平均单产分别为5 571.0kg/hm^{2}和4 047.0kg/hm^2。1996年起在平南、田阳、平果、玉州、北流等地进行生产试验和扩大试种，一般单产6 750.0 ~ 7 500.0kg/hm^2。适宜桂南作晚稻推广种植。

栽培技术要点：大田用种量18.8kg/hm^2，秧田播种量180.0 ~ 225.0kg/hm^2。适插秧龄25d。施足秧田基肥，适施追肥，培育壮秧。7月底至8月初插完，插植规格20cm×13cm，插37.5万穴/hm^2，每穴插1 ~ 2粒实生苗。一般施纯氮150 ~ 187.5kg/hm^2，氮、磷、钾比例为1∶0.8∶1.2，基肥应以农家肥为主，氮、磷、钾肥配合施用。注意防治纹枯病、稻瘟病和稻飞虱。大田成熟度达到九成便开始收割。

汕优30选（Shanyou 30 xuan）

品种来源：广西壮族自治区农业科学院水稻研究所1974年以珍汕97A和30选配组而成。1983年通过广西壮族自治区农作物品种审定委员会审定，审定编号为桂审证字第001号。

形态特征和生物学特性：籼型三系杂交稻弱感光品种。株型集散适中，分蘖力中等，叶片挺直稍大，茎秆坚韧，根系发达，叶片转色好，成熟期青枝蜡秆。全生育期112 ~ 115d。株高105.0 ~ 115.0cm，穗长22.0 ~ 25.0cm，穗粒数114.0 ~ 179.0粒，实粒数90.0 ~ 140.0粒，结实率80.0%～ 85.0%，千粒重26.5g。

品质特性：米质中上等。

抗性：中抗稻瘟病、白叶枯病、稻飞虱。耐寒，耐肥，抗倒伏。

产量及适宜地区：1980年晚稻参加水稻研究所组合比较试验，平均单产8 701.5kg/hm^2；1981年晚稻参加广西杂优区试，平均单产5 779.5kg/hm^2，在桂南9个点平均单产6 069.0kg/hm^2，玉林地区比产试验6个点平均单产5 940kg/hm^2；1982年晚稻继续参加广西区试，15个点平均单产6 147.0kg/hm^2。1982年全区种植1.7万hm^2，适宜桂南地区作晚稻栽培。

栽培技术要点：晚稻播种期应在7月5 ~ 10日为宜，秧田播种量300.0kg/hm^{2}左右，秧龄20 ~ 25d，培育成3蘖以上的壮秧。插植规格23.1cm × 13.2cm或19.8cm × 13.2cm，插足基本苗150.0万/hm^{2}左右，施足基肥，早施回青肥，重施分蘖、壮蘖肥，巧施胎肥或粒肥。氮、磷、钾比例为1 ：0.5 ：1，插后5d左右施回青肥，9 ~ 12d重施分蘖肥。

汕优3550（Shanyou 3550）

品种来源：广东省农业科学院水稻研究所利用珍汕97A和广恢3550配组育成。2001年通过广西壮族自治区农作物品种审定委员会审定，审定编号为桂审稻2001023号。

形态特征和生物学特性：籼型三系杂交稻弱感光品种。株叶型紧凑，分蘖力中等，茎秆粗壮，叶片细厚、挺直，穗大粒多，后期熟色好。桂南晚稻种植，全生育期122～124d。株高110.0cm左右，穗长24.1cm，有效穗数250.0万～270.0万hm^2，穗粒数147粒，结实率86.8%，千粒重27.8g。

品质特性：米质较差。

抗性：高抗稻瘟病和白叶枯病，耐肥，抗倒伏。

产量及适宜地区：该组合自1991年引进以来，在北流、陆川、容县等地种植，每年种植面积均保持在3 333.3hm^2左右，平均单产8 250.0kg/hm^2以上。适宜桂南作晚稻推广种植。

栽培技术要点：7月5日前播种，8月5日前插（抛）完秧。插植规格23cm×13cm或26.5cm×13cm，双本插植。一般施纯氮180～225kg/hm^2。后期不宜断水过早，防治病虫害。

汕优桂44（Shanyougui 44）

品种来源：广西壮族自治区农业科学院水稻研究所1984年利用珍汕97 A与桂44配组育成。1989年通过广西壮族自治区农作物品种审定委员会审定，审定编号为桂审证字第053号。

形态特征和生物学特性：籼型三系杂交稻弱感光晚稻品种。分蘖力中等，前期长势好，中期穗长，后期拔高快，成穗率较低，叶片较大，叶厚度适中，功能叶维持时间较长，后期青枝蜡秆，穗大粒多。全生育期125d左右。株高95.0 ～ 100.0cm，穗粒数186.0 ～ 208.0粒，实粒数116.0 ～ 204.0粒，结实率64.0%～ 77.0%，千粒重28.0g左右。

抗性：较抗白叶枯病。

产量及适宜地区：1984年参加水稻研究所杂交晚稻型新组合产量比较试验，平均单产6 787.5kg/hm^2；1985年桂南7个试点平均单产6 757.5kg/hm^2；1986年桂南8个试点平均单产5 751.0kg/hm^2；1987年桂南7个试点平均单产4 788.0kg/hm^2。适宜广西桂南稻作区作晚稻种植，在桂西低海拔地区可作一季中稻种植。

栽培技术要点：播种期以6月底至7月上旬，秧龄25 ～ 30d为宜。插植规格23.1cm×13.2cm或19.8cm×16.5cm，每穴插双本苗，争取有效穗达255.0万/hm^{2}以上。施肥采用前重、中补、后轻的原则，后期不能断水过早。注意防治病虫害。

圣优988（Shengyou 988）

品种来源：广西博白县作物品种资源研究所利用圣A和R988（从粤丝苗2号变异株中系选而成）配组育成。2010年通过广西壮族自治区农作物品种审定委员会审定，审定编号为桂审稻2010017号。

形态特征和生物学特性：籼型三系杂交稻弱感光晚稻品种。株型适中，分蘖力强，叶色淡绿，叶鞘、稃尖紫色，主茎叶数17叶，谷壳淡黄，无芒。桂南晚稻种植，全生育期116d左右。株高111.9cm，穗长25.8cm，有效穗数264.0万/hm^2，穗粒数156.1粒，结实率79.8%，千粒重24.6g。

品质特性：谷粒长8.8mm，谷粒长宽比3.0，糙米率81.5%，糙米长宽比3.0，整精米率69.6%，垩白粒率11%，垩白度1.4%，胶稠度73mm，直链淀粉含量23.5%。

抗性：苗叶瘟7级，穗瘟9级；白叶枯病致病Ⅳ型7～9级，Ⅴ型9级。

产量及适宜地区：2008年参加桂南稻作区晚稻感光组初试，6个试点平均单产7 428.0kg/hm^2；2009年续试，5个试点平均单产7 674.0kg/hm^2；两年试验平均单产7 551.0kg/hm^2。2009年生产试验平均单产7 548.0kg/hm^2。适宜桂南稻作区作晚稻或桂中稻作区南部适宜种植感光型品种的地区晚稻种植。

栽培技术要点：桂南晚稻7月5～10日播种，秧龄20～25d，在3.5～4.0叶时抛秧。插基本苗120.0万～150.0万/hm^2，插秧规格23.0cm×13.0cm或16.5cm×13cm，双本插植。抛秧抛825～900盘/hm^2或抛33.0万穴/hm^2左右。施纯氮150～180kg/hm^2，基蘖肥占总施肥量的60%左右，穗粒肥约占40%，氮、磷、钾配合施用，注意施用农家肥。做好病虫害防治。

泰丰优桂99（Taifengyougui 99）

品种来源：广西象州黄氏水稻研究所利用泰丰18A和桂99配组育成。2009年通过广西壮族自治区农作物品种审定委员会审定，审定编号为桂审稻2009017号。

形态特征和生物学特性：籼型三系杂交稻弱感光晚稻品种。株型紧凑，叶片浓绿直立，叶鞘紫红色，谷粒淡黄色，细长粒，穗顶粒有短芒。桂南晚稻种植，全生育期114d左右。株高119.5cm，穗长24.1cm，有效穗数261.0万/hm^2，穗粒数162.5粒，结实率80.5%，千粒重23.3g。

品质特性：糙米率83.2%，整精米率72.1%，糙米长宽比3.2，垩白粒率7%，垩白度0.7%，胶稠度68mm，直链淀粉含量23.5%。

抗性：苗叶瘟5～7级，穗瘟9级，稻瘟病抗性指数7.5～8.0，白叶枯病Ⅳ型5～9级，Ⅴ型7～9级。

产量及适宜地区：2007年参加桂南稻作区晚稻感光组初试，5个试点平均单产8 110.5kg/hm^2；2008年续试，6个试点平均单产7 222.5kg/hm^2；两年试验平均单产7 666.5kg/hm^2。2008年生产试验平均单产7 758.0kg/hm^2。适宜桂南稻作区作晚稻或桂中稻作区南部适宜种植感光型品种的地区作晚稻种植。

栽培技术要点：7月10日前播种，8月初抛插秧。移栽后及时进行田间管理。抽穗时若遇寒露风，可用磷酸二氢钾3.0kg/hm^2、赤霉素30g/hm^2兑水喷施，能加快抽穗和提高结实率。注意防治病虫害。

天丰优3550（Tianfengyou 3550）

品种来源：广西容县种子公司、广东省农业科学院水稻研究所利用天丰A与广恢3550配组育成。2006年通过广西壮族自治区、广东省农作物品种审定委员会审定，审定编号分别为桂审稻2006045号、粤审稻2006040号。

形态特征和生物学特性：籼型三系杂交稻弱感光晚稻品种。株型适中，群体整齐，分蘖力一般，叶鞘、稃尖紫色，穗短粒多，熟期转色较好。桂南晚稻种植，全生育期121d左右。株高101.8cm，穗长21.7cm，有效穗数264.0万/hm^2，穗粒数154.9粒，结实率79.8%，千粒重24.7g。

品质特性：糙米率81.6%，整精米率61.6%，糙米长宽比2.5，垩白粒率42%，垩白度5.5%，胶稠度60mm，直链淀粉含量23.3%。

抗性：中抗稻瘟病，中感白叶枯病。

产量及适宜地区：2004年晚稻参加玉林市感光组筛选试验，5个试点平均单产7 030.5kg/hm^2；2005年晚稻区域试验，4个试点平均单产7 858.5kg/hm^2。2005年生产试验平均单产7 392.0kg/hm^2。

栽培技术要点：桂南7月上旬播种，桂中稻作区南部如武宣、象州、兴宾、宜州等地6月底播种，秧龄18 ~ 22d。插植规格23.0cm × 13.0cm或26.0cm × 13.0cm，每穴栽2粒谷苗，或抛秧27.0万 ~ 33.0万穴/hm^2。注意防治病虫害。

天优3550（Tianyou 3550）

品种来源：广西科泰种业有限公司利用天A与广恢3550配组育成。2005年通过广西壮族自治区农作物品种审定委员会审定，审定编号为桂审稻2005030号。

形态特征和生物学特性：籼型三系杂交稻弱感光晚稻品种。群体生长整齐，株型紧束，叶姿挺直，熟期转色好。桂南晚稻种植，全生育期122d左右。株高102.7cm，穗长21.4cm，有效穗数261.0万/hm^2，穗粒数157.8粒，结实率76.3%，千粒重27.6g。

品质特性：糙米率82.6%，整精米率63.1%，糙米长宽比2.3，垩白粒率100%，垩白度39.5%，胶稠度91mm，直链淀粉含量20.4%。

抗性：穗瘟7级，白叶枯病9级。

产量及适宜地区：2003年晚稻参加感光组区试，平均单产8 119.5kg/hm^2；2004年晚稻续试，5个试点平均单产7 989.0kg/hm^2。生产试验平均单产8 169.0kg/hm^2。适宜桂南稻作区作晚稻种植。

栽培技术要点：7月上旬播种，用种量22.5kg/hm^2，秧田播种量150.0 ～ 225.0kg/hm^2。栽34.5万穴/hm^2左右，每穴栽2粒谷苗。注意防治稻瘟病等病虫害。

万金优136（Wanjinyou 136）

品种来源：广东海洋大学农业生物技术研究所、广东天弘种业有限公司利用万金A与HR136（R122//桂99/HR159）配组育成。2007年通过广西壮族自治区农作物品种审定委员会审定，审定编号为桂审稻2007034号。

形态特征和生物学特性：籼型三系杂交稻弱感光晚稻品种。株型紧束，剑叶长披。桂南晚稻种植，全生育期117d左右。株高111.0cm，穗长24.0cm，有效穗数256.5万/hm^2，穗粒数155.5粒，结实率81.5%，千粒重25.7g。

品质特性：糙米率82.4%，整精米率61.5%，糙米长宽比3.1，垩白粒率76%，垩白度8.7%，胶稠度88mm，直链淀粉含量21.6%。

抗性：苗叶瘟5级，穗瘟9级，白叶枯病Ⅳ型7级，Ⅴ型9级，抗倒伏性稍差。

产量及适宜地区：2005年参加桂南稻作区晚稻感光组试验，4个试点平均单产7 803.0kg/hm^2；2006年晚稻续试，5个试点平均单产8 409.0kg/hm^2；两年试验平均单产8 106.0kg/hm^2。2006年生产试验平均单产7 405.5kg/hm^2。适宜桂南稻作区和桂中稻作区南部种植博优桂99的地区作晚稻种植。

栽培技术要点：桂南7月15日前播种，桂中南部6月底至7月初播种，秧田播种量135.0 ~ 165.0kg/hm^2，秧龄控制在18 ~ 22d以内，注意浅插，插90.0万苗/hm^2为好，直播或抛秧要注意适时适龄进行。及时防治稻瘟病等病虫害。

西优2号（Xiyou 2）

品种来源：广西博白县农业科学研究所利用西A与R2号（广恢998/R977）配组而成。2009年通过广西壮族自治区农作物品种审定委员会审定，审定编号为桂审稻2009024号。

形态特征和生物学特性：籼型三系杂交稻弱感光晚稻品种。桂南晚稻种植，全生育期109d左右。株高111.0cm，穗长24.0cm，有效穗数256.5万/hm^2，穗粒数155.5粒，结实率81.5%，千粒重25.7g。

品质特性：糙米率82.5%，糙米长宽比2.9，整精米率67.2%，垩白粒率21%，垩白度3.2%，胶稠度58mm，直链淀粉含量21.4%。

抗性：苗叶瘟6级，穗瘟9级；白叶枯病Ⅳ型7级，Ⅴ型7级。

产量及适宜地区：2006年参加桂南稻作区晚稻感光组初试，6个试点平均单产6 997.5kg/hm^2；2007年续试，5个试点平均单产7 527.0kg/hm^2；两年试验平均单产7 263.0kg/hm^2。2007年生产试验平均单产7 168.5kg/hm^2。适宜桂南稻作区作晚稻或桂中稻作区南部适宜种植感光型品种的地区晚稻种植。

栽培技术要点：桂南宜7月上旬播种，秧田播种量112.5kg/hm^2，大田用种量18.8kg/hm^2。秧龄20d左右。双本插植，插基本苗75.0万～90.0万/hm^2或抛秧750～825盘/hm^2，抛30.0万穴/hm^2左右。施碳酸氢铵、磷肥各375kg/hm^2作基肥。分蘖肥施尿素225kg/hm^2、钾肥150kg/hm^2。根据生长情况，施幼穗肥尿素60kg/hm^2、氯化钾45kg/hm^2。注意防治病虫害。

先优95（Xianyou 95）

品种来源：广西科泰种业有限公司利用先A和R95（桂99/明恢63）配组而成。2001年通过广西壮族自治区农作物品种审定委员会审定，审定编号为桂审稻2001116号。

形态特征和生物学特性：籼型三系杂交稻弱感光晚稻品种。株型集散适中，分蘖力较强，茎秆粗壮，叶片厚直，后期青枝蜡秆，熟色好。桂南全生育期125d左右。株高106.0 ~ 110.0cm，有效穗数250.0万 ~ 315.0万/hm²，穗粒数170 ~ 195粒，结实率84.0%~ 86.0%，千粒重22.3g。

品质特性：糙米率81.9%，精米率75.8%，整精米率67.8%，糙米长宽比2.6，垩白粒率72%，垩白度17.3%，透明度2级，碱消值6.2级，胶稠度88mm，直链淀粉含量22.1%，蛋白质含量7.9%。

抗性：中感稻瘟病，叶瘟6级，耐肥，抗倒伏。

产量及适宜地区：2000年晚稻参加北流市种子站的品种比较试验，平均单产7 474.5kg/hm²；2001年晚稻参加广西壮族自治区新品种筛选试验，北流点平均单产6 900.0kg/hm²、武鸣点平均单产6 939.0kg/hm²。2000—2001年玉林市累计试种面积1 400.0hm²，平均单产7 500.0 ~ 8 400.0kg/hm²，适宜桂南作晚稻推广种植。

栽培技术要点：参照博优桂99。

优 I 5759（You I 5759）

品种来源：广西大学利用优 I A与测5759配组育成。2001年通过广西壮族自治区农作物品种审定委员会审定，审定编号为桂审稻2001016号。

形态特征和生物学特性：籼型三系杂交稻弱感光品种。株型前期紧凑，后期集散适中，分蘖力中等，叶片厚直，抽穗整齐。桂南种植，7月上旬播种，全生育期122d左右。株高105.0cm左右，有效穗数285.0万～300.0万/hm^2，穗粒数150.0粒左右，结实率一般达70.0%以上，千粒重22.0～23.0g。

品质特性：糙米率82.9%，精米率75.9%，整精米率64.2%，糙米长宽比2.6，垩白粒率52%，垩白度7.3%，透明度2级，碱消值6.8级，胶稠度64mm，直链淀粉含量22.5%，蛋白质含量10.4%。米质较优。

抗性：叶瘟4级，穗瘟7～9级，白叶枯病4～5级，耐肥，抗倒伏，后期抗寒性强。

产量及适宜地区：1998年晚稻参加广西水稻新品种筛选试验，北流点单产为7 999.5kg/hm^2，武鸣点单产为7 549.5kg/hm^2；1999—2000年晚稻参加广西区试，平均单产分别为5 928.0kg/hm^2和6 466.5kg/hm^2。1998—2001年在桂平、钦南、钦北、南宁等地累计试种面积1.13万hm^2，一般单产6 750.0～8 250.0kg/hm^2。适宜桂南稻作区土壤肥力中等以上的稻田作晚稻推广种植。

栽培技术要点：适时播种。宜在7月10日前播种，最迟不超过7月15日。适宜在保水性较好、土壤肥力中等以上的田块种植。注意多施农家肥和磷钾肥，在齐穗期补施尿素45kg/hm^2、钾肥75kg/hm^2。中后期的水分管理以干湿结合，不宜断水过早。

元丰优401（Yuanfengyou 401）

品种来源：福建省三明市农业科学研究所利用元丰A和明恢401（明恢100/蜀恢1014）配组育成。2008年通过广西壮族自治区农作物品种审定委员会审定，审定编号为桂审稻2008017号。

形态特征和生物学特性：籼型三系杂交稻弱感光晚稻品种，在桂南晚稻种植，全生育期112d左右。株高112.9cm，穗长24.3cm，有效穗数246.0万/hm^2，穗粒数153.5粒，结实率81.7%，千粒重27.7g。

品质特性：糙米率83.2%，整精米率65.1%，糙米长宽比3.0，垩白粒率24%，垩白度4.4%，胶稠度75.0mm，直链淀粉含量15.4%。米质达国家《优质稻谷》标准3级。

抗性：苗叶瘟7级，穗瘟9级，白叶枯病Ⅳ型7级，Ⅴ型7级。

产量及适宜地区：2006年参加桂南稻作区晚稻感光组初试，6个试点平均单产7 927.5kg/hm^2；2007年续试，5个试点平均单产8 218.5kg/hm^2；两年试验平均单产8 073.0kg/hm^2。2007年生产试验平均单产7 773.0kg/hm^2。适宜桂南稻作区、桂中稻作区南部适宜种植博优桂99的地区作晚稻种植。

栽培技术要点：桂南作晚稻种植7月15日前播种，秧龄宜控制在25d以内。播种量宜控制在150.0～225.0kg/hm^2。插植规格17.0cm×20.0cm，穴插带蘖秧2粒谷，插（抛）足基本苗90.0万～105.0万/hm^2。施纯氮157.5kg/hm^2，氮、磷、钾比例为1∶0.5∶0.7，基肥、蘖肥、穗肥、粒肥比例分别为55%、35%、7%、3%，中后期看苗补肥，忌偏施氮肥。重点防治稻瘟病、螟虫、稻飞虱、稻瘿蚊、纹枯病、稻曲病、细条病等。

元丰优86（Yuanfengyou 86）

品种来源：福建省三明市农业科学研究所、福建六三种业有限公司利用元丰A和明恢86配组育成。2010年通过广西壮族自治区农作物品种审定委员会审定，审定编号为桂审稻2010016号。

形态特征和生物学特性：籼型三系杂交稻弱感光晚稻品种。株叶型适中，分蘖力中等，主茎叶数14叶，叶色绿，叶鞘绿色。穗型、着粒密度一般，谷壳深黄，稃尖无色，有白色短芒。桂南晚稻种植，全生育期114d左右。株高115.6cm，穗长25.1cm，有效穗数241.5万/hm^2，穗粒数141.9粒，结实率82.8%，千粒重28.9g。

品质特性：谷粒长度10.1mm，谷粒长宽比3.6，糙米率82.2%，糙米长宽比2.9，整精米率70.9%，垩白粒率24%，垩白度4.3%，胶稠度78mm，直链淀粉含量16.0%。

抗性：苗叶瘟5～6级，穗瘟7～9级；白叶枯病致病Ⅳ型7～9级，Ⅴ型9级。

产量及适宜地区：2008年参加桂南稻作区晚稻感光组初试，6个试点平均单产7 308.0kg/hm^2；2009年续试，5个试点平均单产7 561.5kg/hm^2；两年试验平均单产7 434.0kg/hm^2。2009年生产试验平均单产7 578.0kg/hm^2。适宜桂南稻作区作晚稻或桂中稻作区南部适宜种植感光型品种的地区晚稻种植。

栽培技术要点：桂南晚稻种植7月上旬播种，移栽秧龄宜控制在25d以内。播种量150.0～225.0kg/hm^2。种植规格17.0cm×20.0cm，丛插带蘖秧2粒谷，插足基本苗90.0万～105.0万/hm^2。

振优290（Zhenyou 290）

品种来源：广东省农业科学院水稻研究所利用振丰A与广恢290（广恢452/R452）配组育成，R462为明恢63///珍桂矮//广恢3550/518的杂交后代选育。2006年通过广西壮族自治区农作物品种审定委员会审定，审定编号为桂审稻2006055号。

形态特征和生物学特性：籼型三系杂交稻弱感光晚稻品种。株型紧凑，叶片直立，群体整齐，叶鞘、稃尖紫色，谷壳淡黄色，穗短粒多，熟期转色好，结实率高。桂南晚稻种植，全生育期121d左右。株高100.5cm，穗长21.7cm，有效穗数268.5万/hm^2，穗粒数145.6粒，结实率86.2%，千粒重24.3g。

品质特性：糙米率80.9%，整精米率65.5%，糙米长宽比2.6，垩白粒率24%，垩白度2.4%，胶稠度46mm，直链淀粉含量21.8%。

抗性：苗叶瘟6级，穗瘟9级，白叶枯病7级，高感稻瘟病。

产量及适宜地区：2004年晚稻参加桂南感光组筛选试验，4个试点平均单产7 642.5kg/hm^2；2005年晚稻区域试验，4个试点平均单产7 887.0kg/hm^2。2005年生产试验平均单产7 504.5kg/hm^2。适宜桂南稻作区和桂中稻作区南部种植博优桂99的地区作晚稻种植。

栽培要点：桂南7月上旬播种，桂中稻作区南部如武宣、象州、兴宾、宜州等地6月底播种，秧龄18～22d。插植规格23cm×13cm，每穴栽2粒谷苗，或抛秧30.0万～33.0万穴/hm^2。施足基肥，以腐熟有机肥为好，早施返青肥，重施分蘖肥，生长中期看苗情补施穗肥，做到氮、磷、钾配合施用，不宜偏施氮肥。注意防治稻瘟病等病虫害。

第四节 不 育 系

博A（Bo A）

不育系来源：广西博白县农业科学研究所利用钢枝粘与珍汕97A的杂交后代与珍汕97A测交回交转育，于1989年育成的野败型不育系。

形态特征和生物学特性：籼型不育系。株高70.5cm，主茎叶12片，播种至抽穗历期95d，不育株率100%，花粉败育以典败为主。

应用情况：至2013年，全国以博A为母本育成并通过省级以上农作物品种审定委员会审定的品种97个，其中博优64、博优253、博优998、博优1025、博优1167、博优938等6个品种通过国家农作物品种审定委员会审定。至2013年，博优系列组合累计推广面积1 356.5万hm^2，其中推广面积超过66.67万hm^2以上的组合有5个，博优64推广335.4万hm^2，博优桂99推广241.5万hm^2。以博A为骨干亲本，育成玉丰A、东方龙A、先红A、桂丰A、桂源A、美A、青A、毅A、里A等24个不育系。

美A（Mei A）

不育系来源：广西壮族自治区农业科学院水稻研究所用博B×桂2选育的保持系为父本，与野败型的博A为母本，经测交、回交于2000年育成。

形态特征和生物学特性：籼型不育系。株高70cm左右，分蘖力强，有效穗10个，主茎叶片数13～14叶，叶片较直立，叶鞘、叶耳、叶枕、颖尖、柱头均为淡紫色。穗长21.0cm，穗粒数146.0粒，谷粒细长型，千粒重17.6g。包颈度11.0%左右，包颈粒率5.4%，柱头外露率81.9%。花粉败育以典败为主，典败花粉率90.0%以上，一般不育株率为100%、不育度为100%。

抗性：苗叶瘟3级，穗颈瘟1～3级；白叶枯病5级。

应用情况：用其组配的美优198、美优998、美优796、美优桂99、美优138、美优1025、美优633、美优9802、美优622等9个组合通过省级以上农作物品种审定委员会审定。以美A为骨干亲本育成了不育系宁A。

栽培技术要点：繁殖制种每穴宜插植2粒谷秧，依靠主穗和大分蘖成穗，减少无效分蘖。繁殖制种宜氮、磷、钾肥配合施用，适当增加磷、钾肥用量，配合中期露晒田，干干湿湿到剑叶抽出，复水后看叶色适当施用复合肥；完全成熟时易掉粒，宜于九成熟时及时收割。

秋A（Qiu A）

不育系来源：广西壮族自治区农业科学院水稻研究所以珍汕97A为母本与秋B测交、回交转育的野败型不育系，1993年育成。

形态特征和生物学特性：籼型不育系。株高75cm，有效穗13个，穗粒数130粒左右，千粒重14g，在南宁早稻种植主茎叶数14片，晚造从播种到始穗64d，柱头外露率80.5%，用其配组杂种一般表现感光性强。

抗性：中抗白叶枯病。

应用情况：至2013年，全国以秋A为母本组配育成并通过省级以上农作物品种审定委员会审定的品种8个，其中秋优1025和秋优998等2个品种通过国家农作物品种审定委员会审定。至2013年，秋优系列组合累计推广134.3万hm^2，其中，秋优998推广54.5万hm^2，秋优桂99推广32.7万hm^2，秋优1025推广27.3万hm^2，秋优3008推广6.3万hm^2。以秋A为骨干亲本，全国育种单位先后育成了西A、秋长A、冠A、百A等4个不育系。

第五节 恢 复 系

测253（Ce 253）

恢复系来源：广西大学支农开发中心利用IR36/田东野生稻//IR2061×IR24/古154于1996年育成。

形态特征和生物学特性：籼广谱恢复系。分蘖力强，长势旺，性状稳定，茎粗韧，穗长大，着粒密，谷粒细长，且花粉粒细、量大，制种易获高产。

品质特性：米质优。

应用情况：至2013年全国以测253组配育成香二优253、汕优253、特优253、中优253、枝优253、优I优253、金优253和博优253等8个组合并通过省级以上农作物品种审定委员会审定，其中博优253通过国家农作物品种审定委员会审定。截止到2013年，测253配组组合累计推广面积192.6万hm^2，其中博优253推广面积最大，达97.4万hm^2，金优253推广35.7hm^2，特优253推广21.4hm^2。全国利用测253为骨干亲本育成海恢869、恢381、恢718等3个恢复系。

桂1025（Gui 1025）

恢复系来源：广西壮族自治区农业科学院水稻研究所选用桂99//辽粳5号/Cpslo18（♀）Belement/皖恢9号//Cpslo18///直龙（♂）于1997年育成。

形态特征和生物学特性：株型紧凑，苗期长势较弱，植株矮小，分蘖力中等，叶片短小，直立，叶色浓绿，叶鞘绿色，颖尖无色。株高80.0 ～ 90.0cm，茎秆较细，穗大粒多，着粒密，千粒重17.0g，谷粒细长，略弯，颖壳褐色。早季主茎叶片数16 ～ 17叶；晚季播种至抽穗历期68 ～ 73d。抽穗整齐，花期短而集中，花粉量较小，谷粒长8.0mm，长宽比3.4。

品质特性：早稻谷糙米率78.3%，精米率71.0%，整精米率54.2%，米粒长6.0mm，长宽比3.3，垩白粒率28%，垩白度3.6%，透明度2级，胶稠度72mm，直链淀粉含量14.9%，蛋白质含量8.1%。

应用情况：截止到2014年，全国以桂1025组配育成了秋优1025、博优1025、美优1025、特优1025、培两优1025、六优1025、绮优1025、天优1025、十优1025、百优1025等10个品种并通过省级以上农作物品种审定委员会审定。其中秋优1025和博优1025通过国家品种审定。推广面积超过20万hm^2的品种有秋优1025和博优1025，秋优1025推广27.3万hm^2，博优1025推广25.2万hm^2。全国各育种单位利用桂1025作为骨干亲本，先后育成了桂恢553、华恢8166、桂539、金恢1256、桂恢1191等5个恢复系。

栽培技术要点：制种安排父本比母本迟抽穗2 ～ 3d；父本分2期播种，并采用100孔的大孔塑盘育秧；父本中期追施1次肥，以促进分蘖，提高成穗率并延长花期；父本不能早喷赤霉素，否则易造成父本花粉不成熟而败育；桂1025茎秆较细，植株较矮，赤霉素过量易造成倒伏。

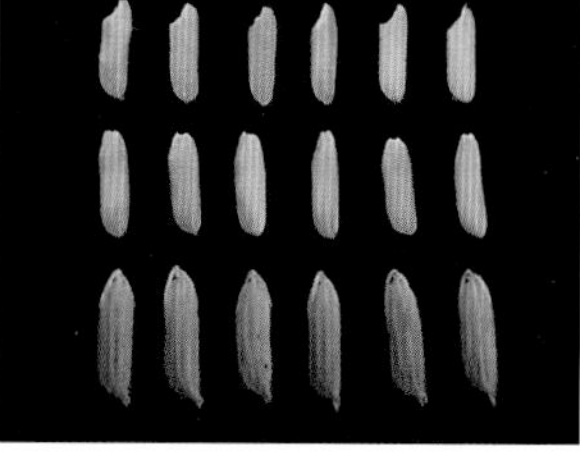

桂582（Gui 582）

恢复系来源：广西壮族自治区农业科学院水稻研究所1995年用粳型带有广亲和基因（Calotoc×02428）高代中间材料的优良单株为父本，以广西的优质恢复系桂99为母本育成的含粳稻亲缘的偏籼型恢复系。

形态特征和生物学特性：籼型恢复系。株高96.0cm，株型紧凑，分蘖力中等，较耐肥，叶鞘、柱头、稃尖无色，着粒密，穗大粒多，穗长22.0cm，每穗200.0粒以上，颖壳黄色，无芒，谷粒长8mm，谷粒宽2.5mm，谷粒长宽比3.2，千粒重19.8g，花粉量大，花期长。早季播种至始穗历期96d，主茎叶片数14～15叶；晚季7月初播种，播种至始穗历期72～74d。

应用情况：以桂582为父本育成了桂两优2号和特优582等2个组合并通过省级以上农作物品种审定委员会审定。桂两优2号和特优582分别于2010年和2011年通过农业部超级稻品种确认，是广西自主育成的首个和第二个本土超级稻品种。

桂99（Gui 99）

恢复系来源：广西壮族自治区农业科学院水稻研究所利用龙野5-3//IR661/IR2061于1987年育成。

形态特征和生物学特性：籼型恢复系。株型集散适中，叶片竖直，叶鞘青绿，稃尖无色，主茎叶片数早稻种植为16片，晚稻种植为15片，配合力好，秧苗期分蘖发生早。花粉量充足，开花习性好，花时较集中，花期较长。株高90.0cm左右，一般配合力高，恢复力强，恢复谱广，异交结实率高，一般在40.0%～60.0%。

品质特性：米质优，米质达部颁二级优质米标准。

抗性：耐寒性强。

应用情况：所配组合在中、低产田种植相对产量高，稳产性好，可在华南地区做早、晚稻种植。至2014年，全国以桂99组配育成了汕优桂99、博优桂99、培两优99、华优桂99、秋优桂99等17个组合并通过省级以上农作物品种审定委员会审定。累计推广面积达1 130.6万hm^2，其中推广面积超过66.67万hm^2以上的组合有3个，以汕优桂99的面积最大，为386.7万hm^2，博优桂99推广241.5万hm^2，金优桂99推广236.0万hm^2。利用桂99作为骨干亲本，先后育成了桂1025、桂362、先恢962、桂恢582等20个恢复系。

第四章 著名育种专家

陆万佳

广西桂平县人（1911—1983）。1939年毕业于广西大学农学系，先后在福建集美学校、福建农业改进试验站、江西赣州农业试验场、江西南昌农学院、广西平乐高等职业学校、柳州高级农业学校、南宁高级农业学校、广西农业学校任职。

1954年调入广西农业试验站（广西壮族自治区农业科学院前身），历任副站长、广西壮族自治区农业科学院副院长。1979年评为全国劳动模范，为第五届全国人大代表，第五届广西人大常委。

在水稻矮化育种方面成绩突出，20世纪50年代成功培育抗倒性强的水稻良种南宁矮；1961年育成矮秆高产稳产水稻良种广选3号，成为广西20世纪60年代中期至80年代初期早稻的当家品种，年种植面积26.7万hm^2以上，最高年份（1976年）达41.6万hm^2，在河南、湖南、江西、福建、广东、贵州等省及越南等国家种植，1978年获全国科学大会奖和广西科学技术成果奖。1966—1969年任援越农业专家组谅山组组长，承担两期援外学习班稻作育种课程，并研究解决了当地耕作制度问题，被越南授予友谊奖章和三级劳动勋章。70年代参加籼型杂交稻全国协作攻关，获1981年度国家特等发明奖，为广西水稻杂种优势利用研究协作组主要获奖人之一。

参与编写《水稻杂种优势利用》，先后发表《略谈水稻杂种优势利用的现状与发展》等论文10余篇。

黄珉猷

广西东兰县人（1930—1999），研究员。1958年毕业于广西农学院农学系。曾在广西农业科学研究所、广西壮族自治区农业科学院水稻育种研究室、水稻研究所等单位任职。曾任广西壮族自治区农业科学院副院长。获广西优秀专家称号，享受国务院政府特殊津贴。为中国共产党第十二次全国代表大会代表、第二届中国原子能农学会理事。

长期从事水稻育种、推广工作，育成水稻品种9个。20世纪60年代参与育成水稻良种广选3号。70年代利用辐射诱变育成早籼品种红南，1980—1985年累计推广种植73.3万hm^2，获广西科技进步二等奖。80年代采用同位素^{60}Co γ 射线处理包胎矮种子，育成水稻晚籼品种桂晚辐，1987—1989年在广西、广东推广种植22.7万hm^2，获广西科技进步二等奖。90年代育成晚籼优质品种桂青野，米质达到部颁一级优质米标准，1993—1995年累计推广种植1.37万hm^2，获广西科技进步三等奖。

主持河池、百色两地区13.3万hm^2粮食增产综合技术开发项目，获1988年广西星火科技二等奖。参与编写《中国水稻品种及其系谱》，发表论文20余篇。

李丁民

湖南永州人（1932—2009），研究员。1954年毕业于广西农学院农学系，先后在广西壮族自治区农业科学院水稻研究所、杂交水稻研究中心、广西壮族自治区农业科学院等单位任职，曾任广西壮族自治区农业科学院院长，兼任国家农业部杂交水稻专家顾问组、种植业专家顾问组成员。

获全国农业劳动模范、全国“五一”劳动奖章、国家有突出贡献中青年专家、全国先进工作者、全国优秀科技工作者、全国杂交水稻功臣等称号，享受国务院政府特殊津贴。

20世纪70年代初，主持广西水稻杂种优势利用研究协作组“三系”配套攻关，1973年在全国筛选出强恢复系1号、2号、3号，是我国杂交稻育种的奠基人之一。80年代育成的恢复系桂99是全国主要恢复系之一，是“七五”“八五”期间我国重要的优质恢复系，也是应用时间最长的水稻恢复系之一，主持的科研项目“优质恢复系桂99的选育及应用”获2005年度广西科技特别贡献奖。截至2013年底，全国利用桂99恢复系配制并在生产上大面积应用的杂交稻组合17个，系列组合累计推广种植达1 130.6万hm^2，以桂99为骨干亲本育成恢复系20个。育成的汕优桂99、博优903（博优桂99）曾在生产上大面积种植，1990—2000年，汕优桂99 在广西、湖南、广东等地累计推广种植达368.7万hm^2，获广西首届农业重奖一等奖和国家科技进步三等奖。博优桂99（博优903）1993—2005年推广面积241.5万hm^2。

发表论文32篇。参加《水稻杂种优势利用》《中国稻作学》和《中国水稻品系及其系谱》等书的编撰。

王腾金

广西博白县人（1934— ），高级农艺师。先后在广西博白县粮食局、广西博白县农业科学研究所任职。曾任博白县农业科学研究所所长，第七届全国人大代表，博白县第三届政协副主席，第六届广西人大代表。获全国先进工作者、广西先进工作者、广西劳动模范等称号，享受国务院政府特殊津贴。

自学成才的水稻科研工作者，自1973年起从事水稻新品种选育工作，先后育成齐白1号、细黄占、05占、博优64等水稻新品种，博A、博ⅡA、博ⅢA、西A等不育系。选育的不育系博A解决了感温水稻不育系不能大量育成感光杂交水稻组合的技术难题，为我国华南稻区选育优质、高产、高抗感光新品种奠定了基础。截止到2013年，全国以博A为母本组配育成了通过省级以上审定的品种97个，系列组合累计推广种植达1 356.5万hm^2，以博A为骨干亲本育成不育系24个。1991—2013年，育成的博优64推广种植335.4万hm^2，获2009年度广西科技特别贡献奖。发表论文《优质杂交稻博Ⅲ优273的选育和推广》《感光型杂交稻不育系博A的创新与应用》《感光型杂交稻不育系的选育与运用体会》等。

吴妙生

广东省佛山市人（1936— ）。1960年毕业于江西农学院农学系，先后在江西省抚州专署农业处、抚州专区农业科学研究所、广西兽医研究所、广西壮族自治区农业科学院等单位任职。获国家民族事务委员会、劳动人事部、中国科学技术协会授予的在少数民族地区长期从事科技工作者荣誉称号。

长期从事水稻新品种选育工作，育成品种8个。20世纪70年代主持育成水稻优质谷品种特眉，1976年经广西壮族自治区外贸局、粮食局、农业局在梧州联合召开的优质谷生产会议上鉴定为外贸出口标准特一级优质米。至1984年据不完全统计，在广西累计应用10万hm^2，获1978年度广西科学大会优秀科技成果奖、1985年农牧渔业部优质品种奖——金牛奖。1980—1994年间，参加由国际水稻研究所负责协调的全球性国际合作项目——国际水稻遗传评价网（INGER），主持广西壮族自治区农业科学院国际稻观察圃，负责对从国际水稻研究所引进的材料进行综合评价和利用。1988年育成早籼优质品种桂713，在广西推广种植，其大米符合外贸出口标准，以“吉”唛销往香港特别行政区，1992年获首届中国农业博览会铜质奖，1995年获广西科技进步三等奖。“国际稻试验圃在中国的评价和利用”项目1994年获农业部科技进步三等奖。

参与编写《早稻良种栽培》和《广西水稻优良品种》等两部专著。先后发表《晚籼优质谷“特眉”品种简介》《优质谷新品种桂713》论文2篇。

梁世荣

广西都安县人（1938—2017），研究员。1962年毕业于广西农学院农学系。先后在广西柳州地区农业科学研究所、广西壮族自治区农业科学院水稻研究所任职。曾任广西壮族自治区农业科学院水稻研究所所长、广西壮族自治区第七届政协委员。获广西优秀专家，广西壮族自治区党委、人民政府特颁荣誉勋章。

长期从事水稻育种研究工作。主持育成水稻品种柳革1号和参加育成水稻品种柳沙1号，获广西科学大会优秀科技成果奖。育成的博优903成为广西乃至华南稻区的当家品种，育成优质不育系秋A和美A，所配的系列品种长期成为广西主导品种。不育系美A具有优质、抗稻瘟病、分蘖力强、柱头外露率高、千粒重小等特点，利用美A配组的美优1025、美优桂99、美优998、美优198、美优138、美优796等系列品种，成为广西乃至华南稻区主栽品种，为推动华南稻区杂交水稻优质化进程做出了贡献。21世纪以来，育成广西首个带紫色标记不育系知红A和先红A，在苗期可简捷有效地排除杂种F_1中混杂的不育株和保持株，保证杂种纯度。

先后发表论文13篇，参与编写《水稻杂种优势利用》《农业正交试验讲话》和《中国水稻》等著作。

陈毓璋

广西兴业县人（1939— ）。1963年毕业于广西农学院农学系，曾在广西农业科学研究所作物栽培研究室、广西壮族自治区农业科学院水稻育种研究室、水稻研究所等单位任职。曾任广西壮族自治区农业科学院水稻研究所常务副所长，广西原子能农学会副理事长，第一届和第二届广西壮族自治区农作物品种审定委员会委员。

长期从事水稻新品种选育工作，育成品种15个。20世纪60～70年代，参加育成早籼早熟型良种春红和广红，获广西优秀科技成果奖。80年代利用辐射诱变育成晚籼良种桂晚辐，1987—1989年在广西、广东应用面积22.7万hm^2，获广西科技进步二等奖。21世纪初，育成常规稻品种七桂占、桂华占、桂丝占和油占8号等在广西推广应用10多年。七桂占具有产量品质兼优又可早晚稻兼用的特点，1998—2001年累计种植7.67万hm^2，获广西科技进步二等奖。桂华占截止到2007年累计推广应用21.1万hm^2，获广西科技进步三等奖。

参加编写《广西水稻优良品种》。先后发表《晚籼新品种“桂晚辐”的选育》《水稻干种子$^{60}Co\ \gamma$辐射后代结实率观察》《广西水稻育种发展战略商榷》等论文及研究报告10余篇。

莫永生

广西贺州市人（1939— ），研究员。1961年毕业于广西农学院农学专业。先后在广西地区百色市农业局、广西百色市农业科学研究所、广西壮族自治区农业科学院、广西大学等单位任职。获全国农业先进工作者、广西有突出贡献专家等称号。

自1971年从事杂交水稻研究工作，先后育成测253、测258等恢复系和博优253等17个杂交水稻新品种，在国内外推广应用，1995—2008年累计推广种植1 180万hm^2；2001—2008年在越南等国累计推广种植333.3万hm^2。其中，博优253具有高产、稳产、优质、制种易获高产等特点，在我国广西、广东、海南、福建及越南大面积种植，1997—2001年累计推广面积63.8万hm^2，2002年获广西科技进步二等奖。他1999年开始提出打破传统育种“矮秆”研究方向，培育“高大韧稻”的设想，2004年发表论文正式提出“高大韧稻育种论”新观点——培育“植株适高，茎秆粗壮，坚韧抗倒伏，结构协调，高产稳产的新型水稻”的理论，认为培育根发达、茎粗韧、秆适高、叶挺坚、穗长大、结实高、谷饱满是获得高产的关键，也是今后水稻育种的发展趋势。同年，出版专著《高大韧稻育种论及其新品种和应用技术》，该理论受到业内广泛关注。2009年“杂交水稻野栽型恢复系系列与组合的选育及其推广应用”项目获农业部中华农业科技奖一等奖。先后发表论文37篇，出版专著2部。

覃惜阴

广西融水县人（1941—　），研究员。1963年毕业于广西农学院农学系。先后在广西壮族自治区农业科学院、广西凌云县农业科学研究所、广西壮族自治区农业科学院水稻研究所等单位任职。曾获国家有突出贡献中青年科学技术专家、全国农业科技先进工作者、广西十大科技女杰、八桂巾帼英杰等称号，享受国务院政府特殊津贴。为广西第八届人大代表、农村经济工作委员会委员。

长期从事杂交水稻育种工作，主持育成水稻品种博优1025，2003年通过国家农作物品种审定委员会审定，2001—2008年累计种植面积17.4万hm^2。主持育成的5个品种通过广西壮族自治区农作物品种审定委员会审定。20世纪80年代开始，先后参加育成桂99、桂1025、桂649等3个优质恢复系和汕优30选、汕优桂99、博优桂99、秋优1025、秋优桂99等11个杂交稻品种，在中国以及越南等国累计推广面积1 000万hm^2以上。主持“863”计划两系亚种间杂交稻选育与利用研究项目，育成培两优99等4个两系杂交稻品种，作为广西的主要完成人参与“两系法杂交水稻技术研究与应用”，获2013年度国家科学技术特等奖。

先后发表《回交在籼型杂交水稻育种上的应用》《野生稻在杂交育种上的应用》《优质恢复系桂99的选育及应用》等10多篇论文。

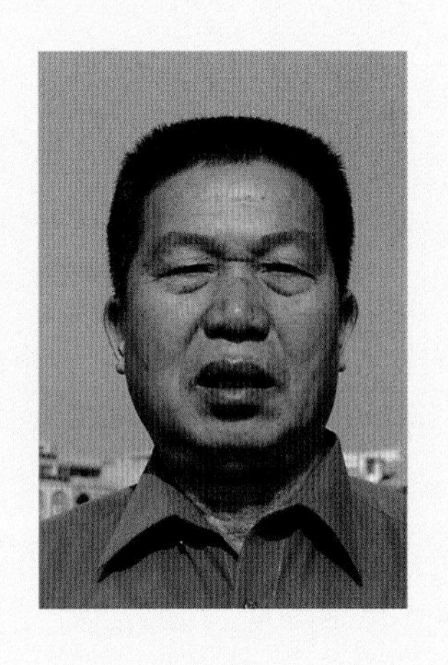

容林熙

广西桂平市人（1951— ），研究员，曾任玉林市农业科学研究所副所长。曾获全国粮食生产突出贡献农业科技人员、全国优秀农业科技工作者、全国星火科技先进工作者、广西星火农村科技先进工作者等称号，2010—2014年任国家现代农业产业技术体系广西创新团队水稻产业岗位专家。

1977年12月起，从事水稻育种及科技项目实施工作，先后参加和主持国家、广西水稻育种重点攻关及科技项目28个，选育并通过国家、广西审定的水稻新品种有汕优玉83、汕优18、汕优32选、博优175、博优212、博优423、博Ⅱ优270、博Ⅱ优213、特优18、特优216、特优233、特优269、培杂266、培杂279、和泰玉14、玉晚占、科玉03等21个，截至2014年，累计推广面积1 300万hm^2，新增社会经济效益200多亿元。玉晚占等品种是广西主推品种。

获得省部级科技进步奖13项，5个水稻品种获得农业部水稻新品种保护权，申报国家专利4项。在《广西农业科学》等刊物上发表科技文章39篇。

第五章
品种检索表

品种名	英文（拼音）名	类别	审定（育成）年份	审定编号	品种权号	页码
05占	05 Zhan	籼型常规稻	1983	桂审证字第010号 1983年		47
78优185	78 You 185	籼型感温型三系杂交稻	2004	桂审稻2004008号		180
96占	96 Zhan	籼型常规稻	2000	桂审稻2000001号		48
Ⅱ优36辐	Ⅱ You 36 fu	籼型感温型三系杂交稻	2001	桂审稻2001106号		181
Ⅱ优桂34	Ⅱ Yougui 34	籼型感温型三系杂交稻	2001	桂审稻2001056号		182
Ⅱ优桂99	Ⅱ Yougui 99	籼型感温型三系杂交稻	2001	桂审稻2001055号		183
D香287	D Xiang 287	籼型感温型三系杂交稻	2006	桂审稻2006022号	CNA20060741.3	184
D优203	D You 203	籼型感温型三系杂交稻	2006	桂审稻2006025号		185
D优205	D You 205	籼型感温型三系杂交稻	2006	桂审稻2006018号		186
D优618	D You 618	籼型感温型三系杂交稻	2007	桂审稻2007019号		187
EK优18	EK You 18	籼型感温型三系杂交稻	2006	桂审稻2006001号		188
G优3号	G You 3	籼型感温型三系杂交稻	2007	桂审稻2007013号		189
H两优6839	H Liangyou 6839	籼型两系杂交稻	2012	桂审稻2012006号		143
H两优991	H Liangyou 991	籼型两系杂交稻	2011	桂审稻2011017号		144
K优28	K You 28	籼型感温型三系杂交稻	2007	桂审稻2007021号		190
T98优207	T 98 You 207	籼型感温型三系杂交稻	2001	桂审稻2001065号		191
T优1202	T You 1202	籼型感温型三系杂交稻	2005	桂审稻2005008号		192
T优433	T You 433	籼型感温型三系杂交稻	2004	桂审稻2004004号		193
T优585	T You 585	籼型感温型三系杂交稻	2009	桂审稻2009003号		194
T优682	T You 682	籼型感温型三系杂交稻	2010	桂审稻2010003号		195
T优855	T You 855	籼型感温型三系杂交稻	2005	桂审稻2005017号	CNA20030242.6	196
T优974	T You 974	籼型感温型三系杂交稻	2004	桂审稻2004006号		197
Y两优087	Y Liangyou 087	籼型两系杂交稻	2010	桂审稻2010014号	CNA20110910.2	145
Y两优286	Y Liangyou 286	籼型两系杂交稻	2012	桂审稻2012010号		146
矮仔占	Aizaizhan	籼型常规稻	20世纪50年代			49
安两优1号	Anliangyou 1	籼型两系杂交稻	2004	桂审稻2004013号		147
安两优321	Anliangyou 321	籼型两系杂交稻	2000	桂审稻2000014号		148
八桂香	Baguixiang	籼型常规稻	2000	桂审稻2000005号		50

（续）

品种名	英文（拼音）名	类别	审定（育成）年份	审定编号	品种权号	页码
八红优256	Bahongyou 256	籼型感温型三系杂交稻	2004	桂审稻2004018号		198
八两优353	Baliangyou 353	籼型两系杂交稻	2001	桂审稻2001064号		149
白钢占	Baigangzhan	籼型常规稻	1996	桂审证字第122号 1996年		51
百香139	Baixiang 139	籼型常规稻	2007	桂审稻2007041号		52
百优1025	Baiyou 1025	籼型感光型三系杂交稻	2007	桂审稻2007036号		425
百优1191	Baiyou 1191	籼型感光型三系杂交稻	2008	桂审稻2008018号		426
百优429	Baiyou 429	籼型感温型三系杂交稻	2013	桂审稻2013002号		199
百优838	Baiyou 838	籼型感光型三系杂交稻	2009	桂审稻2009020号		427
包辐766	Baofu 766	籼型常规稻	1989	桂审证字第056号 1989年		53
包胎矮	Baotai’ai	籼型常规稻	1959			54
包胎白	Baotaibai	籼型常规稻	1961			55
包胎红	Baotaihong	籼型常规稻	20世纪50年代			56
包选2号	Baoxuan 2	籼型常规稻	1983	桂审证字第012号 1983年		57
宝丰优001	Baofengyou 001	籼型感光型三系杂交稻	2007	桂审稻2007037号		428
宝丰优007	Baofengyou 007	籼型感光型三系杂交稻	2009	桂审稻2009019号		429
博A	Bo A	不育系	1989			525
博Ⅱ优213	Bo Ⅱ you 213	籼型感光型三系杂交稻	2000	桂审稻2000028号		430
博Ⅱ优270	Bo Ⅱ you 270	籼型感光型三系杂交稻	2003	桂审稻2003020号		431
博Ⅱ优3550	Bo Ⅱ you 3550	籼型感光型三系杂交稻	2000	桂审稻2000054号		432
博Ⅱ优859	Bo Ⅱ you 859	籼型感光型三系杂交稻	2005	桂审稻2005027号	CNA20070736.1	433
博Ⅱ优961	Bo Ⅱ you 961	籼型感光型三系杂交稻	2000	桂审稻2000035号		434
博Ⅱ优968	Bo Ⅱ you 968	籼型感光型三系杂交稻	1999	桂审证字第145号 1999年		435
博Ⅲ优273	Bo Ⅲ you 273	籼型感光型三系杂交稻	2004	桂审稻2004020号	CNA20040223.4	436
博Ⅲ优869	Bo Ⅲ you 869	籼型感光型三系杂交稻	2011	桂审稻2011025号		437
博Ⅲ优9678	Bo Ⅲ you 9678	籼型感光型三系杂交稻	2007	桂审稻2007031号		438
博Ⅲ优黄占	Bo Ⅲ youhuangzhan	籼型感光型三系杂交稻	2006	桂审稻2006047号		439
博红优958	Bohongyou 958	籼型感光型三系杂交稻	2007	桂审稻2007033号		440
博香占3号	Boxiangzhan 3	籼型常规稻	2004	桂审稻2004024号		58

（续）

品种名	英文（拼音）名	类别	审定（育成）年份	审定编号	品种权号	页码
博优01	Boyou 01	籼型感光型三系杂交稻	2001	桂审稻2001109号		441
博优1025	Boyou 1025	籼型感光型三系杂交稻	2000	桂审稻2000017号		442
博优1102	Boyou 1102	籼型感光型三系杂交稻	2007	桂审稻2007027号		443
博优1167	Boyou 1167	籼型感光型三系杂交稻	2011	桂审稻2011029号		444
博优128	Boyou 128	籼型感光型三系杂交稻	2003	桂审稻2003021号		445
博优1293	Boyou 1293	籼型感光型三系杂交稻	2006	桂审稻2006046号		446
博优1652	Boyou 1652	籼型感光型三系杂交稻	2010	桂审稻2010021号		447
博优175	Boyou 175	籼型感光型三系杂交稻	1998	桂审证字第134号 1998年		448
博优202	Boyou 202	籼型感光型三系杂交稻	2006	桂审稻2006048号		449
博优205	Boyou 205	籼型感光型三系杂交稻	2001	桂审稻2001017号		450
博优211	Boyou 211	籼型感光型三系杂交稻	2006	桂审稻2006049号		451
博优212	Boyou 212	籼型感光型三系杂交稻	2000	桂审稻2000027号		452
博优228	Boyou 228	籼型感光型三系杂交稻	2006	桂审稻2006058号		453
博优25	Boyou 25	籼型感光型三系杂交稻	1998	桂审证字第140号 1998年		454
博优253	Boyou 253	籼型感光型三系杂交稻	2000	桂审稻2000002号		455
博优258	Boyou 258	籼型感光型三系杂交稻	2003	桂审稻2003018号		456
博优26	Boyou 26	籼型感光型三系杂交稻	2006	桂审稻2006054号		457
博优28	Boyou 28	籼型感光型三系杂交稻	2001	桂审稻2001025号		458
博优290	Boyou 290	籼型感光型三系杂交稻	2005	桂审稻2005032号		459
博优301	Boyou 301	籼型感光型三系杂交稻	2006	桂审稻2006050号		460
博优302	Boyou 302	籼型感光型三系杂交稻	2005	桂审稻2005026号	CNA20060578.X	461
博优306	Boyou 306	籼型感光型三系杂交稻	2006	桂审稻2006052号		462
博优315	Boyou 315	籼型感光型三系杂交稻	2003	桂审稻2003019号		463
博优323	Boyou 323	籼型感光型三系杂交稻	2007	桂审稻2007032号		464
博优329	Boyou 329	籼型感光型三系杂交稻	1998	桂审证字第141号 1998年		465
博优352	Boyou 352	籼型感光型三系杂交稻	2005	桂审稻2005033号		466
博优3550	Boyou 3550	籼型感光型三系杂交稻	2000	桂审稻2000053号		467
博优358	Boyou 358	籼型感光型三系杂交稻	2007	桂审稻2007029号		468

（续）

品种名	英文（拼音）名	类别	审定（育成）年份	审定编号	品种权号	页码
博优359	Boyou 359	籼型感光型三系杂交稻	2009	桂审稻2009023号		469
博优369	Boyou 369	籼型感光型三系杂交稻	2005	桂审稻2005025号		470
博优423	Boyou 423	籼型感光型三系杂交稻	2006	桂审稻2006051号		471
博优4480	Boyou 4480	籼型感光型三系杂交稻	1998	桂审证字第129号 1998年		472
博优49	Boyou 49	籼型感温型三系杂交稻	1993	桂审证字第083号 1993年		200
博优501	Boyou 501	籼型感光型三系杂交稻	1994	桂审证字第107号 1994年		473
博优5398	Boyou 5398	籼型感光型三系杂交稻	2009	桂审稻2009018号		474
博优58	Boyou 58	籼型感光型三系杂交稻	2001	桂审稻2001024号		475
博优629	Boyou 629	籼型感光型三系杂交稻	2006	桂审稻2006056号		476
博优64	Boyou 64	籼型感光型三系杂交稻	1989	桂审证字第061号 1989年		477
博优679	Boyou 679	籼型感光型三系杂交稻	2005	桂审稻2005024号		478
博优680	Boyou 680	籼型感光型三系杂交稻	2006	桂审稻2006059号		479
博优6811	Boyou 6811	籼型感光型三系杂交稻	2010	桂审稻2010019号		480
博优768	Boyou 768	籼型感光型三系杂交稻	2007	桂审稻2007030号	CNA20070268.8	481
博优781	Boyou 781	籼型感光型三系杂交稻	2001	桂审稻2001026号	CNA20050350.2	482
博优782	Boyou 782	籼型感光型三系杂交稻	2010	桂审稻2010020号		483
博优820	Boyou 820	籼型感光型三系杂交稻	2010	桂审稻2010022号		484
博优8305	Boyou 8305	籼型感光型三系杂交稻	2007	桂审稻2007028号		485
博优938	Boyou 938	籼型感光型三系杂交稻	2000	桂审稻2000060号	CNA20030288.4	486
博优988	Boyou 988	籼型感光型三系杂交稻	2000	桂审稻2000029号		487
博优桂168	Boyougui 168	籼型感光型三系杂交稻	1999	桂审证字第149号 1999年		488
博优桂55	Boyougui 55	籼型感光型三系杂交稻	2000	桂审稻2000019号		489
博优桂99	Boyougui 99	籼型感光型三系杂交稻	1993	桂审证字第087号 1993年		490
博优航6号	Boyouhang 6	籼型感光型三系杂交稻	2005	桂审稻2005028号	CNA20060384.1	491
博优晚三	Boyouwansan	籼型感光型三系杂交稻	2000	桂审稻2000030号		492
博优香1号	Boyouxiang 1	籼型感光型三系杂交稻	2001	桂审稻2001021号		493
测253	Ce 253	恢复系	1996		CNA20030032.6	528
朝花矮	Chaohua'ai	籼型常规稻	1989	桂审证字第055号 1989年		59

（续）

品种名	英文（拼音）名	类别	审定（育成）年份	审定编号	品种权号	页码
朝灵11	Chaoling 11	籼型常规稻	1983	桂审证字第015号 1983年		60
大灵矮	Daling'ai	籼型常规稻	1983	桂审证字第014号 1983年		61
二两优3401	Erliangyou 3401	籼型两系杂交稻	2011	桂审稻2011014号		150
丰田优553	Fengtianyou 553	籼型感光型三系杂交稻	2013	桂审稻2013027号		494
丰优1号	Fengyou 1	籼型感温型三系杂交稻	2009	桂审稻2009002号		201
丰优191	Fengyou 191	籼型感温型三系杂交稻	2001	桂审稻2001003号	CNA20050204.2	202
丰优207	Fengyou 207	籼型感温型三系杂交稻	2001	桂审稻2001005号		203
丰优328	Fengyou 328	籼型感温型三系杂交稻	2001	桂审稻2001004号		204
丰优63	Fengyou 63	籼型感温型三系杂交稻	2001	桂审稻2001007号		205
丰优838	Fengyou 838	籼型感温型三系杂交稻	2001	桂审稻2001002号	CNA20050156.9	206
丰优86	Fengyou 86	籼型感温型三系杂交稻	2001	桂审稻2001006号		207
丰优桂99	Fengyougui 99	籼型感温型三系杂交稻	2001	桂审稻2001008号		208
辐占	Fuzhan	籼型常规稻	2001	桂审稻2001043号		62
福糯	Funuo	籼型常规稻	1991	桂审证字第077号 1991年		63
福优402	Fuyou 402	籼型感温型三系杂交稻	2001	桂审稻2001060号		209
福优974	Fuyou 974	籼型感温型三系杂交稻	2001	桂审稻2001061号		210
冈优607	Gangyou 607	籼型感温型三系杂交稻	2007	桂审稻2007012号		211
谷优18	Guyou 18	籼型感温型三系杂交稻	2009	桂审稻2009016号		212
谷优3119	Guyou 3119	籼型感温型三系杂交稻	2006	桂审稻2006020号	CNA20050376.6	213
广二石	Guang'ershi	籼型常规稻	1983	桂审证字第004号 1983年		64
广南1号	Guangnan 1	籼型常规稻	1964			65
广协1号	Guangxie 1	籼型常规稻	2000	桂审稻2000003号		66
广信优5113	Guangxinyou 5113	籼型感温型三系杂交稻	2011	桂审稻2011020号		214
广选3号	Guangxuan 3	籼型常规稻	1961			67
广选早	Guangxuanzao	籼型常规稻	1965			68
桂1025	Gui 1025	恢复系	1997		CNA20040280.3	529
桂582	Gui 582	恢复系	2003		CNA20141541.4	530
桂713	Gui 713	籼型常规稻	1993	桂审证字第082号 1993年		69

（续）

品种名	英文（拼音）名	类别	审定（育成）年份	审定编号	品种权号	页码
桂99	Gui 99	恢复系	1987			531
桂丰2号	Guifeng 2	籼型常规稻	2001	桂审稻2001047号		70
桂丰6号	Guifeng 6	籼型常规稻	2001	桂审稻2001048号		71
桂红1号	Guihong 1	籼型常规稻	2009	桂审稻2009027号		72
桂花占	Guihuazhan	籼型常规稻	2003	桂审稻2003014号		73
桂华占	Guihuazhan	籼型常规稻	2001	桂审稻2001045号	CNA20030351.1	74
桂井1号	Guijing 1	籼型常规稻	2009	桂审稻2009026号		75
桂两优2号	Guiliangyou 2	籼型两系杂交稻	2008	桂审稻2008006号		151
桂茉香1号	Guimoxiang 1	籼型常规稻	2008	桂审稻2008023号	CNA20090923.1	76
桂农占2号	Guinongzhan 2	籼型常规稻	2003	桂审稻2003016号		77
桂青野	Guiqingye	籼型常规稻	1994	桂审证字第108号 1994年		78
桂丝占	Guisizhan	籼型常规稻	2001	桂审稻2001046号		79
桂晚辐	Guiwanfu	籼型常规稻	1989	桂审证字第054号 1989年		80
桂香2号	Guixiang 2	籼型常规稻	2004	桂审稻2004023号		81
桂香3号	Guixiang 3	籼型常规稻	2009	桂审稻2009028号		82
桂银占	Guiyinzhan	籼型常规稻	2000	桂审稻2000009号		83
桂引901	Guiyin 901	籼型常规稻	1994	桂审证字第106号 1994年		84
桂优糯	Guiyounuo	籼型常规稻	2000	桂审稻2000012号		85
桂育2号	Guiyu 2	籼型常规稻	2008	桂审稻2008021号		86
桂育7号	Guiyu 7	籼型常规稻	2011	桂审稻2011035号		87
桂占4号	Guizhan 4	籼型常规稻	2000	桂审稻2000007号		88
河西2号	Hexi 2	籼型常规稻	1983	桂审证字第023号 1983年		89
河西3号	Hexi 3	籼型常规稻	1998	桂审证字第130号 1998年		90
河西香	Hexixiang	籼型常规稻	2003	桂审稻2003004号		91
贺两优86	Heliangyou 86	籼型两系杂交稻	2005	桂审稻2005014号		152
红南	Hongnan	籼型常规稻	1983	桂审证字第011号 1983年		92
华优107	Huayou 107	籼型感温型三系杂交稻	2003	桂审稻2003009号		215
华优122	Huayou 122	籼型感温型三系杂交稻	2005	桂审稻2005016号		216

（续）

品种名	英文（拼音）名	类别	审定（育成）年份	审定编号	品种权号	页码
华优128	Huayou 128	籼型感温型三系杂交稻	2001	桂审稻2001036号		217
华优229	Huayou 229	籼型感温型三系杂交稻	2001	桂审稻2001035号		218
华优336	Huayou 336	籼型感温型三系杂交稻	2009	桂审稻2009005号		219
华优838	Huayou 838	籼型感温型三系杂交稻	2001	桂审稻2001034号		220
华优86	Huayou 86	籼型感温型三系杂交稻	2000	桂审稻2000052号		221
华优8813	Huayou 8813	籼型感温型三系杂交稻	2001	桂审稻2001032号		222
华优8830	Huayou 8830	籼型感温型三系杂交稻	2001	桂审稻2001033号		223
华优928	Huayou 928	籼型感温型三系杂交稻	2003	桂审稻2003010号		224
华优桂99	Huayougui 99	籼型感温型三系杂交稻	2000	桂审稻2000051号		225
激青	Jiqing	籼型常规稻	1985	桂审证字第035号 1985年		93
吉香3号	Jixiang 3	籼型感温型三系杂交稻	2005	桂审稻2005015号		226
吉优7号	Jiyou 7	籼型感温型三系杂交稻	2009	桂审稻2009004号		227
佳优1972	Jiayou 1972	籼型感温型三系杂交稻	2009	桂审稻2009009号		228
家福香1号	Jiafuxiang 1	籼型常规稻	2009	桂审稻2009029号		94
金谷202	Jingu 202	籼型感温型三系杂交稻	2006	桂审稻2006031号	CNA20040692.2	229
金梅优167	Jinmeiyou 167	籼型感温型三系杂交稻	2006	桂审稻2006006号		230
金香糯	Jinxiangnuo	籼型常规稻	2007	桂审稻2007042号		95
金优1202	Jinyou 1202	籼型感温型三系杂交稻	2006	桂审稻2006015号		231
金优191	Jinyou 191	籼型感温型三系杂交稻	2001	桂审稻2001092号		232
金优253	Jinyou 253	籼型感温型三系杂交稻	2000	桂审稻2000020号		233
金优315	Jinyou 315	籼型感温型三系杂交稻	2004	桂审稻2004012号		234
金优356	Jinyou 356	籼型感温型三系杂交稻	2005	桂审稻2005004号		235
金优358	Jinyou 358	籼型感光型三系杂交稻	2007	桂审稻2007038号		495
金优404	Jinyou 404	籼型感温型三系杂交稻	2001	桂审稻2001075号		236
金优408	Jinyou 408	籼型感温型三系杂交稻	2008	桂审稻2008004号		237
金优4480	Jinyou 4480	籼型感温型三系杂交稻	2001	桂审稻2001050号		238
金优463	Jinyou 463	籼型感温型三系杂交稻	2001	桂审稻2001074号		239
金优64	Jinyou 64	籼型感温型三系杂交稻	2001	桂审稻2001095号		240
金优647	Jinyou 647	籼型感温型三系杂交稻	2001	桂审稻2001085号		241

（续）

品种名	英文（拼音）名	类别	审定（育成）年份	审定编号	品种权号	页码
金优66	Jinyou 66	籼型感温型三系杂交稻	2001	桂审稻2001051号		242
金优6601	Jinyou 6601	籼型感温型三系杂交稻	2005	桂审稻2005007号		243
金优782	Jinyou 782	籼型感温型三系杂交稻	2007	桂审稻2007004号		244
金优80	Jinyou80	籼型感温型三系杂交稻	2001	桂审稻2001052号		245
金优804	Jinyou 804	籼型感温型三系杂交稻	2001	桂审稻2001070号		246
金优808	Jinyou 808	籼型感温型三系杂交稻	2003	桂审稻2003002号		247
金优82	Jinyou 82	籼型感温型三系杂交稻	2001	桂审稻2001031号		248
金优96	Jinyou 96	籼型感温型三系杂交稻	2001	桂审稻2001097号		249
金优966	Jinyou 966	籼型感温型三系杂交稻	2004	桂审稻2004016号	CNA20040640.X	250
金优R12	Jinyou R 12	籼型感温型三系杂交稻	2006	桂审稻2006016号		251
京福优270	Jingfuyou 270	籼型感温型三系杂交稻	2006	桂审稻2006026号		252
科德优红33	Kedeyouhong 33	籼型感温型三系杂交稻	2008	桂审稻2008019号		253
科香糯	Kexiangnuo	籼型常规稻	2007	桂审稻2007043号		96
科玉03	Keyu 03	籼型常规稻	2010	桂审稻2010024号		97
兰优1972	Lanyou 1972	籼型感光型三系杂交稻	2009	桂审稻2009022号		496
里优6601	Liyou 6601	籼型感温型三系杂交稻	2007	桂审稻2007009号		254
里优6602	Liyou 6602	籼型感温型三系杂交稻	2007	桂审稻2007010号		255
力丰优5059	Lifengyou 5059	籼型感温型三系杂交稻	2010	桂审稻2010009号		256
力源占1号	Liyuanzhan 1	籼型常规稻	2006	桂审稻2006041号		98
力源占2号	Liyuanzhan 2	籼型常规稻	2007	桂审稻2007040号		99
连优3189	Lianyou 3189	籼型感温型三系杂交稻	2009	桂审稻2009007号		257
连优6118	Lianyou 6118	籼型感温型三系杂交稻	2007	桂审稻2007005号		258
联育2号	Lianyu 2	籼型常规稻	2000	桂审稻2000008号		100
联育3号	Lianyu 3	籼型常规稻	2000	桂审稻2000006号		101
良丰优339	Liangfengyou 339	籼型感温型三系杂交稻	2011	桂审稻2011007号		259
两优4826	Liangyou 4826	籼型两系杂交稻	2006	桂审稻2006036号		153
两优638	Liangyou 638	籼型两系杂交稻	2007	桂审稻2007014号		154
两优培三	Liangyoupeisan	籼型两系杂交稻	2006	桂审稻2006038号		155
亮优1606	Liangyou 1606	籼型感光型三系杂交稻	2011	桂审稻2011024号		497

（续）

品种名	英文（拼音）名	类别	审定（育成）年份	审定编号	品种权号	页码
灵优6602	Lingyou 6602	籼型感温型三系杂交稻	2005	桂审稻2005006号		260
陵两优197	Lingliangyou 197	籼型两系杂交稻	2013	桂审稻2013024号		156
陵两优711	Lingliangyou 711	籼型两系杂交稻	2010	桂审稻2010018号		157
柳丰香占	Liufengxiangzhan	籼型常规稻	2009	桂审稻2009025号		102
柳革1号	Liuge 1	籼型常规稻	1972			103
柳沙油占202	Liushayouzhan 202	籼型常规稻	2006	桂审稻2006044号		104
柳香占	Liuxiangzhan	籼型常规稻	2003	桂审稻2003003号		105
六优1025	Liuyou 1025	籼型感温型三系杂交稻	2001	桂审稻2001038号		261
龙优131	Longyou 131	籼型感光型三系杂交稻	2009	桂审稻2009021号		498
龙优268	Longyou 268	籼型感光型三系杂交稻	2007	桂审稻2007035号		499
泸优578	Luyou 578	籼型感温型三系杂交稻	2007	桂审稻2007023号		262
马坝银占	Mabayinzhan	籼型常规稻	2001	桂审稻2001049号		106
茂两优29	Maoliangyou 29	籼型两系杂交稻	2008	桂审稻2008014号		158
美A	Mei A	不育系	2000		CNA20030289.2	526
美优1025	Meiyou 1025	籼型感光型三系杂交稻	2001	桂审稻2001041号		500
美优138	Meiyou 138	籼型感光型三系杂交稻	2001	桂审稻2001040号		501
美优198	Meiyou 198	籼型感光型三系杂交稻	2005	桂审稻2005029号		502
美优998	Meiyou 998	籼型感光型三系杂交稻	2005	桂审稻2005031号		503
美优桂99	Meiyougui 99	籼型感光型三系杂交稻	2001	桂审稻2001039号		504
孟两优2816	Mengliangyou 2816	籼型两系杂交稻	2011	桂审稻2011003号		159
孟两优701	Mengliangyou 701	籼型两系杂交稻	2013	桂审稻2013035号		160
孟两优705	Mengliangyou 705	籼型两系杂交稻	2013	桂审稻2013012号		161
孟两优838	Mengliangyou 838	籼型两系杂交稻	2010	桂审稻2010001号		162
明两优527	Mingliangyou 527	籼型两系杂交稻	2009	桂审稻2009014号		163
农乐1号	Nongle 1	籼型常规稻	2006	桂审稻2006040号		107
糯两优6号	Nuoliangyou 6	籼型两系杂交稻	2000	桂审稻2000048号		164
培两优1025	Peiliangyou 1025	籼型两系杂交稻	2001	桂审稻2001019号		165
培两优275	Peiliangyou 275	籼型两系杂交稻	1999	桂审证字第150号 1999年		166

（续）

品种名	英文（拼音）名	类别	审定（育成）年份	审定编号	品种权号	页码
培两优99	Peiliangyou 99	籼型两系杂交稻	1998	桂审证字第144号 1998年		167
培杂266	Peiza 266	籼型两系杂交稻	2001	桂审稻2001110号		168
培杂279	Peiza 279	籼型两系杂交稻	2005	桂审稻2005019号		169
培杂67	Peiza 67	籼型两系杂交稻	2001	桂审稻2001107号		170
培杂桂旱1号	Peizaguihan 1	籼型两系杂交稻	2006	桂审稻2006060号		171
培杂金康民	Peizajinkangmin	籼型两系杂交稻	2007	桂审稻2007007号		172
七桂占	Qiguizhan	籼型常规稻	2000	桂审稻2000004号		108
奇选42	Qixuan 42	籼型常规稻	1987	桂审证字第051号 1987年		109
绮优08	Qiyou 08	籼型感温型三系杂交稻	2006	桂审稻2006039号		263
绮优1025	Qiyou 1025	籼型感温型三系杂交稻	2001	桂审稻2001020号		264
绮优293	Qiyou 293	籼型感温型三系杂交稻	2005	桂审稻2005009号		265
绮优926	Qiyou 926	籼型感温型三系杂交稻	2006	桂审稻2006027号		266
绮优桂99	Qiyougui 99	籼型感温型三系杂交稻	2003	桂审稻2003013号		267
青桂3号	Qinggui 3	籼型常规稻	1989	桂审证字第059号 1989年		110
青南2号	Qingnan 2	籼型常规稻	1974			111
青优119	Qingyou 119	籼型感温型三系杂交稻	2007	桂审稻2007002号		268
青优998	Qingyou 998	籼型感温型三系杂交稻	2007	桂审稻2007018号		269
秋A	Qiu A	不育系	1993		CNA20030470.4	527
秋长优2号	Qiuchangyou 2	籼型感光型三系杂交稻	2006	桂审稻2006053号		505
秋长优3号	Qiuchangyou 3	籼型感光型三系杂交稻	2005	桂审稻2005034号		506
秋优1025	Qiuyou 1025	籼型感光型三系杂交稻	2000	桂审稻2000016号		507
秋优623	Qiuyou 623	籼型感光型三系杂交稻	2006	桂审稻2006057号		508
秋优桂168	Qiuyougui 168	籼型感光型三系杂交稻	2000	桂审稻2000018号		509
秋优桂99	Qiuyougui 99	籼型感光型三系杂交稻	2000	桂审稻2000015号		510
全优1号	Quanyou 1	籼型感温型三系杂交稻	2006	桂审稻2006008号		270
瑞优68	Ruiyou 68	籼型感温型三系杂交稻	2008	桂审稻2008016号		271
汕优18	Shanyou 18	籼型感温型三系杂交稻	1998	桂审证字第132号 1998年		272
汕优207	Shanyou 207	籼型感温型三系杂交稻	2001	桂审稻2001101号		273
汕优253	Shanyou 253	籼型感温型三系杂交稻	2001	桂审稻2001011号		274

（续）

品种名	英文（拼音）名	类别	审定（育成）年份	审定编号	品种权号	页码
汕优30选	Shanyou 30 xuan	籼型感光型三系杂交稻	1983	桂审证字第001号 1983年		511
汕优3550	Shanyou 3550	籼型感光型三系杂交稻	2001	桂审稻2001023号		512
汕优36	Shanyou 36	籼型感温型三系杂交稻	1983	桂审证字第002号 1983年		275
汕优402	Shanyou 402	籼型感温型三系杂交稻	2001	桂审稻2001071号		276
汕优49	Shanyou 49	籼型感温型三系杂交稻	1993	桂审证字第085号 1993年		277
汕优61选-1	Shanyou 61 xuan-1	籼型感温型三系杂交稻	1987	桂审证字第050号 1987年		278
汕优905	Shanyou 905	籼型感温型三系杂交稻	2000	桂审稻2000011号		279
汕优974	Shanyou 974	籼型感温型三系杂交稻	2001	桂审稻2001087号		280
汕优广12	Shanyouguang 12	籼型感温型三系杂交稻	1991	桂审证字第076号 1991年		281
汕优桂32	Shanyougui 32	籼型感温型三系杂交稻	1987	桂审证字第046号 1987年		282
汕优桂33	Shanyougui 33	籼型感温型三系杂交稻	1985	桂审证字第036号 1985年		283
汕优桂34	Shanyougui 34	籼型感温型三系杂交稻	1987	桂审证字第047号 1987年		284
汕优桂44	Shanyougui 44	籼型感光型三系杂交稻	1989	桂审证字第053号 1989年		513
汕优桂8	Shanyougui 8	籼型感温型三系杂交稻	1985	桂审证字第037号 1985年		285
汕优桂99	Shanyougui 99	籼型感温型三系杂交稻	1989	桂审证字第062号 1989年		286
汕优玉83	Shanyouyu 83	籼型感温型三系杂交稻	1989	桂审证字第063号 1989年		287
深优9583	Shenyou 9583	籼型感温型三系杂交稻	2011	桂审稻2011018号		288
深优9723	Shenyou 9723	籼型感温型三系杂交稻	2007	桂审稻2007008号	CNA20070464.8	289
神农糯1号	Shennongnuo 1	籼型感温型三系杂交稻	2005	桂审稻2005035号		290
圣优988	Shengyou 988	籼型感光型三系杂交稻	2010	桂审稻2010017号		514
十优1025	Shiyou 1025	籼型感温型三系杂交稻	2007	桂审稻2007011号		291
十优521	Shiyou 521	籼型感温型三系杂交稻	2007	桂审稻2007022号		292
十优838	Shiyou 838	籼型感温型三系杂交稻	2006	桂审稻2006012号		293
十优玉1号	Shiyouyu 1	籼型感温型三系杂交稻	2007	桂审稻2007006号		294
双桂1号	Shuanggui 1	籼型常规稻	1983	桂审证字第003号 1983年		112
水辐17	Shuifu 17	籼型常规稻	1983	桂审证字第009号 1983年		113
顺优109	Shunyou 109	籼型感温型三系杂交稻	2009	桂审稻2009001号		295
丝香1号	Sixiang 1	籼型常规稻	2008	桂审稻2008022号	CNA20080678.5	114

（续）

品种名	英文（拼音）名	类别	审定（育成）年份	审定编号	品种权号	页码
太优228	Taiyou 228	籼型感温型三系杂交稻	2006	桂审稻2006023号		296
泰丰优桂99	Taifengyougui 99	籼型感光型三系杂交稻	2009	桂审稻2009017号		515
泰玉14	Taiyu 14	籼型常规稻	2001	桂审稻2001114号		115
特眉	Temei	籼型常规稻	1983	桂审证字第016号 1983年		116
特优1012	Teyou 1012	籼型感温型三系杂交稻	2001	桂审稻2001015号		297
特优1025	Teyou 1025	籼型感温型三系杂交稻	2000	桂审稻2000013号		298
特优1102	Teyou 1102	籼型感温型三系杂交稻	2008	桂审稻2008012号		299
特优1202	Teyou 1202	籼型感温型三系杂交稻	2006	桂审稻2006030号		300
特优1259	Teyou 1259	籼型感温型三系杂交稻	2008	桂审稻2008009号		301
特优128	Teyou 128	籼型感温型三系杂交稻	2001	桂审稻2001037号		302
特优136	Teyou 136	籼型感温型三系杂交稻	2006	桂审稻2006007号		303
特优165	Teyou 165	籼型感温型三系杂交稻	2010	桂审稻2010007号		304
特优1683	Teyou 1683	籼型感温型三系杂交稻	2012	桂审稻2012011号		305
特优172	Teyou 172	籼型感温型三系杂交稻	2006	桂审稻2006032号		306
特优18	Teyou 18	籼型感温型三系杂交稻	1998	桂审证字第133号 1998年		307
特优21	Teyou 21	籼型感温型三系杂交稻	2006	桂审稻2006021号	CNA20040656.6	308
特优2155	Teyou 2155	籼型感温型三系杂交稻	2008	桂审稻2008003号		309
特优216	Teyou 216	籼型感温型三系杂交稻	2000	桂审稻2000026号		310
特优227	Teyou 227	籼型感温型三系杂交稻	2003	桂审稻2003012号		311
特优233	Teyou 233	籼型感温型三系杂交稻	2000	桂审稻2000036号		312
特优253	Teyou 253	籼型感温型三系杂交稻	2001	桂审稻2001030号		313
特优258	Teyou 258	籼型感温型三系杂交稻	2006	桂审稻2006034号		314
特优269	Teyou 269	籼型感温型三系杂交稻	2012	桂审稻2012009号		315
特优3301	Teyou 3301	籼型感温型三系杂交稻	2010	桂审稻2010010号		316
特优3550选	Teyou 3550 xuan	籼型感温型三系杂交稻	2000	桂审稻2000025号		317
特优359	Teyou 359	籼型感温型三系杂交稻	2009	桂审稻2009011号		318
特优363	Teyou 363	籼型感温型三系杂交稻	2011	桂审稻2011011号		319
特优3813	Teyou 3813	籼型感温型三系杂交稻	2012	桂审稻2012012号		320
特优399	Teyou 399	籼型感温型三系杂交稻	2006	桂审稻2006033号		321

（续）

品种名	英文（拼音）名	类别	审定（育成）年份	审定编号	品种权号	页码
特优4480	Teyou 4480	籼型感温型三系杂交稻	2001	桂审稻2001059号		322
特优5号	Teyou 5	籼型感温型三系杂交稻	1999	桂审证字第147号 1999年		323
特优5058	Teyou 5058	籼型感温型三系杂交稻	2007	桂审稻2007020号	CNA20070267.X	324
特优582	Teyou 582	籼型感温型三系杂交稻	2009	桂审稻2009010号		325
特优590	Teyou 590	籼型感温型三系杂交稻	2010	桂审稻2010011号		326
特优63-1	Teyou 63-1	籼型感温型三系杂交稻	1999	桂审证字第148号 1999年		327
特优649	Teyou 649	籼型感温型三系杂交稻	2004	桂审稻2004017号		328
特优6603	Teyou 6603	籼型感温型三系杂交稻	2010	桂审稻2010008号		329
特优679	Teyou 679	籼型感温型三系杂交稻	2009	桂审稻2009012号		330
特优6811	Teyou 6811	籼型感温型三系杂交稻	2010	桂审稻2010015号		331
特优7118	Teyou 7118	籼型感温型三系杂交稻	2013	桂审稻2013009号		332
特优7571	Teyou 7571	籼型感温型三系杂交稻	2013	桂审稻2013006号		333
特优837	Teyou 837	籼型感温型三系杂交稻	2007	桂审稻2007016号		334
特优838	Teyou 838	籼型感温型三系杂交稻	2000	桂审稻2000034号		335
特优85	Teyou 85	籼型感温型三系杂交稻	2006	桂审稻2006019号		336
特优858	Teyou 858	籼型感温型三系杂交稻	2008	桂审稻2008015号		337
特优86	Teyou 86	籼型感温型三系杂交稻	2000	桂审稻2000057号		338
特优9089	Teyou 9089	籼型感温型三系杂交稻	2012	桂审稻2012013号		339
特优922	Teyou 922	籼型感温型三系杂交稻	2011	桂审稻2011010号		340
特优969	Teyou 969	籼型感温型三系杂交稻	2008	桂审稻2008010号		341
特优9846	Teyou 9846	籼型感温型三系杂交稻	2007	桂审稻2007024号		342
特优986	Teyou 986	籼型感温型三系杂交稻	2005	桂审稻2005020号		343
特优998	Teyou 998	籼型感温型三系杂交稻	2006	桂审稻2006029号		344
特优丰13	Teyoufeng 13	籼型感温型三系杂交稻	2006	桂审稻2006017号		345
特优广12	Teyouguang 12	籼型感温型三系杂交稻	2000	桂审稻2000032号		346
特优桂33	Teyougui 33	籼型感温型三系杂交稻	2000	桂审稻2000061号		347
特优桂99	Teyougui 99	籼型感温型三系杂交稻	1998	桂审证字第128号 1998年		348
特优航3号	Teyouhang 3	籼型感温型三系杂交稻	2006	桂审稻2006024号		349
特优晚三	Teyouwansan	籼型感温型三系杂交稻	2000	桂审稻2000033号		350

（续）

品种名	英文（拼音）名	类别	审定（育成）年份	审定编号	品种权号	页码
特优玉1号	Teyouyu 1	籼型感温型三系杂交稻	2008	桂审稻2008011号		351
特优玉3号	Teyouyu 3	籼型感温型三系杂交稻	2011	桂审稻2011012号		352
天丰优290	Tianfengyou 290	籼型感温型三系杂交稻	2006	桂审稻2006028号		353
天丰优3550	Tianfengyou 3550	籼型感光型三系杂交稻	2006	桂审稻2006045号		516
天丰优880	Tianfengyou 880	籼型感温型三系杂交稻	2006	桂审稻2006014号		354
天龙5优629	Tianlong 5 you 629	籼型感温型三系杂交稻	2009	桂审稻2009008号		355
天龙8优629	Tianlong 8 you 629	籼型感温型三系杂交稻	2008	桂审稻2008008号		356
天优1025	Tianyou 1025	籼型感温型三系杂交稻	2005	桂审稻2005012号		357
天优3550	Tianyou 3550	籼型感光型三系杂交稻	2005	桂审稻2005030号		517
天优96	Tianyou 96	籼型感温型三系杂交稻	2008	桂审稻2008005号		358
田东香	Tiandongxiang	籼型常规稻	2001	桂审稻2001018号		117
团黄占	Tuanhuangzhan	籼型常规稻	1983	桂审证字第022号 1983年		118
团结1号	Tuanjie 1	籼型常规稻	1983	桂审证字第013号 1983年		119
万金优136	Wanjinyou 136	籼型感光型三系杂交稻	2007	桂审稻2007034号		518
威优16	Weiyou 16	籼型感温型三系杂交稻	2005	桂审稻2005001号		359
威优191	Weiyou 191	籼型感温型三系杂交稻	2001	桂审稻2001094号		360
威优298	Weiyou 298	籼型感温型三系杂交稻	2001	桂审稻2001088号		361
威优4480	Weiyou 4480	籼型感温型三系杂交稻	2001	桂审稻2001058号		362
威优463	Weiyou 463	籼型感温型三系杂交稻	2001	桂审稻2001079号		363
威优608	Weiyou 608	籼型感温型三系杂交稻	2008	桂审稻2008002号		364
威优804	Weiyou 804	籼型感温型三系杂交稻	2001	桂审稻2001069号		365
威优96	Weiyou 96	籼型感温型三系杂交稻	2001	桂审稻2001057号		366
闻香占	Wenxiangzhan	籼型常规稻	2000	桂审稻2000010号		120
五丰优823	Wufengyou 823	籼型感温型三系杂交稻	2013	桂审稻2013001号		367
西乡糯	Xixiangnuo	籼型常规稻	1990	桂审证字第069号 1990年		121
西优2号	Xiyou 2	籼型感光型三系杂交稻	2009	桂审稻2009024号		519
先优95	Xianyou 95	籼型感光型三系杂交稻	2001	桂审稻2001116号		520
香二优253	Xiang’eryou 253	籼型感温型三系杂交稻	2001	桂审稻2001029号		368
香二优781	Xiang’eryou 781	籼型感温型三系杂交稻	2001	桂审稻2001028号		369

（续）

品种名	英文（拼音）名	类别	审定（育成）年份	审定编号	品种权号	页码
湘优207	Xiangyou 207	籼型感温型三系杂交稻	2001	桂审稻2001062号		370
湘优24	Xiangyou 24	籼型感温型三系杂交稻	2006	桂审稻2006010号	CNA20060627.1	371
湘优2号	Xiangyou 2	籼型感温型三系杂交稻	2006	桂审稻2006002号		372
湘优402	Xiangyou 402	籼型感温型三系杂交稻	2004	桂审稻2004003号		373
湘优8817	Xiangyou 8817	籼型感温型三系杂交稻	2010	桂审稻2010002号		374
协四115	Xiesi 115	籼型常规稻	1989	桂审证字第064号 1989年		122
新两优821	Xinliangyou 821	籼型两系杂交稻	2004	桂审稻2004011号		173
新香优207	Xinxiangyou 207	籼型感温型三系杂交稻	2001	桂审稻2001104号		375
新香优53	Xinxiangyou 53	籼型感温型三系杂交稻	2003	桂审稻2003005号	CNA20030239.6	376
新香占	Xinxiangzhan	籼型常规稻	2003	桂审稻2003015号		123
信丰优008	Xinfengyou 008	籼型感温型三系杂交稻	2010	桂审稻2010012号		377
亚霖2号	Yalin 2	籼型常规稻	2010	桂审稻2010023号		124
亚霖3号	Yalin 3	籼型常规稻	2010	桂审稻2010026号		125
雁两优9218	Yanliangyou 9218	籼型两系杂交稻	2004	桂审稻2004010号		174
野香优2998	Yexiangyou 2998	籼型感温型三系杂交稻	2011	桂审稻2011013号		378
野香优863	Yexiangyou 863	籼型感温型三系杂交稻	2011	桂审稻2011019号		379
宜香937	Yixiang 937	籼型感温型三系杂交稻	2006	桂审稻2006035号		380
毅优航1号	Yiyouhang 1	籼型感温型三系杂交稻	2010	桂审稻2010004号		381
优Ⅰ01	You Ⅰ 01	籼型感温型三系杂交稻	2001	桂审稻2001022号		382
优Ⅰ1号	You Ⅰ 1	籼型感温型三系杂交稻	2001	桂审稻2001001号		383
优Ⅰ122	You Ⅰ 122	籼型感温型三系杂交稻	2001	桂审稻2001118号		384
优Ⅰ191	You Ⅰ 191	籼型感温型三系杂交稻	2001	桂审稻2001093号		385
优Ⅰ253	You Ⅰ 253					386
优Ⅰ315	You Ⅰ 315	籼型感温型三系杂交稻	2003	桂审稻2003007号		387
优Ⅰ4480	You Ⅰ 4480	籼型感温型三系杂交稻	2001	桂审稻2001010号		388
优Ⅰ4635	You Ⅰ 4635	籼型感温型三系杂交稻	2001	桂审稻2001113号		382
优Ⅰ5012	You Ⅰ 5012	籼型感温型三系杂交稻	2001	桂审稻2001111号		390
优Ⅰ54	You Ⅰ 54	籼型感温型三系杂交稻	2001	桂审稻2001112号		391
优Ⅰ5759	You Ⅰ 5759	籼型感光型三系杂交稻	2001	桂审稻2001016号		521

（续）

品种名	英文（拼音）名	类别	审定（育成）年份	审定编号	品种权号	页码
优Ⅰ63	You Ⅰ 63	籼型感温型三系杂交稻	2001	桂审稻2001115号		392
优Ⅰ647	You Ⅰ 647	籼型感温型三系杂交稻	2001	桂审稻2001100号		393
优Ⅰ6601	You Ⅰ 6601	籼型感温型三系杂交稻	2006	桂审稻2006013号		394
优Ⅰ679	You Ⅰ 679	籼型感温型三系杂交稻	2006	桂审稻2006005号		395
优Ⅰ686	You Ⅰ 686	籼型感温型三系杂交稻	2007	桂审稻2007001号		396
优Ⅰ96	You Ⅰ 96	籼型感温型三系杂交稻	2001	桂审稻2001099号		397
优ⅠT80	You Ⅰ T 80	籼型感温型三系杂交稻	2001	桂审稻2001014号		398
优Ⅰ桂99	You Ⅰ gui 99	籼型感温型三系杂交稻	2000	桂审稻2000059号		399
优Ⅰ红香优33	You Ⅰ hongxiangyou 33	籼型感温型三系杂交稻	2006	桂审稻2006037号		400
油占8号	Youzhan 8	籼型常规稻	2001	桂审稻2001044号	CNA20030430.5	126
玉丰占	Yufengzhan	籼型常规稻	2007	桂审稻2007039号		127
玉桂占	Yuguizhan	籼型常规稻	2003	桂审稻2003017号		128
玉科占5号	Yukezhan 5	籼型常规稻	2005	桂审稻2005022号		129
玉科占9号	Yukezhan 9	籼型常规稻	2006	桂审稻2006043号		130
玉丝占	Yusizhan	籼型常规稻	2005	桂审稻2005021号		131
玉晚占	Yuwanzhan	籼型常规稻	2005	桂审稻2005023号		132
玉香占	Yuxiangzhan	籼型常规稻	2004	桂审稻2004022号		133
玉校88	Yuxiao 88	籼型常规稻	2006	桂审稻2006042号		134
育两优8号	Yuliangyou 8	籼型两系杂交稻	2013	桂审稻2013008号		175
元丰优401	Yuanfengyou 401	籼型感光型三系杂交稻	2008	桂审稻2008017号		522
元丰优86	Yuanfengyou 86	籼型感光型三系杂交稻	2010	桂审稻2010016号		523
岳优136	Yueyou 136	籼型感温型三系杂交稻	2001	桂审稻2001066号		401
粤优524	Yueyou 524	籼型感温型三系杂交稻	2007	桂审稻2007017号		402
粤优735	Yueyou 735	籼型感温型三系杂交稻	2007	桂审稻2007025号		403
粤杂8763	Yueza 8763	籼型两系杂交稻	2009	桂审稻2009006号		176
云国1号	Yunguo 1	籼型常规稻	1998	桂审证字第135号 1998年		135
早桂1号	Zaogui 1	籼型常规稻	2000	桂审稻2000037号		136
早香1号	Zaoxiang 1	籼型常规稻	2001	桂审稻2001042号		137
早优11	Zaoyou 11	籼型感温型三系杂交稻	2006	桂审稻2006004号		404

（续）

品种名	英文（拼音）名	类别	审定（育成）年份	审定编号	品种权号	页码
珍陆溪1号	Zhenluxi 1	籼型常规稻	1987	桂审证字第052号 1987年		138
振优290	Zhenyou 290	籼型感光型三系杂交稻	2006	桂审稻2006055号		524
枝优01	Zhiyou 01	籼型感温型三系杂交稻	1999	桂审证字第146号 1999年		405
枝优25	Zhiyou 25	籼型感温型三系杂交稻	1998	桂审证字第139号 1998年		406
枝优253	Zhiyou 253	籼型感温型三系杂交稻	2000	桂审稻2000021号		407
枝优桂99	Zhiyougui 99	籼型感温型三系杂交稻	1998	桂审证字第131号 1998年		408
中3优1681	Zhong 3 you 1681	籼型感温型三系杂交稻	2010	桂审稻2010005号		409
中广香1号	Zhongguangxiang 1	籼型常规稻	2010	桂审稻2010025号	CNA20110476.8	139
中山红	Zhongshanhong	籼型常规稻	1947			140
中优1号	Zhongyou 1	籼型感温型三系杂交稻	2000	桂审稻2000045号		410
中优106	Zhongyou 106	籼型感温型三系杂交稻	2004	桂审稻2004021号		411
中优207	Zhongyou 207	籼型感温型三系杂交稻	2000	桂审稻2000047号		412
中优253	Zhongyou 253	籼型感温型三系杂交稻	2000	桂审稻2000049号		413
中优315	Zhongyou 315	籼型感温型三系杂交稻	2003	桂审稻2003006号		414
中优317	Zhongyou 317	籼型感温型三系杂交稻	2003	桂审稻2003008号		415
中优36	Zhongyou 36	籼型感温型三系杂交稻	2007	桂审稻2007026号		416
中优402	Zhongyou 402	籼型感温型三系杂交稻	2000	桂审稻2000046号		417
中优4480	Zhongyou 4480	籼型感温型三系杂交稻	2001	桂审稻2001009号		418
中优679	Zhongyou 679	籼型感温型三系杂交稻	2004	桂审稻2004014号		419
中优781	Zhongyou 781	籼型感温型三系杂交稻	2001	桂审稻2001027号		420
中优82	Zhongyou 82	籼型感温型三系杂交稻	2001	桂审稻2001013号		421
中优838	Zhongyou 838	籼型感温型三系杂交稻	2000	桂审稻2000044号		422
中优桂55	Zhongyougui 55	籼型感温型三系杂交稻	2001	桂审稻2001067号		423
中优桂99	Zhongyougui 99	籼型感温型三系杂交稻	2000	桂审稻2000043号		424
竹桂371	Zhugui 371	籼型常规稻	1989	桂审证字第057号 1989年		141
竹选25	Zhuxuan 25	籼型常规稻	1989	桂审证字第058号 1989年		142
准两优1383	Zhunliangyou 1383	籼型两系杂交稻	2008	桂审稻2008001号		177
准两优5号	Zhunliangyou 5	籼型两系杂交稻	2010	桂审稻2010013号		178
准两优香油占	Zhunliangyou xiangyouzhan	籼型两系杂交稻	2008	桂审稻2008007号		179

图书在版编目（CIP）数据

中国水稻品种志．广西卷／万建民总主编；邓国富主编．—北京：中国农业出版社，2018.12
ISBN 978-7-109-23543-4

Ⅰ．①中… Ⅱ．①万… ②邓… Ⅲ．①水稻–品种–广西 Ⅳ．①S511.037

中国版本图书馆CIP数据核字（2017）第283492号

中国水稻品种志·广西卷
ZHONGGUO SHUIDAO PINZHONGZHI · GUANGXI JUAN

中国农业出版社
地址：北京市朝阳区麦子店街18号楼
邮编：100125

策划编辑：舒　薇　贺志清
责任编辑：贺志清　舒　薇　刁乾超
装帧设计：贾利霞
版式设计：胡至幸　韩小丽
责任校对：陈晓红　吴丽婷
责任印制：王　宏　刘继超

印刷：北京通州皇家印刷厂
版次：2018年12月第1版
印次：2018年12月北京第1次印刷
发行：新华书店北京发行所

开本：787mm × 1092mm　1/16
印张：36.25
字数：880千字

定价：360.00元